HISTOIRE

DES

SCIENCES MATHÉMATIQUES.

IMPRIMÉ CHEZ PAUL RENOUARD, RUE GARANCIÈRE, 5.

HISTOIRE

DES

SCIENCES MATHÉMATIQUES

EN ITALIE,

DEPUIS LA RENAISSANCE DES LETTRES

JUSQU'A LA FIN DU DIX-SEPTIÈME SIÈCLE,

PAR GUILLAUME LIBRI.

TOME SECOND.

A PARIS,

CHEZ JULES RENOUARD ET Cⁱᵉ, LIBRAIRES,

RUE DE TOURNON, Nᵒ 6.

—

1838.

TABLE

DES MATIÈRES CONTENUES DANS LE SECOND VOLUME.

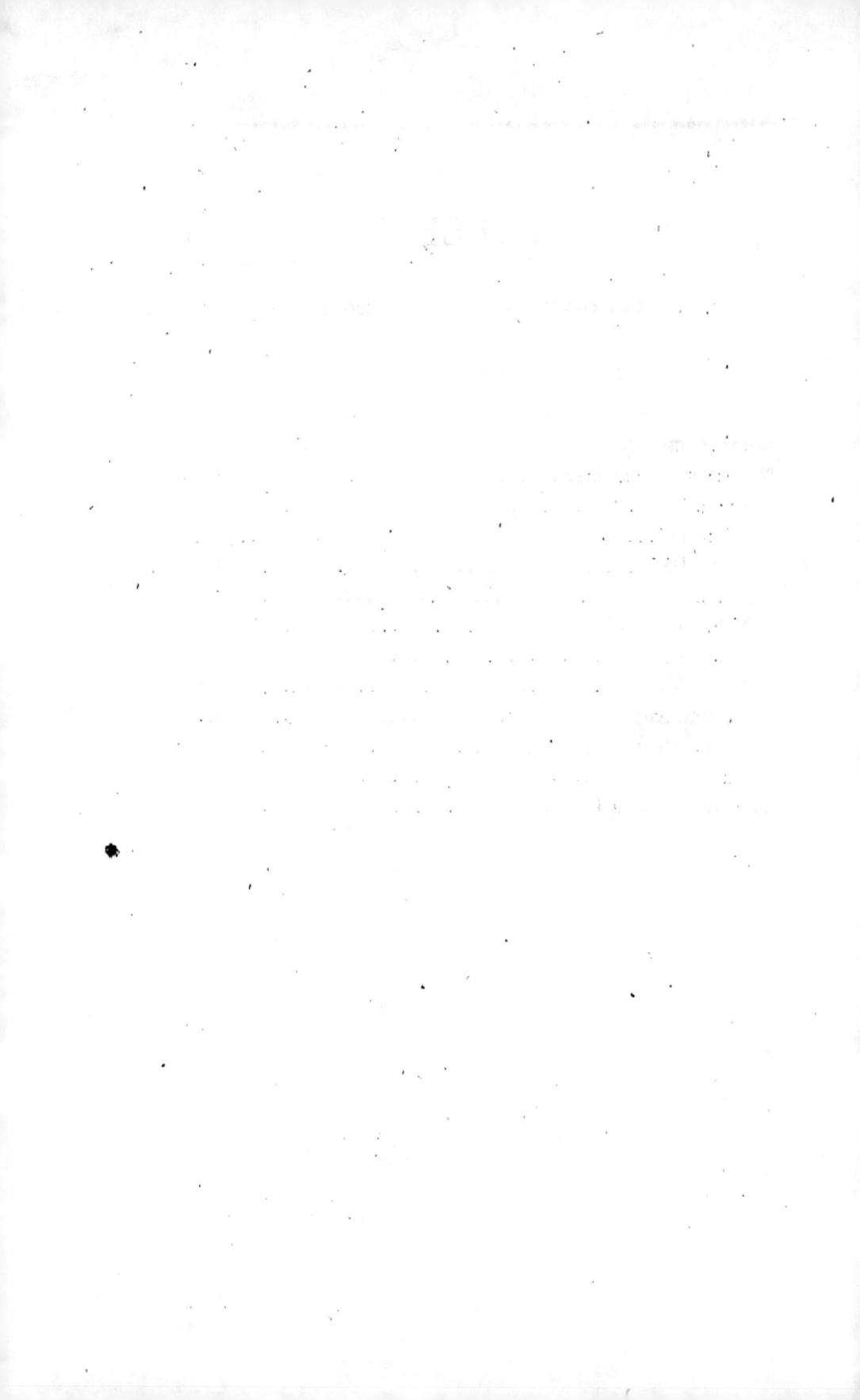

LIVRE PREMIER.

SOMMAIRE.

HISTOIRE

DES

SCIENCES MATHEMATIQUES

EN ITALIE.

LIVRE PREMIER.

Après la mort de Charlemagne, l'empire d'Occident qu'il avait tenté de relever, s'écroula de nouveau; et les Saxons, comme pour se venger de la guerre acharnée que le fils de Pepin leur avait faite, ravirent à ses descendans les débris de la couronne impériale. Sous leur domination l'Italie tomba dans le dernier degré de la misère et de l'ignorance. Ils la déchirèrent, l'opprimèrent, et ne surent pas la réunir. Pendant que le nord de la Péninsule leur était soumis, soit directement, soit par l'intermédiaire des grands feudataires, le pape n'était à Rome qu'une espèce de magistrat ecclésiastique, dont l'élection avait besoin d'être sanctionnée par l'empereur; et le royaume de Naples était comme un champ réservé aux combats des Grecs et des Sarrazins. Il n'y avait ni lien, ni ensemble, ni pensée dirigeante; la force brutale régnait seule. Il était réservé au fils d'un charpentier toscan, à Grégoire VII, de s'emparer de la superstition qui pesait inutilement depuis long-temps sur les masses, d'y puiser les élémens d'un nouvel ordre social, et d'y trouver un nouveau principe d'énergie et de réaction, capable de contenir les Allemands et de relever les Italiens. Quelle qu'ait été la pensée de Grégoire, soit qu'il ait voulu marcher à l'affranchissement de l'Italie, soit, ce qui est plus conforme à sa position, et plus probable, qu'il n'ait songé qu'à établir la suprématie ecclésiastique, on est forcé d'attribuer surtout à cet homme extraordinaire la nouvelle organisation politique de l'Italie. Sans la lutte des papes avec les empereurs, on n'aurait vu, probablement, ni les exploits de la ligue lombarde, ni l'affranchissement des communes, ni l'établissement des républiques italiennes. Ce fut, il faut l'avouer, la suprématie papale qui donna un nouvel éclat à l'Italie et qui lui rendit le sceptre de l'Europe. La marché rapide des Italiens dans la voie de la civilisation; leur brillante gloire dans les sciences et les lettres, semblent dater du jour où le pape

Alexandre posa, dit-on, le pied sur le cou de l'empereur Frédéric.

Mais Grégoire VII, sans s'en douter, préparait aussi l'esclavage de l'Italie, et tous les maux qui depuis trois siècles pèsent sur elle. Sans la résistance papale, les Allemands se seraient certainement emparés de toute l'Italie; et cette contrée, après avoir reçu par la conquête une organisation uniforme, aurait fini, comme les pays limitrophes, par se constituer en état indépendant. D'ailleurs, les princes allemands tenaient alors beaucoup plus au royaume d'Italie qu'à la couronne impériale; ils séjournaient de préférence en Italie, et il y avait plus à craindre pour les Allemands, de devenir sujets des Italiens, que pour ceux-ci de rester sous la domination des étrangers. C'était là peut-être la pensée lointaine des Gibelins lorsqu'ils combattaient pour les empereurs; et probablement leur triomphe aurait assuré l'indépendance italienne. Mais pour cet avenir incertain, les Guelfes devaient-ils consentir à se mutiler eux-mêmes, et renoncer à cette puissante énergie, à ces immenses élémens de progrès qu'ils puisaient dans la liberté municipale, la seule qui semblât alors possible au monde? Nous ne le pensons pas; car

si l'Eglise depuis a tant abusé de sa puissance,
si elle est restée tant en arrière de la civilisation
moderne, c'est que, régnant par les idées seules,
une fois maîtresse du champ de bataille, elle
a craint les idées nouvelles, et a voulu s'attribuer le monopole de la pensée. Elle a cru,
par une erreur trop commune aux vainqueurs,
que le monde devait rester stationnaire, parce
qu'elle était au sommet de la roue. Le monde
a marché et la roue a tourné; mais il ne faut
pas oublier que la réaction de l'intelligence
contre la force matérielle a commencé par l'E-
glise. Dans les siècles barbares, c'était un grand
privilège d'être jugé par des tribunaux ecclésiastiques. C'est l'Eglise qui a fait les croisades, et l'on
sait quel coup terrible elles ont porté à la féodalité : l'Eglise a suscité l'insurrection lombarde, elle
a rendu à Rome sa splendeur. Si la papauté avait
été héréditaire, l'Italie se serait réunie sous un
chef religieux. Mais il était dans la destinée des
pontifes d'être toujours hostiles à l'indépendance
italienne. Sous Charlemagne, ils invitent les
Francs à intervenir dans leurs querelles avec les
Lombards, et l'Italie perd l'occasion d'être réunie par les descendans d'Alboin; plus tard, si
Grégoire VII et ses successeurs peuvent repousser

les étrangers et favoriser le libre développement
de la civilisation nationale, leur mode de succes-
sion ne permet pas aux pontifes de se faire
rois d'Italie. Enfin, dans les temps modernes,
non-seulement les papes n'ont plus été les sou-
tiens de l'esprit contre la force brutale, de
la civilisation nationale contre la barbarie étrangère, mais ils ont appelé, et ils appellent encore à chaque instant les étrangers, pour arrêter
le progrès, étouffer la civilisation et éteindre les
lumières.

La lutte de Charlemagne contre les Lombards est l'époque d'où il faut partir pour
connaître les causes de la régénération de l'I-
talie. Jusqu'alors les différens peuples qui s'é-
taient jetés sur l'empire romain, n'avaient fait
que piller et dévaster. Un roi goth avait, il est
vrai, songé à relever la puissance italienne; mais
les circonstances avaient été plus fortes que lui, et
rien n'était resté de l'édifice que Théodoric avait
commencé. Plus tard les Arabes introduisirent
leur organisation sociale, leurs sciences et leur
littérature dans tout le midi de l'Europe; mais
trop éloignés de leur patrie et amollis par le
luxe, ils ne surent jamais s'établir dans le nord.
Les lettres, les arts, les sciences, pouvaient se

communiquer entre des peuples ennemis; mais les nations soumises à l'évangile et celles qui obéissaient à l'alcoran devaient nécessairement avoir des institutions politiques différentes. Charlemagne vit qu'après avoir tout détruit, il fallait bâtir un nouvel édifice et songer à rétablir une puissance occidentale. Placé entre les idoles des Saxons et les mosquées des Arabes, ne voulant pas se rendre esclave de la civilisation des uns, forcé de prévenir la barbarie envahissante des autres, il chercha un nouveau principe d'ordre social dans les débris de la civilisation latine, tels que la religion chrétienne les avait conservés en Italie. Voilà pourquoi il s'allia au pape et combattit les Lombards; voilà pourquoi il fit l'expédition de Roncevaux, et pourquoi pendant trente-deux ans il fit, sur les bords du Weser, la guerre aux Saxons; auxquels sans cela il aurait dû résister plus tard sur les bords de la Seine, au risque de compromettre tout son système. Issu d'usurpateur, la religion devait sanctionner ses droits; issu de barbare, Rome devait l'adopter: il voulut donc introduire à-la-fois dans le nord les formes classiques des latins et la suprématie de la religion. Mais ses peuples ne comprenaient pas ce qu'il voulait, lorsqu'il fondait des académies et donnait à des abbayes les noms des lettres de l'alphabet grec. Ce qu'ils sentirent bien, ce fut l'influence religieuse qui s'empara facilement de ces esprits grossiers. Charlemagne mourut ; mais la papauté ne mourut pas. Bientôt les faibles mains des Carlovingiens laissèrent échapper l'instrument que leur devancier avait employé à poser les fondemens de son grand édifice. Le partage du nouvel empire d'Occident, le passage de la couronne impériale des Carlovingiens aux Saxons, des Saxons aux Saliques, des Saliques aux princes de la maison de Souabe, et les guerres qui accompagnèrent ces continuelles transmissions, empêchèrent le royaume d'Italie de se consolider. Le nord de cette contrée fut livré aux barons allemands, le midi fut désolé par les Grecs, les Arabes et les Normands, et l'Italie centrale se prépara à obéir au chef de l'Église.

Cependant quels que fussent l'influence morale et le pouvoir de fait des pontifes, ils en avaient très peu de droit; car non-seulement ils étaient électifs, mais ils avaient aussi besoin de la confirmation impériale. Vers le milieu du onzième siècle, Grégoire VII voulut faire cesser cet état de dépendance. Après avoir dirigé long-temps comme cardinal la politique de la cour de Rome, et s'être ménagé un appui contre les empereurs dans les nouveaux rois normands, il protesta contre l'investiture impériale des évêques, déclara l'empereur Henri IV déchu de ses droits, délia ses sujets du serment de fidélité, et alla jusqu'à soutenir que l'empire était un fief de l'église. Après tant d'audace, la guerre devint inévitable : elle fut longue, acharnée ; mais la victoire resta à l'Église, qui sut intéresser le peuple à sa querelle, et dont la puissance augmenta tous les jours. Protecteurs des petits princes, des feudataires mécontens et des communes, les papes recueillirent souvent l'héritage de leurs protégés, à qui on permettait d'expier leurs péchés par des legs pieux et une tardive pénitence. On sait combien s'accrut le domaine de l'Église par le testament de la comtesse Mathilde. La lutte recommença avec la maison de Souabe, et brisa encore une fois les forces de l'empire. C'est à cette longue lutte et aux efforts des villes lombardes que l'on doit surtout l'émancipation et la gloire des républiques italiennes. Il est vrai que quelques villes maritimes, à la tête desquelles il faut placer Venise, étaient déjà devenues indépendantes dans des circonstances particulières ; mais le mouvement ne s'était pas propagé : c'était une défense et non pas une aggression. Ce ne fut que lorsque l'Eglise eut dit aux peuples : « au nom du Seigneur, secouez le joug des impies » que la Lombardie, la Toscane et les Marches s'insurgèrent : plusieurs villes s'érigèrent alors en république, d'autres ne firent que changer de tyran, mais toutes brillèrent par l'industrie et les lumières. Pendant que les papes levaient une conscription européenne, et faisaient marcher les peuples et les rois à la délivrance du sépulcre, les républiques italiennes profitaient de la circonstance pour étendre leur commerce, multiplier leurs relations avec l'Orient et s'emparer des dépouilles de l'empire grec, qui avait offert aux croisés une proie bien plus facile à saisir que ne l'étaient l'Asie-Mineure et l'Égypte.

Vers la fin du douzième siècle, l'Italie était partagée en une multitude de petits états, dont les uns tenaient pour le pape, les autres pour l'empereur. Mais ces deux chefs n'exerçaient qu'une espèce de suzeraineté sur les deux

confédérations, et n'avaient presque pas d'états
en propre. Les empereurs cependant avaient
hérité de la Sicile. Faiblement repoussés par
les peuples qui, à différentes époques, s'étaient
fixés dans cette île (1), les princes de la maison
de Souabe, aidés par les Génois et les Pisans(2),
avaient réussi à s'y établir, après avoir commis
des cruautés inouïes (3), et avaient presque fini
par abandonner l'Allemagne pour jouir des dé-
lices de leurs nouvelles conquêtes. La cour des
Hohenstaufen fut la plus riche et la plus policée
de toutes les cours de l'Europe. Elle accueillit
les hommes les plus célèbres, les sciences et les
arts des Mores (4) : la littérature provençale

---

(1) *Muratori annali*, Napoli, 1782, 17 vol. in-8, tom. X,
p. 157 et suiv.

(2) *Muratori annali*, tom. X, p. 157.—Henri VI disait aux
Génois : « *Si... Regnum Siciliæ acquisiero, meus erit honor,
proficuum erit vestrum. Ego enim in eo cum Teutonicis meis
manere non debeo; sed vos et posteri vestri in eo manebi-
tis.* » et il promettait aux Pisans de leur donner la moitié
de Palerme, de Messine et de Naples, avec mille autres belles
choses. Mais après le succès, le *Teutonicus* se moqua avec
raison de deux républiques italiennes qui l'avaient aidé à
s'emparer de la Sicile, et qui prétendaient partager les dépouilles.

(3) *Muratori annali*, tom. X, p. 157-171.

(4) Voyez ce que nous avons dit précédemment à ce sujet,

qui pénétra de bonne heure en Sicile et qui
y fut cultivée par les princes eux-mêmes (1)
contribua au développement précoce des Siciliens. Sans les guerres étrangères suscitées
par la cour de Rome (2), les descendans de
Barberousse seraient infailliblement devenus,
par les armes, maîtres de l'Italie, comme ils
en étaient déjà les chefs par l'influence littéraire et politique. Après les rois de Sicile, les
républiques de Gênes et de Venise étaient à
cette époque les puissances les plus considérées de l'Italie; surtout à cause des établissemens nombreux et productifs qu'elles avaient

---

tom. I, p. 152, 169 et suiv. — Les architectes les plus savans (parmi lesquels il faut compter surtout M. Hittorff qui
a fait de longues recherches sur ce sujet), pensent maintenant que l'on doit aux Arabes l'architecture qu'on a appelée
si long-temps *gothique* (*Congrès historique européen*, Paris,
1836, 2 vol. in-8, tom. II, p. 389).

(1) *Nostradama vite dei poeti Provenzali*. Roma 1722,
in-4, p. 14 et 197. — De tous les princes de la maison de
Souabe, Frédéric II fut le plus lettré : non-seulement il cultiva la poésie, mais on lui a attribué aussi plusieurs ouvrages en prose. Brunet Latin (*Tesoro*, Vinegia, 1533, in-8°,
f. 1) cite de lui un traité de logique.

(2) *Villani, Giov., storia*. Firenze 1587, in-4, p. 180, lib. VI,
cap. 90. — *Malespini, istoria Fiorentina*. Firenze, 1718, in-4,
p. 153, cap. CLXXV.

formés dans l'Archipel et dans la mer Noire.
La puissance des Vénitiens était telle, que
les plus puissans parmi les barons français
ne crurent pas trop faire que de se mettre à
genoux devant le peuple de Venise, pour lui
demander de contribuer à l'affranchissement
de la Terre-Sainte (1). Et lorsque Baudouin
s'empara d'un empire que le doge Dandolo eut
la sagesse de refuser, les Vénitiens s'adjugèrent
les plus riches dépouilles de l'héritage de Constantin (2). Les Pisans aussi avaient établi des

_____

(1) Voyez *Ville-Hardouin de la conqueste de Constantinople*,
§§ 16 et 17, dans la *Collection des Mémoires relatifs à l'histoire de France*, par *Petitot*. Paris, 1819 -27, 53 vol. in-8,
tom. I, § p. 114—116.

(2) On peut voir dans *Ville-Hardouin* que d'abord les croisés s'obligèrent à payer aux Vénitiens quatre-vingt-cinq
mille marcs, et à partager également avec eux toutes les conquêtes qu'on ferait. Mais comme quand il fut question de
payer, les croisés n'avaient pas d'argent, ils s'engagèrent, pour
gagner du temps, à aider d'abord les Vénitiens à reprendre
Zara, en Dalmatie, et la croisade commença par une entreprise au succès de laquelle le pape s'était opposé (*Ville-
Hardouin, de la Conqueste de Constantinople*, § 30—52, et § 39
—43). Toute cette relation du *Maréchal de Champagne et de
Romanie*, prouve que sans le secours des Vénitiens, et surtout sans la sagesse et la valeur de Dandolo, on n'aurait jamais pris Constantinople. Les croisés furent étonnés de cette

comptoirs sur les côtes d'Afrique, et chassé les Sarrasins de Sardaigne, de Corse et des îles Baléares. Les marchands italiens qui revenaient de l'Orient, dont ils avaient, en quelque sorte, le monopole, rapportaient à-la-fois dans leur pays d'immenses richesses, et tout un système d'idées nouvelles et de nouvelles connaissances. Les plus anciens monumens de Venise et de Pise attestent l'influence des Grecs en Italie (1), comme les plus anciennes églises de Sicile attestent l'influence des Arabes (2). Plus tard, Florence eut l'empire des arts, mais le premier développement s'était opéré d'abord dans les villes maritimes par suite de leur plus grande richesse,

---

estrange proesce que li dux de Venise qui vialz hom ere, et gote ne veoit, fu toz armez el chief de la soe galie et ut le gonfanon sain Marc pardevant lui, et escrient as suens que il les meissent à terre, ou se ce non il feroit justice de lor cors. Et il si firent que la galie prent terre, et il saillent fors, si portent le gonfanon sain Marc par devant lui à terre, etc. (Ville-Hardouin, de la conqueste de Constantinople, § 90).

(1) Aimé, dans la chronique publiée par M. Champollion, dit que l'on fit venir des artistes grecs et sarrasins au Mont-Cassin (*Aimé, l'Ystoire de li normant.* Paris, 1835, in-8°, p. 103).

(2) Voyez le mémoire déjà cité de M. Hittorff (*Congrès historique européen*, tom. II, p. 389).

et des rapports plus intimes qu'elles avaient
avec les Orientaux (1). Après ces républiques
florissantes, le reste de l'Italie, quoique partagé en une multitude de petits états, en apparence indépendans, se rattachait toujours au
pape ou à l'empereur. Les villes impériales,
n'étaient pas gouvernées immédiatement par
l'empereur, mais elles obéissaient à des espèces
de grands vassaux. Là où le principe démocratique n'avait pu se développer d'aucune manière,
les fiefs étaient toujours restés héréditaires ; et
cela avait eu lieu partout où la population était
plutôt dispersée dans les campagnes, qu'agglomé-
rée dans les villes. Tandis que dans les états
où la démocratie avait commencé à s'élever
sans rester maîtresse absolue du champ de bataille, le pouvoir des empereurs ne s'exerçait que
dans le choix des vicaires impériaux : vicaires que
le peuple chassait quelquefois, et qui, d'autres
fois rendant leurs charges héréditaires, finis-

---

(1) Lorsque, en 1252, les Florentins frappèrent pour la première fois des florins d'or, ils n'étaient nullement connus en
Barbarie où les Pisans, qui faisaient tout le commerce, les
appelaient des *Montagnards* (*Villani, Giov., storia*, p. 157,
lib. VI, cap. 54 et 55).

saient par secouer presque entièrement le joug impérial. Ces petits états, ces républiques, sous la haute protection de l'empire, formaient la partie gibeline de l'Italie : quant aux villes guelfes, quoique tout-à-fait démocratiques, elles n'en étaient pas moins gouvernées et très souvent tyrannisées par des Podestats, des Capitaines de Justice ou des Barigels étrangers. Car c'était un principe fondamental de politique, dans ces temps de factions et de guerres civiles, de ne pas confier le pouvoir exécutif à un citoyen de la même ville. Ce pouvoir était donné à des étrangers qu'on payait, et qui, arrivant avec leurs juges et leurs employés, prenaient, pour ainsi dire, à ferme le maintien de la tranquillité publique et de la constitution, pendant un temps plus ou moins long (1). Le choix de ces admi-

(1) Jacopo Salviati nous a laissé des renseignemens très curieux sur cette espèce de bail que faisaient les républiques italiennes avec leurs administrateurs, qui devaient se charger de tout ce qui est relatif à la police, et à l'exécution des lois (*Delizie degli eruditi Toscani publicate dal Padre Ildefonso.* Firenze, 1770—89, 25 vol. in-8, tom. XVIII, p. 195, 256, 260, etc.—Voyez aussi *Villani, Giov., Storia*, p. 116, lib. V, cap. 32). Les *Novellieri* italiens se sont plusieurs fois égayés sur ces *juges au rabais* que les podestats menaient avec eux

nistrateurs fut, dans les villes guelfes, dirigé
par le pape et par les rois de Naples, aussi
souvent que le choix des vicaires le fut par
l'empereur dans les villes gibelines. Au reste,
cette influence papale ou impériale ne s'exerçait que très faiblement dans l'administra-
tion intérieure des communes. La seule différence essentielle consistait dans l'aristocratie
qui se trouvait, comme de raison, presque toujours chez les Gibelins, et à laquelle les Guelfes
avaient déclaré une guerre à mort. Une ville
s'insurgeait, chassait le vicaire impérial, adop-
tait les formes populaires et entrait dans la
grande ligue dont le pape était le chef. Après
cela il fallait qu'elle s'occupât de se former un
territoire, car elle était comme assiégée par une
multitude de petits seigneurs. Si elle était vic-
torieuse, le château était détruit et le seigneur
qui allait vivre dans la ville ne pouvait obtenir

(*Bocaccio, il Decamerone, tratto dal testo Mannelli*, S. L. 1761,
in-4, f. 270, Giorn. VIII, nov. 5). Voyez, sur ce point intéressant d'histoire municipale, *Muratori antiquit. italic.*, Mediol, 1740, 6 vol. in-fol. tom. IV, col. 79, 81, 129, etc., Dissert. 46. — *Tiraboschi, memorie storiche Modenesi*, Modena,
1793, 5 vol. in-4, tom. II, p. 96, etc., etc.

les droits de citoyen qu'en abjurant sa noblesse
et en se faisant inscrire sur la matricule d'un art
ou d'un métier. Quant à la liberté individuelle,
aux principes de la liberté politique, tels qu'on
les entend aujourd'hui, il n'y en avait guère
plus dans les villes guelfes que dans les villes
impériales. A chaque page de l'histoire, on rencontre de grandes cruautés, exercées par les
chefs des républiques démocratiques. C'était
l'égalité, et non pas la liberté, qui formait
la base des républiques italiennes. Mais la
cruauté du pouvoir exécutif, ses haines, ses
passions étaient contenues par la courte durée
des fonctions politiques, par le syndicat (1), et
surtout par le droit d'émeute, si facile à exercer alors. Au reste, les villes guelfes et les villes
gibelines étaient disséminées de la manière la plus
irrégulière sur tous les points de la Péninsule. Il
n'y avait ni continuité ni ensemble; on appartenait à l'un ou à l'autre parti, selon que telle ou telle

---

(1) Lorsqu'un *podestà* ou un *capitano* quittait ses fonctions, il devait rester un certain nombre de jours dans
la ville pour rendre compte de sa gestion devant des syndics
nommés *ad hoc*; et pendant ce temps, tout le monde avait
le droit d'accuser le magistrat sortant.

II.

2*

circonstance avait favorisé ou contrarié le développement de la démocratie. Ce ne fut que bien plus
tard, lorsque peu-à-peu les plus petits états furent
devenus la proie de leurs voisins, qu'il y eut des
provinces de quelque étendue gouvernées d'une
manière uniforme. Rarement dans les premières
guerres municipales, il s'agissait de conquêtes :
on ne voulait que s'emparer des châteaux; mais
de ville à ville la guerre n'eut d'abord d'autre
but que de faire triompher un parti, et de proscrire la faction contraire. La ville qui succom-
bait dans la lutte modifiait sa constitution, mais
elle conservait son indépendance. Elle ne faisait
souvent qu'entrer dans la confédération à laquelle appartenait sa rivale. Quelquefois le système changeait, et des évènemens imprévus ou
des guerres particulières jetaient les villes d'un
parti dans la ligue contraire; mais la masse du
peuple conservait ses sympathies, et dans les grandes occasions, par exemple à chaque descente
des empereurs en Italie, chacun reprenait ses
couleurs. Ces inimitiés presque de famille, en
isolant chaque petite ville, chaque village, brisaient les forces nationales, et préparaient de loin
l'asservissement de l'Italie; mais elles contribuaient aussi à ce développement prodigieux de

l'individu qui, livré à ses propres forces, et continuellement en lutte avec tout ce qui l'entourait, savait se grandir à la hauteur des difficultés, et jeter un éclat qui nous éblouit encore.

On croit généralement que la renaissance des lettres a précédé celle des sciences; mais cette opinion est erronée : car en laissant de côté les chants scandinaves, qui n'étaient probablement que la continuation d'un ancien système oriental, à peine commençait-on à écrire des poésies en provençal et en italien, que l'on vit arriver les découvertes qui ont influé le plus sur la marche des sciences. Les Romains, peu avancés dans les sciences exactes, n'avaient pu léguer que des connaissances fort imparfaites aux Italiens du moyen âge. Le schisme de l'Église grecque, la haine des Grecs contre les nouveaux maîtres de l'Italie, avaient interrompu tous les rapports entre Rome et Constantinople; et ce furent les Arabes qui rendirent d'abord aux Italiens les ouvrages d'Euclide et d'Archimède. A la fin du douzième siècle, et au commencement du treizième, les Chrétiens reçurent presque à la fois l'algèbre, base de toutes les sciences modernes, et la boussole qui, présidant d'abord aux progrès de la géographie, devait plus tard servir de base à la science du magnétisme. A la même époque, s'introduisait chez nous la philosophie d'Aristote, qui fut combattue d'abord par l'Église, et qui en devint plus tard le soutien, mais qui devait saper les fondemens de la superstition en concourant aux progrès de la logique. Quelques années plus tard, la poudre à canon vint égaliser les chances de la guerre et rendre inutiles ces riches armures, apanage exclusif de la féodalité : en effet, la première fois que la balle d'un vilain perça la cuirasse d'un chevalier, la féodalité fut frappée au cœur. Enfin, et toujours dans le même siècle, un Italien apprit des Chinois qu'il y avait une manière expéditive de tracer et de multiplier les caractères et les livres; et c'est probablement dans une phrase de Marco-Polo qu'il faut chercher l'origine de ce pouvoir formidable, la presse, qui rendrait désormais toute tyrannie impossible, si les écrivains savaient toujours remplir leur devoir et faire respecter leurs droits.

C'est à un marchand de Pise, Léonard Fibonacci (1), que nous devons la connaissance de

_____

(1) Fibonacci est une contraction de *filius Bonacci*, con-

l'algèbre; c'est lui qui a introduit, ou au moins répandu chez les Chrétiens, le système arithmétique des Hindous. On connaît très peu la vie de cet homme auquel les sciences ont de si grandes obligations, et l'on est réduit à la chercher dans ses écrits. Dans la préface du premier et du plus important de ses ouvrages (le traité de l'*Abbacus*) écrit en latin en 1202, Léonard raconte que son père, étant notaire des marchands pisans à la douane de Bougie, en Afrique, l'appela auprès de lui et voulut qu'il étudiât l'arithmétique ; et il dit qu'ayant voyagé ensuite en Egypte, en Syrie, en Grèce, en Sicile

---

traction dont on trouve de nombreux exemples dans la formation des noms des familles toscanes. Guglielmini s'est trompé lorsqu'il a dit que *Bonaccio* n'était pas le nom du père, mais que c'était un équivalent du sobriquet de *Bigollone* donné à Léonard (*Guglielmini, elogio di Leonardo Pisano*, Bologna, 1813, in-8, p. 37 et 224-227); car le manuscrit de l'*Abbacus* de la bibliothèque Magliabechiana de Florence (*Classe* XI, n° 21), qui est du quatorzième siècle, commence par ces mots : « Incipit liber abbaci compositus a Leonardo filio Bonaccii pisano, in anno 1202 », et le manuscrit de la pratique de la géométrie de la bibliothèque royale de Paris (*MSS. latins*, n° 7225) a pour titre : « Incipit pratica geometrie composita aleonardo Bigollosio fillio Bonacij pisano, in anno MCC XXI. »

et en Provence (1), après avoir appris la méthode
indienne, il se persuada que cette méthode était
bien plus parfaite que les méthodes adoptées dans
ces différentes contrées, et qu'elle était même su-
périeure à l'algorithme, et à la méthode de Pythagore (2) : enfin il nous apprend que s'étant occupé
plus attentivement de ce sujet, et y ayant ajouté ses
propres recherches, et ce qu'il avait pu tirer d'Euclide, il a voulu composer un ouvrage en quinze
chapitres pour instruire les Latins dans cette
science (3). Nous verrons bientôt que dans ces
quinze chapitres, était compris un traité complet
d'algèbre, le premier qui ait été écrit par un
chrétien. Cet ouvrage, ou pour mieux dire,
la seconde édition de cet ouvrage (4), fut dédiée
par Fibonacci, à Michel Scott, astrologue de

---

(1) Voyez la note I, à la fin du volume.

(2) Léonard (qui pouvait comparer ces diverses méthodes
sans faire aucune hypothèse) dit : « *sed hoc totum et Algorismum atque Pictagorœ, quasi errorem computavi, respectu modi Yndorum.* » Cela prouve, contre l'opinion de
Wallis, que M. Chasles a récemment reproduite, qu'à cette
époque le mot *Algorismus* ne s'appliquait pas à notre système de numération (*Chasles, sur le passage de la Géométrie
de Boèce*, etc. Bruxelles, 1836, in-4, p. 13).

(3) Voyez la note I, à la fin du volume.

(4) Voyez la note I, à la fin du volume.

l'empereur Frédéric II, et auteur de plusieurs ouvrages scientifiques (1). Depuis 1202, jusqu'en 1220, on perd tout-à-fait de vue Léonard : dans cette dernière année il publia sa *Pratique de la Géométrie,* qu'il dédia à un maître Dominique dont nous ne connaissions que le nom (2). En

---

(1) « Per hæc tempora Michaël Scotus Astrologus, Federici imperatoris familiaris agnoscitur, qui invenit usum Armaturæ Capitis, quæ dicitur cervellerium » (*Muratori, antiquit. ital.* tom. II, col. 487, Dissert. 26. — Voyez aussi *Ducange, glossarium mediæ et infimæ latinitatis,* Paris., 1723, 6 vol. in-fol. tom. II, col. 520, ad voc. *Cervellerium.* — *Memorie istoriche di più uomini illustri Pisani.* Pisa, 1790, 4 vol. in-4, tom. I, pag. 170.— *Dante, Inferno,* cant. XX, v. 15. — *Villani, Giov., storia,* p. 595, 617, 827, lib. X, cap. 105 et 141, lib. XII, cap. 18. — *Targioni, viaggi,* Firenze, 1768, 12 vol. in-8, tom. II, p. IX). — Parmi les différens ouvrages, imprimés ou manuscrits, de Michel Scott, que j'ai vus, son commentaire sur la sphère de Sacrobosc m'a paru le plus digne d'intérêt. Voici les passages que j'y ai principalement remarqués : « Hic queritur utrum (*terra*) recipitur calorem a sole, vel a cœlo..... Ergo omnes stelle sunt corpora sperica.... Terra est sperica, que non recipit lumen a sole subito, quod contigerit si esset plena, sed recipit successive : similiter luna non illuminata a sole subito quod contigerit si esset plena, sed successive illuminatur..... Regio equinotialis temperata et habitabilis » etc. (*Scoti, Michael, expositio super auctorem spheræ,* Bononiæ, 1495, in-4). Ils semblent prouver que Michel Scott avait des connaissances fort avancées pour son siècle.

(2) Voyez la note II, à la fin du volume.

1228, il donna une seconde édition (1) du traité de l'*Abbacus* avec des additions, et il paraît que c'est cette seconde édition qu'il dédia à Scott (2). Léonard composa aussi un traité des *Nombres carrés*, qu'il adressa à l'empereur en lui rappelant qu'il lui avait été déjà présenté par maître Dominique (3); mais on ne connaît pas bien l'époque à laquelle il écrivit cet ouvrage

---

(1) Ce n'est pas seulement depuis l'invention de l'imprimerie que les écrivains ont donné différentes éditions de leurs ouvrages. Ce sont ces diverses éditions qui ont produit souvent ces variantes qu'il est presque impossible d'attribuer à des fautes des copistes, et qui font le désespoir des éditeurs modernes, lorsqu'ils partent de ce principe faux, que les anciens écrivains n'ont pas pu corriger leurs ouvrages après les avoir publiés.

(2) Grimaldi dit (*Memorie istoriche di più uomini illustri Pisani*, tom. I, pag. 174), qu'il a trouvé dans un manuscrit de la bibliothèque Riccardi de Florence, ces mots « Incipit liber Abaci a Leonardo filio Bonacci compositus anno 1202, et correctus ab eodem, anno 1228.» Mais il ne cite pas le numéro du manuscrit, et il m'a été impossible de retrouver le titre qu'il rapporte, soit dans le catalogue des manuscrits de cette bibliothèque publié par Lami (Liburni, 1759, in-fol.), soit dans *l'Inventario e stima della libreria Riccardi*, Firenze, 1810, in-4.

(3) *Targioni, viaggi*, tom. II, p. 65.—Guglielmini (*Elogio di Leonardo Pisano*, p. 110), croit que cet ouvrage a été écrit vers 1250; mais cette date est fort douteuse.

qui, d'après ce qu'en rapportent Luca Paciolo et Ghaligai, a dû contenir des recherches
très ingénieuses sur la théorie des nombres (1).
Voilà tout ce que l'on sait sur Fibonacci; aucun historien contemporain n'en a fait mention, et on ignore même l'année de sa mort; on
sait seulement que pour prix des immenses
services qu'il avait rendus aux sciences, on
lui donna le sobriquet de *Bigollone* (2); probablement parce que l'étude des sciences l'absor-
bait tout entier, et l'empêchait de se livrer au
commerce, occupation favorite de ses concitoyens. Nous verrons quelques années plus tard

---

(1) Targioni (*Viaggi*, tom. II, p. 65) dit à tort que Luca
Paciolo s'est servi de cet ouvrage de Fibonacci, en le citant
à peine; car, non-seulement Paciolo a cité cet ouvrage de
Léouard (*Paciolo, summade arithmetica geometria*, Tuscu-
lano, 1523, 2 tom. en 1 vol., in-fol. tom. I, f. 13, Dist. I, tr. IV,
art. 6), mais il a rendu hautement justice au géomètre de Pise
en disant plus loin : « E perche noi seguitiamo perla ma-
gior parte Lionardo Pisano io intendo dechiarire che quando
si porra aleuna proposta senza autore quella sia di detto
Lionardo. » (*Paciolo, summa de arithmetica geometria*,
tom. II, f. 1, Dist. 1, cap. I). — Ghaligai a parlé aussi du
Traité des nombres carrés, et en a donné un extrait (*Ghaligai, pratica d'arithmetica*. Firenze, 1548, in-4, f. 60, lib.
VIII, § 27).

(2) *Guglielmini, elogio di Leonardo Pisano*, p. 37 et 224-227.

l'homme qui peut seul disputer à Colomb la gloire des plus grandes découvertes géographiques, Marco-Polo, obtenir de ses concitoyens un sobriquet non moins injurieux (1). Mais au moins la relation du voyageur vénitien a été publiée vingt fois, et son nom est maintenant couvert de gloire, tandis que les ouvrages du premier algébriste chrétien sont restés toujours ensevelis dans la poussière des bibliothèques. Commandin, il est vrai, avait voulu publier la *Pratique de la Géométrie* (2); mais la mort

---

— On trouve dans les manuscrits tantôt Bigollo, tantôt Bigollosus, etc.; mais c'est toujours la même racine du mot *Bigollone*, employé par les anciens écrivains italiens, et qui s'est changé plus tard en *Bighellone*.

(1) Tout le monde sait que Marco-Polo fut appelé par dérision *Million*, parce qu'il racontait les grandes choses qu'il avait vues en Orient: sa maison fut appelée *Cha Milione*, son ouvrage fut désigné par le même sobriquet, et une espèce de paillasse fut destiné, dans les mascarades, à tourner en ridicule le grand voyageur (*Doglioni historia venetiana*, Venet. 1598, in-4, p. 161—162, lib. III. — *Ramusio*, *viaggi*, tom. II, prefat. — *Humboldt*, *Examen critique*, édit. in-fol., p. 71). Plus tard, Pigafetta fut traité à-peu-près de même, et Chiabrera fut méprisé par les Génois, parce qu'il ne voulait pas s'occuper de commerce.

(2) *Baldi*, *cronica de Matematici*, Urbino, 1707, in-4., p. 89.

l'empêcha d'effectuer ce projet : et non-seulement depuis lors on n'a plus songé à publier
les écrits du géomètre de Pise, mais on a même
égaré le traité des nombres carrés, dont le manuscrit existait encore il y a à peine soixante
ans (1).

Pour faire bien apprécier l'importance des
travaux de Fibonacci, il faut examiner successivement ses ouvrages en commençant par le traité
de l'*Abbacus*, qui semble être sorti le premier de
sa plume. Cet ouvrage qui, comme nous l'avons
déjà dit, est divisé en quinze chapitres (2), contient, entre autres choses, l'exposition du
système arithmétique des Indiens, et l'algè-

_____

(1) Cet ouvrage existait, en 1768, parmi les manuscrits
de la bibliothèque de l'hôpital de Santa Maria Nuova de
Florence (*Targioni*, *viaggi*, tom. II, p. 6). Depuis lors
cette bibliothèque a été supprimée, et il nous a été impossible
de retrouver le manuscrit indiqué par Targioni, dans aucune des bibliothèques de Florence, ou d'en avoir aucun in-
dice. Nous engageons tous ceux qui s'intéressent à la gloire
de l'Italie de rechercher ce précieux manuscrit : il ne peut
qu'être égaré, et celui qui le retrouvera aura bien mérité des
sciences. On peut voir dans Targioni, à l'endroit cité, la description du manuscrit dont nous déplorons si vivement la
perte.

(2) Voyez la note I, à la fin du volume.

bre. Quant à l'arithmétique, il est vrai que
l'on connaît encore quelques manuscrits qui
paraissent antérieurs à 1202, et où l'on trouve
les nouveaux chiffres avec leur valeur de position (1); mais même en admettant l'authenticité de la date de ces manuscrits, il faut remarquer qu'ils semblent avoir été tous écrits
par des juifs, ou par des chrétiens habitant
chez les Mores d'Espagne, et que par conséquent ils ne prouvent rien quant à l'introduction
de l'arithmétique indienne chez les Latins (2).
D'ailleurs la valeur de position ne se rencontre
que dans des traductions; et souvent l'on a pu
copier des chiffres, en traduisant des ouvrages
de l'arabe, et les adopter comme des abréviations sans connaître pour cela la valeur de position de ces chiffres qui forme la base et le mérite
principal de l'arithmétique indienne. Quoi qu'il
en soit, le livre de l'*Abbacus* est le premier ouvrage écrit par un auteur chrétien, où les règles

---

(1) *Targioni*, *Viaggi*, tom. II, p. 66-68, et tom. XII,
p. 218. —*Andres*, *storia d'ogni letteratura*, Venez., 1783,
16 vol., in-8, tom. X, p. 109.

(2) *Guglielmini*, *elogio di Leonardo Pisano*, p. 60.

de l'arithmétique indienne soient exposées (1).
Quant aux chiffres, depuis long-temps on avait
fait des tentatives pour simplifier la manière d'é-
crire les grands nombres. Fibonacci lui-même dit
que, dans tous les pays qu'il a visités, il a trouvé
des méthodes abrégées de numération, et que
chaque peuple avait des abréviations différentes.
Les Romains aussi, comme nous l'avons déjà
dit (2), en avaient adopté. Or, parmi ces différens signes, on a pu souvent se tromper dans
l'examen des manuscrits, et croire que ces diverses abréviations coïncidaient avec l'arithmétique
indienne. Mais Léonard, qui était en état de
bien voir les choses, affirme le contraire; et il
s'arrête aux propriétés du zéro, qui sert, dit-il,
avec les neuf premiers chiffres à écrire tous les
nombres (3). On peut remarquer que le nom
du zéro, qui est le pivot de toute cette arithmétique de position, est un mot arabe (4). Cette

-----

(1) Voyez la note I, à la fin du volume.
(2) Voyez les pages 193, 201 et 377 du premier volume de
cet ouvrage.
(3) Voyez la note I, à la fin du volume.
(4) « Cum his itaque nove Figuris, et cum hoc signo O quod

étymologie est une dernière preuve de l'origine orientale de notre système de numération ; car si les Chrétiens avaient connu anciennement le zéro, ils auraient gardé leur mot propre, comme ils l'ont fait pour la forme de quelques-uns des chiffres, au lieu d'emprunter ce mot aux Orientaux. Ce traité où Fibonacci commence par exposer le nouveau système arithmétique, contient des choses bien plus importantes. Après des questions élémentaires on y trouve, comme dans la plupart des ouvrages algébriques des Arabes, la résolution d'un grand nombre d'équations qui se rapportent à des questions commerciales ; et l'ouvrage se termine par un traité d'algèbre (1). Non-seulement la disposition des matières indique l'origine orientale, mais l'auteur a conservé aussi les noms arabes pour désigner les règles dont il se sert et les opérations qu'il doit effectuer. Tels sont les mots *Elcataym*, *Almucabala*, *Algebra* (2), dont les deux premiers ont été employés

---

Arabice Zephirum appellatur, scribitur quilibet numerus. » — Voilà ce que dit Fibonacci (*Targioni*, *viaggi*, tom. II, p. 62); et il est évident que de *Zephiro* on a fait zéro.

(1) Voyez la note I, à la fin du volume.
(2) Voyez la note I, à la fin du volume.

par les mathématiciens occidentaux jusque vers la fin du seizième siècle (1), et dont le troisième est devenu celui de la science que Fibonacci nous a donnée (2). Le dernier chapitre de l'*Abbacus*, qui en constitue la partie la plus inté-

---

(1) Fibonacci dit qu'*Elcataym* , en arabe, signifie fausse position (*Targioni, viaggi*, tom. II , p. 62). Tartaglia a employé ce mot dans le même sens (*Tartaglia, tutte le opere d'arithmetica*, Venet., 1592, 2 vol. in-4, tom. II, f. 212).

(2) Long-temps on a voulu attribuer à d'autres personnes cette gloire. Mais aux sophismes de Wallis on peut opposer le témoignage de Colebrooke, dont le jugement n'admet pas d'appel (*Brahmegupta and Bhascara, algebra, translated by Colebrooke*, London, 1817, in-4, p. LI). Montucla, qui s'était d'abord trompé sur le siècle dans lequel a vécu Léonard de Pise, a cherché depuis à s'excuser en disant qu'il n'avait pas pu savoir que dans quelques bibliothèques d'Italie il existait un manuscrit de Léonard, propre à fixer le temps où il vivait (*Montucla, hist. des mathém.*, 2ᵉ édition, tom. II, p. 715). Mais d'abord cette question avait été depuis long-temps traitée par Targioni. (*Viaggi*, tom. II , p. 59), et par Zacharia (*Excursus litterarii*, Venet., 1754, in-4, tom. I, p. 219); et puis il existait en manuscrit des ouvrages de Léonard à la bibliothèque royale de Paris, et ils étaient indiqués comme ayant été composés au treizième siècle, dans le catalogue imprimé des manuscrits de cette bibliothèque (*Catalogus codicum bibliothecæ regiæ*, Paris., 1739-44, 4 vol. in-fol., tom. IV, p. 228. *MSS. latins*, n° 7223). La détermination de l'époque à laquelle l'algèbre a commencé à être cultivée par les Chrétiens est un fait assez grave pour mériter qu'on se donne la peine de bien l'étudier.

ressante, est, ainsi que nous l'avons déjà dit, un traité d'Algèbre : nous le publions à la fin de ce volume comme une pièce historique de la plus haute importance, et pour que l'on puisse enfin connaître et apprécier les travaux du père de notre algèbre (1). En arrachant à l'oubli ce morceau, nous croyons faire acte de reconnaissance envers l'homme qui a eu le mérite insigne de transporter chez nous une science tout entière en y ajoutant des découvertes importantes, et qui a tellement devancé son siècle, que les efforts réunis de tous les géomètres de l'Europe, pendant près de trois cents ans, n'ont pu rien ajouter à ce qu'il avait fait. Ce chapitre est divisé en trois parties : la première est relative aux proportions, la seconde à la géométrie, et la troisième à l'algèbre. Dans celle-ci, il y a d'abord des définitions et des dénominations empruntées aux Arabes (2); puis l'auteur considère six questions,

(1) Voyez la note III, à la fin du volume.

(2) Le carré de l'inconnue est appelé *census* par Fibonacci, et ce mot n'est que la traduction du mot *mal*, que les Arabes ont employé dans le même cas. Le mot *cosa*, dont se servaient les géomètres italiens pour indiquer la première puissance de l'inconnue, est également la traduction d'un mot

trois simples et trois composées, et il les résout successivement : ce qui le conduit à la résolution des équations du second degré. Il commence toujours par donner des exemples numériques, et puis il énonce les règles générales sans démonstration. Dans tous les cas qu'il examine, il suppose, comme le faisaient les Arabes, tous les termes positifs dans les deux membres ; car à cette époque on n'égalait pas encore à zéro le premier membre de l'équation. La démonstration vient à la fin : c'est une construction géométrique par laquelle on ajoute aux deux membres de l'équation le carré de la moitié du coefficient de la première puissance de l'inconnue. (1)

Avant d'aller plus loin, il faut s'arrêter un instant sur les notations que Fibonacci emploie. Souvent lorsqu'il veut exprimer des quantités, sans leur assigner une valeur numérique, il les représente par des lignes : quelquefois il indique, comme on le fait en géométrie, chacune de ces

arabe. C'est de ce mot que les Allemands ont tiré *die coss*, nom qu'ils ont donné d'abord à l'algèbre.

(1) En comparant la troisième partie du quinzième chapitre de *l'Abbacus* avec l'algèbre de Mohammed ben Musa,

lignes par deux lettres placées aux deux extrémités. Mais souvent aussi, il les désigne par
une seule lettre, et puis il fait sur ces lettres des
opérations algébriques comme si elles étaient
des quantités abstraites : de la même manière
absolument que cela se fait à présent. Quelquefois il emploie des lettres pour exprimer
des quantités indéterminées (connues ou inconnues) sans les représenter par des lignes (1). On
voit ici comment les modernes ont été amenés à
se servir des lettres de l'alphabet (même pour exprimer des quantités connues) long-temps avant
Viete, à qui on a attribué à tort une notation
qu'il faudrait peut-être faire remonter jusqu'à
Aristote (2), et que tant d'algébristes modernes

---

on se persuade facilement que Fibonacci a eu connaissance
du traité du géomètre arabe, et qu'il en a tiré presque tout
ce qui se rapporte aux équations du second degré.

(1) Cossali a cru que Fibonacci n'avait employé les lettres
que pour indiquer des lignes; mais l'examen du chapitre de
Fibonacci que nous publions à la fin de ce volume, prouve
le contraire (*Cossali, origine dell' algebra*. Parma, 1797,
2 vol. in-4. tom. I, p. 37 et suiv.)

Voyez la note III à la fin du volume.

(2) Voyez ce que nous avons dit dans le premier volume,
p. 99.

ont employée avant le géomètre français. Car
outre Léonard de Pise, Paciolo et d'autres géomètres italiens firent usage des lettres pour indiquer des quantités connues (1), et c'est d'eux
plutôt que d'Aristote que les modernes ont appris cette notation.

Dans l'algèbre des Arabes, on ne considère
ordinairement qu'une seule des racines des équations du second degré; mais nous avons déjà vu
que Mohammed ben Musa avait indiqué l'existence des deux racines (2), lorsqu'elles sont

---

(1) *Paciolo, summa de arithmetica geometria,* tom. I,
f. 83, 84, etc. Dist. VI, tr. V, art. 15, 16, 17, etc.

(2) *Mohammed ben Musa, algebra, translated by F. Rosen,*
London, 1831, in-8. p. 11. — Le cas dans lequel le géomètre
arabe considère deux racines est celui de l'équation $ax^2 + b = cx$
dans laquelle tous les termes sont positifs. Il dit à ce sujet :
« *Essayez la solution par addition* (c'est-à-dire en donnant le
signe + au radical), *et si elle ne réussit pas, la soustraction
réussira certainement. Car, dans ce cas, l'addition et la soustraction peuvent être également employées : ce qui n'arrive
dans aucun autre des trois cas.* » — On voit donc que Mohammed ben Musa a connu les deux racines des équations du
second degré. S'il ne les a considérées que dans ce cas, c'est
qu'il voulait éviter les racines négatives et les racines imaginaires. Ce passage avait été bien rendu dans les anciennes
traductions de Mohammed ben Musa, et il est étonnant qu'on
n'y ait pas fait attention plus tôt pour arriver à la multiplicité

toutes deux positives. Fibonacci a imité Mohammed ben Musa, mais n'est pas allé aussi loin que lui. En effet, il dit dans son algèbre que si l'on ne résout pas une certaine équation du second degré, en ajoutant le radical à la quantité rationnelle, on la résoudra en ôtant ce même radical (1); mais il ne dit pas qu'on pourra toujours la résoudre des deux manières. On trouve aussi dans Léonard la résolution des équations dérivatives du second degré (2) qui avaient été traitées par les Indiens, mais que Mohammed ben Musa n'avait pas considérées.

La *Pratique de la géométrie* est un ouvrage où Léonard, tout en s'occupant spécialement de la mesure des corps, a inséré aussi des recherches algébriques. Ce traité est divisé en huit

---

des racines (Voyez la traduction de Mohammed ben Musa, que nous avons insérée dans le volume précédent, p. 257).

(1) Dans la troisième équation du second degré qu'il considère, Fibonacci dit seulement: «Et sic cum non solvetur questio cum diminutione, solvetur sine dubio cum additione » sans compléter la phrase, comme le fait Mohammed ben Musa.

Voyez la note III à la fin du volume.

(2) Voyez la note III, à la fin du volume. Voyez aussi *Ghaligai, pratica d'arithmetica,* f. 95 et 99.

distinctions (1), et est adressé à ce maître Dominique, personnage qui nous est inconnu, mais
dont Léonard parle aussi dans le dernier de ses
ouvrages. Nous ne pouvons pas donner une analyse détaillée de cette géométrie, qui est fort
volumineuse, et dont on dirait, en comparant
entre eux les divers manuscrits actuellement
existans, que l'auteur l'a publiée plusieurs fois
avec des changemens notables (2). Parmi les
théorèmes contenus dans la *Pratique de la géométrie*, nous citerons celui de l'aire d'un triangle,

---

(1) La seconde *distinction* de la *Pratica geometriæ* a
pour objet l'extraction des racines carrées; la cinquième
traite des racines cubiques, et à la fin de l'ouvrage il y a des
problèmes indéterminés (*MSS. de la bibliothèque royale,
supplément latin,* n° 78, in-fol.).

Voyez la note II, à la fin du volume.

(2) Les manuscrits de la *Pratique de la Géométrie* que possède
la bibliothèque royale ne sont pas semblables. D'abord, dans
l'un d'eux (*Supplément latin,* n° 78 in-fol.), il est dit que
Fibonacci composa son ouvrage en 1220, tandis que, suivant
un autre manuscrit (*MSS. latins,* n° 7223), il l'aurait écrit en
1221. De plus, le second manuscrit ne contient ni les questions
d'analyse indéterminées qui se trouvent à la fin du premier,
ni même la *huitième distinction.* Enfin, ces deux manuscrits
ne contiennent ni l'un ni l'autre des passages qui se trouvaient dans le manuscrit de Guglielmini (*Guglielmini elogio
di Leonardo Pisano,* p. 210 et suiv.).

déterminée d'après les trois côtés, que l'on avait attribué à Tartaglia d'abord, puis à Héron, et qui se retrouve dans la géométrie indienne. Cependant, comme les plus anciens parmi ces auteurs n'ont été connus chez nous que dans ces dernières années, on peut assurer que c'est Fibonacci qui a fait connaître ce théorème à l'Europe. D'autant plus que le géomètre de Pise ne cite qu'Euclide parmi les géomètres grecs, et que celui-ci ne connaissait pas ce théorème que Fibonacci semble avoir pris de Savosorda, géomètre juif, dont Platon de Tivoli a traduit un ouvrage de géométrie qui existe encore manuscrit (1). Nous ne pouvons pas suivre l'auteur dans

---

(1) *Guglielmini elogio di Leonardo Pisano*, p. 26 et 174. — Le passage relatif à Savosorda que Guglielmini a cité, ne se trouve dans aucun des deux manuscrits de la bibliothèque royale que nous venons d'indiquer. Au reste, l'ouvrage de Savosorda que nous avons déjà cité dans le premier volume de cet ouvrage (p. 154), ne contient que des règles pour l'arpentage, et peu de démonstrations. L'aire d'un triangle quelconque y est donnée en fonction des trois côtés, mais il n'y a aucune démonstration de cette formule. Le manuscrit de la bibliothèque royale contient aussi de l'algèbre : malheureusement il est incomplet, et on ne peut pas juger de l'importance des recherches algébriques qu'il devait contenir. Ce manuscrit semble être du treizième siècle ; les chiffres y ont déjà une valeur de position : il commence

ces recherches géométriques, qui ont pour objet spécial l'arpentage et le jaugeage des corps.
Quelques manuscrits de cet ouvrage contiennent
aussi de l'analyse indéterminée. La *Pratique de la
géométrie* et le traité de l'*Abbacus* renferment
une multitude de faits curieux; ils peuvent servir
à enrichir les *glossaires* d'un grand nombre d'ar-
ticles nouveaux (1). Ils contiennent les rapports
des mesures et des monnaies chez les différens
peuples avec lesquels les Pisans étaient alors en
relation de commerce (2). Les lettres de change
y sont clairement indiquées (3), et on y rencontre une foule de renseignemens précieux de
toute nature, sur lesquels malheureusement il
nous est impossible de nous arrêter ici.

Fibonacci avait écrit aussi un *traité des nom-*

---

par ces mots : « Incipit liber embadorum a Savosorda in
ebraico compositus, et a Platone Tiburtino in latinum sermonem translatus : anno arabum DX, mense Saphar (*MSS. de
la bibl. du roi, supplément latin,* n° 774).

Voyez la note IV à la fin du volume.

(1) *Targioni viaggi,* tom. II, p. 65. — *Memorie istoriche
di più uomini illustri Pisani,* tom I, p. 202.

(2) *Targioni viaggi,* tom. II, p. 63. — *Memorie istoriche
di più uomini illustri Pisani,* tom. I, p. 203 et suiv.

(3) *Targioni viaggi,* tom. II, p. 62. — *Memorie istoriche
di più uomini illustri Pisani,* tom. I, p. 214 et suiv.

bres carrés. Mais cet ouvrage qui a été cité par
l'auteur lui-même, par Luca Paciolo (1), par Ghaligai (2), Xylander (3) et Baldi (4); que Targioni
avait trouvé inséré, il y a à peine soixante ans,
dans un traité anonyme d'arithmétique écrit au
quinzième siècle; et dont il a rapporté le commencement (5), a été perdu depuis, et toutes les
recherches pour le retrouver ont été infruc-
tueuses. Cependant Luca Paciolo a reproduit
une partie de cet ouvrage dans sa *Summa
arithmetica*, et comme Ghaligai semble aussi en
avoir extrait tout ce qu'il dit sur l'analyse indéterminée, il n'est pas difficile par la comparaison
de ces deux ouvrages, de restituer cet écrit,
mieux que n'a pu le faire Cossali, qui ne connaissait pas l'ouvrage de Ghaligai, ou qui, du

---

(1) *Paciolo, summa de arithmetica geometria*, tom. I,
f. 13, Dist. I, tr. IV, art. 6.

(2) *Ghaligai, pratica d'arithmetica*, f. 60, lib. VIII,
§ 27.

(3) *Diophanti Alexandrini, libri VI, a G. Xilandro latine
redditi*, Basil. 1575, in-fol. Epist. Nuncupat.

(4) *Baldi cronica de Matematici*, p. 89.

(5) Cet ouvrage semble avoir été dédié par Fibonacci à
Frédéric II; il commençait par ces mots: «*Cum Magister
Dominicus Pedibus Celsitudini Vestræ*, etc. (*Targioni viag-
gi*, tom. II, p. 66).

moins, ne l'a jamais cité. Xylander se trompait, lorsqu'il supposait que Fibonacci avait tiré de l'arithmétique de Diophante le traité sur les nombres carrés (1). Car, d'après ce qui nous a été conservé du traité de Fibonacci, on voit que ces deux ouvrages n'offrent aucune analogie. Pour indiquer quelques-unes des recherches originales de Fibonacci, nous dirons qu'il donna la somme de la série des nombres naturels et des nombres carrés (2), la formule générale pour

---

(1) *Diophanti Alexandrini libri VI, a G. Xilandro latine redditi,* Epist. Nuncupat.

(2) *Ghaligai, pratica d'arithmetica,* f 60, lib. VIII, § 28-30. — *Paciolo, summa de arithmetica geometria,* tom. I, f. 37-59, Dist. II, tr. V. — Paciolo commence par donner des règles pour sommer cette série sans citer le nom de l'auteur; mais il le fait connaître à la fin en disant: « Le quali cose de racogliere ditti numeri donde la forza di tale regole proceda. Leonardo Pisano in un tratto (*trattato*), che lui fece de quadratis numeris probat geometricé omnia que usque nunc dicta sunt de collectione maxime numerorum quadratorum » (ibid. f. 39).— Cossali (*Origine dell' algebra,* tom. I, p. 115-172) a extrait de Paciolo un grand nombre de passages relatifs à Fibonacci; mais comme malheureusement il ne cite jamais l'endroit précis d'où il a tiré les règles qu'il expose (règles que pour le dire en passant il a un peu trop rhabillées à la moderne), et que d'ailleurs il mêle souvent ensemble les recherches de Fibonacci avec celles de Lagrange, d'Euler et avec les siennes propres, son ouvrage

former les triangles arithmétiques en nombres
(1), et la résolution particulière de ce problème
difficile : trouver un carré auquel, en ajoutant
ou en soustrayant un nombre donné, on ait toujours un carré (2). Au reste, comme nous l'a-
vons déjà dit, il y a, dans le quinzième chapitre
du livre de l'*Abbacus* et à la fin de la *Pratique
de la géométrie*, des questions d'analyse indéterminée, qui ne se rencontrent pas dans les livres arabes, d'où Léonard paraît avoir tiré les
bases de son algèbre.

Les ouvrages de Fibonacci ne sont pas moins

---

n'est presque d'aucune utilité pour ceux qui veulent connai-
tre les travaux du père des algébristes européens. Nous avons
toujours rapporté textuellement les expressions de Paciolo
et des autres auteurs que nous avons cités; et nous ne nous
sommes permis que d'écrire quelquefois en entier les mots
qui n'étaient écrits que par abréviation dans les manuscrits
ou dans les éditions que nous avons consultés.

(1) On peut voir dans Cossali (*Origine dell' algebra*, t. I,
p. 118) les règles de Fibonacci, traduites en formules modernes. Elles sont générales, et donnent toutes les solutions,
ce que n'avaient jamais fait ni les Hindous, ni les Arabes,
ni les Grecs.

(2) *Pacioli, summa de arithmetica geometria*, f. 14 et 15,
Dist. I, tr. IV, art. 8 et 9. — *Ghaligai pratica d'arithmetica*,
f. 61, § 36 et 37.

remarquables pour ce qu'ils ne contiennent pas,
que pour ce qu'ils contiennent. A une époque où
les sciences mathématiques étaient surtout cultivées pour être appliquées à la magie et à l'astrologie, Léonard sut s'affranchir de ces entraves.
On ne trouve dans ses écrits aucune trace des
sciences occultes, et son génie devança son siècle
en philosophie comme il l'avait devancé dans
les découvertes scientifiques. Et certes, si l'on
examine l'époque à laquelle vécut Fibonacci et
ce qu'il fit; si l'on compare ses ouvrages si exclusivement scientifiques et contenant des recherches si ingénieuses, avec les écrits des hommes
les plus célèbres de son siècle, tels que Bacon,
Raimond Lulle, et Albert-le-Grand, qui tous ont
écrit après lui, et dans lesquels cependant la vérité est toujours à côté de l'erreur et de la superstition la plus grossière; si l'on pense que
c'est à lui seul que les chrétiens doivent l'algèbre; si l'on considère les beaux théorêmes et les
recherches importantes qu'il a laissées et qu'on
se borna pendant plusieurs siècles à copier sans
y rien ajouter; on n'hésitera pas à affirmer qu'il
a été le plus grand géomètre du moyen âge; que
seul pendant trois siècles il a soutenu l'honneur
des mathématiques pures chez les chrétiens, et

qu'il a établi, à la renaissance, la supériorité scientifique des Italiens. L'influence de cet homme, si négligé par la postérité, fut immense en Europe : non-seulement il créa en Toscane une école florissante, mais les étrangers se firent dès-lors élèves des Italiens, et ils adoptèrent les dénominations algébriques que ceux-ci avaient employées les premiers. (1)

Pendant long-temps personne n'osa suivre Fibonacci dans la route qu'il avait ouverte. Dans tout le treizième siècle, on trouve à peine le nom de quelques mathématiciens dont les travaux ne sont pas venus jusqu'à nous. On cite, il est vrai, Léonard de Pistoïa, dominicain, qui écrivit, vers 1280, un traité de géométrie et d'arithmétique (2); mais rien n'annonce qu'il eût adopté les nouvelles méthodes, ni qu'il eût connu l'algèbre. Ximenes (3) parle aussi d'un anonyme qui avait écrit vers 1250 un traité de l'*Abbacus* en italien; mais cet ouvrage, qui existe encore

---

(1) Voyez ci-dessus p. 33.

(2) *Tiraboschi storia della letteratura Italiana*, Venezia, 1795, 16 vol. in-8, tom. IV, p. 160.

(3) *Ximenes, del vecchio e nuovo Gnomone fiorentino*, Firenze, 1757, in-4. p. lviii, pref.

manuscrit à la bibliothèque Maglïabechiana de
Florence (1), ne porte aucune date, et les ouvrages didactiques écrits en prose italienne au
milieu du treizième siècle sont trop rares pour
qu'on puisse, sans de fortes preuves, le faire
remonter à cette époque.

Dans ce siècle on continua surtout à faire des
traductions, et il faut citer parmi ceux qui s'appliquèrent à traduire des ouvrages de mathématiques Guillaume de Lunis (2) que l'on a voulu
mal-à-propos supposer antérieur à Fibonacci. Un
algébriste florentin du quatorzième siècle, nommé
Canacci, et dont nous aurons occasion de reparler
dans la suite, dit que Guillaume traduisit la *Règle
de l'algèbre* de l'arabe en italien (3). Or certainement les Italiens n'écrivaient pas en prose avant
Fibonacci, et surtout ils n'auraient jamais pensé
à traduire en italien un ouvrage scientifique.
Cossali semble croire que Guillaume avait traduit

---

(1) *MSS. Classe* XI, n°. 88.

(2) *Cossali, origine dell' algebra,* tom. I, p. 7. — *Ghaligaï,
pratica d'arithmetica,* f. 71, lib. X.

(3) *Cossali, origine dell' algebra,* tom. I, p. 7. — Ghaligaï
dit également : « Regola dell' Arcibra, quale Guglielmo di
Lunis la traslato d'Arabo a nostra lingua » (*Ghaligaï, pratica
d'arithmetica,* f. 71, lib, X).

l'algèbre de Mohammed ben Musa (1); mais d'après
ce que Ghaligai (2) en dit et d'après le commencement de l'ouvrage qu'il rapporte, il est certain que ce n'était pas le traité de Mohammed
ben Musa (dont on connaît maintenant, non-
seulement l'original, mais aussi d'anciennes traductions (3) en latin) que Guillaume avait traduit. Le titre pourrait même faire supposer que
cet ouvrage avait été extrait de celui de l'Indien
Aryabhatta, que les Arabes appelaient Arjabar (4);
car, comme nous l'avons déjà prouvé par de
nombreux exemples (5), les sciences et la litté-

(1) *Cossali, origine dell' algebra*, tom. I, p. 9.

(2) Voici ce que dit Ghaligai: « Segue el Testo di Gu-
« glielmo. Rendiamo gratie allo altissimo, cosi comincia el
« Testo dell' *Agabar*, Arabico, nella regola del Geber, quale
« noi diciamo Arcibra, et secondo ditto Guglielmo importa
« 7 nomi, cioè Geber, Elmelchel, Elchal, Elchelif, Elfazial,
« Difareburam, Eltermen. » (*Ghaligai, pratica d'arithmetica*, f. 71, lib. X.).

(3) Voyez le premier volume de cet ouvrage, p. 252.

(4) Voyez le premier volume de cet ouvrage, p. 117 et 122.
— Nous venons de voir que, suivant Ghaligai, Guillaume de
Lunis traduisit l'*Agabar*, mot qui n'est peut-être qu'une cor-
ruption d'*Ajabar* ou *Arjabhar*.

(5) Tom. I, p. 124. — Les Hindous se trouvent souvent
nommés dans les ouvrages scientifiques de cette époque. Aux
exemples que nous avons déjà donnés de ce fait dans le premier volume (p. 124), et à celui de Planude qui a donné un

rature des Hindous avaient commencé à pénétrer au moyen âge en Europe, par l'entremise
des Arabes ; et le nom des peuples du Gange se

---

traité d'arithmétique *suivant les Hindous*, nous en ajoute-
rons deux autres. Le premier est tiré d'un manuscrit de la
bibliothèque royale (*Fonds Sorbonne*, n° 980), qui contient un
grand nombre de pièces scientifiques, et entre autres le *Liber
ysagogarum alchorismi in artem astronomicam a magistro
A. compositus.* Dans le premier chapitre de cet ouvrage il est
parlé des *chiffres hindous.* Le second exemple est tiré d'un
poème *de Vetula*, attribué faussement à Ovide, et que Ducange a cité au mot *algebra* (*Glossarium mediæ et infimæ
latinitatis*, tom. I, col. 501). Dans ce poème singulier, il est
dit à plusieurs reprises que les Hindous nous ont donné
l'*algebra et almucgrabala.* Rien n'est plus étrange que de voir
attribué à Ovide un poème où il est parlé d'algèbre. Mais
il est fort important de voir dès le moyen age attribuer aux
Hindous l'invention de l'algèbre. Il règne beaucoup d'incertitude sur l'époque à laquelle le poème *de Vetula* a été composé. Le mot *almucgrabala* pour *almuchabala* m'avait fait
déjà soupçonner que ce poème pouvait avoir été écrit dans
un pays où le système de transcription de l'arabe n'était
pas le même que celui qu'avaient employé les premiers algébristes chrétiens. Effectivement M. Leclerc, membre de
l'Académie des Inscriptions et Belles-Lettres, qui a bien
voulu m'aider de son érudition pour découvrir l'auteur du
poème *de Vetula*, incline à penser, avec Leyser, que cet ouvrage est de Léon, protonotaire du sacré palais de Byzance,
qui vivait dans la première moitié du treizième siècle. Malheureusement il m'a été impossible de trouver à Paris aucune des éditions de ce poème, et j'ai dû m'en tenir à ce qu'en
cite Ducange, et à ce qu'en dit Fabricius (*Bibliotheca latina*,
Lips. 1773, 3 vol. in-8°, tom. I, p. 465), qui, au reste, cite deux

trouve souvent cité dans les ouvrages scientifiques des chrétiens.

On a classé Campanus de Novare parmi les
plus illustres traducteurs du treizième siècle;
mais l'examen des manuscrits prouve que la traduction d'Euclide qu'on lui avait attribuée est
d'Adelard de Bath, appelé communément Adelard le Goth, et que Campanus n'a fait que le
commentaire (1). Campanus a laissé aussi d'autres ouvrages; il s'est occupé de la science des
astres, et l'on a de lui un traité sur le qua-
drant composé (2); mais ces écrits n'ont pas

anciennes éditions qui probablement n'ont jamais existé.

(1) *MSS. latins de la bibliothèque du roi*, n° 7213, 7214
et 7216 A. — Cela avait déjà été remarqué par Tiraboschi.
Cependant M. Chasles a continué à attribuer cette traduction
à Campanus (*Chasles*, *Mémoire sur la Géométrie des Hindous*, Bruxelles, in-4°, p. 7).

(2) *MSS. latins de la bibliothèque du roi*, n° 7293 A, 7298,
7401 et 7196. — Dans ce dernier manuscrit le traité de *qua-
drante composito* semble contenir de l'algèbre; mais les
questions algébriques qu'il renferme appartiennent évidemment à un autre ouvrage dont le commencement manque. Il
faut prendre bien garde à ces *amalgames* de manuscrits, qui
ont pour cause ordinairement une imperfection du manuscrit d'où on a tiré celui dans lequel plusieurs traités incomplets sont écrits à la suite l'un de l'autre, comme s'ils n'en
formaient qu'un seul. Nous aurons plusieurs fois occasion de
revenir sur cela et sur les erreurs qui en sont dérivées. Main-

une grande importance. Sa vie est peu connue : on sait seulement qu'il fut chapelain du pape Urbain IV (1) et chanoine de Paris (2). Quelques auteurs ont supposé qu'il avait existé deux Campanus, l'un Italien et l'autre Français ; mais Tiraboschi a démontré que c'était une erreur. (3)

L'algèbre et la géométrie sont les seules sciences qui soient restées sans mélanges à la renaissance des lettres, et dont on puisse facilement suivre les progrès et tracer l'histoire. Cultivées par des esprits sévères qui cédaient rarement aux erreurs de leur temps, elles furent dans ces siècles un préservatif de la pensée ; et cela fait leur plus bel éloge. Les ouvrages que nous venons de citer suffiraient seuls pour démentir ces historiens qui ont cru que jusqu'au seizième siècle les sciences consistaient uniquement en des re-

---

tenant nous nous bornerons à signaler le mot *radix*, employé à la place de *res*, pour désigner une inconnue dans des équations du premier degré, que nous avons rencontré dans ces fragmens algébriques ajoutés à l'ouvrage de Campanus. C'est un premier exemple de l'emploi du mot *racine* pour exprimer *solution*.

(1) *Tiraboschi, storia della lett. italiana*, tom. IV. p. 154-160.

(2) *Saxius, apud Argelati bibl. script. Mediolan.*, Mediol. 1745, 2 tom. in-fol., tom I, pars I, p. cccclIII.

(3) *Tiraboschi, storia della lett. ital.*, tom IV, p. 160.

cherches sur l'astrologie, l'alchimie ou la magie, et en quelques allusions ou quelques passages incertains cachés dans un poème obscur, ou dans un traité mystique. Il est vrai cependant que ce défaut d'ouvrages spéciaux et didactiques se fait sentir partout, excepté dans les mathématiques pures. Pour se bien faire une idée complète de l'ensemble des croyances qui dans ces siècles constituaient le système scientifique, il faut tout lire, tout compulser : nous verrons que souvent une ballade en apprend plus qu'un grand ouvrage, surtout quand il s'agit d'une observation ou d'un fait nouveau et populaire, qu'on n'osait presque pas introduire dans un docte commentaire sur Aristote, et que le trouvère consignait volontiers dans une chanson. Cette nécessité de tout lire, souvent pour ne rien trouver, rend nécessairement toute recherche historique interminable, et tout ouvrage sur le moyen-âge imparfait.

Dans ce siècle, l'astronomie fut rarement cultivée pour elle-même. Il suffit de jeter les yeux sur quelques-uns des écrits astronomiques de cette époque, pour se convaincre que, sauf quelques rares exceptions, la théorie et le mouvement de la lune ou des planètes étaient sur-

tout étudiés pour satisfaire aux besoins ecclésiastiques, et pour déterminer le jour de Pâques.
A peine cite-t-on quelques prédictions d'éclipses;
prédictions qui paraissaient alors assez extraordinaires pour que l'histoire en conservât le
souvenir : l'importance que l'on y attachait
prouve l'enfance de la science. Quant à la partie
pratique, les astres étaient surtout observés pour
tirer des horoscopes. L'astrologie judiciaire
formait à cette époque une espèce de religion.
Aussi ancienne que l'histoire, l'astrologie a été
l'erreur la plus répandue parmi les hommes.
Les Chinois, les Hindous, les Égyptiens, les
Chaldéens, les Grecs, les Romains, en ont
été les esclaves. Les Arabes qui probablement l'avaient reçue des Grecs, des Chaldéens
et des Égyptiens, la rendirent aux Chrétiens. Vainement l'Église voulut la combattre
comme un reste de paganisme; l'astrologie
triompha de tous ses ennemis. Elle devint une
des parties essentielles de la religion et de la
poésie de ces peuples nouveaux, qui étaient
avides surtout du merveilleux. Dans ces siècles,
les astrologues jouaient un rôle très important.
Les peuples comme les princes étaient soumis
à leurs prédictions. Dans les cours, l'astrologue

était l'un des principaux officiers, et l'on ne se
préparait jamais à une entreprise importante
sans l'avoir consulté. C'était le successeur de
l'aruspice des Romains. Cette croyance était
répandue dans toute l'Europe. Frédéric II, qui
était d'ailleurs le prince le plus éclairé de son
temps et qui passait même pour très incré-
dule (1), avait une foi aveugle dans l'astrologie (2). Les mouvemens de son armée étaient
réglés sur ceux des astres, et l'un de ses astrologues, Théodore, se trouve cité à propos des
actions les plus mémorables de l'empereur (3).
Le cruel Eccelin de Romano avait réuni à Brescia
une troupe d'astrologues (4) parmi lesquels on
comptait à-la-fois un Sarrazin et un chanoine

---

(1) *Villani, Giov., storia*, p. 124, lib. VI, cap. 1.

(2) *Muratori scriptores rer. ital.*, Mediol. 1723, 25 tom.
in-fol., tom. VIII, col. 83, et tom. IX, col. 660.

(3) *Muratori scriptores rer. ital.*, tom. VIII, col. 228.
— Cet astrologue, d'après ce qu'en dit Fibonacci dans
l'introduction au traité sur les nombres carrés, semble s'être
occupé aussi d'algèbre (*Targioni, viaggi*, tom. II, p. 66).

(4) *Muratori scriptores rer. ital.* tom. XIV, col. 930 et 931,
et tom. XV, col. 529. —Ces astrologues le suivaient partout
(*Verci, storia degli Ecelini*, Bassano, 1779, 3 vol. in-8,
tom. II, p. 382.)

de Padoue(1). On aurait tort cependant de croire que les princes seuls fussent superstitieux. Les républiques aussi avaient leurs astrologues (2), et souvent l'astrologie s'assit à côté de la tiare (3). Aux universités de Bologne et de Padoue, la chaire d'astrologie était considérée

———————————————

(1) *Muratori scriptores rer. ital.*, tom. XIV, col. 930 et 931.

(2) Dans un document de l'année 1260, cité par Mazzuchelli dans ses notes à Philippe Villani, on lit : « *Guido Bonactus, astrologus comunis Florentiœ*» (*Villani, Filippo, vite d'uomini illustri fiorentini*, Firenze, 1826, in-8. p. 143-144).

(3) Voici ce que raconte Villani à propos de la déroute de Monteaperti « Ma il cardinale Ottaviano degli Ubaldini ch' era Ghibellino ne fece gran festa ; onde cio sentendo il cardinal Bianco, ch' era grande astrologo, e gran maestro di negromanzia, disse. Se il cardinale Ottaviano sapesse il futuro di questa guerra de' Fiorentini, e' non farebbe questa allegrezza. Il collegio de' cardinali il pregarono che ciò dovesse chiarire più in aperto. Il cardinal Bianco non volea, perchè parlare del futuro pareva illicito alla sua dignità ; ma i cardinali pregarono tanto il Papa che gli comando sotto pena d'ubbidenza che il dicesse. Havuto il comandamento, disse, etc.» (*Villani, Giov. storia*, p. 175, lib. VI, cap. 82)—L'ancien chroniqueur Smerego dit : « D. Eccelinus..... habuit victoriam, et cepit Legatum, qui acceperat ei Paduam, et Fratrem Gaverardum de Ordine Prædicatorum, qui erat suus Astrologus» (*Muratori scriptores rer. ital.*, tom. VIII, col. 101). — Gui Bonatti cite l'Evangile pour prouver que même Jésus-Christ s'est servi de l'astrologie (*Bonatus, Guido, decem tractatus astronomic*, Venet. 1491, in 4° tract. I, cap. 13).

comme l'une des plus nécessaires (1); et malheureusement il faut compter parmi les astrologues du treizième siècle, un homme d'un
grand talent, Gui Bonatti, qui fut l'un des plus
savans astronomes de son temps. On est incertain sur la ville où il naquit. Quelques chroniqueurs ont dit qu'il était Florentin, et que,
chassé de sa ville natale, il choisit pour patrie
Forli (2), où d'autres le font naître (3). Si sa
patrie est douteuse, il n'est pas douteux qu'il
fût considéré comme le premier homme de son
siècle, et qu'il fut successivement astrologue
d'Écelin, de Gui de Monteltro, de la république
de Florence, et peut-être de Frédéric II. Dante le

---

(1) Les anciens réglemens de l'université de Padoue portent, relativement à l'astrologue, «quem tanquam necessaris-
« simum habere omnino volumus» (*Facciolati de gymnasio
patavino syntagmata*, Patav. 1752 in-4, p. 57). — Il fallait à
cette époque que les médecins fussent aussi astrologues
(*Facciolati syntagmata*, p. 57). En 1303, la commune de Bologne assigna annuellement une certaine quantité de blé à
Jean de Lune, astrologue, pour les services rendus au public
(*Tiraboschi, storia della lett. ital.*, tom. IV, p. 176).

(2) *Villani, Filippo, vite*, p. 42 et 143.

(3) *Muratori, antiquit, ital.*; tom. I, col. 1183. Dissert. 18.
—*Marchesi vitæ illust. Foroliviensium*, Forol., 1726, in-8°,
p. 240.

cite (1) et Benvenuto da Imola, qui en parle longuement dans son commentaire sur la *Divina
commedia* (2), dit qu'il avait été étudier en
Orient (3). On a attribué mille prodiges et mille
prédictions à Bonatti, qui passait pour être non
moins habile sorcier qu'astrologue. On disait
qu'il avait fait une statue douée du don de pro-
phétie (4). Mais si la statue était infaillible, le
statuaire ne l'était pas; et l'on raconte qu'un jour
il fut vaincu par un antagoniste fort peu savant. Il
s'agissait de prédire le temps; Bonatti disait qu'il
ferait beau, mais un paysan affirmait le contraire, d'après certains pronostics qu'il avait cru
remarquer dans son âne : il se trouva que l'âne
avait raison (5). Gui a laissé un traité d'astronomie qui a été publié au quinzième siècle et
dans lequel il cite d'autres astrologues célèbres

(1) *Dante, la divina commedia*, Infern., cant. xx.
(2) *Muratori, antiquit. ital.*, tom. I, col. 1083, Dissert. 18.
(3) *Muratori, antiquit. ital.*, tom. I, col. 1183, Dissert. 18.
(4) *Villani, Filippo, vite*, p. 43.
(5) *Muratori, antiquit. ital.*, tom. I, col. 1083, Dissert. 18.
— *Landino, apologia di Fiorenza*, dans la préface à *Dante, cantica, col commento del Landino*, Vinegia, 1536, in-4, et dans le commentaire au xxᵉ chant de l'*Enfer*.

de son temps. Il y parle des persécutions qu'il
eut à souffrir de la part de plusieurs moines
qui, dirigés par Jean de Vicence, combattaient
l'astrologie (1). Heureusement, ajoute Bonatti,
ils ne sont pas tous comme cela : il y en a qui
comprennent la vérité de l'astrologie , et parmi
ceux-ci il cite Conrad de Brescia, prédicateur ,
qui pour son profond savoir, fut nommé évêque de Cesène (2). Ce qui pourrait étonner les
personnes qui connaissent peu cette époque,
c'est que Bonatti paraît avoir fini par se faire
moine (3); mais nous verrons plus tard les hom-

---

(1) *Bonatus, Guido, dec. tr. astron.*, tract. I, cap. 13.

(2) « Sunt tamen inter eos (*tunicatos*) quidam discreti et bene
intelligentes intelligibilia, et cum illis potes bene conferre
licet sint pauci quorum unus fuit venerabilis frater enve-
randus brissiensis de ordine prædicatorum quem, inveni
valde discretum et bene intelligentem omnem veritatem et
utentem ea, qui propter sue scientie profonditatem effectus
est episcopus cesenas. » (*Bonatus, Guido, dec. tr. astron.*,
tract. V, cons. 97).

(3) Tiraboschi croit que Bonatti n'a jamais été moine,
et il suppose que cette erreur est peut-être dérivée d'un
passage de Villani qui a été mal compris (*Tiraboschi, storia
della lett. ital.*, tom. IV, p. 171). Mais Mazzuchelli a cité un
si grand nombre d'auteurs qui attestent la fin dévote de
Bonatti qu'il est difficile de ne pas y croire (*Mazzuchelli,
scrittori d'Italia*, Brescia, 1753-63, 2 vol. in-fol., vol. II,
part. 3, p. 1561).

mes les plus illustres du quatorzième siècle ac-
cusés de la même faiblesse. Faut-il ne voir en
cela qu'un résultat des croyances du temps, ou
bien doit-on regarder ces conversions comme
imaginaires, et les ranger parmi les fraudes
pieuses qu'on a si souvent renouvelées depuis ?
Les deux hypothèses sont également probables
et nous nous abstiendrons de prononcer.

Les carrés magiques, et les propriétés mer-
veilleuses des nombres, ne paraissent s'être introduits que plus tard dans l'algèbre italienne ;
mais l'astronomie, la physique et la chimie
furent presque exclusivement cultivées par des
astrologues, des magiciens et des alchimistes.
Toutefois, la futilité et la fausseté du but n'empêchèrent pas toujours les progrès de la science.
Pendant long-temps il n'y eut aucune physique
en Europe, et elle ne fut un peu cultivée que
par des hommes qui voulaient trouver des secrets propres à éblouir et à effrayer le vulgaire.
Ce ne fut que quelque temps après l'auto-da-fé de
1210 (1) que les ouvrages et la physique d'Aristote

(1) Voyez ce que nous avons dit là-dessus, tom. I, p. 181
de cet ouvrage.

purent être étudiés sans danger, grâce surtout à
saint Thomas d'Aquin, que ses grands talens et sa
sainteté ne purent préserver du poison de Charles d'Anjou (1). Dans un temps où les sciences
n'étaient pas encore assises sur des bases certaines et où l'esprit humain flottait au hasard, quand
il n'obéissait pas aux préceptes des scolastiques,
l'étude des ouvrages d'Aristote produisit une
révolution heureuse dans les écoles : elle ramena
l'unité en philosophie et substitua un grand
dictateur à l'anarchie. D'importantes questions furent posées, et bien qu'elles fussent souvent mal
résolues, elles donnèrent l'éveil aux esprits et
agrandirent le cercle des idées. Avant le treizième siècle, il n'y avait pas un corps de science
parmi les Chrétiens. Dès qu'Aristote arrive,
l'esprit encyclopédique se développe généralement. La connaissance des ouvrages grecs, qu'on
doit aux Arabes, a retardé peut-être le mouve-

(1) *Villani, Giov.*, *storia*, p. 472, lib. IX, cap. 218. —
Saint Thomas avait aussi commenté Platon, et il avait écrit
un traité des aqueducs, et des machines hydrauliques; mais
cet ouvrage n'est pas parvenu jusqu'à nous. Voyez une lettre
écrite par l'Université de Paris en 1274, où sont cités plusieurs des ouvrages de Saint Thomas (*Bulaeus, historia univers. Paris*, Paris., 1665, 6 vol. in-fol., tom. III, p. 408).

ment intellectuel moderne ; mais l'imitation des anciens était probablement nécessaire : elle devait nous apprendre à raisonner d'une manière quelconque avant de faire du nouveau. A cette époque les ouvrages d'Aristote ont été les béquilles de l'esprit humain.

Nous avons déjà signalé les grandes découvertes qui furent faites dans ces temps ténébreux, et dont les découvertes des siècles suivans ne pourront jamais diminuer l'importance (1). On sait que la propriété directrice de l'aimant était connue des Chinois plusieurs siècles avant l'ère chrétienne (2). Maintenant nous allons tâcher de déterminer l'époque à laquelle cette propriété fut premièrement appliquée à la navigation par les Européens.

Quelques érudits qui attribuaient, par système, toutes les découvertes aux anciens, et qui, au reste, n'appelaient *anciens* que les Juifs, les

---

(1) Il ne faut pas s'étonner au reste que les plus grandes découvertes aient souvent précédé les autres. Car ordinairement elles étaient liées à des phénomènes plus remarquables ou plus constans, et par conséquent plus faciles à observer.

(2) Voyez tom. I, p. 382 de cet ouvrage.

Grecs et les Romains, ont prétendu que la boussole avait été connue anciennement en Occident. Mais les longs voyages des Phéniciens et les navigations des Carthaginois autour de l'Afrique, fussent-ils vrais, ne prouveraient rien en faveur de l'ancienneté de cet instrument. Colomb, sur une caravelle, a su traverser pour la première fois l'Atlantique, et la difficulté de l'entreprise ne prouve pas qu'il eût à sa disposition des vaisseaux à trois ponts. La *versoria* de Plaute n'était pas non plus la boussole : cela a été trop bien démontré pour qu'il soit nécessaire de s'y arrêter de nouveau (1). Un passage d'Albert-le-Grand, où Aristote est cité à propos de l'aiguille aimantée (2), mériterait peut-être un examen plus sérieux si, dans l'introduction au traité des minéraux, Albert-le-Grand n'eût dit qu'il n'avait jamais vu l'ouvrage qu'il citait (3). D'ailleurs comme les mots dont se sert l'évêque de Ratisbonne prouvent qu'il a tiré ce passage de l'arabe, en con-

(1) *Commentarii inst. Bonon.*, tom. II, pars. 5, p. 353 et seq.
(2) *Alberti Magni opera*, Lugduni 1655, 22 vol. in fol. tom. II; *de mineralibus*, p. 243.
(3) *Alberti Magni opera.* tom. II, *de mineralibus*, p. 210.

servant, comme c'était alors l'usage, le son des mots qu'il n'avait pas su comprendre, il en résulte qu'Aristote n'a été cité ici que d'après les Arabes. Mais, malgré tous les argumens qui se réunissaient pour prouver qu'Aristote n'avait pas connu la boussole, il pouvait encore rester quelques doutes à cet égard, puisque le livre d'Aristote sur les minéraux, cité par Diogène Laërce, n'est pas arrivé jusqu'à nous. Heureusement il existe en arabe un abrégé inédit de l'ouvrage d'Aristote, et cet abrégé, où il est parlé beaucoup de l'aimant, ne contient rien sur sa polarité (1). L'ouvrage d'Aristote a été cité aussi par un minéralogiste arabe qui, en beaucoup d'endroits, semble avoir copié l'abrégé que nous venons d'indiquer, mais qui ne dit pas un mot de la boussole (2). Cela prouve, à notre avis, que le passage cité par Albert-le-Grand, n'est qu'une de ces interpolations dont les manuscrits ont offert tant d'exemples.

Quoiqu'il soit bien démontré que les Occidentaux n'ont pas connu anciennement la boussole,

_____

(1) *MSS. arabes de la bibliothèque du roi*, n° 402.

(2) *Ahmed Teifascite sulle pietre preziose, colla traduzione di A. Rainieri*, Firenze, 1818, in 4°, p. 49, cap. XIV.

on ne peut déterminer que d'une manière appro-
chée l'époque de sa première apparition en Europe. Les témoignages unanimes de plusieurs
écrivains prouvent que les navigateurs chrétiens
se servaient de l'aiguille aimantée vers la fin du
douzième siècle et au commencement du treizième; mais jusqu'à présent rien ne semblait
borner l'antiquité de cette invention, que l'on
pouvait faire reculer à volonté de plusieurs siècles. Cependant un passage que nous avons
trouvé dans un manuscrit du dialogue *de eodem
et diverso* d'Adélard de Bath, auteur qui vivait
au commencement du douzième siècle (1), semble établir d'une manière fort probable que la
boussole n'était pas connue à cette époque en
Europe (2). Il reste donc seulement une la-

---

(1) Adélard a dédié ce dialogue à Guillaume, évêque de
Siracuse, qui, d'après Pirro (*Sicilia sacra, Panor.*, 1733,
2 vol., in-fol., tom. I, p. 620), mourut avant 1117; Adélard
dit que ce Guillaume était fort savant dans les mathématiques.

(2) Vers la fin de ce dialogue, Adélard dit : « Et ego... a
salerno ve... in grecia maiore, quedam philosophum
grecum qui pre ceteris artem medicine naturasque rerum
disserebat.,. causam scilicet querens qua vi et natura ma-
gnetes ad se ferrum trahat ejus que super hac re ceterisque
similibus solutiones audita. » (*MSS. latins de la bibliothèque du roi*, n° 2389). — Or Adélard, qui était l'un

titude d'environ un demi-siècle pour arriver jusqu'aux premiers chrétiens, qui ont pu s'en servir. Car Guyot de Provins en a parlé vers la fin du douzième siècle comme d'une chose connue des marins (1). Il faut remarquer que la manière de se servir de l'aiguille aimantée, était alors différente de ce qu'elle est à présent. L'aiguille n'était pas suspendue, elle flottait sur un corps léger; ordinairement sur une paille (2). C'est à cette occasion que l'on inventa un nouveau mot, pour exprimer l'aimant qui, en ita-

---

des hommes les plus savans de son siècle, et qui avait tant voyagé, n'aurait pas manqué de citer la polarité de l'aimant, avec l'attraction magnétique, si on l'avait connue de son temps en Europe. Il n'en a parlé ni dans ce dialogue, ni dans ses *Questiones physicœ* qui se trouvent dans le même manuscrit avec la date de 1130.

(1) *Barbazan, fabliaux et contes français,* Paris, 1808. 4 vol. in-8° tom. II, p. 327. — *Mémoires de l'Académie des inscrip. et belles-lettres* (édition orig. in-4°) tom. XXI, p. 191.

(2) Voyez le passage de Guyot de Provins qui a été publié avec des variantes par E. Pasquier (Amsterd. 1723, 2 vol. in fol. tom. I, col. 419), Ménage (*Origini della lingua italiana,* Genev. 1685 in fol. p. 141). Barbazan (*Fabliaux et contes français,* tom. II p. 327). etc. Dans les différens manuscrits de Guyot, l'aimant est appelé tantôt *manière,* tantôt *manète,* il est probable que *manète* est la vraie leçon, qui semble être une corruption de *magnète.*

lien et même en français (1), fut appelé *cala-mite*, du nom grec d'une espèce de grenouille, à laquelle l'aiguille paraissait ressembler lorsqu'on la faisait flotter sur l'eau pour déterminer le nord (2). L'on doit donc faire remonter l'introduction de la boussole jusqu'aux premiers écrivains qui se sont servis de ce mot *calamite* pour indiquer l'aimant; et si on le trouvait employé dans cette acception par quelque écrivain antérieur à Guyot, on devrait reculer encore l'époque de l'introduction de l'aiguille flottante parmi les chrétiens.

Guyot de Provins n'a parlé que de l'emploi de l'aiguille aimantée pour reconnaître le nord en mer, et n'a rien dit sur l'origine de la boussole. Mais un autre auteur français, Jacques de Vitry, qui vivait peu de temps après Guyot et qui avait séjourné en Palestine, fait bien comprendre que

---

(1) Dans le manuscrit français du Tresor de Brunet Latin qui se trouve à la bibliothèque de Carpentras (*MSS.* n° 537, lib. 1, cap. 112) à l'endroit où Brunet parle de l'aiguille aimantée il y a « *iamant (ce est calamite)*. »

(2) *Plinii hist. natur.* Paris 1723, 3 vol. in fol. tom. II, p. 582 et 589 lib. XXXII, cap. 7 et 10.—*Sylvalici opus pandectarum*, Venet. 1511, in-fol., f. 48.—*Simonis januensis clavis sanationis*, Venet. 1514. in-fol., f. 14.

cette découverte était venue de l'orient de l'Asie. En effet, il dit qu'il existe dans l'Inde une pierre, qui s'appelle *adamas* et qui communique au fer la faculté de se tourner vers le pôle, et il ajoute que cette pierre attire le fer plus fortement que l'aimant ou *magnes* (1). Il résulte de ce passage, que Jacques de Vitry ignorait, comme toutes les personnes qui se servirent d'abord parmi nous de la boussole, que l'aimant ordinaire jouit de la propriété directrice et peut la transmettre à l'aiguille; et puisqu'on croyait alors qu'il fallait une pierre « qui se trouve aux Indes, » il est évident que cette

---

(1) « Sunt præterea in partibus Orientis lapides pretiosi, « admirabilis virtutis et incredibilis, inexpertis. Adamas in « ultima India reperitur, lucidi coloris et ferruginei : quan- « titatem nuclei nucis avellanæ non excedit; duritia sua « omnibus metallis resistit, hircino tamen sanguine recenti « et calido rumpitur; igne non calescit: ferrum occulta qua- « dam natura ad se trahit. Acus ferrea postquam adamantem « contigerit, ad stellam septentrionalem, quæ velut axis fir- « mamenti, aliis vergentibus non movetur, semper conver- « titur; unde valde necessarius est navigantibus in mari. Jux- « ta magnetem positus non sinit eum rapere ferrum : quod « si magnes ferrum traxerit accidente adamante ferrum ra- « pit, auferendo prædam magneti. » (*Gesta Dei per Francos,* Hanov. 1611, 2 vol. in-fol. tom. I, p. 1106.)

pierre et la connaissance de sa singulière propriété, ont dû venir ensemble de l'endroit d'où l'on faisait partir l'*adamas*.

Le mot *calamite* a été employé d'abord par les Italiens. On le trouve dans Pierre des Vignes (1), dans Mathieu de Messine (2), et dans le notaire de Lentino (3), poètes de la première moitié du treizième siècle; mais il faut citer avant tout Gui Guinicelli de Bologne, qui dit, dans une de ses chansons, que l'aiguille est attirée vers le nord, parce qu'il y a là des montagnes de *calamite* (4): rattachant ainsi la propriété

---

(1) *Allacci poeti antichi*, Napoli 1661, in-8° p. 503.

(2) *Allacci poeti antichi* p. 496. — Voyez ce que j'ai dit sur ce poète sicilien (qui a été appelé de différentes manières par les Académiciens de la Crusca) dans l'*Antologia di Firenze* (Novembre 1831, p. 10).

(3) *Allacci, poeti antichi*, p. 432.

(4) Voici les vers de Guinicelli :

« In quelle parti sotto tramontana
« Sono li monti della calamita,
« Che dan virtute all'aere
« Di trarre il ferro : ma perche lontana,
« Vole dì simil pietre havere aita:
« A farla adoperare
« Et dirizare l'ago inver la stella. »

que j'ai tirés de l'édition qu'en a donnée Corbinelli (*Conti,*

directrice de l'aiguille à l'attraction magnétique.
Et comme jusqu'alors on n'indiquait que l'aimant indien, tandis que Guinicelli parle d'un
aimant quelconque, il serait peut-être permis de
croire que c'est en Italie que l'on a reconnu
pour la première fois l'identité de *l'adamas* indien avec notre calamite.

Nous ne citerons pas tous les écrivans italiens
qui ont parlé de l'aiguille aimantée : jusqu'à
Brunet Latin, à François de Barberino, et même
jusqu'à Dante inclusivement, ces écrivains indiquent toujours l'aiguille flottante ou l'aiguille en
général, sans jamais nommer la boussole; mot
que nous avons rencontré pour la première fois
dans le commentaire inédit de François de Buti
sur le poème de Dante (1). C'est dans ce com-

----

la bella mano, Parigi, 1595 in-12. f. 90), en y introduisant
quelques légères variantes que j'ai tirées d'un manuscrit de
la bibliothèque royale (*MSS. français;* n° 7767).

(1) Voici le passage de François de Buti que j'ai tiré du
manuscrit n° 29 de la bibliothèque Magliabechiana de Florence.

« Del Chor del una delle voci nove — Si mosse voce
« che lago ad la stella — Parer mi fece et volger al suo
« dove,

« *Del chor del una,* cioè di quelle beate anime che erano

mentaire que l'on trouve la description de
l'aiguille suspendue et de la manière fort singulière dont on faisait dans ces temps-là les

---

« nel secondo cerchio et dice del chor, per mostrare che par-
« lava con effetto. *Delle luci nove,* cioè delle beate anime che
« erano in spetie di luce venute di nuovo. *Si mosse voce,*
« cioè ad parlare si fatta con tanto affectione di carità. *che la-*
« *go ad la stella parèr mi fece,* cioè che fece parer ad me
« Dante quella voce si fatta che lago, del bussulo che por-
« tano li marinari et li naviganti per cognoscere dove e la
« tramontana quando e turbato che non la possino vedere al
« segno della quale navigano, fusse fermato ad la tramontana
« (*ici à la marge du manuscrit, il y a ces mots :* de chalamita).
« anno li naviganti uno bussulo che nel mezzo e uno perno
« in sul quale sta una rotella di carta leggieri la quale gira
« in sul dicto perno, et la dicta rotella a molti puncti a modo
« duna stella, et ad una di quelle e ficto un pezo dago con la
« puncta fuora, et questa puncta li naviganti quando voglio-
« no vedere dove sia la tramontana inebbriano molto bene
« con la chalamita toccandola bene con quella, et poi girano
« intorno al bussulo la chalamita, et quando anno facto pi-
« glare lo moto di girare intorno cessano la chalamita, et
« stanno a vedere tanto che si posi lo moto della dicta rotella
« la quale sempre posa con la punta del ago inverso quella
« parte dove e la tramontana et allora sadvedono dove
« sono et che via denno tenere. Et cosi per similitudine che
« si contiene nel colore che si chiama significatione lau-
« tore nostro dimostra che li parue che quello spirito fusse
« fermato ad dio che e perno dogni cosa, come si ferma lago
« ad la tramontana dove e lo moto del perno del cielo. *Et*
« *volger,* cioè fece la dicta voce volger me. *Al suo dove,* cioè
« al suo luogo dove ella era. »

observations magnétiques. C'est donc entre le commencement et le milieu du quatorzième siècle, qu'il faut placer la suspension de l'aiguille, et peut-être la doit-on à Flavius Gioja d'Amalfi, à qui on avait attribué à tort la découverte de la faculté directrice de l'aimant. La suspension de l'aiguille se trouve aussi en quelque sorte indiquée dans le roman du *Guerin Meschino*, qu'on assure avoir été écrit à Florence, avant que Dante composât la *Divina Commedia* (1) ; mais il faudrait pouvoir examiner d'anciens manuscrits, pour savoir si le mot *imbellico* (en suspens) s'y trouve comme dans les éditions que nous avons pu consulter (2). Quant au mot

---

(1) *Dante, la divina commedia*, Roma, 1815-1817, 4 vol. in-4, tom. IV. *Lettera d'un accademico*, p. 3-10.

(2) Voici le passage de ce roman qui se rapporte à l'aiguille aimantée : «... Calamita, la quale è una pietra Marina, di color tra negro, e biso, et ha questa proprietà che tira il ferro a se per la sua frigidità, e di più ha, che toccando la punta d'un ferro leggiero, c'habbia d'ogni parte la punta, e toccando con una punta con la calamita, e mettendo il ferro imbellico quella parte ch' haverà tocco a la Calamita si volgerà alla tramontana, però li naviganti vanno con la calamita securi per mare, e con la carta da navigare ». (*Guerino, detto il Meschino*, Venetia S. D. in-8, p. 115, lib. III, cap. 68). — Il faut remarquer dans ce passage la *carta da navigare*, employée au commencement du quatorzième siècle,

bussola, il est certainement italien, malgré ce qu'on a voulu dire de contraire (1). Et nous croyons qu'il prouve que c'est en Italie qu'on a d'abord substitué la boussole (*boîte*) à l'aiguille flottante.

On a cherché souvent à déterminer à quelle époque avait été observée, pour la première fois, la déclinaison de l'aiguille aimantée, dont on a pendant long-temps attribué la découverte à Colomb. Les Chinois l'avaient remarquée très anciennement, mais ce n'est pas d'eux que les Européens ont appris à la connaître (2). Un passage d'un manuscrit de la bibliothèque de Leyde avait porté quelques savans à attribuer à un certain Adsygerius, qu'ils faisaient vivre au treizième siècle, la première observation (3) de ce genre qui

---

et le mot *imbellico*, qui semble donner l'étymologie du mot *in bilico.* — Voyez la note V, à la fin du volume.

(1) Voyez ce que nous avons déjà dit là-dessus dans le tome I, p. 384. Aux auteurs que nous avons cités, on peut ajouter Fra Mauro, qui a appelé *bozzola* la boussole, Corio, qui appelle *bussule* des boîtes, etc. (*Zurla, il mappamondo di fra Mauro*, Venez., 1806, in-4, p. 52 et 128. — *Corii Mediolanensis historia*, Mediol., 1503, in-fol. ad ann. 1389).

(2) *Klaproth, lettre sur l'invention de la boussole*, Paris, 1834, in-8, p. 68.

(3) M. de Humboldt (*Examen critique*, p. 243) cite plusieurs

eût été faite en Europe. Mais d'abord, comme
nous l'avons déjà fait remarquer (1), le traité
sur la boussole attribué à cet Adsygerius,
n'est autre chose qu'une lettre de Pierre Peregrinus sur l'aimant, adressée *ad Sygerium* de
Fontancour (2). Et puis, le passage sur lequel
repose cette opinion ne se trouve ni dans les
plus anciens manuscrits, ni dans l'édition
du traité de Peregrinus, et paraît être une addition ou une interpolation plus moderne. Dès-
lors on est porté à croire que ce sont les Italiens

---

auteurs qui, d'après un manuscrit de la bibliothèque
de Leyde, ont attribué la découverte de la déclinaison à
Adsygerius. Je dois à l'obligeance de M. Wenckebach,
professeur à l'Académie militaire de la Haye, des renseignemens sur le manuscrit de Leyde, qui portent à
penser que le passage, tant de fois cité, est une interpolation au traité de Peregrinus, qui a été imprimé
pour la première fois à Augsbourg en 1558. Ce manuscrit
semble avoir été copié postérieurement au voyage de Colomb ; le titre aura été mal écrit par un copiste qui aura
transformé l'*ad Sygerium* en *Adsygerius*. Il résulte des recherches que M. Wenckebach a fait faire en Angleterre,
que trois manuscrits de la bibliothèque Bodleïenne, qui
contiennent le même traité, n'ont pas le passage sur la
déclinaison.

(1) Voyez tom. I, p. 383.
(2) Voyez la note V, à la fin du volume.

qui ont fait cette observation pour la première
fois; car des manuscrits fort anciens (1) et des cartes vénitiennes du commencement du quinzième
siècle , indiquent la déclinaison (2) long-temps
avant les voyages de Colomb et de Cabot. (3)

La poudre à canon semble aussi être une dé-

---

(1) Dans un manuscrit italien de la bibliothèque de l'Arsenal (*MSS. italiens, histoire et géographie*, n° 42, in-fol.),
il y a une figure de la boussole où la déclinaison est représentée. Ce manuscrit (qui est indiqué par erreur comme
renfermant un ouvrage de Brunet Latin) contient, comme
M. Molini l'a fait déjà remarquer (*Documenti di storia
italiana*, Firenze, 1836, 2 vol. in-8, tom. I, p. LXIX) le poème
sur la *Sfera*, écrit par Goro Dati, de Florence, vers le commencement du quinzième siècle. Ce manuscrit est certainement antérieur au voyage de Colomb. Dans une carte alle-
mande de la même époque, qui se conserve à la bibliothèque
du roi, et que M. Jomard a eu la bonté de me montrer, il y
a aussi la déclinaison.

(2) Voyez l'article que Formaleoni a consacré à la carte
exécutée par André Bianco en 1436 (*Formaleoni, saggio sulla nautica antica dei Veneziani*, Venez., 1783, p. 51-59).

(3) M. de Humboldt (*Examen critique*, p. 243 et suiv.) a
parfaitement établi les droits de Colomb, qui, antérieurement
à Cabot et à tout autre, avait découvert la *variation de
la déclinaison*. Quant à la *déclinaison* elle-même, M. de
Humboldt reconnaît comme *assez probable* qu'elle a pu être
remarquée avant l'observation de Colomb. La carte de Bianco
et le manuscrit de l'Arsenal nous paraissent lever tous les
doutes à ce sujet.

couverte orientale. Probablement elle fut introduite par les Mongols en Europe au treizième siècle; car, quant à l'histoire du moine Schwartz,
elle n'est à présent adoptée presque par personne.
Cette découverte, qui ébranla tout le reste de
l'Europe, eut des résultats moins grands en
Italie, où le peuple avait déjà reconquis ses
droits avant d'avoir appris à manier un fusil.
Plus tard, les Italiens appliquèrent la poudre
à des usages importans; mais ils semblent ne
l'avoir employée généralement à la guerre qu'a-
près plusieurs autres nations (1).

(1) Guido Cavalcanti, qui est mort vers la fin de l'année
1300, a parlé des *bombarde*, mot qui en italien signifie *ca-
nons*. Dans le dictionnaire de la Crusca (*Vocabolario degli
accademici della Crusca*, Firenze, 1729, 6 vol. in-fol., *Bombarda*), ce mot a une double signification : outre le canon,
il semble indiquer une espèce de tube destiné à lancer du
feu. Cependant, les exemples cités dans le dictionnaire de la
Crusca paraissent tous se rapporter au *canon*. Mais il nous
semble difficile que du temps de Cavalcanti il y eût des ca-
nons. Probablement les Italiens auront employé le mot
bombarda pour indiquer successivement diverses machines
de guerre, comme les Chinois l'avaient déjà fait relativement
au mot *Pao*. Néanmoins, ce point d'histoire n'a pas encore été
suffisamment éclairci, et l'étymologie donnée par Carafulla
(*bombarda, che rimbomba e arde*), et rapportée par Varchi

Une découverte fort modeste en apparence,
mais qui fut d'une application très utile à l'humanité, et qui prépara de loin la découverte des lu-
nettes astronomiques, est celle des besicles, qui
ne se trouvent d'abord mentionnées que dans des
écrits ascétiques, ou dans des ouvrages de médecine. Heureusement, une épitaphe nous a conservé le nom de l'inventeur, Salvino degli Armati,
banquier florentin qui mourut en 1317 (1). On sait
maintenant qu'Alexandre de la Spina de Pise, à qui
on avait attribué d'abord cette découverte, ne fit
que deviner ce que Salvino avait fait avant lui. Un
prédicateur fameux de cette époque, frère Jourdain de Rivalto, prêchant à Florence vers 1305,
disait qu'il n'y avait pas vingt ans que les besicles
avaient été inventées (2). D'autres écrivains,
cités par Redi et par Manni (3), prouvent que

(*Varchi, l'Ercolano*, Firenze, 1720, in-4, p. 199) est plus sé-
rieuse que Varchi ne l'a cru. Voici au reste les vers de Cavalcanti où il parle des *bombarde* : « Guarda ben dico, guarda,
ben ti guarda, — Non aver vista tarda, — Ch'a pietra di bombarda arme val poco. » (*Raccolta di rime antiche toscane*,
Palermo, 1817, 4 vol. in-4, tom. I, p. 191).

(1) *Del Migliore, Firenze illustrata*, Firenze, 1684, in-4,
p. 431.

(2) *Manni, degli Occhiali da naso*, Firenze, 1738, in-4, p. 59.

(3) *Manni, degli Occhiali da naso*, p. 55-68 et 71-76. —

cette découverte a été faite à Florence vers 1280;
mais les Florentins n'en ont jamais compris l'importance. Une inscription seule faisait connaître,
il y a deux siècles, le nom de l'inventeur : cette
inscription n'existe plus, les cendres de Salvino
ont été profanées (1), et rien à Florence ne rappelle le nom de ce banquier physicien.

Dès la renaissance des lettres, la médecine fut,
ainsi que l'algèbre, traitée comme une science
à part; et les Arabes furent nos maîtres dans l'une
et dans l'autre. Seuls, parmi les savans, les médecins furent alors influens et célèbres, et ils
arrivèrent souvent au faîte des grandeurs. Leur
influence a beaucoup servi à faire revivre la méthode d'observation si long-temps abandonnée,
et ils ont contribué à ranimer l'étude de l'histoire
naturelle et des autres sciences accessoires à la
médecine.

Nous n'avons pas le dessein de parler particu-

Redi, Opere, Milano, 1809, 9 vol. in-8, tom. V, p. 83-86,
tom. VII, p. 252 258, tom. VIII, p. 111. — La lettre de Redi
sulla invenzione degli occhiali, publiée pour la première fois
à Florence en 1678, in-4, et reproduite par Manni, ne se
trouve pas dans l'édition des œuvres de Redi publiée à Milan,
quoiqu'on l'y eût annoncée (_Redi, Opere_, tom. VII, p. 257).

(1) _Del Migliore, Firenze illustrata_, p. 431.

lièrement de tous les médecins qui , à la renaissance, se sont illustrés en Italie. Mais , comme
leurs ouvrages contiennent l'exposition de tout
ce que l'on savait alors sur la physique et la physiologie, et qu'ils renferment en outre une foule
de détails précieux sur l'histoire littéraire et
scientifique, nous en citerons quelques-uns.

L'un des plus anciens et des plus célèbres, parmi
ces médecins italiens, fut Guillaume de Saliceto,
de Plaisance, qui vivait vers le milieu du treizième
siècle, comme on le voit par son traité de chirurgie qu'il composa à Bologne en 1258 (1), et dont il

---

(1) Poggiali dit d'après un document publié par Sarti,
que Guillaume était à Bologne en 1269 (*Poggiali, Memorie
per la storia letteraria di Piacenza*, Piacenza, 1779, 2 vol.
in-4, tom. I, p. 1); mais, comme Guillaume dit lui-même à
la fin de sa Chirurgie publiée en 1476, à Plaisance, in-folio :
« *quod ipse ordinaveram cursare ante hoc tempus in Bono-
nia per annos quatuor* » (*Poggiali, Memorie,* tom. I, p. 8),
il me reste quelques doutes sur la date du document publié
par Sarti; car, à la fin d'un manuscrit précieux de la bibliothèque de Carpentras, qui contient la traduction de cet ouvrage citée par la Crusca, j'ai trouvé le passage suivant, qui
prouve que Guillaume était à Bologne en 1258 :
« Compiuta sie la diceria della cyrurgia del maestro Guiglielmo di Piacenza, lo quale libro egli si conpilò nella cipt-
tade di Bologna ad utilitade delli studianti sotto gli anni dello
nostro Signore messer Yhu Xpo Mille CCLVIII.

donna une seconde édition plus tard à Vérone (1).
Cet ouvrage a acquis beaucoup de célébrité depuis
que l'on s'est appliqué à rechercher l'origine de
certaines maladies, qu'on suppose généralement
être venues d'Amérique. Car il s'y trouve un passage, qui semble prouver que des maladies analogues, et produisant des effets non moins fu-
nestes, étaient assez communes au treizième
siècle en Europe (2). Au reste, l'on sait que déjà
au quatorzième siècle ces maladies avaient éveillé
la sollicitude des gouvernemens, et que des mé-

« Millesimo trigentesimo. Inditione XI, Ego M. T. d. f.
scrissi questo libro nella cipta di Firenze —Deo gratias.»

Ce manuscrit est très important par son ancienneté et par
la pureté du texte qu'il renferme : à la fin on y a ajouté différens extraits et ordonnances, qui indiquent clairement
qu'il a été écrit par un médecin. Peut-être les quatre lettres
M. T. d. f. signifient-elles *Maestro Taddeo da Fiorenza*. Si
cela était, ce manuscrit prouverait contre l'assertion de Bi-
scioni, que Taddeo ne mourut pas en 1296 (*Villani, Filippo
vile*, p. 116). Mais pour lui attribuer ce manuscrit, il faudrait pouvoir assurer qu'avant sa mort Taddeo, retourna à
Florence, et nous n'avons rien de positif là-dessus. Au
reste, j'ai étudié le manuscrit de Carpentras, et je puis
affirmer qu'il contient un grand nombre de mots qui manquent au Vocabulaire de la Crusca.

(1) *Poggiali, Memorie*, tom. I, p. 8.

(2) *Poggiali, Memorie*, tom. I, p. 15 et suiv. — *Muratori,
antiquit. ital.*, tom. III, col. 930, Dissert. 44.

decins étaient chargés de visiter fréquemment les personnes qu'on présumait en être atteintes et pouvoir les propager; car déjà elles étaient considérées comme contagieuses. Ce n'est pas une des particularités les moins curieuses parmi celles qui se rattachent à l'histoire de ces maladies, de voir que le premier réglement de police relatif à ce fléau honteux de l'humanité, a été dicté par une femme. C'est la reine Janne de Naples qui, pendant qu'elle était en Provence, l'inséra dans ses capitulaires. (1)

Quelques manuscrits de l'ouvrage de Guillaume, contiennent les dessins des anciens instrumens de chirurgie, et quoique l'ouvrage ait été imprimé en latin et en italien, il manque cependant une édition propre à satisfaire à-la-fois ceux qui chercheraient à s'instruire dans l'histoire de la science et ceux qui voudraient étudier dans la traduction l'un des plus anciens monumens de la prose italienne. Sous ce dernier rapport la chirurgie de Saliceto offre surtout un

---

(1) C'est dans un manuscrit de ces capitulaires qui se trouve à Avignon dans la riche collection de M. Requiem, botaniste distingué, que j'ai vu le passage que je cite ici.

grand intérêt : elle est remplie de mots techni-
ques qui devraient trouver place dans les lexi-
ques italiens et que *la Crusca* n'a pas indiqués
quoique elle ait cité cet ouvrage. Le troisième
livre de cette chirurgie porte en latin un
titre (1) qui suffirait à lui seul, pour fixer la
signification si long-temps, et si mal-à-propos
contestée, du mot *algèbre*. Ce mot qui vient
de l'arabe et qui signifie *restauration* avait déjà
passé à cette époque en Occident, avec toutes les
acceptions qu'il avait dans sa langue originaire(2).
En mathématique, il indiquait le passage ou le
rétablissement d'une quantité qui était néga-

---

(1) « Liber tertius de algebra, id est restauratione conve-
nienti circa fracturam et dissolutionem ossium » (*Guilielmi
de Saliceto Placentini Chirurgia*, inter *Scriptores de Chirurgia*, Venetiis, 1546, in-fol. f. 341).—Gui de Chauliac et Lanfranc de Milan ont employé le mot *algebra* dans le même
sens (*Scriptores de Chirurgia*, fol. 204, 208, 252, etc.). Et
Gui de Chauliac a même employé dans sa chirurgie le mot
équation dans un sens chirurgical (ibid. f. 52). Avec cette signification, ce mot manque au glossaire de Ducange et au supplément de Carpentier. Voyez aussi *Sylvatici, opus pandectarum*, f. 12. — *Simonis januensis, clavis sanationis*, f. 5.
(2) Un passage de Motenabbi, cité par M. Rosen,
prouve que, même en Arabe, le verbe d'où dérive le sub-
stantif *jebr*, signifie aussi remettre un membre fracturé
Mohammed ben Musa, algebra, p. 177-178).

tive et qui devenait positive étant transportée,
ou *rétablie* dans l'autre membre de l'équation (1).
En chirurgie, et c'est dans ce sens que Guillaume de Plaisance, et presque tous les chirurgiens de cette époque, l'ont employé, le mot algèbre signifiait l'art de remettre, de restaurer,
les membres démis ou fracturés. Au moyen âge,
non-seulement la signification chirurgicale d'*algèbre*, était adoptée généralement en latin, mais
elle avait passé aussi dans les langues roma-
nes (2) de notre temps, ce mot et ses dérivés,
semblent, dans la plupart des langues européen-
nes, n'être plus destinés qu'à exprimer une branche des mathématiques; mais en espagnol et en
portugais on appelle encore *Algebrista* le chirurgien.

_____

(1) Voyez la note VI à la fin du volume.

(2) Dans une traduction française de Lanfranc qui est à
la bibliothèque du roi, j'ai trouvé le passage suivant : « *Le
tiers traicté de cest livre fine et commence le quart qui est
de algebre et contient II summes.* » (*MSS. français de la
bibliothèque du roi*, n° 7101, f. 202), — où l'on voit que ce
mot *algèbre* est pris d'une manière tout-à-fait absolue. Dans
un autre manuscrit français (*Fonds Saint-Germain*, n° 1933,
f. LV), le mot *algebra* est employé plusieurs fois de la même
manière. Avec cette signification il manque dans le glossaire manuscrit de la langue française, par Sainte-Palaye,
qui est à la bibliothèque du roi.

Nous n'essayerons pas de donner ici la biographie de Guillaume de Plaisance, et nous nous bornerons à citer un fait qui indique qu'au treizième siècle on avait l'habitude, en Italie, de s'abonner avec les médecins. Un document conservé dans les archives de Bologne, prouve que Guillaume s'était engagé à soigner pendant deux années un étudiant allemand, moyennant trente-six livres de Bologne, dans le cas où il serait atteint d'une certaine maladie déterminée (1). Nous sommes dans une telle ignorance sur tout ce qui se rapporte aux habitudes des gens de lettres et des savans de ce temps-là, que ce fait nous a semblé de nature à être indiqué. Saliceto mourut vers 1277, à Plaisance (2), et sa mémoire fut long-temps en honneur dans son pays. (3)

Parmi les médecins les plus illustres de cette

(1) *Poggiali, Memorie,* tom. I, p. 1.

(2) *Poggiali, Memorie,* tom. I, p. 5.

(3) Vers le commencement du seizième siècle, le *collège* des médecins de Plaisance lui fit élever un monument (*Poggiali, Memorie,* tom. I, p. 5). Guillaume de Plaisance a parlé de l'opération de la pierre, et il l'a décrite comme l'ayant pratiquée (*MSS. de la bibliothèque de Carpentras, Cyrugia del Maestro Guiglielmo,* etc. f. 27. lib. I. cap. 47). Voyez sur l'histoire de cette opération, et de la lithotritie surtout, le *Journal asiatique,* Juin 1837, p. 525.

époque, il faut citer Roger de Parme, qui fut
chancelier de l'université de Montpellier (1), et
que Gui de Chauliac préférait à tous les chirurgiens de son temps (2). Il existe à Florence, dans
la bibliothèque Riccardi, un manuscrit de lui
intitulé : *De secretis naturæ*, dans lequel on
pourrait peut-être trouver des faits curieux sur les
opinions physiques de ce siècle (3). Sa *Pratique
de la médecine* que l'on appela *Rogerina*, fut attribuée à tort à Roger Bacon par des biographes
anglais. Lanfranc de Milan, fut aussi un médecin
célèbre qui, forcé par les persécutions des Visconti
de quitter l'Italie, vint s'établir en France d'après
les instances des professeurs de l'Université de
Paris, et surtout de Jean Passavanti (4), autre
Italien qui enseignait alors à Paris. C'est en
France que Lanfranc écrivit sa *Grande chirurgie;*

(1) *MSS. latins de la bibliothèque du roi*, n. 7035 et 7056,
—Dans ces deux manuscrits, Roger est appelé *studii Mon-
tispessulani cancellarius.*

(2) *Scriptores de chirurgia*, f. + 11.

(3) *Lami, Catalogus manuscript. bibliothecæ Riccardianæ,*
p. 343. — Je regrette beaucoup de ne pas avoir pu étudier
ce manuscrit, dont je n'ai connu l'existence que depuis
peu.

(4) *Scriptores de chirurgia*, f. 207 et 261.

il y fonda une école célèbre, et les historiens
français ont dit que c'est par les soins du professeur de Milan que la chirurgie française sortit de l'ignorance (1). Il serait difficile à présent
de se faire une idée du grand rôle que jouaient à
cette époque les médecins. Élèves des Arabes, ils
semblaient avoir hérité de l'influence politique
des médecins orientaux. Les médecins de renom
étaient peu nombreux, et tous les pays se les disputaient. Dans les républiques, ils formaient une
des castes les plus influentes, jouissaient de
grands privilèges, d'un titre d'honneur (2), et se
distinguaient par un costume plus riche que celui
des autres citoyens (3). Plusieurs d'entre eux
amassèrent des richesses prodigieuses. Philippe
Villani raconte que Taddeo de Florence, appelé
à soigner le pape Honorius IV, demanda et obtint cent ducats d'or par jour (4) pendant toute
la durée du traitement; et il ajoute qu'après sa

---

(1) *Portal, histoire de l'anatomie et de la chirurgie*, Paris,
1770, 6 vol. in-12, tom. I, p. 189.

(2) *Varchi, storia fiorentina*, Colonia, 1721, in-fol., p. 265
et 266.

(3) *Agostini, storia degli scrittori veneziani*, Venez., 1752,
2 vol. in-4, p. VIII.

(4) *Villani, Filippo, vite*, p. 24 et 115.

guérison, le pape lui fit, de plus, cadeau de dix mille ducats. Il paraît même que deux médecins furent appelés auprès du pape à cette occasion (Taddeo et Pierre d'Abàno) et qu'ils furent payés et récompensés également (1). Une telle somme, qui serait très forte, même de nos jours, devient énorme si l'on songe au prix de l'argent à cette époque. Dans les siècles précédens, les médecins avaient été presque tous des moines. Mais enfin cette profession fut interdite aux ecclésiastiques, sous prétexte qu'en l'exerçant ils pouvaient ôter la vie à des hommes (2). Au treizième siècle, Alexandre III envoya son médecin en ambassade au Tibet (3), et l'on connaît plusieurs médecins (4)

---

(1) *Villani, Filippo, vite*, p. 116.

(2) *Decretal. Gregorii IX*, lib. III, tit. L. — Cependant cette défense ne fut pas toujours observée : Théodoric de Lucques, dominicain, fut au treizième siècle un chirurgien célèbre, et mourut en 1298, évêque de Cervia. (*Scriptores de chirurgia*, f. 34. — *Marini, degli archiatri pontificj*, Roma, 1784, 2 vol. in-4, tom. I, p. 19).

(3) *Marini, degli archiatri pontificj*, tom. I, p. 7-8. — Ghirardacci (*Storia di Bologna*, Bologna, 1596-1669, 2 vol. in-fol., tom. I, p. 85) parle d'un Baptiste Renghieri, médecin qui fut nonce en France et en Angleterre.

(4) *Marini, degli archiatri pontificj*, tom. I, p. 12-14.

qui devinrent évêques. A la mort d'un médecin
du pape, à Avignon, les cardinaux et les ambassadeurs assistèrent à ses funérailles (1). Tous les
médecins cependant n'eurent pas des succès
aussi éclatans, ni une vie aussi tranquille. Pierre
d'Abano, dont nous venons de parler, auteur de plusieurs ouvrages sur l'histoire naturelle, sur l'astronomie et la philosophie, et
l'un des premiers savans qui, laissant de côté
les traductions faites par les Arabes, s'appliquèrent à étudier les auteurs grecs dans l'original, fut condamné deux fois par l'inquisition,
malgré les soins qu'il avait donnés au pape, et
malgré sa grande célébrité (2). Après sa mort,
ses restes furent condamnés à être jetés dans
les flammes; mais les habitans de Padoue et de
Vicence se plaignirent au pape de la facilité avec
laquelle on avait pu condamner un homme qui
avait rempli l'Italie de sa gloire et qui avait
établi des écoles jusque dans Constantinople, et
la sentence fut annulée. (3)

(1) *Marini, degli archiatri pontificj*, tom. I, p. 72.
(2) *Mazzucchelli scrittori d'Italia*, vol. I, par. I, p. I-II.
— *Marini, degli archiatri pontificj*, tom. I, p. 28.
(3) Le pape écrivit à cette occasion (en 1304) aux inquisi-

La théologie, la médecine et la jurisprudence
étaient alors les sciences les plus cultivées à cause
de leur continuelle application; on s'occupa
donc d'en rendre l'étude plus facile et plus complète. A une époque où il y avait si peu de livres
élémentaires, l'enseignement était presque exclusivement oral, et toute instruction descendait
de la chaire. Il devint donc nécessaire d'agrandir
les anciennes universités, d'en créer de nouvelles,
et de les doter à-la-fois d'illustres professeurs,
d'institutions et de privilèges capables de les
mettre à l'abri des vicissitudes politiques. On ne
sait pas bien quelle a été l'origine des universités
chez les chrétiens. Les uns ont voulu faire remonter leur institution jusqu'aux Romains, d'autres
ont cru qu'elles étaient dues à l'influence des
Arabes. Les empereurs romains avaient fondé des
écoles dans différentes villes italiennes; mais rien
ne prouve qu'elles ressemblassent à nos universités. On trouve dans le code, des lois qui assurent
le sort des professeurs et qui leur accordent de

teurs d'annuler *ces procédures iniques,* et il ajouta : « *officium
sic exercere studeant, ut ad Nos de talibus clamor non as-
cendat.* » (*Marini, degli archiatri pontificj,* tom. I, p. 31).

grands privilèges ; et l'on sait que, sous l'empire, des réglemens spéciaux imposaient l'obligation d'avoir suivi des cours publics dans des villes déterminées, et de subir des examens, à ceux qui voulaient exercer la profession de médecin ou d'avocat (1). Cependant les Romains ne paraissent avoir connu ni les grades universitaires ni les diplômes. La forme des académies arabes se rapproche plus de celle de nos universités ; mais il est bien difficile de comprendre comment une institution si importante a pu

---

(1) Origlia (*Storia dello studio di Napoli*, Napoli, 1753, 2 vol. in-4, tom. I, p. 57 et suiv.) veut conclure de là que les grades des universités modernes sont dérivés des Romains ; cependant, d'après les lois romaines qu'il cite, c'étaient des commissions spéciales et temporaires, nommées par l'empereur ou par le magistrat, qui jugeaient de l'aptitude à exercer certaines professions; elles délivraient des *brevets de capacité*, mais il n'y avait pas encore alors de grades universitaires. Les rois normands ne firent que rappeler les lois romaines. Deux constitutions de Roger prouvent que les professeurs de Naples ne délivraient pas de diplômes, et que c'étaient les juges, ou le roi lui-même, qui accordaient la faculté d'exercer la jurisprudence (*Origlia, storia dello studio di Napoli*, tom. I, p. 58). Voyez sur l'origine des universités italiennes *Fabroni, historia academiæ Pisana*, Pisis, 1791, 3 vol. in-4; tom. I, p. 4 et seq. — Quant aux brevets de capacité, on en cite deux dans les lettres de Pierre des Vignes (*Petri de Vineis epistolæ*, Basil., 1566, in-8, p. 736 et 738, lib. VI, cap. 21 et 24.

s'établir par une imitation lointaine. Au reste ,
l'organisation des universités ne s'est pas accom-
plie d'un seul coup. Des écoles, peu nombreuses
d'abord, devenues plus célèbres par le talent de
quelques professeurs, ont dû éveiller la sollicitude des gouvernemens. Dans ces villes toujours
rivales et cherchant toujours à augmenter leur
importance relative, dès que l'une possédait des
écoles, l'autre voulait en avoir aussi. Le zèle
des citoyens, le desir de s'illustrer et d'illustrer
la patrie, enfantaient des maîtres et mul-
tipliaient les legs et les dotations en faveur
d'institutions appelées à augmenter à la fois les
richesses, la gloire et l'influence politique de
chaque ville. On connaît en effet telle université italienne qui comptait jusqu'à dix mille
élèves (1), et tel professeur que le concours extraordinaire de ses auditeurs forçait de professer

---

(1) *Tiraboschi, storia della lett. ital.*, tom. IV, p. 48 et
246. — Tiraboschi cite les registres publiés par Sarti, qui
prouvent qu'au treizième siècle l'université de Bologne était
fréquentée par des Français, des Flamands, des Allemands,
des Portugais, des Espagnols, des Anglais et des Ecossais.
Comme je n'ai jamais pu me procurer l'ouvrage de Sarti, je
dois me borner à le citer d'après Tiraboschi (*Tiraboschi, storia della lett. ital.*, tom. IV, p. 48).

en plain air (1). Cette réunion immense d'é-
trangers enrichissait la ville et en accroissait
la splendeur (2). D'ailleurs, à une époque
où le premier magistrat, celui qui exerçait
le pouvoir exécutif dans une république,
devait presque toujours être un homme de loi
et un étranger, la ville qui possédait les écoles
les plus illustres de jurisprudence était appelée
à exercer une influence marquée sur les villes
voisines (3). Pour rendre les universités florissantes, on sentit de bonne heure qu'il fallait les
soustraire aux changemens politiques, si fréquens
à cette époque, les rendre indépendantes, et leur
donner les moyens de résister à l'action de la tyrannie et aux secousses de la démocratie. On leur
accorda donc des priviléges, et des immunités de
tout genre; elles furent régies par des lois parti-

---

(1) *Tiraboschi, storia della lett. ital.*, tom. IV, p. 246.

(2) « Illud enim certum et exploratum est, non tam rectam
juventutis institutionem primis illis temporibus quæri con-
suevisse, quam urbis frequentiam, undecumque tandem esset, et quæ frequentiam, comitabuntur, Reipublicæ opes. »
(*Facciolati, syntagmata*, p. 25 et 36).

(3) Voyez à ce sujet la lettre d'Honorius III à l'université
de Bologne, publiée par Sarti, et reproduite en partie par
Tiraboschi (*Storia della lett. ital.*, tom. IV, p. 50).

culières, eurent des juges spéciaux et des magistrats
indépendans revètus d'une grande autorité (1).
Afin que ces privilèges fussent durables, on les
rendit sacrés : les universités furent placées alors
sous la protection et la direction de l'Église. Plus
tard on demanda aux papes (2) et aux empereurs
d'octroyer aux universités quelques-uns des droits
dont ils jouissaient seuls, et ils leur accordèrent
le droit de faire des docteurs et des lauréats,
comme ils accordaient aux villes le privilège de
battre monnaie. Cette origine est si vraie que,
jusque dans des temps fort modernes, les empereurs d'Allemagne ont continué à concéder
à des individus, le droit de faire des docteurs. Il
existe des diplômes des seizième et dix-septième

---

(1) « Professores juris civilis sunt judices ordinarii scho-.
larum et inter scholares debent cognoscere : habent etiam
duos judices, scilicet episcopus et presidem provincie. »
(*Odoffredi*, *interpretatio in digest. vet.*, Lugd., 1550-52,
2 vol. in-fol., tom. I, f. 2. — *Facciolati*, *syntagmata*,
p. 152 et seq.). — Voyez aussi les lettres de Frédéric II sur
l'université de Naples (*Petri de Vincis epistolæ*, p. 411-422,
lib. III, cap. 10-15); et spécialement ce que Frédéric dit
dans la lettre où il invite les étudians à aller à Naples (ibid.,
p. 416).

(2) *Ghirardacci*, *oria di Bologna*, tom. II, p. 61.

siècles qui accordent ce privilège à plusieurs familles italiennes. (1)

Il est impossible, nous l'avons déjà dit, de déterminer l'époque de la première institution des universités; les plus anciennes se formèrent par l'accroissement des écoles communales; car, même sous la domination des Goths et des Lombards, il y avait eu des écoles à Vérone, à Pavie, à Modène, à Rome. Ces écoles, protégées par Charlemagne et par Lothaire, durent être, dans quelques villes, l'origine des universités. Cependant quelques universités ont la prétention d'avoir été fondées par des empereurs romains, et si l'on s'en tenait à des autorités qu'on a citées souvent, mais qui ne méritent aucune confiance, celle de Bologne aurait été créée par Théodose, et restaurée

---

(1) Le droit de légitimer des bâtards et de faire des notaires et des docteurs, a été toujours accordé très facilement par les empereurs, comme le prouvent une foule de diplomes. Malgré la bulle de Pie V qui ôtait ce droit aux comtes palatins, cet abus s'est long-temps conservé. J'ai entre les mains un diplome de docteur délivré en 1704 par François Sforza, comte de Santa Fiora. C'est contre cet abus que s'élevait, vers le milieu du siècle dernier, Lotti dans ses contes de la Banzuola écrits en patois de Bologne (*Lotti, la liberazione di Vienna, e la Banzuola*, S. D. in-8. p. 119). Voyez aussi *Facciolati, syntagmata*, p. 71-72.

par Charlemagne. Mais l'on doit avouer qu'on ne trouve, avant le douzième siècle aucune mention authentique d'une université italienne. Les écoles palatines de Rome qui existaient encore du temps de saint Grégoire, avaient tellement dégénéré, qu'il serait difficile d'y rattacher les universités modernes. L'enseignement public ne put donc prendre une certaine extension que lorsque, à la renaissance, on voulut réformer les lois, et que les prêtres et les médecins furent forcés de devenir plus savans pour conserver leur influence dans un état social plus avancé. C'est pour cela que l'on vit au treizième siècle presque toutes les universités italiennes surgir à-la-fois (1). Frédéric II, en fonda dans le midi; dans l'Italie centrale les papes en créèrent d'autres à la sollicitation des communes; mais à cette époque elles n'avaient pas encore pris un grand développement. Trois professeurs en formaient la base : un canoniste, un jurisconsulte et un médecin. Il reste encore d'anciens

_____

(1) Celle de Bologne a précédé les autres. Irnerius y expliquait les Pandectes vers 1137, et c'est lui qui semble y avoir introduit les grades universitaires (*Facciolati, syntagmata*, p. 70-71).

programmes de ces universités et ils se ressemblent presque tous (1). A ces trois professeurs principaux, on en ajoutait souvent deux
autres, un pour la rhétorique et un pour la philosophie, qui ne faisaient ordinairement que commenter quelques livres d'Aristote, lorsque Aristote
cessa d'être proscrit. Mais une chaire qui devint
bientôt indispensable, fut la chaire d'astronomie,
ou pour mieux dire, d'astrologie, car c'est sous
ce nom-là qu'elle est indiquée d'abord dans les
programmes (2). En effet, on voit Cecco d'Ascoli,
professeur d'astrologie, à Bologne, au commencement du quatorzième siècle (3); et ce qui peint
bien cette époque, c'est qu'après avoir professé
publiquement l'astrologie dans une université qui
était sous l'influence directe du pape (4), il fut
condamné à mort et brûlé vif, quelques années
plus tard, par ordre de l'inquisition de Florence

---

(1) *Veroi, storia della Marca Trivigiana*, Venez., 1786, 20
vol. in-8, tom. II, doc. p. 49.

(2) *Ghirardacci, storia di Bologna*, tom. II, p. 56. —
On a déjà vu qu'à l'université de Padoue, l'astrologue
était appelé *necessarissimum* (*Facciolati, syntagmata*,
p. 57).

(3) *Ghirardacci, storia di Bologna*, tom. II, p. 56.

(4) *Ghirardacci, storia di Bologna*, tom. II, p. 66.

pour crime d'astrologie. Des documens contemporains nous ont conservé, non-seulement
le nombre et les noms des professeurs, mais aussi
leur traitement; on y voit que ces traitemens
n'étaient pas uniformes; qu'ils variaient d'un
homme à un autre, et d'une science à une autre (1). Et comme pour avoir beaucoup d'étudians (ce qui était le but principal de chaque
ville) il fallait avoir des hommes célèbres, et que
le nombre des universités augmentait tous les
jours, il arrivait qu'un homme éminent était
appelé à-la-fois dans plusieurs villes; alors il
s'établissait une espèce d'enchère qui portait

_____

(1) Dans le document publié par Verci (*Storia della Marca*
Trivigiana, tom. II, doc. p. 49), on voit qu'à Vicence, en 1261,
le professeur de droit canon avait 500 livres (à condition qu'il
eût au moins *vingt élèves*), tandis que celui de médecine
n'avait que 200 livres. A l'université de Bologne, en 1325, le
professeur (ordinaire) de décrétales avait 300 livres, et le
professeur de philosophie naturelle n'en avait que 100. Plus
tard, la différence entre les traitemens des divers professeurs fut encore plus notable. Les professeurs extraordinaires, et il y en avait dans toutes les universités, étaient
beaucoup moins rétribués que les ordinaires. Quelquefois,
au reste, au lieu d'un traitement annuel, on donnait aux
professeurs les plus célèbres un capital considérable en toute
propriété (*Muratori, antiquit. ital.*, tom. III, col. 905, Dissert. 44).

souvent les émolumens très haut, et qui faisait
que la plus forte dépense des républiques italiennes où il y avait une université, était celle
qui avait pour objet l'instruction publique. (1).
Au reste, les engagemens des professeurs n'étaient
ordinairement que temporaires : ici on les enga-
geait pour six mois, là pour un an, ailleurs
pour plusieurs années, comme on le fait maintenant pour les chanteurs et les comédiens.
Cette institution, qui s'est conservée jusqu'aux
temps les plus récens en Italie (2), avait l'incon-
vénient de ne pas assurer le sort des professeurs,
mais d'autre part elle les forçait à faire tous leurs
efforts pour ne pas être surpassés par leurs con-
currens, et puis elle permettait aux différentes
universités de jouir successivement des hommes
les plus célèbres. Dans ces rivalités littéraires la

---

(1) Suivant Guglielmini (*Elogio di Leonardo Pisano*, p. 90)
la ville de Bologne a dépensé jusqu'à vingt mille ducats par
an pour son université : c'était la moitié des revenus publics.

(2) *Facciolati, syntagmata*, p. 27 et seq. — A la fin du
seizième siècle, Galilée n'était engagé que pour un temps
fort court à l'université de Padoue; à chaque nouvelle découverte qu'il faisait, on prolongeait le terme de l'engage-
ment.

jalousie des villes voisines trouvait de quoi
s'exercer; souvent on faisait prêter serment au
professeur de ne jamais enseigner dans une autre
ville, ni expliquer dans une autre université ce
qu'il avait enseigné ou expliqué dans la ville où
il se trouvait (1). Ces découvertes si importantes
dont on voulait s'assurer la propriété exclusive,
par ce moyen, n'étaient, le plus ordinairement,
que des commentaires sur Job ou sur une partie
du digeste. Mais malgré ces sermens, les professeurs, attirés par l'appât d'un traitement plus
considérable, changeaient souvent d'université. (2)

Les grades universitaires et les titres honori-
fiques, ne sont pas fort anciens. Les médecins
commencèrent par s'appeler *maîtres*, et l'on cite

---

(1) On promettait aussi quelquefois de ne jamais quitter
l'université où l'on enseignait (*Muratori, antiquit. ital.*
tom. III, col. 901, Dissert. 44).

(2) *Muratori*, ibid. col. 905, — *Facciolati, fasti gymnasii
Patavini*, Patav. 1757, 2 vol., in-4°, pars. I, p. ix. —
Cependant quelques professeurs s'attachaient à leur chaire,
et y restaient malgré les plus riches promesses, comme le fit
Dino de Mugello qui refusa cent onces d'or de traitement an-
nuel que le roi de Naples lui offrait pour l'engager à quitter
Bologne (*Tiraboschi, storia della lett. ital.*, tom. IV, p. 260).

Jacques de Bertinoro comme le premier médecin
qui ait pris ce titre à Bologne, vers la fin du
douzième siècle (1). Le grade de *docteur* ne fut
conféré que plus tard (2). En 1303, François da
Barberino, qui a écrit les *Documenti d'amore*, fut
le premier docteur reçu à Florence avec permission expresse du pape(3). Au reste, il ne paraît pas
qu'il y eût des règles fixes pour ces doctorats. La
seule formalité nécessaire était l'autorisation du
pape ou de l'empereur (4). Ce droit était, comme
on l'a vu, conféré à des villes ou à des particuliers, et souvent on accordait les grades *ad honorem*, comme on le fait quelquefois encore en

---

(1) *Tiraboschi, storia della lett. ital.*, tom. IV, p. 202.

(2) On trouve souvent, il est vrai, dans des écrivains plus
anciens les titres de *magistri* et de *doctores ;* mais ils n'étaient
pas la conséquence d'un examen. Ce n'étaient que des titres
d'honneur accordés aux professeurs. On était appelé *doctor
à docendo.* Les docteurs en droit sont plus anciens que les
docteurs en médecine (*Facciolati syntagmata*, p. 70-71. —
Bulæus, historia univers. Paris., tom. II, p. 681. — *Tiraboschi, storia della lett. ital.*, tom. IV, p. 202).

(3) Voyez la vie de François da Barberino, qui se trouve
en tête de ses *Documenti d'amore*, imprimés à Rome en 1640,
in-4.

(4) Nous avons déjà cité deux lettres de Frédéric II, qu
sont des espèces de *brevets de capacité* accordés à un médecin
et à un avocat (*Petri de Vineis epistolæ*, p. 736 et 738, lib. VI
cap. 21 et 24).

Angleterre. Il y avait sans doute des épreuves et des examens publics, mais nous ne savons pas en quoi ils consistaient (1). Les grades académiques, bien différens des brevets de capacité exigés par les Romains durent leur origine aux certificats que des maîtres célèbres délivraient à leurs élèves ; mais peu-à-peu on aura senti qu'il ne suffisait pas d'étudier long-temps dans une ville pour profiter des leçons qu'on y recevait. De là ont dû dériver successivement les diverses formes des examens et les divers titres qu'on pouvait prendre après avoir satisfait aux conditions imposées. Mais les diplômes ne devinrent uniformes que lorsque l'Église, ayant établi sa suprématie sur toutes les universités, soumit à des règles générales tout ce qui sé faisait par ses délégués (2). Ainsi l'école de Salerne, dont l'origine semble se rat-

---

(1) Dans un diplôme de 1335, publié par Renazzi (*Storia dell'università di Roma*, Roma, 1804, 4 vol. in-4, p. 255), on indique la forme des examens ; mais on ne dit pas sur quoi ils roulaient.

(2) *Facciolati, syntagmata*, p. 11-12 et 152. — *Fabroni, historia academiæ Pisanæ*, tom. I, p. 57 et seq. — *Papadapoli, historia gymnasii Patavini*, Venet., 1726, 2 vol. in-fol.

tacher à-la-fois aux Romains, aux Grecs du Bas-Empire et aux Arabes, avait acquis une grande célébrité dès le douzième siècle; le code de médecine qui fut rédigé par les maîtres de cette école, et présenté à un prince normand qui revenait des croisades, fut bientôt adopté dans toute l'Europe, et suivi par tous les médecins. Avoir étudié à l'école de Salerne, devint alors un titre à la confiance publique : les certificats des maîtres de cette école devaient donc avoir une grande importance; plus ils étaient recherchés, plus il devint difficile de les obtenir : et lorsque Conrad, fils de Frédéric II, eut fondé une université à Salerne en remettant en vigueur, à ce qu'il assure, d'anciennes lois romaines (1), il devint nécessaire de multiplier les formalités et les épreuves afin de s'assurer que, non-seulement

---

tom. I, p. 108 et seq. — Voyez aussi la bulle d'Innocent VI qui accorde la faculté de théologie à l'université de Bologne dans la préface d'*Alidosi, dottori bolognesi in teologia, filosofia*, etc. Bologna, 1623, in-4. — Les traces de cette influence ecclésiastique se retrouvent dans le titre de *grand chancelier de l'université*, que conservent encore plusieurs évêques et archevêques en Italie. Malheureusement, il leur reste plus que le titre.

(1) *Martene et Durand, collectio amplissima veter. script.* Paris., 1724-33, 9 vol. in-fol. tom. II, col. 1208.

les médecins avaient étudié dans cette ville, mais
qu'ils avaient aussi profité de leurs études (1).
L'histoire des transformations successives de l'é-
cole de Salerne, et de ses accroissemens, renferme
le type des origines des autres universités : au
moins des plus anciennes; car il y en a d'autres
qui, plus tard, furent créées d'un seul jet, seulement pour donner du lustre à une ville, sans
que cette création fût précédée par d'autres
institutions analogues. Un point historique,
qu'il serait important d'éclaircir, mais sur lequel nous n'avons que peu de données, est
celui de savoir exactement quels étaient, à cette
époque, les réglemens des universités, les droits
et les privilèges des professeurs, les libertés et
les franchises des élèves. A une époque où on

(1) Frédéric II dit qu'à Naples les étudians pouvaient devenir « *doctores et magistri in qualibet facultate* » (*Petri de
Vineis epistolæ*, p. 416, lib. IV, cap. 11). Cela prouverait-il
que de son temps on avait déjà distingué deux grades universitaires; ou bien le mot *magister* n'était-il qu'un titre
honorifique? Facciolati croit avec Claude Fauchet que le mot
baccalarius vient de *bas chevalier* (*Facciolati syntagmata*,
p. 81). Voyez, à ce sujet, *Ducange, glossarium mediæ et
infimæ latinitatis*, tom. I, col. 908-912. — *Bulæus, historia
univers. Paris.*, tom. II, p. 680.

venait à peine de briser les chaînes de la féodalité, il n'y avait rien de plus attrayant pour les
hommes que de leur offrir des franchises ; aussi,
lorsqu'on voulait peupler promptement une ville
ou un château, on les déclarait *francs,* et les habitans y accouraient en foule(1). Dans les universités c'était la même chose : pour y attirer des
étrangers, à une époque où ce mot était presque
synonyme d'ennemi, il fallait offrir des franchises
aux étudians, et leur donner des garanties et des
privilèges (2). On forma donc des codes (des sta-

_____

(1) *Villani, Giov., storia,* p. 301, lib. VIII, cap. 17.

(2) « Primum quidem ut scholares omnes, undecumque essent, civitatis jure gauderent, eorumque lites ut inter cives
judicarentur ; deinde ut immunes a vectigalibus essent ;
tum ne quis eorum aut in vincula conjici... » (*Facciolati,
fasti gymnasii Patavini,* tom. I, p. IV et VI). — D'après
les statuts de l'université de Padoue, la ville devait prêter
l'argent nécessaire aux étudians pauvres (*Tiraboschi, storia
della lett. ital.,* tom. IV, p. 56. — Voyez sur les privilèges
dont jouissaient les élèves de l'université de Naples, *Petri
de Vineis epistolæ,* p. 416, lib. III, cap. 11). Dans l'université de Verceil le traitement des professeurs était fixé par
une commission composée de deux bourgeois et de deux
étudians (*Tiraboschi, storia della lett. ital.,* tom. IV,
p. 52. — *Durandi, dell' antica condizione del Vercellese,*
Torino, 1766, in-4, p. 49-50. — *Gregory, storia della letteratura Vercellese,* Torino, 1819-24, 4 vol. in-4, tom. I,
p. 256-258). A Padoue, c'étaient les représentans des étu-

tuts) spéciaux pour les élèves, qui ne furent plus
soumis aux lois ordinaires de la ville : le recteur,
les professeurs et le chancelier d'un côté, dirigés
par l'autorité ecclésiastique, connaissaient des
causes criminelles et civiles des étudians (1); ils
avaient des gardes sous leurs ordres, et seuls ils
faisaient exécuter les lois dans l'université. D'autre part les élèves formaient un corps armé (2)
partagé en nations, chacune desquelles nommait
ses chefs ou *recteurs*, qui étaient ses représentans légaux. (3)

---

dians, élus par ceux-ci, qui choisissaient ensuite les professeurs (*Facciolati, syntagmata*, p. 25, etc.). Renazzi a
publié un document qui prouve qu'en 1319 les élèves en droit
canon de l'université de Rome firent casser une élection, et
firent nommer le professeur qu'ils voulaient : « Et dicen-
tium coram Nobis quia nolebant alium Doctorem, nisi ipsum
Dominum Matheum. » (*Renazzi, storia dell' università di
Roma*, tom. I, p. 261-262).

(1) *Odoffredi, comment. in Digestum*, tom. I, f. 2. — *Renazzi, storia dell' università di Roma*, tom. I, p. 258.

(2) On peut voir dans les chroniques de Bologne combien
était turbulente et dangereuse cette jeunesse armée, et combien de bassesses on faisait pour l'empêcher d'aller ailleurs
(*Ghirardacci, storia di Bologna*, tom. I, p. 537 et suiv., et
tom. II, p. 6-11 et 63. — *Muratori, scriptores rer. ital.*, tom.
XVIII, col. 140 et 333.)

(3) *Facciolati, fasti gymnasii Patavini*, tom. I, p. v. —
Tiraboschi, storia della lett. ital., tom. IV, p. 52.

Nous avons des données encore moins positives sur la liberté de l'enseignement (qui dès la fin du treizième siècle a été toujours gratuit (1) en Italie), et sur la censure ecclésiastique. Il est certain que de bonne heure l'Église voulut s'attribuer le monopole de l'intelligence, et exercer seule le droit de défendre ou d'approuver les livres, sur-

---

(1) Ce point important de l'histoire littéraire de l'Italie se trouve confirmé par un grand nombre de documens. Dans quelques villes, à Padoue, par exemple, il était défendu à tout professeur qui avait un traitement de l'université, de donner même des répétitions gratuites ; et, d'après les statuts, s'il recevait une rétribution des élèves, on devait le destituer (*Tiraboschi, storia della lett. ital.*, tom. IV, p. 56). A Bologne, les professeurs furent d'abord payés par les élèves, puis ils ne se firent payer que les cours extraordinaires : enfin ils restèrent entièrement à la charge du trésor public (*Ghirardacci, storia di Bologna*, tom. II, p. 56). Il paraît même que les élèves ne se souciaient guère de payer ces cours extraordinaires : aussi Odofred, qui expliquait le Digeste dans cette université vers le milieu du treizième siècle, termina-t-il une année son cours par ces plaintes fort naïves : « Or signori (on voit par son commentaire qu'Odofred employait souvent cette apostrophe italienne dans les leçons qu'il donnait en latin), nos incepimus et finivimus et mediavimus librum istum sicut scitis vos qui fuistis de auditorio isto : de quo agimus gratias Deo et Beate Marie virgini matri ipsius et omnibus sanctis ejus, et est consuetudo diutius obtenta in civitate ista quod cantatur missa quando finitur et ad honorem Sancti Spiritus : et est bona consuetudo : et

tout ceux qui servaient de texte aux leçons (1). Appuyés sur l'Évangile (2), les papes et les conciles s'arrogèrent le droit de proscrire certains livres, et d'en poursuivre les auteurs ou les lecteurs; mais l'Église n'exerçait cette censure que par intervalles et dans des circonstances importantes. Plus tard ce droit se régularisa, et dans quelques cas on conféra aux universités , comme représentant l'Église, le droit de censurer par procuration. Elles l'exercèrent souvent

---

ideo est tenenda : sed quia moris est quod doctores in fine libri dicant aliqua de suo proposito : dicam vobis aliqua : pauca tamen. Et dico vobis quod in anno sequenti intendo docere ordinarie bene et legaliter sicut unquam feci : extraordinarie non credo legere : quia scholares non sunt boni pagatores : quia volunt scire : sed nolunt solvere. Juxta illud : *scire volunt omnes : mercedem solvere nemo :* non habeo vobis plura dicere : eatis cum benedictione Domini : tamen bene veniatis ad missam et rogo vos, Odoffredus. » (*Odoffredi comment. in Digestum,* tom. I, pars 2ª, f. 192).

(1) « Decrevit Collegium, ne quis legere librum possit, nisi antea fuerit a Bidello per scholas publicatus » (*Facciolati, syntagmata,* p. 53). — A l'université de Padoue, les professeurs de philosophie et de médecine ne pouvaient expliquer qu'Aristote, Hippocrate, Avicenne, Rhasès et Galien (*Facciolati, syntagmata,* p. 55. — Voyez aussi *Borselli, historia gymnasii Ferrariæ,* Ferrariæ, 1735, 2 vol. in-4, tom. I, p. 433).

(2) *Zaccaria, storia polemica della proibizione dei libri,* Roma, 1777, in-4, p. 1-4.

avec rigueur; car, même avant l'invention de l'imprimerie, non-seulement la censure atteignait l'auteur, mais elle s'attachait au libraire, et prohibait la vente des manuscrits (1). Peuà-peu les exemples de livres censurés devinrent plus fréquens; en Italie, Dante fut menacé par un inquisiteur, et dut écrire un *Credo* pour se disculper; mais le droit de censure prit sa plus grande extension après l'invention de l'imprimerie, et fut dans toute l'Europe tel que nous le voyons encore de nos jours en Italie. Toutefois, s'il n'y avait pas liberté d'enseignement, il y avait au moins libre concurrence. Dans les anciens programmes des universités, on rencontre toujours, outre les professeurs ordinaires, des professeurs. extraordinaires (2), et il était même permis aux

---

(1) En 1275, l'université de Paris fit un statut pour les libraires, qui furent obligés de lui prêter serment de se bien comporter dans l'exercice de leur profession. Non-seulement l'université exerçait à cette époque un droit de censure et de surveillance, mais elle taxait aussi le prix des livres. (*Bulæus, historia univers. Paris.*, tom. II, p. 418-419, et tom. IV, p. 62 et 202). On voit, par ces statuts, qu'il y avait dès cette époque des libraires qui louaient des livres élémentaires aux étudians.

(2) *Fabroni, historia academiæ Pisanæ*, tom. I, p. 379 et seq. — *Ghirardacci, storia di Bologna*, tom II, p. 56, etc., etc.

élèves de faire des cours (1). Cependant, dès le treizième siècle, Frédéric II donna le mauvais exemple de restreindre non-seulement la liberté d'enseigner, mais aussi celle d'étudier; en effet, pour rendre florissante son université de Naples(2), il défendit à ses sujets d'aller étudier dans aucune autre ville (3), et il voulut même faire

---

— Il ne faut pas confondre ces professeurs extraordinaires qui étaient ordinairement des jeunes gens qui voulaient se faire un nom, avec les professeurs *sopra ordinarii*, qui étaient les professeurs les plus célèbres à qui on donnait ce titre d'honneur.

(1) « Quod si quis eorum experiri duntaxat ingenium cuperet, scholæ quædam erant scholaribus ipsis libero jure assignatæ, nec sine salario, quamvis exiguo » (*Facciolati, syntagmata*, p. 28). — A Ferrare, les étudians qui n'avaient pas de grades universitaires ne pouvaient enseigner que les humanités et la rhétorique (*Borsetti, histor. gymnas. Ferrar.,* tom. I, p. 421.

(2) L'université de Naples doit toute sa célébrité à Frédéric II, qui eut le mérite de fonder une chaire d'anatomie à une époque où la dissection des cadavres était généralement considérée comme une profanation. Boniface VIII défendit l'anatomie, et cette interdiction fut renouvelée à Rome en 1571 (*Portal, histoire de l'anatomie et de la chirurgie*, tom. I, p. 166 et 196). A Ferrare, au quinzième siècle, les statuts de l'université portaient qu'il fallait faire tous les ans *une anatomie*, et pour cela le podestat était chargé de donner un cadavre par an aux professeurs (*Borsetti, hist. gymnas. Ferrar.*, tom. I, p. 436).

(3) *Petri de Vineis epistolæ*, p. 415, lib. III, cap. 11.

fermer toutes les autres écoles du royaume de
Naples, excepté celle de Salerne; mais il fut bien ·
tôt contraint de modifier son décret. (1)

Pendant que les gouvernemens cherchaient à
se faire une arme de l'intelligence, et que les uns
s'efforçaient de l'emprisonner dans des formes
déterminées, tandis que les autres en favori-
saient le libre développement et se mettaient à
la tête du progrès, les hommes qui s'occupaient
d'un même genre d'études formaient entre eux
des associations qui donnèrent naissance aux
académies. Dans ces républiques où, pour être
citoyen et en exercer les droits, il fallait se faire
inscrire parmi les artisans, et où les apothicaires et les médecins composaient une corporation (2), il était naturel que devant se réunir
souvent pour un objet politique, ils s'assemblas-
sent quelquefois aussi pour discuter des affaires
scientifiques (3). Jusqu'alors les sociétés litté-

_____

(1) *Petri de Vineis epistolæ*, p. 419, lib. III, cap. 13.

(2) Le collège des chirurgiens, qui devint si célèbre et qui
eut de si longues querelles avec la Faculté de Médecine, fut
fondé en France par Lanfranc, à l'imitation de ceux qui
existaient déjà en Italie (*Portal*, *histoire de l'anatomie et de
la chirurgie*, tom. I, p. 189).

(3) *Malespini*, *istoria fiorentina*, p. 200, cap. ccxiv. —

raires n'avaient été formées que par l'influence d'un seul homme sur ses disciples, ou sur ses sujets ; telles furent les académies de Charlemagne et de Frédéric II (1) ; et aussi moururent-elles avec eux. Au treizième siècle on commence à trouver des académies libres en Italie : l'académie *del disegno* de Sienne eut alors son origine ; celle de Florence la suivit bientôt (2) : à la même époque on avait institué à Rome la société du *gonfalone* pour jouer des espèces de mystères, et il est fort à regretter que ces pièces ne soient pas arrivées jusqu'à nous (3) ; à Bologne, il exis-

---

En 1288, il y avait à Milan deux cents médecins, quatre-vingts maîtres d'école et cinquante copistes, qui probablement formaient des corporations particulières (*Muratori scriptores rer. ital.*, tom. XI, col. 712). A Bologne, les notaires s'étaient réunis en corporation dès le treizième siècle (*Alidozi, instruttione delle cose notabili di Bologna*, Bologna, 1621, in-4. p. 110).

(1) *Quadrio, storia e ragione d'ogni poesia*, Bologna, 1739, 7 vol. in-4, tom. I, p. 87.

(2) *Vasari, vite dei pittori, scultorie architetti*, Milano, 1807, 16 vol. in-8, tom. III, p. 265 et 266: *Vita di Jacopo di Casentino.*

(3) *Tiraboschi, storia della lett. ital.*, tom. IV, p. 597. — Il existe encore des pièces de la *Compagnia del Gonfalone*, mais elles ne remontent certainement pas au treizième siècle (Voyez *La sanctissima Passione di nostro signore Giesu Christo*....

tait, au commencement du quatorzième siècle,
plusieurs associations dont il ne nous est resté
que les noms, mais qui semblent avoir eu un
but littéraire (1); plus tard cela devint une véritable manie, et toute l'Italie se forma en académies. Les noms ridicules, et le peu d'importance de plusieurs de ces sociétés, ont fait
oublier les travaux qu'on doit aux plus illustres d'entre elles : nous verrons plus tard quelle
fut leur influence, et combien elles aidèrent à la
marche des lumières; car si quelquefois elles
restèrent trop attachées aux anciennes formes,
et s'opposèrent aux innovations, souvent aussi
elles prirent l'initiative du progrès. Elles purent,
il est vrai, exagérer quelquefois l'importance
municipale, et créer dans les petites villes des
célébrités inconnues partout ailleurs; mais elles

---

*recitata in Roma dalla venerabile Compagnia del Confalone
nel luogo consueto detto il Coliseo.* Roma (*Sans Date*), appresso
Giovanni Osmarino Giliotto, in-8). Pour le dire en passant,
le titre de cette rare édition, qui est du commencement du seizième siècle, nous apprend deux choses : d'abord qu'à cette
époque on jouait des pièces de théâtre dans le Colysée; et
puis, qu'on a écrit en italien quelquefois *confalone* pour *gonfalone*, ce que Redi ne croyait pas.

(1) *Quadrio, storia e ragione d'ogni poesia*, tom. I. p. 55.
— *Ghirardacci, storia di Bologna*, tom. I, p. 610.

contribuèrent toujours à conserver, dans chaque localité, l'amour des lettres et des sciences.

Pendant plusieurs siècles, c'est par les voyages que se firent les communications littéraires : les professeurs, qui changeaient d'université, arrivaient dans leur nouvelle résidence, riches du savoir de la ville qu'ils venaient de quitter, dont ils étaient des espèces de représentans ; tandis que les élèves, forcés de parcourir plusieurs pays pour entendre les maîtres les plus célèbres, rapportaient chez eux des copies des ouvrages les plus récens, et servaient de véhicule à la propagation des lumières. On ne saurait s'imaginer aujourd'hui la rapidité avec laquelle les ouvrages des hommes célèbres étaient copiés et répandus dans des contrées éloignées à une époque où il n'y avait ni journaux, ni imprimerie, ni poste, ni aucun moyen régulier de communication. On suppléait à cela par des voyages ; et des faits positifs annoncent que les communications littéraires étaient alors bien plus promptes qu'on ne pourrait le croire ; aussi, après l'invention de l'imprimerie, ces voyages devinrent plus rares, et les universités cessèrent d'être peuplées par des milliers d'étudians qui, jusqu'alors, n'avaient eu presque d'autre moyen de s'instruire, que d'al-

ler écouter le maître. Depuis l'invention de l'imprimerie le professeur se fait entendre de plus
loin, mais son immense auditoire a disparu.

Un fait qui mérite d'être remarqué, c'est que
depuis le jour où Charlemagne appela Pierre
Diacre de Pise (1), pour professer en France
(où il attira aussi des maîtres de Pavie (2) et
de Rome), les écoles françaises ont toujours
compté des Italiens parmi leurs professeurs. Dans
des temps de ténèbres et d'ignorance, Fulbert (3)
rendit célèbre l'école de Chartres, et les restaurateurs de la philosophie, Lanfranc de Pavie et
saint Anselme, firent successivement la gloire de
celle du Bec (4), comme Pierre Lombard, fils

---

(1) *Memorie istoriche di più uomini illustri Pisani*, tom.
I, p. 4 et suiv.

(2) « Dominus Carolus rex iterum a Roma artis Gram-
maticæ et computatoriæ magistros secum adduxit in Fran-
ciam, et ubique studium literarum expandere possit. Ante
ipsum enim in Gallia nullum studium fuerat liberalium
artium » (*Fabroni, historia academiæ Pisanæ*, tom. I, p. 5).

(3) *Mabillon, annales ordinis S. Benedicti*, Paris., 1703-39,
6 vol. in-fol., tom. IV, p. 67, lib. L, n. 72.

(4) « Néanmoins, avec tous ces secours, on ne vit point
d'habiles dialecticiens ou logiciens parmi nos Français, jusqu'à Lanfranc et saint Anselme » (*Histoire littéraire de la
France par les Bénédictins*, Paris, 1733-1835, 18 vol. in-4,
tom. VII, p. 76 et 131).

II.

d'une pauvre blanchisseuse, illustra celle de Paris, et réduisit en système la théologie scolastique, dont un évêque de Saragosse avait au septième siècle donné déjà quelque idée (1). Héloïse, dans une de ses lettres à Abélard, parle des Italiens qui enseignaient à Paris, et semble frappée du talent de (2) Lodolphe Lombard (qui fut le premier antagoniste d'Abélard), comme Anne Comnène l'avait déjà été à Constantinople du savoir de l'*Italien*, que les Grecs appelèrent le plus grand des philosophes (3). Plus tard, Lanfranc de Milan, Passavanti, Taddeo et Torrigiano (4) de Florence, professèrent à Paris, et les historiens de la médecine ont constaté l'influence du professeur milanais sur les progrès de la médecine française. Aux treizième et quator-

---

(1) *Tiraboschi, storia della lett. ital.*, tom. III, p. 275-280. — *Muratori, antiquit. ital.*, tom. III, col. 897 et seq., Dissert. 44. — Albéric dit dans sa chronique : « *Philosophiam, id est Sapientiam, pervenisse ad Gallias in diebus illustrium virorum Lanfranci et Anselmi* » (*Muratori*, ibid. col. 898).

(2) *Bulæus, historia univers. Paris.*, tom. II, p. 753.

(3) *Annæ Comnenæ Alexias*, Paris., 1651, in-fol., p. 145. lib. V.

(4) *Villani, Filippo, vite*, p. 27.

zième siècles, on trouve peu d'illustres Italiens qui ne soient venus en France et qui n'y aient professé. Vers le milieu du treizième siècle, saint Thomas fut professeur à l'université de Paris; c'est surtout à son influence et à ses commentaires que la philosophie péripatéticienne doit son rétablissement; et lorsqu'en 1271 il rentra en Italie, ce fut un professeur romain qui lui succéda (1). Un autre Italien, frère Gilles Colonne, professeur de théologie à Paris, fut le précepteur de Philippe-le-Bel, et écrivit pour lui le traité de *regimine principis;* ce savant moine s'était acquis une telle célébrité que, lors du sacre du roi, l'université de Paris le choisit pour assister en

---

(1) La chaire fut donnée à un moine dominicain de la famille des Orsini (*Quetif et Echard, scriptores ordinis prædicatorum,* Lut.-Paris., 1719, 2 vol. in-fol., tom. I, p. 63). Saint Bonaventure, Roland de Crémone, Annibalde des Annibaldi, Remi de Florence, Jean de Parme, Augustin Trionfo d'Ancône, Jacques de Viterbe, et plusieurs autres Italiens, ont à cette époque professé publiquement à Paris (*Quetif et Echard, scriptores ordinis prædicatorum,* tom. I, p. 125, et 263. — *Fabricii bibliotheca mediæ et infimæ latinitatis,* Patav., 1754, 6 vol. in-4, tom. VI, p. 66. — *Coretini, notizie della città e degli uomini illustri di Viterbo,* Roma, 1774, in-4, p. 78, etc., etc.).

son nom à la cérémonie (1). Dans ces temps où
la charge de chancelier de l'université de Paris
était une des plus importantes du royaume (2),
nous voyons deux Italiens, Prépositif Lombard (3) et Robert de Bardi (4), l'occuper à
peu d'intervalle : les Italiens étaient alors appelés tous indistinctement Lombards par les
Français (5) : établis en grand nombre dans
la capitale de la France, ils donnèrent leur
nom à la rue *des Lombards*, qui, à cette
époque, ne voulait dire que rue *des Italiens*.

Non-seulement les Italiens vinrent professer
à Paris, mais plusieurs y furent appelés aussi par
la célébrité de l'école parisienne : parmi ceux-

---

(1) Il paraît que Colonna prononça son discours en français *(Bulæus, historia univers. Paris.*, tom. III, p. 475
et 477).

(2) L'Université de Paris était si puissante à cette époque
que, lors du massacre des Templiers, Philippe-le-Bel, qui
osait méconnaître l'autorité du pape, crut devoir solliciter
l'appui de ce grand corps.

(3) *Bulæus, historia univers. Paris.,* tom. III, p. 37.

(4) *Villani, Filippo, vite*, p. 17, et 96-98.

(5) *Boccaccio il Decamerone,* f. 14, Giorn. I, nov. 1.

ci nous citerons spécialement Pierre d'Abano, Dante, Pétrarque et Boccace. Cependant, malgré les déductions contraires qu'on a voulu tirer de ces voyages des Italiens à Paris, il ne paraît pas qu'on puisse en conclure qu'un pays auquel l'Italie prêtait des maîtres si distingués, fût le plus avancé en civilisation; et l'on ne saurait s'empêcher de reconnaître que des hommes comme Dante, Pétrarque et Boccace, qui ont passé une partie de leur vie à Paris, et qui y ont écrit et publié des ouvrages, n'aient contribué, même sans y professer, à y répandre les lumières. Leurs voyages prouvent sans doute que la France leur offrait des moyens d'instruction, et qu'ils y trouvaient un accueil qui fait honneur aux Français (1). Mais ce n'était pas cela seulement qui amenait à Paris les Italiens; ce concours doit surtout s'expliquer par des raisons politiques : les papes qui résidèrent long-temps à Avignon, et les rois de France qui étaient alors les chefs du parti guelfe

_____

(1) Lanfranc, dans l'introduction à la grande chirurgie, parle beaucoup de l'aimable accueil qu'il avait reçu à Paris. (*Scriptores de chirurgia*, f. 207).

en Italie, conservèrent toujours des rapports
intimes avec les républiques italiennes. Tout le
commerce de la France était alors entre les
mains des Italiens, et à chaque nouvelle révolution, les Guelfes y trouvaient un asile. Brunet
Latin vint plusieurs fois en France comme ambassadeur, et s'y réfugia après la déroute de Monteaperti (1). Boccace y demeura pour des raisons
de commerce; plus tard Machiavel y fut envoyé
par la république, et Davanzati vécut long-temps
au milieu de cette espèce de colonie que les
marchands florentins avaient établie à Lyon (2).
Pétrarque, il est vrai, quitta plus tard volontaire-
ment Avignon pour aller dans le Nord; mais il
y a quelque lieu de croire que François Pétrarque, déjà couvert de gloire, venant à Paris, où
des couronnes lui étaient offertes et préparées,
se proposait plutôt de recevoir des applaudisse-

---

(1) Mehus cite un ancien commentaire inédit sur Dante
où il est dit que Brunet enseignait aussi la philosophie à
Paris (*Ambrosii Traversarii epistolæ, cum historia litte-
raria Florentina L. Mehus*, Florent: 1759, in-fol., p. CLIX.
— *Villani, Filippo, vite*, p. 32 et 124).

(2) Voyez la vie de Davanzati écrite par Rondinelli, et
placée en tête de l'ouvrage intitulé: *Davanzati scisma d'In-
ghilterra*, etc. Fiorenza, 1638, in-4.

mens et de rechercher d'anciens manuscrits, que
d'augmenter ses connaissances; car Pétrarque
alla aussi à Liège, et il serait difficile de croire
que son séjour dans cette ville, où il eut toutes
les peines du monde à se procurer de l'encre
pour copier une oraison de Cicéron qu'il venait de découvrir (1) pût servir à augmenter ses connaissances. Ces faits auxquels on en
pourrait ajouter beaucoup d'autres du même
genre étaient bons à rappeler ici, parce qu'on a
voulu trop souvent déduire de la présence des
Italiens à Paris, et même (ce qui semblerait plus
concluant) de quelques ouvrages (tels que le
Trésor de Brunet Latin, le Million de Marco
Polo (2), la Chronique de Canale (3), le Traité
des vices et des vertus, par Guillaume de Florence (4), le Traité de physique d'Aldebrandin

---

(1) «Et ut rideas, in tam bona civitate barbarica, atramenti
aliquid, et id croco simillimum, reperire magnus labor fuit.»
(*Petrarchæ opera*, Basil., 1581, 3 tom. en 1 vol. in-fol., tom.
II, p. 948, *Epist. senil.*, lib. XV, ep. 1.)

(2) Nous reviendrons plus loin sur le *Milione* et sur la
langue dans laquelle il a dû être écrit d'abord.

(3) *Ambrosii Traversari epistolæ*, p. CLIV.

(4) *Ambrosii Traversari epistolæ*, p. CLIV.

de Sienne (1) et la traduction du roman (2) de
Sydrac) écrits en français, par des Italiens,
une espèce de suprématie littéraire de la
France sur l'Italie. Mais si l'on veut se donner la
peine de remarquer que Dante et le Tasse sont
venus à Paris lorsque rien n'annonçait encore
la gloire de Corneille et de Racine, on se per-
suadera facilement qu'ils ont plus donné que
reçu pendant leur séjour en France, et qu'ils
n'y ont pas plus appris à être grands poètes,
que Léonard de Vinci à être grand peintre,
ou Machiavel grand historien. A chaque nation donc ses droits et son domaine : l'Europe a
beau se montrer ingrate, elle ne pourra jamais
anéantir les titres de l'Italie à la reconnaissance
universelle. (3)

---

(1) *Lami, catalogus manuscript. bibliothecæ Riccardianæ*, p. 16.

(2) *Argelati, biblioteca degli volgarizzatori*, Milano, 1767,
5 vol. in-4, tom. V, p. 663.

(3) Au reste les savans les plus illustres et les plus *français* du siècle dernier avaient déjà reconnu cette suprématie
des Italiens à la renaissance. D'Alembert disait : « Nous se-
« rions injustes si, à l'occasion du détail où nous venons
« d'entrer, nous ne reconnaissions point ce que nous devons
« à l'Italie ; c'est d'elle que nous avons reçu les sciences, qui

Le *Trésor* de Brunet Latin écrit en français par un proscrit, prouve seulement que
l'auteur possédait plusieurs langues (1). La
rédaction française du Voyage de Marco Polo
et les autres ouvrages composés en français
par des Italiens, montrent qu'à cette époque
où toutes les langues néo-latines étaient encore
presque confondues, où l'influence provençale
venait de ranimer la poésie italienne, et lors-

« depuis ont fructifié dans toute l'Europe; c'est à elle sur-
«tout que nous devons les beaux-arts et le bon goût, dont elle
« nous a fourni un grand nombre de modèles inimitables. »
(*Encyclopédie*, édition de Paris, 1751, in-fol., tom. I, p.
XXII, *Discours préliminaire*). — Voltaire a dit : « Les
ruines de Rome fournissent tout à l'Occident qui n'est pas
encore formé. » (*Voltaire, OEuvres*, Kehl, 1785, 70 vol.,
in-8, tom. XVI, p. 422, *Essai sur les mœurs*, chap. 19).
— Plus loin, après avoir essayé de traduire une chanson de
Pétrarque, il avoue que : « Quelque imparfaite que soit cette
imitation, elle fait entrevoir la distance immense qui était
alors entre les Italiens et toutes les autres nations. » *Voltaire,
OEuvres*, tome XVII, p. 374, *Essai sur les mœurs*,
chap. 82).

(1) Brunet écrivit aussi un grand nombre d'ouvrages en
italien dont on peut voir le catalogue dans Philippe Villani
(*Vite*, p. 127-129), et il fut un des premiers à fixer la prose
italienne. Jean Villani dit qu'il fut *grande filosafo e fu sommo maestro in rettorica*, etc. (*Villani, Giov., storia*, p. 297,
lib. VIII, cap. 10), et Philippe Villani dit que déjà avancé en

que plusieurs poètes italiens écrivaient en
provençal, la langue italienne n'avait pas encore prévalu dans toute l'Italie. Alors, les nations n'avaient fixé ni leur langage, ni leurs
limites. En Angleterre on écrivait en français;
des empereurs d'Allemagne composaient des
poésies en italien et en provençal; des Provençaux écrivaient en italien, en arabe et en ca-
talan; plus tard Charles d'Orléans écrivait en
anglais. A plusieurs reprises, et par différentes
causes, cette imitation des littératures étrangères s'est manifestée successivement chez toutes
les nations. Au seizième et au dix-septième siècle,
les théâtres français furent destinés souvent à
jouer des pièces italiennes (1) : des savans anglais

âge « *mirabilmente e con grandissima prestezza imparò la
lingua franciosa : e per compiacere ai grandi e nobili uomini
di quella regione, compose in rettorica un bellissimo e utilis-
simo libro..... il quale chiamò Tesoro* » (*Villani, Filippo,
vite*, p. 32). Ce passage de Villani explique les grands
éloges que Latini fait de la langue française.

(1) Ce sont surtout les Florentins qui, s'étant réfugiés en
France, après la prise de Florence, introduisirent le goût de
la langue italienne parmi les Français. Alamanni et Strozzi
y contribuèrent beaucoup; les artistes qui vinrent à la cour
de François Ier, les gens de lettres et les courtisans qui accompagnèrent Catherine et Marie de Médicis, les hommes

correspondaient parfois en italien avec Fermat :
Molière composait des intermèdes en italien, et
cependant qui oserait dire que du temps de Corneille, de Pascal, de Racine, de Molière, la littérature française ne fût qu'une imitation de la
littérature italienne ?

Il est impossible d'étudier l'histoire des sciences dans le moyen âge, sans s'arrêter un instant
à l'alchimie. A une époque où la physique
n'existait que de nom, où l'on ne faisait aucune
expérience et peu d'observations, et où l'on
croyait que les ouvrages d'Aristote renfer-

---

d'état et les guerriers italiens qui, depuis le maréchal Strozzi
jusqu'à Mazarin, exercèrent tant d'influence en France, y
rendirent cette langue presque populaire. Corbinelli, qui
possédait à un si haut degré la connaissance historique de
la langue italienne, a publié en France quelques-uns des
plus anciens ouvrages de la littérature qu'il aimait tant;
et les bibliothèques de Paris renferment d'autres ouvrages inédits de lui qui prouvent combien il avait à cœur
répandre sa langue dans sa nouvelle patrie. Les presses
des plus célèbres imprimeurs français reproduisirent
souvent les classiques italiens, et quelques - unes de
leurs éditions ont été indiquées par la Crusca comme
offrant le meilleur texte. Enfin même les patois italiens
étaient compris en France et introduits dans des ouvrages
français. Il existe plusieurs éditions du poème burlesque
d'Antoine de Arena (de la Sable), où l'on a ajouté à la fin,
des poésies en patois vénitien. Les *Amorosi inganni*, par
Bellando (Parigi, 1609, in-12); la *Sultana* et la *Ferinda*, par

maient tout ce qu'il était possible de savoir sur
les sciences naturelles (1), les alchimistes seuls,
guidés, il est vrai, par de folles imaginations,
faisaient sans cesse des expériences, et tour-
mentaient la nature pour arriver à la transmutation des métaux et à la panacée universelle;
ils ne trouvèrent pas ce qu'ils cherchaient,
mais ils découvrirent une foule de faits curieux, et leurs connaissances pratiques les
conduisirent souvent à des résultats importans. Les hommes les plus éminens voulurent s'initier à cette prétendue science; Ray-
mond Lulle, Albert-le-Grand, Roger Bacon et
tous les esprits les plus remarquables de l'Europe s'y appliquèrent avec ardeur. En Italie il y
eut moins d'alchimistes que partout ailleurs (2),

Andreini (Parigi, 1622, in-8), sont des comédies écrites en
divers patois italiens, qu'on jouait à Paris au commencement
du dix-septième siècle; et l'on pourrait en citer un grand
nombre d'autres du même genre.

(1) Nous avons déjà vu que dans quelques universités on
défendait d'expliquer d'autres livres de physique que ceux
d'Aristote.

(2) Parmi les anciens alchimistes on cite ordinairement
saint Thomas; mais il n'est rien moins que prouvé que les
ouvrages alchimiques qu'on lui a attribués soient de lui.

et l'on voudrait pouvoir déduire de là une nouvelle preuve de cette sagacité et de ce sentiment
du vrai que les Italiens ont portés de si bonne
heure dans l'étude de la nature; mais malheureusement leur engoûment pour l'astrologie judiciaire (engoûment au reste qu'ils partagèrent
avec bien d'autres nations) prouve qu'il ne
faut pas trop se hâter de leur décerner cette
louange. Toutefois, il est bon de constater ce
fait, et de reconnaître la prééminence de ces
hommes qui n'ont pas cédé à des erreurs
qu'Albert-le-Grand et Bacon avaient encensées.
Cette remarque se trouve confirmée par la
grande rareté des manuscrits d'alchimie, écrits
en Italie avant le seizième siècle : ce n'est pas
aux poursuites de l'Église contre les ouvrages sur
les sciences occultes, que cette rareté doit être
attribuée; car les traités d'astrologie sont fort
communs dans les bibliothèques italiennes, quoique les ouvrages de ce genre ne fussent pas moins
sévèrement défendus que les rêveries des alchimistes.

Ce n'est qu'en étudiant les traités d'alchimie
qu'il est possible cependant de retrouver les
procédés employés à cette époque. Ces traités,
qui sont souvent accompagnés de figures, nous

font connaître la forme des fourneaux, des alambics, et des autres instrumens employés aux opérations des adeptes qui soumettaient d'ordinaire tous les corps indistinctement aux mêmes opérations. Les quatre élémens qui étaient généralement admis, et la distinction des êtres en différens règnes, permettaient rarement de croire que des corps formés d'élémens pris dans le règne minéral, pussent être de même nature que des corps appartenant au règne animal ou végétal. Toute opération était soumise à une foule de pratiques futiles et superstitieuses, qui étaient décrites avec le plus grand soin, tandis que souvent la circonstance la plus importante était oubliée à dessein par des hommes qui voulaient se réserver leur secret. On invoquait les puissances surnaturelles; les cadavres, les os des hommes et des animaux, le sang surtout, jouaient un grand rôle dans cette chimie, et particulièrement dans la chimie miraculeuse; car pour les découvertes qui ne se rattachent pas à la transmutation des métaux, on est étonné de trouver des procédés simples et dégagés de tout appareil extraordinaire. L'alcool se faisait alors à-peu-près comme on le fait aujourd'hui, tandis que l'or musif se préparait avec bien plus de cérémonie; au reste, la plupart de ces découvertes étant dues au hasard, on s'appliquait à décrire toutes les circonstances du phénomène, et l'on était forcé de donner la même importance à tous les ingrédiens qu'on avait employés la première fois, sans savoir quels étaient les plus nécessaires, ni comment le phénomène pouvait être reproduit.

La chimie et la physique n'étaient presque étudiées à cette époque que pour leurs applications à l'alchimie, à la magie et à la nécromancie; on a souvent dit que les magiciens étaient des gens adroits, qui, à l'aide de quelques secrets de physique, savaient étonner le vulgaire; mais il fallait appuyer cette opinion sur des preuves, et ces preuves on ne les trouve certainement pas dans les anciens livres de magie, qui ne renferment que des pratiques absurdes de la superstition la plus grossière (1). S'il est difficile de remonter aux sources des vérités

---

(1) Les anciens manuscrits de magie sont fort rares : d'abord on a tâché de les détruire, ensuite on les a négligés et laissés périr. Il y en a de plus modernes qui ont été forgés au dix-septième et au dix-huitième siècle (à l'époque des

que les hommes ont découvertes, il est encore plus difficile de remonter à la source des erreurs; cependant il serait curieux de chercher les étymologies des mots bizarres que l'on trouve dans les livres de magie : peut-être ces noms sont-ils d'origine rabbinique et orientale (1); peut-être ont-ils été défigurés exprès pour les rendre encore plus bizarres et plus propres à frapper l'imagination. Les mots magiques employés par les Romains étaient étrangers à la langue latine, et ils le sont aussi aux langues des peuples modernes qui ont cru à la magie, sans qu'on puisse établir un rapport direct entre les anciennes formules et les modernes. Au reste, les manuscrits et les livres de magie que nous possédons sont en très petit nombre; car pen-

souffleurs), et attribués à des maîtres plus anciens. La bibliothèque royale en possède un achevé d'écrire le 16 juin 1446, et que le compilateur dit avoir tiré des auteurs arabes : ce n'est qu'en lisant cet ouvrage qu'on peut se faire une idée des rêveries qu'il renferme. *(MSS. de la bibliothèque du roi, fonds Notre-Dame, n° 167).*

(1) Ces étymologies sont très difficiles à déterminer, cependant il n'est pas inutile de remarquer que la syllabe merveilleuse des Hindous om se trouve dans quelques-uns de nos anciens traités de magie.

dant long-temps l'Église qui traitait d'égal à égal avec la magie, et qui semblait craindre l'empire du démon, faisait main basse sur tous les livres de cette science qu'elle pouvait rencontrer.

Cependant il nous reste quelques renseignemens sur les connaissances physiques que possédaient les magiciens; on sait par exemple qu'aux dixième et onzième siècles, on faisait, à l'aide de l'aimant, de petits cygnes dont on dirigeait les mouvemens à volonté (1). On avait découvert aussi la manière de faire fleurir les plantes en hiver à l'aide de la chaleur; ce fait paraissait alors si extraordinaire, qu'au quatorzième siècle on en parlait encore comme d'un des plus grands miracles de la magie : on avait observé plusieurs phénomènes optiques dus à la combinaison de divers miroirs : peut-être même connaissait-on quelque chose d'analogue à la fantasmagorie (2) et une espèce de phosphore :

---

(1) *Commentarii academiæ Bononiensis*, tom. II, p. 357. — Jacques de Vitry dit : « Magnes..... in magicis praestigiis utentur eo magi » (*Gesta dei per Francos,* tom. I, p. 1106).

(2) Voyez *Photii bibliotheca,* Rothom., 1652, in-fol., col. 1028, cod. 242.

toutefois ces faits sont trop incertains pour qu'on puisse les discuter; car les gens qui ont raconté les effets de la magie étaient des personnes superstitieuses ou frappées de terreur à qui on faisait tout croire sur parole (1); et il ne faut pas ajouter foi à toutes les merveilles que l'on nous raconte, parce que les progrès de la physique les auraient rendues possibles à présent. On connaissait probablement quelques mélanges explosifs ou quelques poudres fulminantes, et de tout temps on avait essayé d'employer le salpêtre à la guerre. Si l'on devait adopter les récits des auteurs grecs, il faudrait même supposer, d'après les effets qu'ils ont décrits, que dans le feu grégeois les métaux qui ont le plus d'affinité pour l'oxigène jouaient un grand rôle; mais les recettes que l'on trouve dans des auteurs, pour former le feu grégeois, sont si peu d'accord entre elles, qu'on n'en peut rien conclure de certain sur sa composition (2).

_____

(1) On trouve un exemple frappant de la fascination que l'on peut exercer sur les esprits les plus hardis, dans les prodiges que Cellini raconte avoir vus pendant son séjour à Rome (*Cellini, vita*, Colonia, S. D., in-4, p. 87).

(2) La composition de feu grégeois est une des choses qui

Non-seulement l'étude des livres d'alchimie, de magie et de d'astrologie, pourrait faire connaître des faits nouveaux ; mais la com-

---

ont été le plus cherchées et qui sont encore le plus douteuses. On dit qu'il fut inventé au septième siècle de l'ère chrétienne par l'architecte Càllinique (*Constantini Porphyrogennetæ*, *opera*, Ludg.-Batav., 1617, in-8, p. 172, *de admin. imper.*, cap. 48), et il se trouve souvent mentionné par les historiens byzantins. Tantôt on le lançait avec des machines, comme on lancerait une bombe, tantôt on le soufflait avec de longs tubes, comme on soufflerait un gaz ou un liquide enflammé (*Annæ Comnenæ Alexias*, p. 336, lib. xi. — *Æliani et Leonis imperatoris tactica*, Lugd.-Bat. 1613, in-4, pars. 2ª, p. 322, *Leonis tact.* cap. 19. — *Joinville, histoire de saint Louis,* collect. Petitot, tom. II, p. 235). Les écrivans contemporains disent que l'eau ne pouvait pas éteindre ce feu, mais qu'avec du vinaigre et du sable on y parvenait. Suivant quelques historiens le feu grégeois était composé de soufre et de résine ; Marcus Græcus (*Liber ignium*, Paris, 1804, in-4) donne plusieurs manières de le faire qui ne sont pas très intelligibles, mais parmi lesquelles on trouve la composition dè la poudre à canon. Léonard de Vinci (*MSS. de Léonard de Vinci*, vol. B. f. 30) dit qu'on le faisait avec du charbon de saule, du salpêtre, de l'eau-de-vie, de la résine, du soufre, de la poix et du camphre. Mais il est probable que nous ne savons pas quelle était sa composition, surtout à cause du secret qu'en faisaient les Grecs. En effet, l'empereur Constantin Porphyrogénète recommande à son fils de ne jamais en donner aux Barbares, et de leur répondre, s'ils en demandaient, qu'il avait été apporté du ciel par un ange et que le secret en avait été confié aux Chrétiens (*Constantini Porphyrogennetæ, opera*, p. 26-27, *de admin. imper.*, cap. 12).

paraison des ouvrages de ce genre, écrits
en différentes langues et chez diverses nations, conduirait peut-être aussi à la source
de ces grandes aberrations de l'esprit humain.
Cette comparaison fournirait surtout des élémens pour décider si les erreurs se communi-
quent toujours, comme on l'a souvent affirmé,
ou bien si, comme cela est plus probable,
dans certaines circonstances, et à certaines
époques, une erreur est une conséquence des
prémisses, aussi logique et aussi nécessaire
que le serait, dans d'autres circonstances, une
vérité.

Cependant cette question n'est pas encore résolue; elle ne peut l'être que par l'examen des
faits et par la comparaison des méthodes, et l'histoire des sciences occultes en doit hâter la solution. Les recherches qui ont été faites jusqu'à
présent, sur ce sujet, semblent prouver que l'astrologie et l'alchimie, nous sont venues de l'O-
rient, tandis que les systèmes de météorologie
superstitieuse, qui sont très anciens chez nous,
ne le paraissent pas autant chez les Orientaux. Cette météorologie mystique ne pouvait
prendre naissance que dans des contrées où les
changemens des temps auraient été brusques et

fréquens. Dans les pays où les variations du temps sont périodiques et prévues d'avance, ces changemens ne sont pas de nature à donner naissance à une science fulgurale, comme était, par exemple, celle des Étrusques.

Une branche de la chimie qui, heureusement, n'était pas entre les mains des alchimistes, est celle qui consiste dans la préparation des couleurs nécessaires aux peintres et aux manufacturiers : car pendant long-temps les peintres préparèrent seuls leurs couleurs, et quoique d'habiles chimistes s'y soient appliqués (1), on n'a pas encore bien pu savoir ce qui leur donnait tant d'éclat et de fixité. Mais on peut supposer que les artistes apportaient un soin tout particulier à la fabrication de ces couleurs, qui contribuaient tant à leur gloire, et qu'en cela surtout consistait leur secret. Ces couleurs si durables étaient simples et peu variées, et rien ne semble en empêcher la fabrication actuelle; cependant un procédé, connu alors, de mettre l'or en relief sur

(1) Voyez entre autres la lettre de M. Branchi insérée dans l'*Appendice* des *Notizie della sagrestia Pistojese, raccolte dal Pr. Ciampi*, Firenze, 1810, in-4.

les manuscrits, a été oublié ou perdu depuis. Quant à la chimie cosmétique, qui semble très ancienne en Orient, les dames romaines la connaissaient, et celles du moyen âge l'employaient tous les jours avec des circonstances (1) qui nous paraîtraient à présent bien extraordinaires.

Il règne beaucoup d'incertitude sur l'époque à laquelle on a commencé à peindre à l'huile : Vasari a attribué cette découverte à un peintre hollandais qui vivait au commencement du quinzième siècle (2), mais des autorités impo-

---

(1) *Barberino, da, del reggimento delle donne*, Roma, 1815, in-8., p. 135 et suiv. — *Pandolfini, del governo della famiglia*, Firenze, 1734, in-4, p. 62 et suiv. — Cennino enseigne aux peintres à colorer (ou à farder) les figures *de chair*; et il dit qu'on peut peindre *à la détrempe, à l'huile et au vernis!* Voici le commencement du chapitre où il traite de cette bizarre partie de la peinture du moyen âge. — « Usando l'arte, alcune volte t'addiverrà avere a tigner o dipignere in carne, massimamente colorire un viso d'uomo o di femmina. I tuoi colori puoi fare temperati con uovo; o vuoi, per caleffare, ad oglio o con vernice liquida. » (*Cennini, trattato della pittura*, Roma, 1821, in-8, p. 145).

(2) *Vasari, vite*, tom. I, p. 321, et tom. V, p. 99 et 165.

santes (1) et des analyses chimiques (2) semblent
prouver que la peinture à l'huile, qui n'avait
pas été étrangère aux byzantins (3), était prati-

---

(1) *Tiraboschi, storia della litt. ital.*, tom. VI, part. 3ª,
p. 1093-1095. — *Tiraboschi, biblioteca modenese*, Modena,
1781, 6 vol., in-4, tom. VI, p. 581-484. — *Valle* dans les
notes à *Vasari, vite*, tom. I, p. 321, et tom. V, p. 99 et 165.
— *Dominici, vite de' pittori, scultori ed architetti napoli-
tani*, Napoli, 1742, 3 vol., tom. III, p. 63.—*Cennini, trattato,
della pittura*, p. xxxv et suiv. et p. 159.

(2) *Tiraboschi. biblioteca modenese*, tom. VI, p. 481-484.
— Il faut remarquer, au reste, que ces analyses laissent
toujours quelques doutes ; car d'un côté on a pu restaurer
postérieurement avec des couleurs à l'huile ces anciennes
peintures ; et de l'autre, on a pu se servir anciennement de
quelque huile propre à dissoudre la cire qu'on employait encore dans les fresques.

(3) La peinture à l'huile se trouve indiquée dans un ouvrage de Théophile, moine grec qui, au plus tard, écrivait au onzième siècle (*Morelli, codices manuscripti latini,
bibl. Nanianæ*, Venet. 1776, in-4, p. 31-41). Cet ouvrage a
été publié en entier dans le recueil publié par Lessing et intitulé *Zur geschichte und litterature*, Brunsw. 1781, 2 vol.,
in-8. Le manuscrit latin n° 6741 de la bibliothèque royale
(qui par parenthèse a appartenu à Lodovico Martelli) contient le traité de Théophile avec le chapitre relatif à la peinture à l'huile ; mais en le comparant avec celui dont rend
compte Morelli, je me suis aperçu facilement que le manuscrit parisien est beaucoup moins complet que celui de Venise, qui contient des chapitres très intéressans pour l'histoire de la chimie. Au reste, ce manuscrit 6741 contient plu-

quée en Italie dès le quatorzième siècle, et que
les Hollandais n'ont fait qu'en rendre le procédé
plus facile et plus sûr. (1)

Dès le treizième siècle l'art de travailler le
verre et de fondre les métaux avaient pris une
grande extension en Italie. La manufacture de
Murano fut de bonne heure pour les Vénitiens

---

sieurs autres petits traités, fort curieux, sur la manière
de faire les couleurs. Le compilateur de ce recueil cite
souvent des ouvrages ou des artistes italiens. J'ai remarqué
spécialement dans ce manuscrit un petit traité intitulé
« *Experimenta de coloribus*, » où il y a entre autres choses
deux recettes *ad delendum literas nigras de carta* (§ 2
et 34); et les trois livres « *Eraclii sapientissimi viri de
coloribus et de artibus Romanorum* » (dont les deux premiers sont en vers et le troisième en prose), qui contiennent des choses intéressantes sur la manière de tremper l'a-
cier, de faire et de colorer le verre, de travailler le cris-
tal, etc. etc. Il y a aussi un petit paragraphe (§ 260) intitulé
« *De oleo quomodo aptatur ad distemperandum colores*, » qui
me semble venir à l'appui de l'antiquité de la peinture à
l'huile. Cet *Eraclius* (qui, dans la catalogue imprimé des
manuscrits de la bibliothèque royale, est appelé *Heraclius*,
quoique le manuscrit ne porte pas d'H) n'est pas mentionné
dans la *Bibliotheca mediæ est infimæ latinitatis* de Fabricius.

(1) Lanzi (*Storia pittorica*, Bassano, 1809, 6 vol. in-8,
tom. I, p. 64-72) qui a traité avec beaucoup de détail cette
question, et qui est en général favorable aux Flamands, est
forcé lui-même d'admettre ces conclusions.

une source de richesses (1), et les portes en bronze
du dôme de Pise que Bonanno avait exécutées
en 1180 (2) prouvent que la métallurgie n'avait
pas manqué aux arts renaissans. Les florins d'or
que l'on frappa à Florence en 1252 (3), et les
faux monnayeurs qu'il y avait en Italie dans le
même siècle (4) en sont une autre preuve. Et
les préceptes métallurgiques que l'on trouve,
comme par hasard, dans le traité de commerce

(1) *Marini, storia del commercio de' Veneziani*, Vineg.
1798, 8 vol. in-8, tom. III, p. 223.

(2) *Morrona, Pisa illustrata*, Livorno, 1812, 3 vol. in-8,
tom. I, p. 170.

(3) *Villani, Giov., storia*, p. 157, lib. VI, cap. 54.

(4) Dante (*Inferno*, cant. XXIX, v. 110 et 137) parle de Gri-
folino d'Arezzo (qui, par parenthèse, fut fait brûler vif comme
magicien par son évêque, parce qu'il avait dit en plaisantant
qu'il pouvait voler dans les airs), et de Capocchio comme de
deux faux monnayeurs, et il fait dire à ce dernier : « *Che
falsai li metalli con alchimia.*» Les plus anciens commentateurs de Dante ont fait ici une longue glose, où ils entrent
dans des détails fort curieux sur l'alchimie vraie et fausse (car
la chimie était alors appelée *falsa alchimia*), détails que je regrette beaucoup de ne pas pouvoir reproduire, à cause de leur
trop grande étendue. On peut consulter, à ce sujet, l'*Ottimo commento della divina commedia*, Pisa, 1827, 3 vol.
in-8, tom. I, p. 493-495, 504-507, et le commentaire
attribué à *Benvenuto da Imola* ou à *Jacopo dalla Lana*,
imprimé à Venise, en 1477, in-fol., où l'on trouvera des faits
fort intéressans pour l'histoire de l'alchimie.

de *Francesco Balducci Pegolotti*, écrivain de la première moitié du quatorzième siècle, nous font voir qu'à cette époque on avait déjà fait attention aux proportions définies qui sont nécessaires à la réussite des expériences. (1)

A une époque où les Orientaux étaient plus avancés en civilisation que les Chrétiens, c'était surtout en Orient qu'il fallait aller chercher l'instruction; et l'Europe doit une grande reconnaissance à ces premiers voyageurs qui, non-seulement faisaient faire de grands progrès à la géographie en découvrant de nouvelles contrées, mais qui rapportaient aussi dans leur patrie des connaissances utiles qu'ils avaient acquises chez des peuples jusqu'alors inconnus. Les établissemens formés par les Italiens sur toutes les côtes où leurs vaisseaux pouvaient aborder, leur procurèrent de grandes richesses, mais pendant long-temps ils n'augmentèrent guère les connaissances géographiques; car des haines religieuses s'opposèrent constamment aux voyages que les Chré-

_____

(1) *Della Decima* (par Pagnini), Lucca, 1765, 4 vol. in-4, tom. III, p. 330-343.

tiens auraient voulu faire dans l'Asie centrale, où
ils ne pouvaient pénétrer qu'en traversant des
pays mahométans. Ce ne fut que lorsque les
Mongols vinrent camper en Crimée et en Arménie,
que les marchands italiens purent parcourir l'Asie
à leur suite. Ces peuples, dont les prodigieux succès avaient frappé les Chrétiens de stupeur, n'a-
vaient pu s'étendre vers l'Occident qu'en refou-
lant les Musulmans; ils semblèrent donc des
alliés naturels aux Européens, qui cherchèrent
à se mettre en rapport avec eux de toutes les
manières. Assez indifférens en matière de religion, les Mongols accueillirent favorablement
les envoyés du pape chargés de leur apporter
l'Évangile, et plusieurs fois le bruit de leur con-
version se répandit parmi les Chrétiens. Il n'en
fallut pas davantage pour attirer, à la cour du
grand Khan, des moines, des marchands, des
esprits aventureux, qui tous se flattaient d'exploiter ces peuples à leur manière. C'était ordinairement par la mer Noire qu'ils allaient
chercher les Mongols; parvenus aux avant-postes
de cet immense campement qui couvrait toute
l'Asie, ils s'annonçaient presque toujours comme
des envoyés des princes chrétiens, et ils étaient
successivement escortés de poste en poste, et de

chef en chef jusqu'à la tente noire, à Kara-Koroum. Tels étaient les liens et l'obéissance qui
attachaient toutes les parties de cet immense
empire, que l'étranger le plus obscur, arrivant
aux frontières, était sûr d'être envoyé à la capitale dès qu'il en exprimait le desir. Enorgueillis
par la victoire, les Mongols croyaient toujours
que les moines envoyés pour les convertir,
étaient des ambassadeurs des Francs chargés de
payer le tribut. Il n'entre pas dans notre plan de
parler de la puissance de ces peuples, ni du luxe
de leur capitale et des arts qui y étaient cultivés;
nous voulons seulement constater ce fait, que
Kara-Koroum fut un instant le centre du monde,
et que des contrées les plus éloignées, la politique
et le commerce y attiraient une foule d'étrangers.
Ce ne fut pas par des recherches lentes et labo-
rieuses, ni par des efforts persévérans et répétés
que l'on parvint à la connaissance de l'Asie centrale et orientale; les voyages des Nestoriens
étaient entièrement oubliés en Occident, et depuis plusieurs siècles, l'empire des Arabes bar-
rait le chemin aux voyageurs là où les steppes
et les déserts ne le barraient pas. Par les in-
vasions des Mongols tous les obstacles furent
aplanis; l'empire des califes s'écroula, les haines

religieuses se calmèrent, les peuplades barbares furent asservies ou détruites, et il n'y
eut plus ni déserts ni distances pour des
hommes qui, avec un sac de millet et un
peu de lait aigre, pouvaient faire mille lieues.
Aussi, malgré leurs jeûnes et leur abstinence
habituelles, ces malheureux moines, auxquels
le pape confiait le soin d'aller prêcher la
foi chez les Mongols, ne se plaignaient que
d'une chose : c'était d'avoir toujours faim. Lisez
Rubruquis, frère Ascelin, Plan-Carpin, ils parlent toujours, dans leurs relations, des priva-
tions auxquelles ils étaient astreints (1); ils trouvent le millet et le lait aigre trop peu nourris-
sans, et ils sembleraient prêts à se consoler du
non-succès de leur mission apostolique, s'ils
pouvaient obtenir de leurs hôtes un petit morceau de mouton; mais le mouton était rare à
Kara-Koroum, et ces gens qui distribuaient en
présent, en une seule journée, cinq cents cha-

1) *Bergeron, Recueil de Voyages*, La Haye, 1735, 2 vol.
in-4, tom. I, *Voyage de Plan-Carpin*. col. 7. 10, 21, 27, et
Voyage de Rubruquis, col. 1, 11, 24, 27, 49, 68. 79, 82, 91.

riots remplis d'or, d'argent et de soie (1), qui avaient un équipage de chasse composé de dix mille chiens et de dix mille fauconniers (2), et qui s'envoyaient, pour étrennes, cent mille chevaux harnachés et cinq mille éléphans chargés de riches cadeaux (3), étaient d'une sobriété à effrayer les cénobites chrétiens : il n'est donc pas extraordinaire qu'une telle nation, guidée par des hommes de génie, et se levant dans des circonstances favorables, ait pu soumettre en quelques années tous les peuples qui l'entouraient. Quelques-uns des moines italiens qui, vers le milieu du treizième siècle, furent envoyés successivement par les papes, à la cour des Mongols, décrivirent la route qu'ils avaient suivie sans augmenter nos connaissances sur l'Asie; ce sont des marchands vénitiens qui ont levé le voile qui nous cachait l'Asie Centrale et Orientale. En 1250, Nicolas Polo, animé de l'esprit aventureux qui distinguait son époque, quitta

---

(1) *Bergeron*, *Recueil*, tom. I, *Voyage de Plan-Carpin*, col. 20.

(2) *Marco Polo, il milione, pubblicato e illustrato dal Baldelli,* Firenze, 1827, 2 vol. in-4, tom. I, p. 83-84.

(3) *Marco Polo, il milione*, tom. I, p. 79, et tom. II, p. 188.

Venise, de grandes richesses, une jeune femme
enceinte, et se lança en Asie avec son frère Mathieu. Des côtes de la mer Noire ils allèrent en
Arménie, puis en Perse, et enfin à la cour du
grand Khan : là, ils gagnèrent les bonnes grâces
de Cublaï qui les chargea de fonctions importantes. Après plusieurs années de séjour en
Mongolie, les deux frères voulurent rapporter
leurs richesses en Italie, et revoir leur famille : ils quittèrent donc la cour de Cublaï,
qui les chargea d'une mission diplomatique auprès du pape. Leur voyage dura trois ans, et
lorsqu'ils arrivèrent à Venise, la reconnaissance
se fit avec des particularités qui semblent empruntées aux Mille et une Nuits (1). Nicolas y
trouva son fils, Marco, qui était né en 1251, et
qu'il n'avait jamais vu. Leurs affaires et celles du
pape les retinrent deux années en Europe; en 1271,
Nicolas, Mathieu et Marco, quittèrent Venise et se
dirigèrent vers Saint-Jean-d'Acre, de là ils allèrent
en Arménie; mais rappelés par le nouveau pape,
ils ne purent se mettre en route, pour la cour
du grand Khan, que dans l'année suivante.

(1) *Ramusio, viaggi,* tom. II, préf.

Deux ecclésiastiques que le pape leur avait donnés pour les accompagner, les quittèrent au bout
de peu de temps. Enfin , en 1275 , ils arrivèrent
de nouveau auprès de Cublaï, qui les combla de
distinctions et d'honneurs. Bientôt ils furent
chargés de différentes missions par l'empereur.
Marco-Polo fut forcé de parcourir successivement presque toute l'Asie, et cela lui procura les
moyens de recueillir les matériaux qui devaient
plus tard lui servir à rédiger sa relation. On le
voit en effet, tantôt présidant au siège de Syang-
yang-fu, et construisant, à l'aide d'ouvriers chrétiens , des balistes à la manière occidentale (1),
tantôt ambassadeur dans les contrées les plus re-
culées, tantôt naviguant sur l'Océan indien et
s'avançant jusqu'à Java. Enfin , après vingt-et-
un ans d'absence, il obtint à grand'peine de pouvoir retourner dans sa patrie. En partant, Marco-
Polo reçut de Cublaï une marque extraordinaire de confiance : il dut conduire une de ses
parentes à la cour d'Argun, en Perse. Polo s'em-

---

(1) *Marco Polo , il milione* , tome I , p. 133 , et tome II ,
p. 311.

barqua avec elle à Sumatra, en octobre 1292;
après une navigation qui dura dix-huit mois, il
parvint à Ormuz, s'acquitta de sa mission; et
après trois ans d'un voyage long et pénible, il
arriva en 1295 à Venise. A peine de retour Marco-
Polo, qui avait passé sa vie loin de son pays, et
qui bien que connaissant toutes les langues principales de l'Asie, avait presque oublié la sienne (1), n'hésita pas un instant à remplir ses devoirs de citoyen qui, à cette époque, se bornaient
trop souvent, en Italie, à combattre pour sa ville
natale contre d'autres villes italiennes; il combattit à Curzola (2), contre les Gênois; fut pris
et conduit, en 1298, dans les prisons de Gênes.
Là il dicta, peut-être en français (3), la relation

---

(1) *Marco Polo, il milione*, tom. I, p. xii.

(2) Ou Scurzola, car l'endroit de la bataille est appelé Curzola par Ramusio, et Scurzula (ou Scrizola) par Stella (*Ramusio, viaggi*, tom. II, préf.— *Muratori, scriptores rer. ital.*,
tom. XVII, col. 985).—Villani dit que la bataille eut lieu près
de l'île de Scolcola (*Villani, Giov., storia*, p. 305, lib. IV,
cap. 24).

(3) On a beaucoup disputé pour savoir dans quelle langue
Marco-Polo avait dicté sa relation. Ramusio dit qu'il la dicta
en latin (*Ramusio, viaggi*, tom. II, préf.); Baldelli et les écrivains français assurent qu'elle fut d'abord rédigée en français
(*Marco Polo, il milione*, p. x et suiv., *Storia del milione*, cap.

de ses voyages, à un prisonnier qui, dans les manuscrits, est appelé Pisan, soit qu'il fût de Pise, soit qu'il fût de la famille Pisani de Venise(1). L'année suivante, la paix, entre.les deux républiques, lui permit de revoir sa patrie où il mourut dans un âge avancé. (2)

XIII et suiv. — (*Journal asiatique*, Mai 1833): Apostolo Zeno affirmait qu'elle avait été écrite en patois ou en italien (*Fontanini, biblioteca italiana*, Venezia, 1735, 2 vol. in-4, tom. II, p. 270-2). La question est fort difficile, et elle ne nous semble pas encore résolue. Il est vrai qu'il est à-peu-près hors de doute que la plupart des relations italiennes que l'on connaît, sont des traductions du français, comme le prouvent ces passages : *le tre nobili città di Sajafu*, le rhinocéros qui *ista molto valentieri tra li buoi*, et celui où il est parlé du roi *Saddir* (*Marco Polo, milione*, tom. I, p. 98, 133, et 160-161). Mais d'autre part, l'autorité de frère Pipino donnera toujours beaucoup de poids à l'opinion d'Apostolo Zeno; et d'ailleurs l'ouvrage a pu être traduit anciennement en français, et puis retraduit en italien. Baldelli est, au reste, forcé d'admettre que Marco-Polo, après la première édition française, en a fait d'autres en italien et en vénitien (*Marco Polo, milione,* tom. I, p. x-xi, etc.). Voyez aussi *Zurla, dissertazioni di Marco Polo,* etc. Venezia, 1818, 2 vol. in-4. tom. I, p. 13-40.

(1) Dans les manuscrits on trouve tantôt *Rusca,* tantôt *Rustichello,* ou Rusticien de Pise ou Pisan, et quelquefois même *Stazio* de Pise (*Marco Polo, milione,* tom. I, p. ix et x. — *Delizie degli eruditi Toscani,* tom. II, p. 183. —*Journal asiatique.,* Mai 1833, etc.).

(2) Malheureusement pour Venise, on ne sait pas l'époque

Il faudrait un volume entier pour rendre compte des découvertes de Marco Polo. Dans sa trop courte relation, il a révélé à l'Europe l'existence de nations et de contrées dont on n'avait aucune idée avant lui : il a fait faire d'immenses progrès à la cosmographie et à la géographie physique. Personne n'a découvert autant de nouvelles régions : il a tracé les limites orientales de l'ancien continent : la Chine, dont nos ancêtres avaient à peine soupçonné l'existence, l'Inde et l'Océan indien, qu'ils avaient si mal décrits, l'Asie centrale, où ils n'avaient jamais pénétré, furent connus grâce à Marco Polo, qui nous a conservé une foule de faits curieux sur les pays qu'il a parcourus. Après cinq siècles de recherches, il existe des contrées qu'on ne connaît que d'après ce qu'en dit le voyageur vénitien, et plusieurs nations asiatiques n'ont même d'autre histoire que celle qu'il en a tracée. Il fallait un empire comme celui des Mongols, et un homme comme Marco Polo, pour qu'un seul voyageur pût découvrir et décrire tant de pays

de la mort de Marco Polo. C'est assez dire que les Vénitiens oublièrent de lui élever un monument.

à la fois. L'empire de Genghiskhan s'est écroulé, mais les travaux et les découvertes du voyageur vénitien vivront encore une longue suite de siècles.

Les relations que nous possédons de ce voyage presque fabuleux ne sont, vraisemblablement, qu'un abrégé ou une espèce d'introduction destinée à préparer le public à un plus grand ouvrage. Néanmoins la sagacité de Polo est telle, les courtes descriptions qu'il donne de chaque pays, les caractères qu'il assigne à chaque peuple, les faits saillans qu'il raconte sont si vrais et si frappans, que cet abrégé présente encore l'ensemble le plus complet de connaissances que l'on ait sur l'Asie centrale. Le voyageur s'attache surtout à faire connaître les produits des arts et des manufactures des contrées qu'il a parcourues, et il n'a pas seulement contribué personnellement aux progrès des sciences en Europe, mais il y a contribué encore par les connaissances et les découvertes des peuples orientaux qu'il a transportées en Occident: il a parlé, dans sa relation, à plusieurs reprises, de la gravure chinoise (1) et du papier monnaie (2); le charbon

---

(1) *Marco Polo, milione*, tom. II, p. 199.
(2) *Marco Polo, milione*, tom. I, p. 89.

de terre (1), la porcelaine, l'organisation des
postes (2), ont été indiqués par lui pour la première fois, et ces indications ont dû avoir beaucoup d'influence sur ce qui depuis a été fait
d'analogue en Occident. On se demandera peut-
être comment il se fait que d'un homme si
prodigieux il ne nous soit resté que si peu de
chose, et que nous en soyons réduits encore à
chercher dans quelle langue il a dû rédiger ou
dicter d'abord sa relation, sans que l'auteur ait rien
fait pour en laisser une bien authentique et suffisamment développée. Cela tient probablement à
l'accueil que Polo reçut dans son pays : cet
homme dont les assertions se confirment toujours davantage à mesure que l'on s'avance dans
l'intérieur de l'Asie, fut tourné en ridicule
par ses concitoyens et traité de menteur. Lui
qui avait vu de si grandes villes, de si grands

---

(1) *Marco Polo, milione*, tom. I, p. 95, et tom. II, p. 212.

(2) *Marco Polo, milione*, tom. I, p. 92, et tom. II, p. 207-
209. — Dans la rédaction italienne du *Milione*, on trouve
toujours le mot *posta* que la Crusca n'a cité que d'après des
ouvrages beaucoup plus modernes. On sait qu'un des ancêtres
du Tasse a introduit le premier les postes en Italie, au treizième siècle, qu'on avait abandonnées depuis la chute de l'empire romain (*Serassi, vita del Tasso*, Roma, 1785, in-4, p. 7).

empires, et qui à chaque instant était forcé
à parler de millions, ne retira qu'un sobriquet de toutes ses découvertes (1). L'accueil
fait à son premier ouvrage lui ôta probablement l'envie d'en produire un second qui,
destiné à développer son récit, aurait fait encore plus d'incrédules. Le treizième siècle, qui
fit de si grandes choses, et prépara la splendeur
de l'Italie moderne, récompensa bien mal les
hommes qui ont fait le plus pour la gloire des
sciences. Nous avons vu en 1200 le père de
l'algèbre moderne être appelé *fainéant* par les
Pisans; la fin du treizième siècle fut marquée
par une injure du même genre, faite à Marco
Polo. A Pise, c'étaient des marchands qui
méprisaient celui qui ne passait pas son temps
à gagner quelques sous dans un comptoir.
A Venise, d'autres marchands craignant d'ê-
tre séduits par de trop belles promesses, tour-
naient en ridicule les grandes choses qu'on leur
racontait. Après de tels exemples, auxquels
plus tard nous devrons en ajouter tant d'autres,

---

(1) **Voyez** ci-dessus p. 26. Fibonacci et Marco Polo ont été
pendant leur vie également méconnus par leurs concitoyens,
et après leur mort leurs cendres ont été également oubliées.

il serait difficile de soutenir que la protection
fait les grands hommes. (1)

Malgré l'indifférence des Vénitiens, les découvertes de Marco Polo produisirent un effet prodigieux en Italie. Les historiens du quatorzième
siècle le citent souvent de manière à montrer
combien elles avaient frappé l'imagination de
ses contemporains (2). D'ailleurs pendant qu'il
nous faisait connaître l'Asie orientale, un autre
Vénitien, Marino Sanuto, apprenait pour la première fois à l'Europe que l'Afrique était entourée
par la mer. (3). Dans un siècle si aventureux, et

---

(1) Si je reviens plusieurs fois sur cette idée, c'est que
même des esprits supérieurs se sont laissés prendre à cette
influence prétendue de la protection des princes. Ainsi, par
exemple, Bailly, après avoir posé en principe la nécessité de
cette protection, a déduit de là tout naturellement : que les
sciences *n'ont jamais fait beaucoup de progrès dans les républiques (Bailly, histoire de l'Astronomie moderne,* Paris, 1779,
3 vol. in-4, tom. I, p. 141); et Voltaire, tout en reconnaissant
qu'elle avait manqué en Italie, a considéré cela comme un fait
étonnant (*Voltaire, OEuvres,* tom. XVII, p. 376; *Essai sur
les Mœurs,* cap. 82).

(2) *Villani, Giov., storia,* p. 115, lib. V, cap. 29.—Dans
quelques rédactions on a fait précéder le récit des voyages de
Marco Polo d'une introduction semblable à celles qu'on
mettait aux romans de chevalerie (*Marco Polo, milione,* tom.
I, p. 1).

(3) Les cartes géographiques de Marino Sanuto (qui écrivait

avec des hommes si énergiques, il était impossible que l'exemple de ces célèbres voyageurs
ne portât pas ses fruits; aussi, verrons-nous,
dans les siècles suivans, l'ardeur, pour les voyages, s'emparer à-la-fois de toutes les villes d'Italie (1), et amener des résultats inespérés. Mais le
plus beau de tous les résultats qui sont dus à
l'influence de Marco Polo, c'est d'avoir poussé

vers 1321) sont les premières cartes chrétiennes, où l'on voit
l'Afrique entourée par la mer. Il avait appris cela des Arabes
dans ses voyages en Orient. Ibn Alwardi avait déjà fait des
cartes semblables en 1232 (*Gesta Dei par Francos*, tom. II, p.
285.—*Notices et extraits des manuscrits de la bibliothèque du
roi*, tom. II, p. 20 et 54). La vraie forme de l'Afrique se trouve
indiquée dans plusieurs manuscrits écrits en Italie au commencement du quatorzième siècle. Ainsi, le manuscrit latin
n° 4939, in-fol. de la Bibliothèque du roi, qui contient une
histoire universelle et qui semble avoir été écrit vers 1325,
en Italie, contient une carte où le contour de l'Afrique est
assez bien indiqué.

(1) Marco Polo a peut-être inspiré au Beato Oderico sa
relation : ne pouvant pas décrire les voyages des Frères
Mineurs en Asie, nous nous bornons à les indiquer ici
pour montrer comment il a pu se faire que des connaissances
asiatiques, que les Arabes ne nous avaient pas données,
soient arrivées au moyen-âge en Europe. Les lettres que
Bartolomeo da San Concordo recevait *des Indes*, sont une
nouvelle preuve des fréquentes relations qu'au quatorzième
siècle les Chrétiens avaient avec les Orientaux (*Concordio,
da San, ammaestramenti*, Milano, 1808, in-8, p. XV).

Colomb à la découverte du nouveau monde. Colomb, jaloux des lauriers de Polo, passa sa vie à préparer les moyens d'arriver à cette Cipangu tant vantée par le voyageur vénitien; il voulut aller à la Chine par l'Occident, et il rencontra sur son chemin l'Amérique.

Les Italiens, si riches en ouvrages spéciaux, n'eurent presque pas, à la renaissance, de ces grandes encyclopédies, qui furent si à la mode en France et dans d'autres contrées de l'Europe; et ils n'ont rien à opposer à la grande encyclopédie, appelée le *Quadruple Miroir*, de Vincent de Beauvais. Ce goût qu'eurent les Français pour les encyclopédies, et qui probablement leur avait été inspiré à-la-fois par l'exemple des Orientaux et par l'étude des ouvrages d'Aristote, qui embrassent presque toutes les connaissances humaines, eut beaucoup de difficulté à passer les Alpes. Ce n'est pas que l'Italie manquât d'esprits doués d'une grande variété de connaissances; mais les hommes les plus éminens s'appliquèrent tous à la poésie. Les véritables encyclopédies italiennes sont en vers; nous en verrons plus tard la preuve en examinant les poèmes de Dante, de Cecco d'Ascoli, de Fazio degli Uberti, de Federigo Frezzi, de Goro Dati. Le seul ou-

vrage spécialement encyclopédique que les Italiens puissent citer, c'est le *Trésor*, de Brunet
Latin de Florence, et encore ce *Trésor* a-t-il été
écrit pendant que l'auteur était en France. Dans
cet ouvrage, qui fut de bonne heure traduit en
italien par Buono Giamboni (1), Brunet paraît
avoir voulu donner un abrégé de toutes les sciences. Il l'a divisé en trois parties qui comprem-
nent les sciences historiques physiques et natu-

---

(1) Les deux éditions de 1474 et de 1533 de la traduction
italienne du *Trésor* diffèrent entre elles par le nom des
grandes divisions dans lesquelles l'ouvrage est partagé, et
par de légères différences de rédaction ; mais la matière est
la même. L'édition de Trévise est divisée en trois livres et
subdivisée en huit parties. Celle de Venise est partagée en
deux parties et en neuf livres (*Latini, B., Tesoro*, Treviso,
1474, in-fol. — *Latini, B., Tesoro*, Venezia, 1533, in-8).
L'original français n'a jamais été publié, mais je compte le
faire paraître bientôt dans la *Collection des documens relatifs à l'histoire scientifique de la France*, dont je suis chargé
de diriger la publication. En plusieurs endroits, il diffère
notablement de la traduction ; mais ces différences ne sont
pas très faciles à constater, car les divers manuscrits ne
se ressemblent pas. Dans un manuscrit du *Trésor* que je
possède, qui provient de la bibliothèque d'Aguesseau et
qui semble être du commencement du quatorzième siècle,
l'ouvrage est divisé en trois livres, et contient 397 chapitres : ce manuscrit, rempli de miniatures curieuses, est
plus ancien et plus complet qu'aucun de ceux de la bibliothèque royale. J'aurais dû peut - être donner ici un

relles, les belles lettres, et les sciences morales et politiques (1). La partie historique qui commence par la Genèse est précédée d'un petit traité de théologie métaphysique ; l'éthique est celle d'Aristote. La partie qui se rapporte aux sciences physiques et naturelles contient quelques faits intéressans. Nous avons déjà indiqué un passage sur la polarité de l'aimant (2), qui semble indiquer que l'aiguille aimantée n'était pas encore suspendue au temps où Brunet écrivait. On trouve dans le *Trésor* la

essai sur l'histoire des encyclopédies, et montrer ce que Brunet a pu emprunter à d'autres encyclopédies, telles que l'*Hortus deliciarum* de l'abbesse Herrade, le *Breviari d'amor*, l'*Image du monde*, le *Miroir* de Vincent de Beauvais, etc.; mais ces recherches m'auraient mené trop loin, et je les réserve pour l'édition du *Trésor*.

(1) Voici la division du *Trésor*, telle qu'elle se trouve en tête de l'édition de Trévise : « Qui comincia la tavola nel tesoro di ser Brunetto Latini di fiorenza : el qual a compartito el suo volume in tre libri. El primo libro e divisato in tre parti. Nella prime parte tratta del nascimento de la natura di tutte cose. Nella seconda tratta del nappa mondo. Nella terza delli animali. El secondo libro e divisato in due parti. Nella prima tratta della ethica d'aristotile. Nella seconda delli ammaestramenti de vizii. El terzo libro e divisato in due parti. Nella prima tratta della Rethorica e bel parlare. Nella seconda : della politica cioe del governamento di ciascuno.

(2) Voyez ci-dessus, p. 64.

connaissance de la rondeur de la terre (1), et
de la gravité qui augmente à mesure qu'on
approche du centre; l'indication des marées,
et quelques observations curieuses sur les
fontaines (2). Outre le *Trésor*, Brunet Latin a
laissé plusieurs autres ouvrages, et il est l'un des
premiers qui se soient appliqués à fixer la prose
italienne. On a prétendu que son petit poème,
le *Tesoretto*, avait inspiré à Dante l'idée de son
voyage dans la région des morts; mais pour
croire cela il faut n'avoir jamais lu cet ouvrage.
Villani dit que Brunet avait fait revivre les bonnes études à Florence, et contribué beaucoup à
l'instruction des Florentins (3). Dante qui,

---

(1) *Latini, B., Tesoro*, Venetia, 1533, in-8, f. 42. — Brunet,
dans le même chapitre, dit que la sphère est un maximum
de solidité (ibid. f. 41). Une chose qu'il faut remarquer, c'est
que Brunet ne savait pas que l'Afrique fût entourée par la
mer, et qu'il suivait les idées des anciens sur la géographie de
l'Asie. Ce qui prouve encore une fois que ce sont Marco Polo
et Sanuto qui ont réformé la géographie des Occidentaux.

(2) Ibid. f. 42, 64 et 67.

(3) *Villani, Giov., storia*, p. 297, lib. VIII, cap. 10. —
Villani dit au même endroit que Brunet avait écrit le *Chiave
del Tesoro;* nous ne savons pas que cet ouvrage existe à présent nulle part. Brunet, que Villani appelle grand philosophe et grand maître en rhétorique, est appelé aussi grand
mathématicien et physicien par Landino (*Dante, cantica,
col commento del Landino, apologia di Firenze*).

au reste, ne lui a pas montré beaucoup de reconnaissance, fut son élève. Brunet, qui avait été mêlé à toutes les affaires politiques de son pays, et qui avait été chargé plusieurs fois de missions diplomatiques en Espagne, en France et ailleurs, était, comme tous les Florentins de son temps, doué d'une grande énergie. Ce n'est donc pas seulement sur l'esprit du Dante, mais sur son caractère qu'il a dû agir, et l'exemple d'un homme aussi énergique n'a pas dû être perdu pour l'âme de fer d'un tel disciple. Pour montrer jusqu'à quel point était poussée la fierté et l'inflexibilité de Brunet, il suffit de citer un fait rapporté par un ancien commentateur du Dante. Christophe Landino raconte que Brunet, ayant commis une légère erreur dans la rédaction d'un acte, pendant qu'il était notaire de la république, aima mieux se faire condamner pour faussaire que d'avouer sa négligence, et que ce fut à cette occasion que, exilé de son pays, il vint s'établir en France (1). Landino ne s'accorde pas avec les chroniqueurs qui disent que Brunet Latin, surpris par la bataille

---

(1) *Dante cantica, col commento del Landino*, Inferno, cant. xv.

de Monteaperti, lorsqu'il revenait de son ambassade d'Espagne, s'arrêta en France et y composa le *Trésor;* mais ce récit indique assez quelle était l'opinion que l'on avait de la fierté de Brunet.

Le treizième siècle a été mal apprécié : on a été ébloui de la gloire du quatorzième, et l'on n'a pas pensé à toutes les grandes choses que les Italiens avaient faites dans le siècle précédent. Pour se débarrasser de la langue provençale, les Italiens partent des premières tentatives des Siciliens et de Guittone d'Arezzo, et en moins d'un siècle ils arrivent à Dante. Des villes à peine connues, soumises aux empereurs ou à leurs vicaires, s'ébranlent, se liguent, et après une lutte acharnée, s'élèvent au faîte de la gloire et de la splendeur. L'Italie est faible, obscure au douzième siècle, et un siècle plus tard elle devance toute l'Europe. Les villes maritimes se sont emparées du commerce du Levant, et aucune puissance n'ose leur disputer l'empire des mers. Venise et Gênes règnent sur l'Archipel. Les Pisans s'emparent des îles de la Méditerranée et occupent les côtes de l'Afrique. Des marchands florentins ont des comptoirs en Angleterre et en France, et ils soutiennent de leur crédit les prétendans à la couronne. La

liberté municipale s'agrandit et se fortifie au milieu des combats et des factions, et ces luttes
continuelles ne font que retremper le courage, et
relever le caractère de ces illustres citoyens. Ici
l'on voit cette grande figure de Farinata degli
Uberti (1), là Dandolo, plus loin Jean de Procida,
partout des hommes pour qui la patrie est tout,
le reste rien. Les vêpres Siciliennes, moins san-
glantes que la Saint-Barthélemy, et qui ne furent pas dirigées contre des concitoyens, montrent comment les Italiens savaient opérer une
grande vengeance nationale. Les arts renaissent,
et des pâtres quittent leur troupeau pour aller
élever des monumens qui frappent d'admiration la postérité (2). La cathédrale de Florence
montre ce que furent ces architectes, et prouve
qu'à cette époque la mécanique n'était pas
ignorée. Des enfans pauvres et abandonnés
sur la place publique, chargés, comme Tad-

---

(1) En empêchant les Gibelins de détruire Florence, Farinata
a bien mérité de la civilisation européenne. Si cette ville eût
disparu dès le treizième siècle, on n'aurait probablement pas
eu Dante, Pétrarque, Boccace, Giotto, Brunellesco, Michel-
Ange, Léonard de Vinci, Machiavel, Galilée. On ne peut
pas calculer quel aurait été le résultat de cet immense vide.

(2) Tout le monde sait que Cimabue rencontra Giotto des-
sinant sur une pierre les brebis qu'il gardait.

deo (1), des fonctions les plus ignobles, se réveillent un beau jour, décidés à être des hommes supérieurs et le deviennent. Ainsi fit Accurse, le premier des jurisconsultes de son temps, qui s'occupa aussi de philosophie naturelle (2). Ainsi firent Jean-André, qui fut appelé le prince des Canonistes (3), et Pierre des Vignes, dont Frédéric II récompensa si° mal les services (4). Les lois

---

(1) Villani dit que Taddeo vendait de petites bougies à ceux qui voulaient les allumer dans la chapelle de Saint-Michel de Florence (*Villani, Filippo, vite,* p. 22).

(2) *Villani, Filippo, vite,* p. 19 et 104. — En 1396, la république de Florence décréta qu'il lui serait élevé un tombeau, ainsi qu'à Dante, Pétrarque, Boccace, et Zanobi da Strada : mais ce décret ne reçut jamais d'exécution (*Ammirato, storie fiorentine,* Firenze, 1647-1641, 5 vol. in-fol., tom. II, p. 855). On sait qu'un autre étudiant dit, en le voyant entrer déjà avancé en âge dans la salle où Azzone donnait ses leçons : « *Bene veniat vitula ista !* » A quoi Accurse répondit : « *Tarde veni, sed cito me expediam.* » Et il tint parole. (*Alidosi, appendice al libro delli Dottori Bolognesi,* Bologna, 1623, in-4).

(3) *Villani, Filippo, vite,* p. 59. — Arrigo da Settimello, fils d'un paysan, devint illustre par son savoir, et finit sa vie dans la plus cruelle misère, par la persécution de l'évêque de Florence (*Villani, Filippo, vite,* p. 35).

(4) Bonatti (*Decem tract. astronom,* tract. V, cons. 141) cite beaucoup d'autres illustres Italiens qui étaient sortis des dernières classes du peuple; il dit de Pierre des Vignes, « qui cum esset scolaris bononie mendicabat nec habebat quid comederet. »

comme les arts furent relevés par les Italiens.
Tout alors se faisait avec passion; un chien
devenait le sujet d'une guerre à mort entre Pise
et Florence : mais ces hommes, si ardens dans
les guerres et dans les factions, ces hommes,
toujours prêts à donner leur vie pour défendre
un principe, portaient le même enthousiasme
dans les arts, dans la poésie, dans la culture
des lettres et des sciences. On ne s'était pas
encore courbé sous le poids des intérêts maté-
riels; d'autres sentimens faisaient battre ces nobles cœurs. Cette vie aventureuse, cette ardeur
qu'ils mettaient à tout, fut la cause de leur gloire.
Un siècle qui a fait tant de choses et auquel les
sciences doivent l'*Abbacus* de Fibonacci, et le
Milione de Marco Polo, mérite une attention particulière; il serait glorieux parmi tous les âges,
n'eût-il fait que léguer Dante au siècle suivant.

On a dit souvent que les hommes extraordinaires ne peuvent s'élever que là où les masses
ne sont rien, et que ce n'est que dans un état
social à demi barbare que l'individu peut dé-
ployer toute sa puissance. Mais sans parler d'A-
thènes, l'histoire de la république de Florence
suffirait seule pour prouver le contraire : là tous
les hommes prenaient part aux affaires publi-

ques; souvent plus ils étaient obscurs, plus ils
étaient près du pouvoir. Lorsque le gouvernement de Florence voulait punir une famille,
il la déclarait noble; et dès-lors elle avait perdu
tous les droits politiques (1). Jamais l'instruction n'a été aussi répandue, et l'on voit par le
récit d'écrivains contemporains, que là comme
à Athènes, des âniers, des serruriers et des pâtres se délassaient de leurs rudes travaux en
chantant les vers des poètes contemporains (2),
tandis que d'autres, plus hardis, quittaient leur
humble profession pour donner un libre essor
à leur génie dans la poésie et dans les arts, ou
pour se mettre à la tête de la république. Dans
cet état si démocratique, dans cette ville si mar-
chande, sont nés des hommes qui, par leur intelligence et par leur caractère, se placent au pre-

---

(1) Les nobles étaient appelés magnats à Florence : or,
d'après les statuts, on devenait magnat, « pro homicidio,
pro veneno... pro furto... pro incestu » (*Statuta Florentiæ*,
Friburgi, 1781, 5 vol. in-4, tom. I, p. 429). — On voit que
les Florentins n'aimaient pas les nobles.

(2) *Sacchetti*, *Novelle*, Firenze, 1724, 2 vol. in-8, Nov. 114
et 115. — Un fait qui mérite d'être signalé, c'est que la plupart des meilleurs manuscrits italiens qui se conservent
encôre dans les bibliothèques ont appartenu à des ouvriers
florentins. Sans les auto-da-fè ordonnés par Savonarola, il en
resterait bien plus.

mier rang de ce que l'humanité a produit de plus beau. Les chroniqueurs nous les montrent usant leur jeunesse à peser de la laine et de la soie, et ils s'étonnent que ces mêmes hommes qui avaient passé tant d'années dans une si humble condition, et qui, pour gagner quelques liards, se courbaient sous de lourds fardeaux, pussent tout-à-coup, en sortant du comptoir, briller d'une si vive lumière (1). Si ce fait étonnait ceux qui avaient vu Taddeo quitter à trente

---

(1) *Varchi, storia*, p. 266, lib. IX. — Pour se faire une idée de ces marchands florentins, il suffira de se rappeler que *tous les ambassadeurs* que reçut Boniface VIII pour le jubilé de l'an 1300 étaient des Florentins. Voltaire a supposé que ces ambassadeurs étaient dix-huit, et qu'ils n'étaient envoyés que par les différentes villes d'Italie (*Voltaire, OEuvres*, tom. XVII, p. 375; *Essai sur les mœurs*, cap. 82). Le fait est qu'ils n'étaient que douze, mais qu'ils représentèrent tous les princes qui envoyèrent des ambassadeurs au pape. Le roi de France, ceux d'Angleterre et de Bohème, l'empereur d'Allemagne, le Grand-Khan des Mongols, choisirent tous des ambassadeurs florentins. Un écrivain du temps raconte que le pape, stupéfait, demanda trois fois aux cardinaux : « Qualis Civitas est Florentina? » et qu'un cardinal espagnol lui ayant enfin répondu : « Domine, civitas Florentina est una bona Civitas. » Le pape lui répliqua : « O Male Hispane, quid est hoc quod dicis? Imo est melior civitas hujus Mundi. Nonne qui nutriunt nos, et regunt et gubernant, et Curiam nostram sunt Florentini? Etiam totum Mundum videntur regere et gubernare. Nam omnes Ambaxiatores, qui istis temporibus ad nos per Reges, Ba-

ans ses petites bougies pour devenir le premier
médecin de l'Europe; qui avaient vu Giotto
abandonner ses moutons pour aller éclipser la
gloire de Cimabue et élever le clocher de Sainte-
Reparate; qui enfin avaient vu Dante sortir du
milieu des apothicaires pour devenir ce qu'il a
été, combien ce phénomène n'a-t-il pas lieu de
nous étonner, nous qui nous sentons comme
écrasés par l'esprit commercial, et qui crions
sans cesse que la démocratie nous déborde, et
qu'elle empêche les sommités de s'élever? Ce ne
sont donc pas quelques connaissances super-
ficielles et incomplètes, semées dans les masses,
qui pourraient diminuer la puissance de l'individu. Non, c'est le caractère et non pas l'esprit
qui fait les grands hommes, et lorsqu'on les voit
surgir en foule dans une même époque, on doit
reconnaître que la société où ils abondent est
moins corrompue et plus fortement trempée
que celles qui en manquent. A Florence, l'esprit
mercantile paraissait avoir tout envahi, la dé-

---

rones, et communitates sunt directi, Florentini fuerunt....
et ideo quum Florentini regant et gubernent totum mundum
videtur mihi quod ipsi sunt quintum elementum » (*Bandini,
catalogus codicum latinor. bibliothecæ medicæ laurentianæ,*
Florent., 1775, 5 vol. in-fol., tom. IV, col. 193-196, plut.
XXVI, cod. 8).

mocratie régnait sans partage : des pères dés-
héritaient leurs enfans s'ils passaient une année sans travailler (1); des lois somptuaires
semblaient compter les bouchées de viande que
l'on pouvait avaler. Mais toute considération
cédait au sentiment de la gloire nationale, et
jusque dans le quinzième siècle on trouve
dans les statuts de la république que, si un citoyen déclarait qu'il voulait convier des étrangers,
et les traiter de manière à faire honneur à la patrie, à l'instant toute loi somptuaire devait se taire
pour lui (2). Ces hommes, si parcimonieux dans
leur intérieur, ne craignaient pas de prodiguer
leurs trésors pour résister à une agression (3) :
ces temples superbes que l'on suppose avoir

---

(1) Voici ce que disait au quatrième siècle dans son testament un riche bourgeois de Florence en parlant de ses fils :
« Quod si (quod absit) aliquis ex eis a decimo sexto suæ ætatis
anno usque ad trigesimum quintum annum vagabundus ex-
titerit, si quod neque mercator, neque artifex fuerit, neque
aliquem artem licitam et honestam fecerit realiter, et sine fic-
tione, talem filium suum condemnavit in fl. 1000 auri.» (*Manni, sigilli*, Firenze, 1739 et suiv., 30 vol. in-4, tom. XI, p. 106).

(2) *Osservatore fiorentino*, Firenze, 1821, 8 vol., in-8,
tom. IV, p. 16. — Les *Ensenj* de l'archevèque de Florence,
montrent quelle était la frugalité de ces temps-là (*Osservatore fiorentino*, tom. II, p. 79).

(3) *Dati, Goro, storia*, Firenze, 1752, in-4, p. 128.

été élevés par une ardente dévotion, étaient avant tout consacrés à la gloire nationale. Florence commanda à des *maîtres-maçons* (1) de bâtir la plus belle église du monde, et elle fut obéie. Mais les temps sont bien changés :... les Florentins ne passent plus leur vie dans un comptoir.

Elevé à cette école énergique du treizième siècle, Dante naquit cependant à une époque assez avancée pour qu'il n'eût plus à combattre les difficultés d'une société où tout est grossier, tout est à faire. A la naissance du poète, Florence était déjà riche et florissante, et bien qu'elle fût souvent agitée par les factions, le gouvernement y avait pris une forme régulière; la langue commençait

---

(1) « S'ordina ad Arnolfo capo maestro del nostro Comune, che faccia il modello, o disegno, della rinnovazione di S. Reparata, con quella più alta e suntuosa magnificenza, che inventar nè maggiore, nè più bella, dall' industria e poter degli uomini, etc. » (*Del Migliore, Firenze illustrata,* p. 6). — Quelques personnes ont douté de l'authenticité de ce décret, surtout parce que Del Migliore le rapporte en italien. Mais cet historien est trop exact pour qu'on puisse douter de ce qu'il avance; il est évident qu'ici, comme dans d'autres endroits, il a traduit le décret de la république, qui certainement avait été écrit en latin. D'ailleurs ces expressions étaient dans l'esprit du temps, et les chroniqueurs florentins l'ont souvent employées en parlant de cette cathédrale (*Dati, Goro, storia,* p. 110).

à se fixer; l'antique savoir des Grecs et des Romains perçait de nouveau; mais rien n'était encore assez solidement établi pour que l'imagination la plus hardie pût se trouver gênée dans son vol. Si Dante n'avait été que poète, en écrivant l'histoire des sciences, nous n'aurions pu que vénérer de loin ce grand nom; mais il a été l'homme le plus universel de son époque, le savant le plus profond, et l'observateur le plus habile. Sans avoir la forme d'une encyclopédie, sa *Comédie* est un recueil historique et scientifique, où non-seulement sont exposées toutes les connaissances que l'on avait à cette époque, mais où se trouvent aussi consignées des observations curieuses que l'on chercherait vainement ailleurs. Dante Alighieri naquit en 1265 d'une ancienne famille qui était sortie de Rome. A chaque vers de son poème, on sent que Dante était très fier de son origine, et qu'il méprisait ceux qui, plus récemment, étaient allés s'établir à Florence. Sa famille était Guelfe, et lui se trouva jeune encore, à la bataille de Campaldino où les Gibelins furent battus, et il s'y distingua. Elevé bientôt aux premières dignités de la république, lorsqu'à l'âge de trente-six ans il fut exilé, il avait déjà été quatorze fois ambassa-

deur (1). Les Guelfes n'avaient pu rester long-
temps maîtres absolus de la république, sans se
partager en deux factions qu'on appela les
Blancs et les Noirs. Après une courte lutte, les
Noirs eurent le dessus; les Blancs furent proscrits (2). Dante, qui était alors ambassadeur à
Rome, fut condamné à l'exil et à une amende
exorbitante; sa maison fut pillée et démolie (3).
Deux mois après, il fut condamné à être brûlé vif
avec tous ses adhérens (4); et par un raffinement

---

(1) *Dante, opere*, Venez., 1757, 4 tom. in-4, tom. IV, 2ᵉ part., p. 67.

(2) C'est en haine des Blancs que les Florentins adoptèrent
un usage qui est contraire à ce qui se fait dans tout le reste de
l'Europe. A Florence, lorsqu'il s'agit de voter par des boules
(ou des fèves, comme on le faisait anciennement) blanches et
noires, les boules noires sont favorables et absolvent, et les
blanches condamnent. De là le mot *imbiancare* pour rejeter.
Tout était différent entre ces diverses factions : les armes, le
costume, la manière de porter les cheveux; jusqu'aux tours,
dont les crénelures étaient faites différemment (*Osservator
fiorentino*, tom. IV, p. 67).

(3) *Delizie degli eruditi toscani*, tom X, p. 94.

(4) « *Ut si quis prædictorum ullo tempore in fortiam dicti
Communis pervenerit, talis perveniens igne comburatur sic
quod moriatur.* » — Voilà ce que dit Cante d'Agubbio, podestat de Florence, dans sa sentence du 10 mars 1302, qui
fut retrouvée par Savioli, et qu'on peut lire dans Tiraboschi
(*Storia della lett. ital.*, tom. V, part. 2, p. 448), dans les
Delizie degli eruditi toscani (tom. XII, p. 258), et dans Dio-
nisi (*Preparazione storica alla nuova edizione di Dante*, Ve-
rona, 1806, 2 vol. in-4, tom. I, p. 60).

de cruauté qui n'a cessé d'être usité depuis , on
fit de cet arrêt de proscription (rendu sans jugement, et qui n'avait qu'un but politique) un
instrument de calomnie , en accusant le grand
poète d'extorsions et de péculat. Dante devint
alors l'ennemi du gouvernement, et il se laissa même quelquefois transporter jusqu'à maudire son
pays. Mais les imprécations qui lui échappent
parfois, sont bien rachetées par ces vers magnifiques où il chante la gloire de Florence, qu'il
ne compare qu'à Rome , et met au-dessus de
toute autre ville (1). En 1304, il se trouva avec
les autres proscrits, au coup de main qu'ils ten-
tèrent sur Florence. On croit voir le génie de la
poésie présider à cette entreprise : des témoins
oculaires nous représentent les proscrits couronnés d'olivier s'avançant , l'épée à la main , les
drapeaux déployés, jusqu'aux portes de la ville ;
puis s'arrêtant près d'une église, et là, sans faire

---

(1)   O patria degna di trionfal fama ,
        De' magnanimi madre.

Ces vers avaient été publiés d'abord sans nom d'auteur (*Sonetti e canzoni di diversi antichi autori toscani*, Firenze, 1527,
in-8, f. 128). Mais il fut facile d'y reconnaître l'âme de Dante,
et ils se trouvent effectivement parmi ses poésies dans les meilleurs manuscrits (*MSS. français de la bibl. du roi*, n° 7767).

de violence à personne, entonnant des cantiques de paix et attendant que le peuple se déclare pour eux (1). Des causes qui nous sont restées inconnues leur firent quitter la ville au moment où, à ce qu'on assure, ils allaient triompher ; et Dante, calomnié comme tous les chefs des entreprises qui n'ont pas réussi, dut dire que ce qui lui pesait le plus dans l'exil était la compagnie avec laquelle il se trouvait (2).

Après cette tentative malheureuse, Dante, qui croyait Florence dominée par une faction perverse, se tourna vers l'empereur, qui, par son inimitié contre les Guelfes, lui faisait espérer un changement de système. C'est d'après ces liaisons surtout que quelques écrivains ont cru que Dante était gibelin, ou l'était devenu après son exil (3). Les Blancs et les Noirs représentaient dans la république l'aristocratie et la

---

(1) « Vennono da S. Gallo, e sul Cafaggio del Vescovo si schierarono presso a S. Marco, e colle insegne bianche spiegate, e con ghirlande d'ulivo, e con le spade ignude, gridando. *Pace*, sanza far violenza o ruberia ad alcuno. Molto fu bello a vederli con segno di pace stando schierati. » (*Compagni, Dino, istoria fiorentina*, Firenze, 1728, in-4, p. 65).

(2) *Paradiso*, cant. XVII, v. 61.

(3) Boccace dit que Dante était devenu si gibelin qu'il

démocratie, comme l'avaient fait autrefois les
Gibelins et les Guelfes. Le peuple, appuyé par
l'Église, eut encore l'avantage contre les Blancs,
et les nouveaux aristocrates partagèrent le sort
des anciens. Le malheur rapprocha les Blancs
et les Gibelins dans l'exil, et ils agirent quelquefois de concert. Plusieurs années après cette tentative contre Florence, Dante fut condamné une
troisième fois; et ce qui semble inconcevable,
lui qu'on avait voulu jeter sur un bûcher pour
des crimes imaginaires, qui paraissent avoir été
souvent imputés aux citoyens que l'on voulait
proscrire, ne fut, dans cette troisième sentence,
(lancée contre un homme qui avait tenté, les
armes à la main, de renverser le gouvernement
de son pays) condamné en substance qu'à la
peine de relégation (1). Depuis cette époque,
Dante n'a pas joui d'un instant de repos. On le
voit successivement passer de la retraite la plus

était même capable de jeter des pierres à des enfans qui lui
auraient dit du mal des Gibelins (*Boccaccio, opere*, Firenze,
1723, 6 vol. in-8, tom. IV, *Vita di Dante*, p. 44). Mais dans
sa *Commedia*, Dante montre souvent qu'il est resté guelfe.
Son colloque avec Farinata degli Uberti le prouve assez (*Inferno*, cant. x, v. 49 et 85).

(1) *Dante, opere*, tom. IV, 2ᵉ part., p. 78.

absolue à la cour de Can della Scala, et fuir bientôt cette cour, où il était en butte à d'ignobles
plaisanteries (1), pour se replonger dans la retraite. Un jour on disait de lui qu'il s'était fait
moine (2) ; un autre jour, menacé par l'inquisiteur, il était forcé d'écrire son *Credo* (3). En
échange de l'hospitalité qu'il reçoit, il donne
l'immortalité. Le chant de Françoise de Rimini
a bien payé l'accueil que le poète avait reçu des
parens de la victime. L'exil lui était insupporta-
ble. Un instant il crut qu'Henri de Luxembourg
était destiné à le faire cesser ; mais une hostie
empoisonnée fit bientôt évanouir ses espérances.
Pour échapper à ses angoisses, Dante voyagea sans
cesse : il vint à Paris, où il fit admirer sa science

---

(1) *Arrivabene, il secolo di Dante*, Firenze, 1830, 2 vol.
in-8, tom. II, p. 314.

(2) François da Buti, l'un des plus anciens commentateurs
de Dante, dit que le grand poète, dans sa première jeunesse,
avait pris l'habit de S. François ; mais qu'il était sorti du
couvent avant de faire ses vœux (*Dante, opere*, tom. IV, 2ᵉ
part., p. 58). Le frère Mariano assure aussi qu'avant de mourir, Dante se fit *terziario di san Francesco* (*Dante, opere*,
tom. IV, 2ᵉ part., p. 101).

(3) Dans les anciennes éditions, le *Credo* de Dante est précédé
d'une introduction qui a été négligée par Quadrio et par les

universelle (1), et on dit même qu'il alla jusqu'à
Oxford. De retour en Italie, il continua sa vie
errante, et mourut, en 1321, à Ravenne où son cadavre, menacé par un cardinal espagnol, fut avec
difficulté soustrait à un supplice posthume (2).
Et cependant ce Dante, qui n'avait jamais eu un
instant de bonheur depuis qu'il avait quitté son
pays, et qui, interrogé par frère Hilaire, sur ce
qu'il cherchait dans la vallée sauvage de la Ma-
gra, avait répondu après un long silence, *Pa-
cem* (3); cet homme, rongé par le chagrin et
malheureux comme Dante devait l'être, a refusé
de rentrer dans sa patrie. Ce fait, qui n'est pas

---

autres modernes éditeurs de ce petit poème. Voici quelques
vers de cette introduction qui montrent dans quelles circonstances il a été écrit :

« Credo che Dante fece quando fu accusato per heretico
« allo inquisitore essendo lui in Ravenna. . . . . . »

« . . . . . . E venne a bocca a uno inquisitore
    « Che a quel tempo a Ravenna dimorava.
    « Credendo a Dante far gran dishonore
    « Subitamente pur lui che mandava
    « Dicendo con superbia e con furore, etc. »

(*Credo di Dante*, édition S. D. du XVᵉ siècle, in-4°, à
deux colonnes, de quatre feuillets).

(1) *Boccaccio opere*, tom. IV, *Vita di Dante*, p. 52.— *Villani, Giov., storia*, p. 440, lib. IX, cap. 135.

(2) *Boccaccio opere*, tom. IV, *Vita di Dante*, p. 52-53.

(3) *Ambrosii Traversarii epistolæ*, p. cccxxi.

assez connu et qui mérite de servir d'exemple éternel à tous les proscrits, est attesté par une de ses lettres en réponse à la proposition qu'on venait de lui en faire. On lui offrait de rentrer à Florence, s'il voulait payer une amende et se présenter lui - même comme une offrande à la Saint - Jean (1); il reprit alors toute sa fierté et demanda : « Si c'était là ce rappel « glorieux par lequel Dante Alighieri devait, « après quinze ans d'exil, rentrer dans sa patrie, « et si son innocence reconnue universellement « méritait d'être offerte comme un cierge expia- « toire? » Après avoir écrit cette lettre, qui seule aurait dû lui rouvrir les portes de Flo-

---

(1) Boccace dit qu'on voulait qu'il restât quelque temps en prison, et puis, qu'il fût *offert* à la Saint-Jean (*Boccaccio opere, tom. IV, Vita di Dante,* p. 42). Mais Dante, dans la lettre où il refuse cette offre, parle d'une amende, et de l'offrande au jour indiqué (*Dionisii preparazione istorica,* tom. I, p. 71-73. —*Dantis Alighcrii epistolæ,* Patav. 1827, in-8 , p. 65-66). Le père de Pétrarque fut offert ainsi. Voyez sur la manière de faire cette offrande, *Delizie degli eruditi toscani,* tom. XI, *Monum.*, p. 286. — *Del Migliore, Firenze illustrata,* p. 110. — *Dati, Goro, storia,* p. 88.— Elle s'est continuée jusqu'à ces derniers temps. Lorsque le grand-duc Pierre Léopold fit son entrée à Florence (le 24 juin 1766), plusieurs condamnés graciés suivaient le char de saint Jean (*Relazione dell ingresso di Pietro Leopoldo,* Roma, 1766, in-4).

rence, il languit plusieurs années. Un décret
tardif lui décerna un tombeau aux frais de la république (1), mais ce décret resta sans effet. Il a
fallu plus de cinq siècles pour qu'un monument
d'expiation vînt apprendre au gouvernement de
Florence qu'avant de proscrire un homme, il
serait prudent de s'assurer qu'on ne sera pas
forcé plus tard de lui ériger un cénotaphe.

Dante attend toujours un historien, et nous
n'avons pas eu la témérité de vouloir faire sa
biographie en peu de mots et par incidence;
mais c'est en lui surtout qu'il était impossible de
séparer l'homme de l'écrivain : à l'examen de
ses titres scientifiques nous avons dû faire précéder quelques lignes destinées à exposer les
circonstances les plus remarquables de sa vie,
et à peindre le caractère du plus illustre représentant de ce grand siècle.

La *Divina Commedia* est un répertoire des
connaissances des Italiens au commencement
du quatorzième siècle (2). Il n'est pas néces-

---

(1) *Ammirato, storie fiorentine*, tom. II, p. 855.

(2) L'encyclopédie aurait été plus complète si, comme Cio-
nacci en avait l'intention, on eût publié en cent volumes la
Divina Commedia, avec tous les commentaires connus.

saire de dire tout le fruit que les historiens
de l'Italie peuvent retirer de l'étude de ce
poème. Les théologiens y apprendront l'histoire de la théologie; les philologues y trouveront, ainsi que dans les autres ouvrages de
Dante, une foule de faits intéressans sur l'origine et la formation de la langue italienne et de
ses dialectes; les philosophes y apprendront que
déjà Aristote ne régnait plus sans partage, et
que, long-temps avant l'académie de Laurent
de Médicis, la philosophie de Platon commençait à être étudiée en Italie (1). Pour nous, ce
qui doit nous intéresser spécialement, c'est
l'esprit d'observation qui se montre dans toutes
ses poésies et qui en fait une des principales
beautés. C'est toujours par images que parle
Alighieri. Il les emprunte bien rarement à ses
devanciers, mais il exploite l'univers entier
pour orner ses figures et donner plus de force
à ses comparaisons. Tout en considérant la
nature en poète, Dante l'observait en philosophe, et son esprit pénétrant a vu, ou de-

---

(1) *Dante opere*, tom. IV, 2ᵉ part. p. 59. —Nous avons déjà vu, au reste, que saint Thomas s'était occupé de la philosophie platonique.

viné , des choses qui n'ont été reproduites que
long-temps après par des savans spéciaux. Il faudrait transcrire son poème si l'on voulait citer
tous les passages qui renferment des observations
d'histoire naturelle; mais il en est de si remarquables qu'il est impossible de ne pas les signaler. Ainsi, c'est dans une comparaison des plus
gracieuses que Dante décrit le sommeil des plantes (1). Des naturalistes ont affirmé que le poète
florentin avait connu les plantes cryptogames et
avait indiqué en même temps qu'on les semait
sans en voir les graines (2). Il a connu l'action de
la lumière solaire sur la maturation des fruits (3);
l'étiolement et les circonstances qui influent sur
la couleur des feuilles ne lui ont pas échappé,
et il paraît avoir eu quelque idée de cette espèce
de circulation qui se fait dans les végétaux. Ses
connaissances botaniques, que nous pouvons à
peine indiquer, ont été exposées d'une manière

(1) *Inferno*, cant. II, v. 127. — *Paradiso*, cant. XXII, v. 56.

(2) *Purgatorio*, cant. XXVIII, v. 115-118.

(3) Magalotti, qui a commenté l'opinion de Galilée sur cette
action de la lumière(*Magalotti, lettere scientifiche ed erudite*,
Venezia, 1734, in-4, p. 58), n'avait pas remarqué que Dante
avait dit la même chose (*Purgatorio*, cant. XXV, v. 75):
Redi lui a reproché cet oubli (*Redi*, *opere*, tom. V, p. 214).

II.

spéciale par des naturalistes distingués (1).

Ses observations physiques sont encore plus intéressantes (2) : il en a fait sur le vol des oiseaux, sur la scintillation des étoiles (3), sur l'arc-en-ciel (4), sur les vapeurs qui se forment dans la combustion (5). Il a parlé de l'aiguille aimantée comme d'une chose assez généralement

---

(1) Voyez un mémoire fort intéressant de Targioni, inséré dans le second volume des *Atti dell' accademia della Crusca*.

(2) Bottagisio et Ferroni ont publié sur ce sujet divers mémoires qui, au reste, sont fort incomplets (*Osservazioni sopra la fisica del poema di Dante*, Verona, 1807, in-4). — *Atti dell' accademia della Crusca*, tom. I et II). Voyez aussi le commentaire de Magalotti sur la *Divina Commedia* (*Milano*, 1819, in-8, p. 3, etc.).

(3) *Purgatorio*, cant. II, v. 14.

(4) Voici comment Dante décrit l'arc-en-ciel secondaire (*Paradiso*, cant. XII, v. 10) :

« Come si volgon per tenera nùbe
« Du' archi paralleli e concolori,
« Quando Giunone a sua ancella jube
« Nascendo di quel d'entro quel di fuori. »

Il semble avoir considéré la lumière comme immatérielle, quand il dit (*Paradiso*, cant. II, v. 55) :

.... « Si come acqua recepe
« Raggio di luce permanendo unita. »

Il a su que l'angle d'incidence est égal à celui de réflection (*Purgatorio*, cant. XV, v. 16), et il nous apprend à ce propos que de son temps les miroirs étaient doublés avec des feuilles de plomb (*Inferno*, cant. XXIII, v. 23, et *Paradiso*, cant. II, v. 8).

(5) *Inferno*, cant. XIII, v. 40.

connue pour qu'on pût l'employer dans des
comparaisons poétiques (1) : cependant des
commentateurs de la *Divina Commedia* ont
prouvé, à propos de ce passage, qu'ils ne
connaissaient pas la propriété directrice de l'aimant (2). Au reste, Dante ne faisait pas seulement des observations : il faisait aussi (ce qui
est bien extraordinaire pour son siècle) des expériences : il en recommande l'emploi, et il
s'en sert dans les démonstrations (3).

Dante se plaisait à montrer ses connaissances
astronomiques; il a suivi le système planétaire
de Ptolémée, mais on voit qu'il a profité aussi
des travaux des Arabes. L'un des passages les
plus controversés de la *Divina Commedia* est
celui où il est question de la constellation du
Crociero, ou de ces quatre étoiles situées près
du pôle antarctique, que les Européens furent tout étonnés de voir lorsque, long-temps

(1) *Paradiso*, cant. XII, v. 28.

(2) François de Buti et Landino ont bien compris ce passage; mais le commentateur anonyme qui a été appelé l'*Ottimo*, a pris *l'ago* (l'aiguille) pour *lago* (lac) (*Ottimo commento*, tom. III, p. 289).

(3) *Purgatorio*, cant. XV, v. 16; *Paradiso*, cant. II, v.
96, etc.

après, ils s'avancèrent vers les régions équi-
noxiales. Cette espèce de divination a donné
lieu à bien des commentaires. On a commencé
d'abord par dire que ces quatre étoiles n'é-
taient que les quatre vertus théologales, et
cette opinion s'appuyait surtout sur l'impossibilité où était le poète de connaître une constellation que ni lui, ni aucun Européen n'a-
vait jamais pu voir; mais Fracastoro assura plus
tard (1), et cela est prouvé maintenant, que
Dante devait avoir eu connaissance de ces quatre
étoiles par le moyen des Arabes qui, ayant
formé des établissemens sur toute la côte orientale de l'Afrique, avaient dû observer les étoiles
australes et les faire connaître aux Européens (2). Les Arabes, qui avaient fait connaître
à Sanuto la vraie forme de l'Afrique, avaient
pu indiquer aussi aux Italiens quelques-unes des
constellations de l'hémisphère austral.

Dante fait souvent allusion aux antipodes :
il en parle clairement là où, après être des-
cendu jusqu'au centre de la terre, il se re-

(1) *Lettere di XIII uomini illustri*, Venezia, 1584, in-8,
f. 332 et suiv.
(2) *Humboldt, Examen critique*, p. 212.

tourne pour remonter de l'autre côté, et où il définit le centre de la terre, le point où se dirigent de tous côtés les corps pesans (1). C'est dans ce passage que l'on trouve indiqué pour la première fois d'une manière précise le point où concourent les directions des corps qui tombent vers la surface de la terre. Dante emploie de préférence des périphrases qui peuvent servir à nous faire connaître les longitudes adoptées par les Italiens au quatorzième siècle. Ainsi pour dire qu'il est telle heure à tel endroit, il indique souvent les contrées où le soleil se lève ou se couche au même moment : il désigne aussi les saisons par des phénomènes astronomiques. Les fréquentes indications de ce genre que l'on rencontre dans la *Divina Commedia* et dans d'autres poèmes du quatorzième et du quinzième siècle, tendraient à faire croire que les notions d'astronomie élémentaire étaient plus généralement répandues à cette époque, et à la portée d'un plus grand nombre de lecteurs, qu'elles ne le sont à présent.

Les connaissances scientifiques de Dante ne

_____

(1) *Inferno*, cant. XXXIV, v. 90 et suiv.

sont pas seulement attestées par ses ouvrages, mais tous les historiens en parlent (1). La poésie ne leur a semblé qu'un accessoire. On l'appelle toujours philosophe et théologien, et il se fit admirer comme tel en argumentant publiquement pendant son séjour à Paris, sur des questions difficiles et variées (2). A Vérone, il soutint des thèses sur les deux élémens, la terre et l'eau (3). Il s'appliqua à l'astronomie, à l'arithmétique, à la géométrie (4), et cultiva les arts avec succès (5). Les peintres les plus célèbres le consultaient, et il fut leur émule, au dire des historiens de la peinture (6); mais par une incurie bien coupable, on a

---

(1) *Villani, Giov., storia*, p. 440, lib. IX, cap. 135. — *Vita di Dante, scritta da Leonardo Aretino (Dante, opere,* tom. I, p. VIII). — Boccaccio, opere, tom. IV, *Vita di Dante,* p. 7-8. — *Manetti, vitæ Dantis, Petrarchæ ac Boccaccii,* Florent., 1747, in-8, p. 14. — *Delizie degli eruditi toscani,* tom. V, p. 111-121.

(2) *Boccaccio opere,* tom. IV, *Vita di Dante,* p. 32.

(3) *Dante opere*, tom. IV, 2e part., p. 99.

(4) *Dante opere*, tom. I, p. VIII.

(5) *Dilettossi di musica e di suoni, e di sua mano egregiamente disegnava,* dit Leonard Aretin (*Dante opere,* tom. I, p. VII).

(6) *Baldinucci opere,* Milano, 1808, 14 vol. in-8, tom. IV, p. 147.

laissé périr tout ce que la main de cet homme
extraordinaire avait tracé. Au quinzième siècle il
existait encore des lettres autographes de Dante,
et Léonard Arétin donne quelques détails sur
son écriture (1). Mais depuis cette époque (et elle
touche à celle des Médicis), tout cela a péri,
comme auraient péri ses plus beaux ouvrages si
des hasards inespérés ne les eussent conservés.
En effet, le Boccace nous apprend qu'après
l'exil de Dante, et après le pillage de sa maison,
on trouva dans des caisses, où l'on avait caché
quelques objets que l'on voulait soustraire aux
pillards, les sept premiers chants de son poème,
et que Lambert Frescobaldi (poète et ennemi
personnel du Dante), frappé d'admiration, les
fit rendre à l'auteur proscrit (2). Ce ne fut qu'a-
près avoir recouvré ce fragment que Dante reprit
son travail. On dit même que les treize derniers
chants ne furent découverts que par un autre
hasard, après la mort du poète qui les avait cachés dans un mur. (3)

Admiré de tous, comme grand poète, le Dante

(1) *Dante, opere*, tom. I, p. VII.
(2) *Boccaccio opere*, tom. IV, *Vita di Dante*, p. 47-48.
(3) *Boccaccio opere*, tom. IV, *Vita di Dante*, p. 49-50.

ne l'est pas autant qu'il le mérite comme philosophe et savant (1). Ses grandes douleurs, le
pain salé de son exil, ses réponses acérées à Can
della Scala, son emportement contre les femmes
et les enfans de la Romagne qui parlaient avec
mépris des Gibel███, ses démêlés avec des serruriers et des âniers qui chantaient mal ses vers;
enfin, tout ce qu'il y avait de vif, de poétique, de

---

(1) Ce n'est pas seulement dans la *Divina Commedia* que
Dante a montré son grand savoir. Dans le *Convito* il a fait
preuve d'une grande érudition astronomique : non-seulement il cite Ptolémée et Aristote, qu'il corrige parfois,
mais il cite aussi les Arabes; ainsi, par exemple, il donne
le diamètre de la terre d'après Alfragan, et il cite Avicenne,
Algazeli et Albumazar (*Dante, opere minori*, Venezia, 1793,
2 vol. in-8, tom. I, p. 46, 53, 71, 92, 75, etc., etc, *Convito*).
Les éclipses, la rondeur de la terre et les antipodes, la
voie lactée sont décrits et expliqués avec beaucoup de jus-
tesse dans cet ouvrage, où l'on trouve aussi l'exposé des
idées encyclopédiques de l'auteur. Parmi les sciences dont
parle Dante se trouve la *perspective* que Montucla (*Hist.
des mathém.*, tom. I, p. 708) a supposé à tort n'avoir été
connue des modernes que vers la fin du quinzième siècle. Ce
Convivio est le premier ouvrage philosophique qui ait été
écrit originairement en italien : sous ce rapport aussi il mérite une attention particulière, et peut servir de modèle aux
écrivains. Dante y blâme sévèrement les Italiens qui préfé-
raient encore le provençal à leur propre langue (*Dante,
opere minori*, p. 33-36, *Convito*).

passionné dans cette âme de feu, voilà ce qui a frappé la postérité, et par une erreur trop commune, on s'est imaginé que tant de passion ne pouvait pas s'allier avec des études longues, arides, persévérantes, comme si les longues études. et les grands travaux n'étaient pas aussi le fruit d'une grande passion. Et cependant l'auteur du traité *de monarchia*, le premier historien de la langue italienne, devait avoir profondément médité sur la politique et sur les langues. Les fonctions importantes qu'il remplit dans la république, les nombreuses ambassades auxquelles il fut nommé, prouvent que ses concitoyens ne le considéraient pas seulement comme poète. Il ne se connaissait que trop lui-même lorsque, nommé à une nouvelle ambassade, il osa dire : « si je vais, qui reste? et si je reste, qui ira (1)? » paroles qui contribuèrent plus que toute autre chose à son exil. Il apprit l'astronomie de Cecco d'Ascoli, et des écrivains du quatorzième siècle assurent que Dante avait fait oublier Ptolémée (2). Inscrit sur le registre des médecins et des apothi-

---

(1) *Boccaccio opere*, tom. IV, *Vita di Dante*, p. 43.
(2) *Delizie degli eruditi toscani*, tom. V, p. 114.

caires (1), Dante a semblé fort habile en médecine à Caldani (2). Enfin, il a montré qu'il ne
fut étranger à aucune des sciences cultivées de
son temps, souvent même il a devancé son siècle. Ses premiers commentateurs n'ont presque
jamais compris l'importance des passages qui
renferment les observations les plus originales,
et les plus intéressantes.

Dans l'impossibilité où nous sommes de
peindre toute cette vie si dramatique, nous
devons cependant nous arrêter un instant sur
deux circonstances qui se reproduisent dans les
Italiens les plus distingués de cet âge, et qui
semblent propres de cette époque. Nous voulons
parler de l'esprit religieux que Dante sut allier
à la haine la plus violente contre les vices de la
cour de Rome; et de la belle influence que les
femmes exercèrent sur lui et sur ses plus illustres contemporains.

La foi ardente, et la croyance d'Alighieri se
montrent mieux dans ces beaux vers où il décrit
la majesté de Dieu, sa puissance et les merveilles

---

(1) *Dante opere*, tom. IV, 2ᵉ part. p. 63.
(2) *Arrivabene, il secolo di Dante*, tom. II, p. 253 et suiv.

de la nature que dans ce *Credo,* que lui arracha
la persécution d'un inquisiteur. Sa religion était
celle de son siècle et de son parti. Tout pour le
dogme, et peu pour la puissance temporelle du
pape. Mais doit-on croire que Dante, comme on
l'a dit de Bonatti et plus tard de Boccace, ait
voulu se faire moine? Il faut qu'il ait bien souf-
fert dans son exil; il faut que l'hospitalité d'Uguccione, des Malespina, des Scaligeri, lui ait semblé
bien dure pour lui donner l'idée de se réfugier
au fond d'un cloître. Placé entre les ignobles
plaisanteries des courtisans de Can della Scala et
l'ingratitude d'une démocratie qui mettait une
condition flétrissante à son rappel, Dante, que
tous les historiens s'accordent à représenter si
altier, si orgueilleux, eut peut-être la pensée de
se retirer du monde. Peut-être lorsqu'il fut rencontré par frère Hilaire, rôdant autour de son
couvent, plongé dans de profondes méditations,
et cherchant *la paix,* il avait déjà le projet de
s'attacher à un ordre religieux. Peut-être même
les persécutions de l'inquisiteur lui inspirèrent
cette pensée. Au reste, ce fait est trop incertain
pour qu'on doive en rechercher les causes.

L'influence de Béatrix, de cette Béatrix qu'il
avait aimée dès l'âge de neuf ans, d'un amour

si pur, si extraordinaire, s'étend sur toute la vie du poète. Il faut voir dans la *Vita Nuova* l'empire qu'exerçait sur Dante cette femme si pure (1) : elle lui dicta ses premiers chants (2); elle fut l'un des principaux ressorts de cette grande vie. Long-temps après la mort de Béatrix, Dante, même après avoir aimé d'autres femmes, conservait pour elle une tendresse sans bornes. Rien n'égale les vers que, déjà vieux et brisé par la douleur, il voua à sa mémoire. Jamais femme ne fut honorée comme celle par qui Dante se fait dire : « pourquoi t'es-tu éloigné de moi? après ma mort mon souvenir seul aurait dû te maintenir dans la route de la vertu, et t'élever toujours au ciel (3). » En lisant ces vers, on sent tout ce qu'elle a dû inspirer à Dante, et lorsqu'on voit dans le même siècle ce que Pétrarque a fait pour une femme; lorsqu'on voit Boccace écrire ses premiers ouvrages,

(1) « E quando ella fosse presso d'alcuno, tanta onestà venia nel cuor di quello, che egli non ardiva di levar gli occhi » (*Dante, opere minori*, tom. I, p. 259, *Vita nuova*).
(2) *Dante, opere minori*, tom. I, p. 222, *Vita nuova*.
(3) *Purgatorio*, cant. XXXI, v. 38-63.

à la prière de la femme qu'il aimait, et qu'on lit dans les poésies de Guido Cavalcanti mourant, l'expression d'une affection si tendre et si passionnée; lorsqu'on jette un regard sur la vie des poètes provençaux, à qui l'amour inspirait de si belles poésies et de si nobles actions, on ne peut s'empêcher de regretter ce sentiment pur et élevé, et d'admirer un état social dans lequel les femmes exerçaient une si belle influence, et mettaient leur affection pour prix du combat. Dans un siècle hypocritement corrompu, on se récrierait peut-être contre ce rôle des femmes; mais la vie de Laure et de Béatrix sera toujours plus difficile que dangereuse à imiter. Si les femmes veulent reprendre leur ascendant, elles n'ont qu'à regarder à ces grands exemples au lieu de chercher leur affranchissement par des moyens absurdes et ridicules. Pour les hommes, ce principe d'énergie et d'action serait plus noble et plus fécond en grands résultats que l'intérêt et l'ambition des petits honneurs qui forment le mobile principal des sociétés modernes; les mœurs ne sauraient perdre à ce changement, et l'humanité en serait ennoblie.

La *Divina Commedia* a été le sujet d'un grand nombre de commentaires qui renferment par-

(188)

fois des faits intéressans. C'est dans un de ces
commentaires, par exemple, que l'on trouve,
la première indication de la différente probabilité des divers points que l'on peut amener
avec trois dés (1). Les commentaires sur un

---

(1) Ce commentaire a été publié à Venise, en 1477, in-
folio. Voici le passage auquel je fais allusion : je le publie
d'après un ancien manuscrit que je possède, qui contient
bon nombre de variantes importantes :

« *Quando si parte :* qui recita il suo poëma per uno cosi
facto exemplo, che quando gli giocadori se partono dallo ta-
volero, quello il quale si ae perduto rimane solo e sì dice fra
se stesso : quaderno et asso venne con azzaro in anzi che quac-
tro e due et asso. Poi dice, se io non avessi chiamato XI, io
non avrei perduto, e cosi repetendo le volte, ello impara de
non chiamare un altra fiata XI. Circa le quale volte sie da
savere, che avegna che li dadi siano quadrati, e che ello sia
poxibile a ciascuna faccia venire di sopra, di ragione quello
numero ch'egli e più volte, più spesso dee venire, si come è in
questo exemplo : in tre dadi si e tre il menore numero ch'egli
sia, e non puote venire se non in uno modo, cioè quando ciascuno dado viene in asso. Quattro non puote venir ein tre dadi
se non in uno modo, cioè l'uno in due, e gli altri due ciascuno
in asso ; e pero che questi numeri non possono venire se non
in uno modo per volta, per schivare fastidio, e per non aspec-
tare troppo, non sono computati nello gioco, e sono appellati azari. Et simile si e de XVII overo XVIII, gli quali sono
appellati similmente, et computati azari, e sono nello estre-
mo numero maggiore. Gli numeri in fra questi possono venire in più modi ; e pero quello numero il quale in più modi
puote venire, quella sie dicta migliore volta de regione (*Pur*

poème encyclopédique devaient être des encyclopédies, et c'est ce qui arriva. Elles sont d'au-

---

gatorio, cant. VI).—Ce passage ne renferme à la vérité qu'une
indication assez vague; mais il m'a semblé qu'il ne fallait
pas la négliger, car c'est de considérations semblables que
s'est formé peu-à-peu le calcul des probabilités. Il est évident
qu'ici on ne considère que les combinaisons, et non pas les
arrangemens. Ce passage semble au reste tiré du commentaire appelé *l'ottimo* (*Ottimo commento*, tom. II, p. 74-75);
mais nous avons cité de préférence l'autre commentaire, parce
qu'on y trouve le mot *azari* que l'Ottimo a changé en *zare*. Les
expressions *ad azarum, ludum azari* se trouvent aussi dans
les *statuta Guastallæ* (lib. III, rubr. 53), publiés par Affò
(*Istoria di Guastalla*, Guastall., 1785, 4 vol. in-4°, tom. IV,
p. ccLII), et dans d'autres statuts cités par Carpentier (*Glossarium novum*, Paris., 1766, 4 vol. in-fol., tom. I, col. 406;
Azarrum. — Voyez aussi *Ghirardacci, storia di Bologna*,
tom. I, p. 279). Muratori a cherché l'origine du mot *zara*, et
il a cru qu'il venait du mot arabe *dzhara* (nocuit) (*Muratori,
antiquit. ital.*, tom. II, col. 1330, Diss. 33); mais on voit par le
passage que nous venons de rapporter que *zara* vient d'*azari*
(points difficiles), et ce mot vient d'*asar*, qui en arabe signifie *difficile*. Le mot *hasard* vient de la même racine, et l'*h* y a
été ajouté pour représenter une lettre qui se trouve dans le mot
arabe, et qu'on ne peut pas exprimer dans notre alphabet.
Nous avons indiqué cette étymologie comme exemple des
secours que l'on peut tirer de l'étude des langues orientales
pour la recherche des étymologies dans les langues *néo-latines*, et parce que cette étymologie ne se trouve pas dans la
lettre d'un orientaliste, que Monti a insérée dans sa Proposta (*Monti, Proposta di alcune correzioni al vocabolario della Crusca*, Milano, 1817, 3 vol. en 6 part. in-8.
vol. II, part. I, p. 304 et suiv.).

tant plus intéressantes pour nous, que souvent ces commentaires sont dus aux hommes les plus illustres de l'Italie. Réveillés par la voix courageuse de Boccace, les Florentins le chargèrent d'expliquer publiquement le poème de Dante. Cette explication se faisait dans une église, devant un concours prodigieux de peuple, et la partie du commentaire qui nous reste, prouve que toutes les classes de la société voulaient en jouir. Après Boccace les hommes les plus illustres lui succédèrent dans cette chaire qui devint permanente, et qui, malgré la haine des prêtres, impuissante contre une si ancienne gloire, se perpétua même sous le gouvernement des Médicis et parvint jusqu'à nous. Ce n'est que dans ces dernières années que par l'influence, dit-on, de l'Autriche, cette chaire a été supprimée. On a trouvé qu'un cours public de belle poésie, et de nobles sentimens, était dangereux pour les gouvernemens italiens (1).

_____

(1) Sacchetti raconte (*Novella* 121) qu'au quatorzième siècle l'archevêque de Ravenne n'osa pas punir Antoine de Ferrare, qui avait pris les cierges allumés devant un crucifix pour les placer devant le tombeau de Dante, et que le tyran de Ravenne récompensa l'auteur de cette action hardie : il est fort douteux que de notre temps Antoine de Ferrare s'en fût tiré si facilement.

Florence ne rendit qu'une tardive justice à la mémoire du grand poète, et cependant elle était orgueilleuse d'une gloire qu'elle proscrivait, mais dont elle punissait les ennemis. François Stabili (plus connu sous le nom de Cecco d'Ascoli) homme d'un profond savoir, et dont le talent est fort au-dessus de la réputation, alla s'établir à Florence et devint l'ennemi de Dante dont il avait été le maître. Dans un poème intitulé l'*Acerba* ou l'*Acerba vita,* qui est une encyclopédie scientifique, Cecco attaque à plusieurs reprises Dante en le nommant (1). Or, les Florentins auraient voulu peut-être brûler Dante, mais

---

(1)   « Qui non si canta al modo delle rane
« Qui non si canta al modo del poeta
« Che finge imaginando cose vane
« . . . .
« Qui non veggo Paolo ne Francesca
« . . . .
« Le favole mi son sempre nimiche
« El nostro fine e di veder osanna
« Per nostra sancta fede a lui si sale
« Et senza fede lopera si danna »

(*D'Ascoli, Cecco, l'Acerba*, Venet., 1510, in-4, f. 94, lib. IV, cap. 13). — On ne s'attendrait guère en lisant ces vers et beaucoup d'autres semblables qui sont dans l'Acerba, à voir Cecco brûlé comme hérétique. Au reste, Stabili ne semble

ne voulaient pas permettre à un poète étranger,
car, pour eux, un homme d'Ascoli était un
étranger, de critiquer leur grand poète. Cecco
eut donc à essuyer de violentes persécutions.
On dit aussi que des médecins, jaloux de son
savoir, se liguèrent contre lui (1). Quoi qu'il
en soit, en 1327, peu d'années après la mort de
Dante, Cecco d'Ascoli, âgé de soixante-et-dix
ans, était condamné au feu, et exécuté comme
astrologue à Florence (2), lui qui, pendant
long-temps, avait enseigné publiquement l'as-

---

combattre que les opinions de Dante, et jamais il ne le critique comme poète : il dit au contraire « *Là lo condusse la
sua fede poca... Di lui mi duol per suo parlare adorno*
(ibid. f. 7, lib. I, cap. 2). Il paraît même qu'ils étaient en
correspondance sur des matières philosophiques. Dans l'A-
erba (f. 38, lib. III, cap. 10), Cecco cite une lettre que Dante
ui écrivit, contre l'influence des astres, au moment de retourner à Ravenne : je l'indique ici, parce qu'elle semble
avoir échappé aux recherches de M. Witte, éditeur des lettres d'Alighieri.

(1) *Mazzuchelli*, *scrittori d'Italia*. vol. I, part. 2, p. 1152.
—On ne conçoit pas comment un écrivain aussi érudit que
l'était Mazzuchelli a pu dire qu'en 1326 ou 1327 Dante et
Guido Cavalcanti coopérèrent à la ruine de Cecco d'Ascoli,
eux qui étaient déjà morts depuis plusieurs années.

(2) *Villani, Giov.*, *storia*, p. 555-556, lib. x, cap. 41 et 42.
—On peut voir l'arrêt de l'inquisiteur contre Cecco d'Ascoli dans *Lami, catalogus manuscript. bibliothecæ Riccar-*

trologie dans l'université de Bologne, qui fut toujours sous l'influence de l'église, et où les astrologues ont continué à professer pendant tout le quinzième siècle (1). Mais, pour le châtiment

---

dianœ, p. 235-236, où il est dit : « Vicarius... Magistrum Cechum... cremari fecit. » — Voyez aussi *Carboni, memorie intorno ai letterati di Ascoli*, Ascoli, 1830, in-4, p. 51 et 53, et *Quadrio, storia e ragione d'ogni poesia*, vol. IV, p. 38-41. — Ce dernier écrivain a cherché la signification du mot *Acerba* qu'il croit, avec beaucoup de probabilité, dériver d'*Acervus*, à cause de la multitude de matières qui sont traitées dans ce poème.

(1) *Alidosi, li dottori forestieri che in Bologna hanno letto teologia, filosofia*, etc., Bologna, 1623, in-4°, p. 3, 4, 5, 12, 13, 14, 22, etc. — La chaire d'astrologie différait de celle d'astronomie : parmi les professeurs de l'université de Bologne, il y en a plusieurs qui ont passé d'une chaire à l'autre; ainsi Etienne de Vicence et George Léopoli furent d'abord professeurs d'astrologie et puis d'astronomie, et Martin de Pologne fut successivement professeur d'astronomie et d'astrologie (*Alidosi, li dottori forestieri*, p. 38, 52 et 75). Cela montre l'erreur des personnes qui ont supposé que par *astrologie* on entendait *astronomie*. Il est vrai que Colbert écrivait à Hévélius de la part de Louis XIV que le roi lui avait accordé une pension à cause « de sa profonde intelligence de l'astrologie. » (*Excerpta ex literis ad Hevelium*, Gedani, 1683, in-4, p. 90). Mais en Italie depuis long-temps on ne confondait plus ces deux mots. L'astrologie était cette fausse science qui enseignait à prédire l'avenir d'après les mouvemens des astres, et elle était professée à Bologne dès l'année 1125 (*Alidosi, li dottori fores-*

de ses persécuteurs, Stabili est devenu célèbre, surtout par la condamnation qui l'a frappé. Car on ne lit presque pas l'Acerba (1), quoi-qu'elle ne soit pas dépourvue de beautés poéti-ques (2), et l'on ne s'en est jamais occupé sous le

---

tieri, p. 26); quant à l'astronomie proprement dite, elle était enseignée dans les universités italiennes dès le com-mencement du quinzième siècle (*Alidosi, li dottori forestieri*, p. 61 et 75). On vit alors fréquemment les professeurs d'as-trologie passer à une chaire de médecine (*Alidosi, li dottori forestieri*, p. 22, 29, 35, etc.), et cela confirme ce que nous avons déjà dit de l'obligation que l'on imposait aux méde-cins de savoir l'astrologie. Quelquefois même les astrolo-gues devenaient professeurs de logique ou de métaphysique (*Alidosi, li dottori forestieri*, p. 27, 29, 30 et 75).

(1) Une chose qui ne semble pas avoir été aperçue par les biographes de Cecco d'Ascoli, c'est qu'il n'a pas achevé son poème. D'abord le dernier livre en est beaucoup trop court pour qu'on puisse le supposer complet, et puis, dans un ma-nuscrit du quatorzième siècle, que je possède, de ce poème, il y a à la fin : « Hoc opus non fuit completum ab auctore, quia mors supervenit ei. Cujus anima in pace quiescat. Amen. » D'ailleurs, le dernier chapitre qui, dans les éditions que j'ai pu consulter, est appelé *Conclusio operis* porte dans le manuscrit le titre *de Trinitate*, et se termine ex abrupto. Il y a aussi beaucoup d'autres différences entre le manus-crit et les imprimés; mais je ne puis pas en faire ici l'énu-mération.

(2) On la lirait peut-être davantage s'il en existait au moins une édition passable; car toutes celles que j'ai vues sont détestables, et le texte y est altéré à chaque vers. Au

rapport scientifique, bien que cette encyclopédie (qui n'est pas une imitation des encyclopédies françaises, et qui s'éloigne du *trivium* et du
quadrivium que tant d'hommes illustres avaient
adoptés, et qui ont été reproduits si souvent par
les artistes (1) à la renaissance) soit, pour les observations physiques qu'elle contient, le plus remarquable de tous les ouvrages scientifiques de
ce siècle (2). Malgré les croyances astrologiques

---

reste, ce poème semble avoir joui d'une grande réputation
au quinzième siècle. On sait que la *Divina Commedia* a été
imprimée dix-neuf fois, en Italie, depuis 1471 jusqu'en 1500.
Mazzucchelli signale dix éditions de l'Acerba dans le quinzième siècle, dont les premières cependant n'ont probablement jamais existé (*Mazzucchelli, scrittori d'Italia*, tom. I,
part. 2, p. 1154). Ce poème a été commenté au quinzième
siècle par Niccoló Massetti de Modène.

(1) Dante lui-même avait adopté cette division des sept
arts libéraux. On sait que le *trivium* comprenait la grammaire, la dialectique et la rhétorique. L'arithmétique, la
musique, la géométrie et l'astronomie composaient le *quadrivium* (*Dante, opere minori*, tom. I, p. 76, *Convito*). Les
figures des sept arts libéraux se trouvent aussi dans le
Campo santo de Pise.

(2) L'Acerba est, comme je l'ai dit, une véritable encyclopédie en vers : voici comment les matières sont distri-
buées dans l'édition faite à Venise (*per Melchior de Sessa*)
en 1510, in-4, que je cite de préférence, parce qu'elle est
peut-être une des moins mauvaises, et parce qu'elle contient

et magiques de Stabli, qu'il partageait, au reste,
avec les hommes les plus célèbres de son temps,
et qu'il expia d'une manière si cruelle (1), son
poème renferme un grand nombre de faits curieux qu'on ne s'attendrait pas à y rencontrer.
Outre des notions, fort répandues à cette époque, sur les causes des éclipses et sur la sphéri-

---

le commentaire de Massetti : j'ai remarqué quelques différences dans d'autres éditions, mais elles ne sont pas assez
importantes pour mériter d'être signalées ici. Le premier
livre contient un traité d'astronomie et de météorologie.
Dans le second livre (qui, par une faute d'impression qu'on
a corrigée à la fin du volume, est divisé en deux livres),
l'auteur parle de la fortune, de la génération de l'homme,
des influences des cieux, de la physionomie, et, en quinze
chapitres, des vices et des vertus. Dans le troisième livre,
Stabili a traité de l'amour, des animaux, et des minéraux..
Le quatrième livre contient un grand nombre de problèmes naturels et moraux avec les réponses : chaque question commence par *perchè* comme dans le célèbre ouvrage
de Manfredi, *de Homine* (qu'on appelle en Italie *il libro
del perchè*), qui fut imprimé pour la première fois à Bologne en 1474, in-fol. Le dernier livre (qui, comme je l'ai
déjà dit, n'est pas achevé) était destiné à la théologie, mais
il ne contient que le premier chapitre et un fragment du
second.

(1) Ce n'est pas seulement en Italie que des savans furent
persécutés à cette époque. On sait quelles furent les longues souffrances de Roger Bacon, vers la fin du treizième
siècle

cité de la terre (1), on y trouve des connaissances fort avancées en météorologie. Ainsi Cecco
parle des pierres de la foudre, des aérolithes
métalliques (2), des étoiles filantes (3), et il explique assez judicieusement la formation de la ro-

---

(1) On n'a pas assez remarqué qu'au commencement du
quatorzième siècle la rondeur de la terre et les antipodes
étaient deux *faits* généralement admis. On les trouve dans
le *Trésor* de Brunet Latin, dans la *Divina Commedia*, dans
le *Convito* (*Dante, opere minori*, tom. I, p. 93 et suiv. *Convito*), et dans l'Acerba (f. 8, 10 et 11, lib. I, cap. 3). Le neuvième chapitre du poème intitulé *l'Ymage du monde* contient un paragraphe de *l'homme qui va en tout le monde*,
avec une figure explicative comme on pourrait le faire de
nos jours (*MSS. français de la bibl. du roi*, n° 7589,
f. 14). La rondeur de la terre et les antipodes se trouvent
dans presque tous les traités de cosmographie du quatorzième siècle. Cependant on sait qu'à la fin du quinzième,
bien des personnes ne voulaient pas admettre ces idées-là,
et soutenaient le contraire pour s'opposer au voyage de
Colomb.

(2) *D'Ascoli, Cecco, l'Acerba*, f. 21, lib. I, cap. 8.

(3) *D'Ascoli, Cecco, l'Acerba*, f. 76, lib. IV, cap. 3. —
Cecco dit que ce sont des vapeurs enflammées, et qu'on les
appelle mal-à-propos *étoiles*, car les étoiles sont plus grandes que la terre (ibid., f. 8, lib. I, cap. 3). Il dit aussi que la
voie lactée est un amas de petites étoiles, et non pas, comme
le supposait le vulgaire, le chemin qui mène à Saint-Jacques
de Galice (ibid., f. 24, lib. I, cap. 9, et f. 76, lib. IV, cap. 3).
Il faut que cette erreur ait été bien répandue dans ce siècle,
car Dante aussi a dû la combattre (*Dante, opere minori*,
tom. I, p. 74, *Convito*).

sée (1) : il indique la relation qu'il y a entre les
vents périodiques et les mouvemens apparens
du soleil (2), il parle des éclairs sans tonnerre,
et il prouve à ce sujet, par une observation fort
simple, que la vitesse de la lumière est plus
grande que celle du son, qu'il dit n'être qu'un
ébranlement de l'air (3). Il assure qu'il y a des
montagnes qui sont plus hautes que la région des nuages (4). Il décrit l'arc-en-ciel et le
compare à la réfraction qui s'opère par le verre (5), et parle même de ·la réfraction des
rayons calorifiques (6). La scintillation qui est
propre aux étoiles et que l'auteur regarde
comme une illusion (7) ; les plantes fos-

---

(1) *D'Ascoli, Cecco, l'Acerba*, f. 19, lib. I, cap. 7. — Dans
les problèmes, Stabili place le maximum du froid près du
lever du soleil, et parle du refroidissement qui a lieu par un
temps serein (f. 76, lib. IV, cap. 3).

(2) *D'Ascoli, Cecco, l'Acerba*, f. 77, lib. IV, cap. 3.

(3) *D'Ascoli, Cecco, l'Acerba*, f. 20, lib. I, cap. 8; et f. 87,
lib. IV, cap. 8. — Il faut voir aussi ce que Cecco dit de l'écho,
qu'il explique par la réflexion des *ondes sonores* (f. 76, lib. IV,
cap. 3).

(4) *D'Ascoli, Cecco, l'Acerba*, f. 21, lib. I, cap. 8.

(5) *D'Ascoli, Cecco, l'Acerba*, f. 23-24, lib. I, cap. 9.

(6) *D'Ascoli, Cecco, l'Acerba*, f. 72, 75 et 81, lib. III,
cap. 54; et lib. IV, cap. 2 et 5.

(7) « Perchè scintilla dell' ottava spera. — Ciascuna stella

siles dont il rattache l'existence aux révolutions du globe qui ont formé les montagnes (1), et d'autres faits non moins curieux se trouvent dans l'Acerba : et l'on voit que l'auteur ne devait pas au hasard ses connaissances, mais que l'observation et l'expérience, qu'il invoque souvent, l'avaient conduit à découvrir des faits nouveaux (2). Au reste, Cecco d'Ascoli, qui

---

e le pianete stanno — La mente dubitando vuol che quera : — Perché son più lontan dal nostro aspetto — Le ottave stelle si che li occhi fanno — Di questo scientillar falso concetto. — Or prendi esempio nel propinquo lume — Che quanto più è da esso più scintilla — Stando da presso muta tal costume. » (*D'Ascoli, Cecco, l'Acerba*. f. 74, lib. IV, cap. 1). — Stabili avait observé aussi cette espèce de tremblement des ombres produites par le lumière solaire, tremblement qu'il explique par le mouvement du soleil et par l'ébranlement de l'air (ibid. f. 85, lib. IV, cap. 7).

(1) *D'Ascoli, Cecco, l'Acerba*, f. 22 et 23, lib. I, cap. 8. — On peut voir aussi ce qu'il dit sur les sources thermales (ibid. (f. 81, lib. IV, cap. 5).

(2) *D'Ascoli, Cecco, l'Acerba*, f. 24, lib. I, cap. 3 et f. 75, lib IV, cap. 2. — Forcé d'omettre beaucoup d'observations curieuses de physiologie animale (ibid. f. 87, lib. IV, cap. 4), je me bornerai à indiquer ici les vers où Cecco parle, d'une manière un peu obscure à la vérité, de la circulation du sang (ibid. f. 94, lib. IV, cap. 12) : « Dal cerebro procedono gli nervi — Nasce del cuore ciascuna artaria — ... Artaria in se ha doppia ogni via — Per l'una al cuore lo sangue si mena... El sangue pian si muove con quiete. — Magalotti a cru

avait écrit beaucoup d'autres ouvrages, n'était
pas seulement un savant; c'était aussi un homme
de sentimens élevés (1), et il serait temps que
les Italiens réhabilitassent la mémoire d'un
homme qui n'a pas été seulement, comme on
le suppose généralement, une des illustres victimes de l'inquisition. (2)

Après la mort de Cecco d'Ascoli, les Florentins
appelèrent Andalone del Nero ou de Negro, Gê-

---

qu'on pouvait à la rigueur citer Dante à propos de la circulation. Cela ne me semble guère possible, mais le passage de
Davanzati qu'il cite à ce sujet est bien plus frappant (*Magalotti comento su Dante*, p. 3-6).

(1) Voici ce que Cecco dit de lui-même dans le septième
chapitre du quatrième livre de l'Acerba :

> « Io ho avuto paura di tre cose :
> « D'esser d'animo povero e mendico,
> « . . . .
> « Di diservire altrui e di dispiacere,
> « Per mio difetto perdere un amico. »

(2) Outre son poème, Cecco avait écrit plusieurs autres ouvrages, dont la plupart sont encore inédits. On peut en voir
l'énumération dans Mazzuchelli (*Scrittori d'Italia*, tom. I,
part. 2, p. 1154-1156). Cependant ce biographe a oublié l'*Historia de insulis in Oceano et Mediterraneo sitis* (*Lami*, ca-
talogus manuscript. bibliothecæ Riccardianæ, p. 235), un
commentaire sur la logique qui a été fort vanté (*Alidosi, li
dottori forestieri*, p. 17), et un traité de *Ascensione signo-
rum*, qui, à ce qu'assure Hænel, se trouve parmi les ma-

nois, pour professer l'astronomie (1). Andalone a laissé plusieurs ouvrages de mathématiques; mais il paraît qu'on n'a publié de lui qu'un traité de l'astrolabe, qui a été imprimé pour la première fois à Ferrare en 1475 (2), tandis que des ouvrages plus importans, sur d'autres parties des mathématiques, sont toujours restés inédits ou se sont perdus (3). Andalone fonda une école,

---

nuscrits de la bibliothèque publique de Bâle (*Hœnel, catalogus manuscriptorum*, Lipsiæ, 1830, in-4, col. 518). Voyez aussi *Baldinucci, opere,* tom. IV, p. 401.

(1) *Ximenes, del vecchio e nuovo gnomone fiorentino,* Firenze, 1757, in-4, p. LX. — *Oldoini, Athenæum ligusticum,* Perus., 1680, in-4°, p. 19. — *Giustiniani, scrittori liguri,* Roma, 1667, in-4, p. 49. — *Folietæ elogia,* Genuæ, 1588, in-4, p. 246. — *Soprani scrittori della Liguria,* Genova, 1667, in-4, p. 17.

(2) *Audiffredi, specimen editionum italicarum sæculi XV,* Romæ, 1794, in-4, p. 235. — Giustiniani (*Annali di Genova,* Genov. 1537, in-fol. f. 130, lib. IV), dit qu'Andalone fut aussi poète.

(3) Tomasini (*Bibliothecæ patavinæ manuscripta,* Utini, 1639, in-4, p. 109, 112 et 122) cite plusieurs ouvrages manuscrits d'Andalone, qui probablement ont péri depuis; celui que nous regrettons le plus est le *Praxis arithmeticæ.* Voyez aussi les ouvrages manuscrits d'Andalone cités par Lami (*Catalogus manuscript. bibliothecæ Riccardianæ,* p. 26), par Bandini (*Catalogus codicum latinor. bibliothecæ mediceæ laurentianæ,* tom. II, col. 9), et ceux qui se trouvent à la Bibliothèque royale de Paris (*MSS. latins,* n. 7272).

et eut d'illustres disciples. Il fut le maître de
Conrad, évêque de Fiesole, qui écrivit sur l'astronomie (1), et de Boccace, qui en a fait l'éloge
dans sa Généalogie des Dieux (2). Ce savant Génois fit dans ses longs voyages des observations
astronomiques, et, en les appliquant à la correction des anciennes cartes géographiques (3), il
rendit un service éminent à la géographie et à
la navigation. Dans ce même siècle les Vénitiens
appliquèrent la trigonométrie à l'art nautique,
et y introduisirent les décimales (4). Gênes et
Venise cherchaient à l'envi dans les sciences le
moyen d'augmenter leur puissance maritime.

On a passé trop légèrement sur les travaux
géométriques des Italiens au quatorzième siècle.
S'ils n'ont pas fait de grandes découvertes à cette

(1) *Ximenes del vecchio e nuovo gnomone*, p. LXI.
(2) *Boccatii genealogia deorum*, Vicent., 1487, in-fol.,
f. 142, lib. XV, cap. 6.
(3) *Baldi, cronaca de matematici*, p. 86.
(4) *Formaleoni, saggio sulla nautica antica di Veneziani*,
p. 27 et suiv. — *Toaldo, saggi di studj Veneti*, Venezia, 1782,
in-8, p. 40 et suiv. — *Marini, storia del commercio de Veneziani*, tom. V, p. 192 et suiv.—Zanetti dit que, dès l'année
1367, les géographes vénitiens marquaient les degrés dans les
cartes marines (*Zanetti, origine d'alcune arti appresso i
Viniziani*, Vineg. 1758, in-4, p. 46-47).

époque, on ne peut douter que le grand nombre de personnes qui s'occupaient de mathématiques, n'ait contribué au perfectionnement de l'algèbre et de l'astronomie, et préparé les découvertes mémorables qui ont été faites, en Italie, deux siècles plus tard, sur la résolution des équations : les progrès de l'astronomie, ceux de la géographie et de la navigation en dépendaient. Ces recherches mathématiques ont dû contribuer aux progrès étonnans que firent alors la mécanique pratique et l'architecture. Les plus grands architectes furent aussi de savans géomètres. Brunellesco, qui possédait des connaissances si variées (1), eut pour élèves des mathématiciens distingués (2). Alberti, ajoutant les préceptes à la pratique, écrivit plus tard des ouvrages scientifiques. Mais sans anticiper sur l'avenir, il faut se borner à constater ce fait peu connu, qu'il y a eu au quatorzième siècle, en Italie, un nombre

---

(1) *Vasari, vite,* tom. IV, p. 201, 232, 253, etc. — Brunellesco construisit d'excellentes horloges, il s'occupa de perspective et il excella dans l'hydraulique et dans l'art de fortifier les places (ibid., p. 198, 200 et 259).

(2) Entre autres Paul Toscanella dont nous parlerons dans la suite (*Vasari, vite,* tom. IV, p. 201).

tel de personnes qui ont écrit sur les diverses branches des mathématiques, qu'il serait difficile de croire que ce nombre ait jamais été surpassé dans aucun autre siècle. Outre ce qu'a détruit, ou plongé dans l'oubli, l'incurie d'une postérité à qui des découvertes plus récentes faisaient négliger des travaux moins parfaits, sans doute, mais non moins pénibles ni moins difficiles, on pourrait retrouver encore les titres de plusieurs centaines d'ouvrages de mathématiques écrits au quatorzième siècle par des Italiens. Il est probable que sans l'étude des classiques grecs et latins, sans le goût pour l'érudition, qui bientôt s'empara exclusivement de tous les esprits, et régna sans partage, la résolution des équations du troisième et du quatrième degré aurait été trouvée plus tôt. Le quinzième siècle a été une époque d'interruption pour les sciences mathématiques, et Ferro et Ferrari n'ont trouvé à leur début que ce que leur avait légué le siècle de Dante. Il faudrait enfin songer à recueillir ces reliques de la science du moyen âge. A la Chine le despotisme a créé des anthologies de plus de deux cent mille volumes; pourquoi les nations occidentales ne publieraient-elles pas les archives des progrès de

l'esprit humain ? Parce qu'ils ont été trop long-
temps mal appréciés, nos premiers maîtres ne
doivent pas être toujours oubliés. Une histoire
plus équitable doit recueillir tous ces noms
jadis illustres, et les préserver de l'oubli.

Au treizième et au quatorzième siècles toutes
les villes italiennes eurent des mathématiciens.
En Toscane l'influence de Fibonacci ne fut point
stérile : après Léonard de Pistoja et l'anonyme
cité par Ximenes, dont nous avons déjà parlé,
on trouve François de Donat Michelozzi, Paul
Gherardi, et frère Pierre Strozzi, qui tous ont
écrit sur l'arithmétique, et probablement sur
l'algèbre (1). Le plus célèbre de ces géomètres
florentins fut Paul Dagomari (2), qui a été souvent confondu avec Paul Toscanella, l'élève de
Brunellesco. Dagomari fut appelé aussi Paul dall'
Abbaco, ou Paul géomètre, à cause de son grand
savoir. Villani, dans ses vies des hommes illustres, le signale comme un génie extraordi-

---

(1) On doit citer aussi Antoine Biliotti de Florence (appelé
dall' Abbaco), qui, en 1383, était professeur d'arithmétique, de géométrie, et d'Abbaco à Bologne (Alidosi, li dottori forestieri, p. 5).

(2) Villani, Filippo, vite, p. 45.

naire (1). Les poètes contemporains l'ont placé à côté de Dante et de Pétrarque (2), et Verino l'a célébré parmi les gloires de Florence (3). Ximenes a supposé qu'il avait écrit sur les équations algébriques, mais il est probable que ce que Villani dit des équations ne doit se rapporter qu'aux équations du mouvement des planètes (4). Il est resté de lui des livres sur l'*Abbaco*, où l'on trouve pour la première fois l'emploi de la virgule destinée à partager les grands nombres en groupes de trois chiffres afin d'en faciliter la lecture (5). Boccace ,

---

(1) *Villani, Filippo, vite*, p. 45, 145 et 146.—Voyez aussi *Ambrosii Traversarii, epistolæ*, p. cxciv.

(2) Dans sa *Canzone* sur la mort de Boccace , Sachetti dit : « Paulo Arismetra et astrologo solo. — Che di veder già mai non fu satollo — Come le stelle et gli pianeti vanno — Ci venne men per gire al sommo polo. » (*MSS. français de la bibl. du roi*, n° 7767).

(3) *Verini de illustratione Florentiæ* , Lutet., 1583, in-4 , f. 14, lib. II. — Au même endroit Verino fait les plus grands éloges d'un nommé Benoît, dont il ne nous est resté que le nom.

(4) *Ximenes, del vecchio e nuovo gnomone*, p. lxii. — *Villani, Filippo, vite*, p. 45.

(5) Le manuscrit 85 de la classe XI de la bibliothèque Magliabèchiana de Florence (manuscrit qui vient de la bibliothèque Gaddi et qui portait autrefois le n° 149) contient les « Recholuzze del maestro Pogholo astrolacho » qui com-

qui en parle dans sa *Généalogie*, dit que le nom de
Paul était connu en France, en Espagne, en Angleterre et même en Afrique (1). Dagomari mourut en 1365 (2). Ce fut lui qui publia, le premier,
en Italie, un almanach qu'on appelait alors
Taccuino (3). Dans le même siècle, Jean Danti
d'Arezzo écrivit un traité sur l'*algorisme*, tiré de
l'arithmétique de Boëce, et une géométrie qu'il
avait tirée des auteurs arabes (4). Un mathémati-

---

mencent par cette règle : « Se vuoi rilevare molte fighure, a
ogni tre farai uno punto dalla parte ritta inverso la man-
ca, etc. »

(1) *Boccatii genealogia*, f. 142, lib. XV, cap. 6.

(2) Il fut enseveli dans l'église de *Santa Trinita* de Florence (*Villani, Filippo, vite*, p. 45).

(3) *Villani, Filippo, vite*, p. 45. — Conrad, évèque de Fiesole, a écrit aussi sur l'almanach. Mais Villani, qui devait
le savoir, dit positivement que Dagomari a précédé tous les
autres (*Ximenes, del vecchio e nuovo gnomone*, p. LXI).

(4) *Bandini catalogus codicum latinorum bibliothecæ mediceæ Laurentianæ*, tom. V, col. 13-15.—Dans le même siècle, Dominique d'Arezzo avait écrit un traité *de Mundo* et le
Fons memorabilium universi, qui semblent être deux espèces
d'encyclopédies (*Bandini, bibliotheca Leopoldina Lauren-
tiana*, Florent., 1792, 3 vol. in-fol., tom. II, col. 138. —
Ambrosii Traversari, epistolæ, p. CXXXII et seq.). Parmi
les personnes qui, dans ce siècle, ont contribué à populariser les sciences en Toscane, il ne faut pas oublier
Zucchero Bencivenni qui traduisit en italien plusieurs ouvrages scientifiques; nous nous bornerons à citer ici le *Traité*

cien, moins célèbre à la vérité que Dagomari,
mais dont les écrits offrent encore de l'intérêt, fut
Raphaël Canacci, de Florence qui, au quatorzième siècle, écrivit en italien un traité d'algèbre
où se trouvent des renseignemens très curieux
sur l'histoire des mathématiques, et où sont résolues des questions assez difficiles. Cet ouvrage,
qui se conserve encore manuscrit à la bibliothèque Palatine de Florence, mériterait d'être publié. Canacci, au reste, n'est pas sorti de l'école
de Fibonacci; il paraît avoir puisé surtout dans
les écrits d'un ancien géomètre, appelé Guillaume de Lunis, dont Ghaligai aussi nous a conservé le souvenir. (2)

Hors de Toscane, Prosdocimo Beldomando de
Padoue (2) et Blaise Pelacani de Parme, traitè-

---

de la sphère d'Alfragan (*Ambrosii Traversarii, epistolæ,*
p. CLXVII et seq.). C'est de Zucchero qu'on a dit qu'il a le
premier distingué dans l'alphabet l'*u* du *v* (*Fumagalli, istı-
tuzioni diplomatiche,* Milano, 1802, 2 vol. in-4, tom. I,
p. 105).

(2) Voyez ci-dessus p. 45 et 46. — Alidosi cite à l'année
1302 *Gio vanni di Guglielmo Lunense* comme professeur d'astrologie et de philosophie à Bologne : il est probable que
ce professeur était fils du géomètre que citent Canacci et
Ghaligai (*Alidosi, li dottori forestieri,* p. 27).

(2) Prosdocimo écrivit sur la musique, les proportions,

rent différens sujets de mathématiques : Blaise,
qui demeura quelque temps à Paris, s'occupa de
statique et de perspective, sciences alors peu
cultivées, et tout-à-fait dans l'enfance (1). Luca

---

l'astronomie et l'algorisme (*Tomasini, bibliotheca patavina*, p. 38, 109, 111, 112, 128). Son traité de l'*Algorismus* a été
imprimé à Padoue en 1483 (*Catalogus, bibliothecæ N. Rossi*,
Romæ, 1786, in-8, p. 57), mais je n'ai jamais pu le voir.
Parmi ses ouvrages inédits, il y en a un qu'il dit avoir tiré
des ouvrages das Hindous (*Tomasini, bibliotheca patavina*,
p. 128. — Voyez aussi *Mazzucchelli, scrittori d'Italia*,
tom. II. 2ᵉ part., p. 623, et *Scardeoni de antiquitat. urbis
Patavii*, Basil., 1560, in-fol., p. 262). On ne comprend pas
pourquoi Vedova a si peu parlé d'un homme aussi remarquable (*Vedova, biografia degli scrittori Padovani*, Padova,
1832, 2 vol. in-8, tom. I, p. 89). Prosdocimo semble appar-
tenir à la fin du quatorzième siècle ; on a de lui un traité du
contre-point écrit en 1412 (*Tomasini, bibliotheca patavina*,
p. 128).

(1) *MSS. de la bibl. du roi, supplément latin*, nᵒ 112. —
Affò, scrittori parmigiani, Parma, 1789, 5 vol. in-4, tom. II,
p. 113, 118, 123. — Pelacani, qui était à Paris vers la fin du
quatorzième siècle, et dont les Parisiens disaient *Aut Diabo-
lus est, aut Blasius Parmensis* (*Affò, scrittori parmigiani*,
tom. II, p. 112-113), semble avoir été le premier qui ait
expliqué les apparences prodigieuses dans l'atmosphère par
la réflection des nuages (ibid. p. 118). Paciolo le cite parmi
les auteurs dont il s'est servi pour écrire son grand ouvrage
(*Paciolo, summa de arithmetica geometria*, Summario de la
prima parte). Bandini (*Catalogus codicum latinorum, bibliothecæ mediceæ laurentianæ*, tom. II, col. 62) cite un

Paciolo cite Prosdocimo parmi les astronomes
célèbres, et dit qu'il a tiré de ses écrits des matériaux pour son grand ouvrage (1). Malgré tout
ce qu'a laissé périr l'incurie de nos pères, nous
pourrions citer un bien plus grand nombre
d'ouvrages de mathématiques écrits au quatorzième siècle dans les diverses provinces de l'Italie; mais après avoir enregistré les noms les plus
illustres, nous nous abstiendrons de donner ici
une longue et aride nomenclature (2): car nous

---

ouvrage sur l'astrolabe sphérique composé, en 1303, par
Accurse de Parme : je n'ai pas trouvé cet Accurse dans les
Scrittori Parmigiani d'Affò, où il est parlé cependant de
Lanfranc et de George Anselmi qui probablement ne se sont
appliqués qu'à l'astrologie (*Affò, scrittori parmigiani*,
tom. I, p. 152-161).

(1) « Prodocimo de Beldemandis de Padua dignissimo
astronomo. » (*Paciolo, summa de arithmetica*, f. 19, Dist.
II, prohem.—Voyez aussi le *Summario de la prima parte*.)

(2) La bibliothèque royale de Paris possède différens ouvrages d'astronomie écrits par Jean de Gênes et Jean de
Lineriis Sicilien, dans la première moitié du quatorzième
siècle (*MSS. latins de la bibl. du roi*, n°s 7281, 7282, 7285,
7295, 7295 A, 7323, 7329, 7328 A, 7405). Ce Jean de Lineriis
(que Baldi, à la page 86 de sa *Cronica de matematici*, suppose
avoir été allemand) est le même que le Jean de Liveriis ou de
Linariis cité par Tomasini (*Bibliotheca patavina*, p. 109, 111,
112), et dont il faut signaler spécialement les *Canones sinuum
cum tabulis* (ibid. p. 139). Je n'ai pu trouver ces deux astro-

avons pour but d'écrire l'histoire de la science et de ses progrès, et non pas de faire une biographie scientifique.

---

nomes ni dans Tiraboschi, ni dans Mongitore, ni dans aucun des écrivains sur l'histoire littéraire de Gênes que j'ai cités précédemment au sujet d'Andalone de Negro. Quant à Montucla et Delambre, on sait que ce n'est pas chez eux qu'il faut chercher les écrivains moins connus : et cependant une table des sinus, formée en Sicile probablement du vivant de Dante, méritait une mention particulière. Au reste, je ne m'arrêterai pas à tous ces mathématiciens qui, s'ils n'ont pas toujours fait avancer la science, ont au moins contribué à en répandre le goût et à préparer le siècle des Ferri et des Tartaglia. Toutes les bibliothèques italiennes, tous les grands dépôts littéraires de France, d'Angleterre et d'Allemagne renferment de nombreux manuscrits d'ouvrages de sciences, écrits par des Italiens au quatorzième et au quinzième siècle. Dans les *Scrittori d'Italia* de Mazzucchelli, dans les biographies municipales d'Argelati, d'Affò et Pezzana, d'Angiolgabriello di Santa-Maria, d'Agostini, de Tiraboschi, de Fantuzzi, de Mongitore, de Negri, de Toppi et Nicodemo, etc., etc., on trouve enregistrés une foule d'écrivains scientifiques de cette époque. Et si l'on songe que pendant ces deux siècles dans presque toutes les universités italiennes (et elles étaient très nombreuses), on enseignait à-la-fois l'astronomie, l'astrologie, la géométrie, l'algèbre et la météorologie, et que chaque professeur était ordinairement obligé de rédiger son cours, on s'expliquera facilement ce luxe d'ouvrages didactiques et d'écrits scientifiques. Dans l'impossibilité où je me trouve de donner des extraits de tous ces manuscrits et de faire la biographie de leurs auteurs, j'ai dû me borner à un

Les traités d'algèbre manuscrits qui nous
restent de cette époque, contiennent d'ordinaire la résolution des équations déterminées
du premier degré, et des règles générales,
souvent sans démonstration, pour la résolution de celles du second degré. Quelques
auteurs ont traité des équations du troisième
degré et des degrés supérieurs, mais ils ont
donné des règles tout-à-fait erronées pour
les résoudre. Lorsque ces équations sont trino-
mes, ils ont forgé par induction des formules
semblables à celles que l'on emploie pour le se-

---

seul ouvrage, dont on va lire l'analyse. Je renverrai les personnes qui voudraient se convaincre de la vérité de ce que j'ai
affirmé précédemment (c'est-à-dire qu'on avait écrit au quatorzième siècle en Italie plusieurs centaines d'ouvrages de
mathématiques), aux histoires littéraires que je viens d'indiquer, et à tant d'autres écrits du même genre qu'offre la littérature italienne, à la *Cronica de matematici* de Baldi, aux
recherches d'Alidosi sur l'histoire de l'université de Bologne
que j'ai citées si souvent, aux histoires universitaires de Borsetti, de Sarti, de Renazzi, de Fabroni, de Facciolati, de
Pappadopuli, d'Origlia, etc., etc, et aux grands catalogues
de Bandini, Fossi, Lami, Zanetti, Mittarelli, Muccioli,
Pasini, etc.; ainsi qu'aux catalogues des manuscrits de la bibliothèque royale de Paris et du Bristish Museum, à la
Bibliotheca bibliothecarum de Montfaucon, aux *Catalogi
manuscriptorum Angliæ et Hiberniæ,* etc., etc.

cond degré : pour les équations quadrinomes et pour celles qui contiennent un plus grand nombre de termes, ils ont donné des règles bizarres fondées sur de faux principes. (1)

On trouve aussi dans ces traités quelques problèmes indéterminés des deux premiers degrés, et quelques notations spéciales pour les radicaux. Les signes de l'addition et de la soustraction ne s'y montrent pas encore : l'addition y est indiquée par l'absence de tout signe intermédiaire entre les deux quantités que l'on veut ajouter, et l'on désigne les autres opérations par une périphrase. Le mot *binome* s'y trouve déjà; mais celui d'*équation* n'est jamais employé dans aucun des traités que nous avons examinés : le mot *algèbre* s'y rencontre fréquemment; *almucabale* est plus

---

(1) Dans un manuscrit d'algèbre, anonyme, que je possède, et qui très probablement a été écrit à Florence au quatorzième siècle, on trouve au feuillet 64 cette règle : « Quando li cubi sono equali alle cose et al numero, si dee partire li cubi et poi dimezzare le cose et quello dimezzamento multiplicare per se medesimo et quello che fa ponere sopra il numero, et la radice di quello più il dimezzamento delle cose, vale la cosa. » — Il est évident que cette règle erronée revient à supposer que l'équation $px^3 = ax + b$, a pour racine $x = \dfrac{a}{2p} + \sqrt[3]{\left(\dfrac{a}{2p}\right)^2 + b}$.

rare. Quelques applications de l'algèbre à la géométrie (surtout aux triangles et aux carrés) qui
paraissent n'avoir ordinairement d'autre but
que de construire des problèmes d'analyse indéterminée, et quelques-unes des questions les
plus simples sur les maxima, complètent parfois
les plus savans de ces ouvrages. (1)

---

(1) Parmi les questions qui sont résolues dans le manuscrit
d'algèbre anonyme que je viens de citer, je signalerai les sui-
vantes : 1° Inscrire, dans un cercle, dans un triangle ou dans
un carré, un nombre donné de cercles, de triangles équila-
téraux ou de carrés, de manière que la somme des aires
des figures inscrites soit un maximum (f. 94 et suiv.). —
2° Inscrire dans un cube une pyramide triangulaire, de
manière que la solidité en soit un maximum (f. 107 et
suiv.). — 3° Résoudre les équations $49\ x^4 - x^2 = y^2$, $x^2 =
\dfrac{py^2}{z^2 - py^2}$, $x^4 - 9x^2 = y^2$, (non simultanées) en nombres en-
tiers (f. 123-124). — 4° Résoudre les deux équations simulta-
nées $\sqrt{x} + \sqrt{y} = 4$, $x^2 + y^2 = 82$ (f. 126). — On voit que
cette dernière question conduit à une équation du quatrième degré, qui se décompose facilement en deux équations du second degré. Ces problèmes, dont quelques-uns
ne sont pas tout-à-fait élémentaires, prouvent que l'auteur
anonyme ne manquait pas de sagacité. Il faut remarquer que
ce traité de mathématiques a été écrit pour des marchands :
en voici le commencement : « Essendo io pregato di dovere
scrivere alcune cose di abaco necessarie a' mercatanti, da tale
che i preghi suoi mi sono comandamenti, non come presun-
tuoso ma per ubbidire mi sforzero, etc. » — On fait depuis

Dans le quatorzième siècle, la mécanique et les sciences d'application firent de grands progrès; et ces progrès, bien que dus principalement au génie de quelques hommes supérieurs et à une sorte de divination, attestent cependant que la théorie n'était pas alors totalement négligée. Pendant long-temps les traditions scientifiques ne se conservèrent que dans les applications; et des ouvriers dépourvus d'instruction profitèrent, sans s'en douter, dans des siècles de ténèbres, des veilles des plus beaux génies de l'antiquité. C'est ainsi que des arts grossiers ont reçu souvent en dépôt les vérités les plus sublimes (1) : car

---

quelque temps bien des efforts pour populariser l'étude des mathématiques, et cependant nous sommes encore loin de ces marchands florentins du quatorzième siècle pour lesquels l'*algèbre était nécessaire*. Malgré les erreurs que j'ai signalées, cet ouvrage m'a semblé le plus important de tous ceux de la même époque que j'ai pu voir. La Bibliothèque Royale de Paris contient plusieurs manuscrits d'algèbre écrits en Italie, mais bien qu'ils soient tous plus modernes que celui dont je viens de donner un extrait, ils sont bien moins intéressans (*MSS. de la bibl. du roi, supplément latin*, nos 111, 113, 114; *MSS. français*, n° 8108, etc.).

(1) Il me semble qu'on n'a pas suffisamment remarqué ce rôle conservateur des arts. Les livres peuvent se perdre ou n'être plus compris; mais dès qu'une découverte utile a été introduite dans les applications, il devient presque impossi-

tout se lie, tout s'enchaîne dans ce monde, et toutes les branches des connaissances humaines sont destinées à se féconder mutuellement. Pour élever au faîte de ces grandes flèches, de ces immenses coupoles de la renaissance, les blocs énormes de marbre, les globes de métal qui ordinairement les couronnent, il a fallu l'emploi de puissantes machines; mais malheureusement il ne nous en reste que le souvenir sans aucune description. On aimerait surtout à con- naître les moyens par lesquels, dès le commen- cement du quinzième siècle, on était parvenu en Italie à transporter des tours et des maisons

---

ble qu'elle se perde. Les procédés par lesquels on l'applique se vicient quelquefois, mais le principe subsiste toujours; et il serait difficile de citer une seule découverte importante, faite par les anciens, qui, lorsque l'exécution n'en était pas trop compliquée, n'ait pas été transmise au moyen âge. Les principales machines des anciens, les moulins, les machines pour tisser, les gnomons, les voûtes, l'art de fondre et de travailler les métaux et le verre, etc., etc., tout cela nous a été conservé au moyen âge (*Muratori, antiquit. ital.*, tom. II, col. 342-542, Dissert. 24, 25 et 26). Les machines de guerre, celles qui servent à soulever de grands poids ont été long-temps les mêmes : sans remonter aux constructions cy- clopéennes, la rotonde de Ravenne montre qu'après la chute de l'empire romain, on employait encore en Italie des ma- chines très puissantes, et qu'on savait élever des fardeaux énormes à des hauteurs considérables.

d'un endroit à un autre sans les endommager. On
a cru dans ces derniers temps faire un miracle
en mécanique en effectuant ce transport, et cependant dès l'année 1455, Gaspard Nadi et Aristote de Feravante avaient transporté, à une distance considérable, la tour de la Magione de Bologne, avec ses fondemens, qui avait presque
quatre-vingts pieds de haut. (1)

Ces grands résultats étaient obtenus par des
moyens simples et grossiers, qui pouvaient con-

---

(1) Le continuateur de la chronique de Pugliola dit que
le trajet fut de 35 pieds et que durant le transport, auquel le
chroniqueur affirme avoir assisté, il arriva un accident grave
qui fit pencher de trois pieds la tour pendant qu'elle était
suspendue, mais que cet accident fut promptement réparé
(*Muratori, scriptores rer. ital.*, tom. XVIII, col. 717-718).
Alidosi a rapporté une note où Nadi rend compte de ce
transport avec une rare simplicité. D'après cette note, on
voit que les opérations de ce genre n'étaient pas nouvelles. Celle-ci ne coûta que 150 livres (monnaie d'alors), y
compris le cadeau que le Légat fit aux deux mécaniciens.
Dans la même année, Aristote redressa le clocher de Cento,
qui penchait de plus de cinq pieds (*Alidosi, instruttione*,
p. 188. — *Muratori, scriptores rer. ital.*, tom. XXIII,
col. 888. — *Bossii, chronica*, Mediol., 1492, in-fol. ad ann.
1455). On ne conçoit pas comment les historiens des
beaux-arts ont pu négliger de tels hommes. Je n'ai trouvé
le nom d'Aristote di Feravante, ou Fioravanti, ni dans Vasari, ni dans Baldinucci, ni dans Milizia. Dans l'*Abecedario*
pittorico (Firenze, 1788, in-4) ce nom ne se trouve que

duire à de puisans effets dynamiques, mais qui
ne devaient pas avoir le même succès dans tout ce
qui exige de l'exactitude : car à une époque où
des tenailles renversées tenaient lieu de com-
pas (1), on ne sentait pas encore la nécessité
des instrumens de précision. Les horloges, il est
vrai, exercèrent l'habileté des mécaniciens (2),
mais les artistes travaillaient plutôt à perfec-

---

dans la table. Tiraboschi est le seul qui ait parlé d'Aristote
avec quelque détail : il dit, d'après Fantuzzi, que cet architecte alla ensuite en Russie (*Storia della lett. ital.*, tom.
VI, 3º part., p. 1078).

(1) Voyez la figure de la géométrie qui est dans le Campo
Santo de Pise, reproduite par M. Ciampi dans la *Lettera di
G. Bonaccio a zanobi da Strata*, Firenze, 1827, in-8.

(2) Les horloges étaient à poudre, à poids et à eau. Du
temps de Dante, il y avait des horloges à roues et il en a
parlé dans le Paradis (cant. XXIV, v. 13). — « E come cerchi
in tempo d'horivoli — Si giran si, che il primo, a chi pon
mente — Quieto pare, e l'ultimo che voli. » — Dès l'année
1306, il y avait à Milan une horloge chez les frères Prêcheurs
(*Giulini, memorie di Milano*, Milano, 1770, 9 vol. in-4,
tom. IX, p. 109). Et dans le même siècle toutes les villes de
l'Italie eurent des horloges publiques pour sonner les *vingt-
quatre* heures (*Muratori, scriptores rer. ital.*, tom. XII,
col. 1011, et tom. XVIII, col. 172 et 444). Comme c'est en Italie
qu'on les trouve indiquées pour la première fois, il est probable, non pas qu'elles aient été inventées par des Italiens
comme l'a supposé Tiraboschi (*Storia della lett. ital.*,
tom. V, p. 210), mais que les Italiens ont été les premiers

tionner les mouvemens des automates propres à
indiquer les heures du jour et de la nuit, qu'à
rendre plus précise la mesure du temps. Cependant il fallait toujours beaucoup de talent pour
produire les effets mécaniques compliqués que
l'on voit encore dans ·d'anciennes horloges.
Parmi les artistes les plus habiles dans ce genre,
il faut compter les Dondi, famille de Padoue
qui devint célèbre, et que le peuple désigna par
le nom de *Dondi-des-horloges.* (1)

à imiter en cela les Orientaux (Voyez ci-dessus tom. I,
p. 214). Les observateurs déterminaient quelquefois directement le temps qui s'était écoulé entre deux phénomènes,
à l'aide de l'astrolabe, par l'arc décrit par le soleil entre
deux observations. Ce procédé se trouve déjà employé
dans un ouvrage traduit au commencement du douzième
siècle par Platon de Tivoli (Voyez, à ce sujet, la note IV à la
fin volume). Quant aux méridiennes, celle de Saint-Jean de
Florence, qui était déjà très ancienne du temps de Jean
Villani (*Storia*, p. 40, lib. I, c. 60) a semblé à Ximenes être
du dixième siècle (*Ximenes, storia dello gnomone*, p. xviii):
celle da *Duomo*, qui est la plus grande qui existe, a été con-
struite par Toscanella au quinzième siècle (*Danti, la pros-
pettiva d'Euclide*, Firenze, 1573, in-4, p. 84). Ximenes a
prouvé qu'au neuvième siècle, on s'était déjà aperçu à Florence d'une erreur de trois jours dans le calendrier. Cela
prouve qu'à cette époque, on connaissait en Italie des
moyens assez exacts pour déterminer le solstice (*Ximenes,
storia dello gnomone*, p. iv-xv).

(1) L'horloge si fameuse de Dondi, dont tant d'écrivains

Il nous reste à peine quelques données sur les instrumens d'astronomie dont on se servait à cette époque. L'astrolabe et le quart du cercle en étaient les principaux : ils servaient à prendre hauteur d'un astre à l'aide d'une alidade, portant aux deux extrémités deux petits trous par lesquels on faisait passer le rayon visuel. Quelquefois aussi il y avait un tube creux, qui ser-

---

ont parlé, représentait le mouvement du soleil, de la lune et des planètes; elle était mue par un seul poids. Deux médecins, Jacques et Jean Dondi, père et fils, paraissent avoir construit cet instrument célèbre, mais ils n'ont pas, comme on l'a dit souvent, inventé les horloges. Jacques mourut en 1310, Jean vivait encore en 1355. Philippe de Maizières, écrivain contemporain, parle, dans le *Vieux Pélerin*, de cette machine, et dit que Jean des Horloges était le premier philosophe des médecins et des astronomes de son temps, et que Jean Galeas Visconti lui donnait, pour l'avoir à sa cour, deux mille florins par an (*Histoire de l'académie des inscript. et belles-lett.*, tom. XVI, p. 227). On doit regretter beaucoup que l'ouvrage intitulé Planetarium, où Jean avait décrit sa machine et la manière de la construire, n'ait jamais été publié. Jacques, qui était aussi astronome et médecin à-la-fois, a écrit un traité intitulé : *De modo conficiendi salis ex aquis calidis Aponiensibus et de fluxu maris*, qui a été imprimé à Venise en 1571. C'est probablement le premier ouvrage où l'on ait enseigné à tirer des sources minérales les sels qu'elles contiennent. Il faut remarquer que les horloges à roues de Vitruve n'étaient que des clepsydres (*Architectura*, Napol., 1758, in-fol., p. 377, lib. IX, c. 9), et que Vasari et Manni se sont trompés lorsqu'ils ont supposé que Laurent

vait au même but et que quelques auteurs ont
pris pour une lunette. Le quart de cercle était
attaché à un anneau mobile qu'on tenait à la
main; il retombait par son propre poids et pouvait être supposé vertical. Nous ne savons pas
comment on graduait ces instrumens, mais tout
porte à croire que la division en était fort grossière. L'astrolabe, la boussole, les horloges et
les cartes géographiques (1), étaient, au com-

---

da Volpaja avait été le premier, dans la seconde moitié du
quinzième siècle, à construire un mouvement planétaire
(*Manni, de florentinis inventis*, Ferrare, 1731, p. 63. — *Vasari, vite*, tom. V, p. 114, et XI, p. 176. — *Tiraboschi, storia
della lett. ital.*, tom. V, p. 207 et suiv.).

(1) Dans le *Guerino Meschino*, qu'on dit avoir été écrit
au commencement du quatorzième siècle, il y a ce passage que j'ai déjà cité (p. 69) : *Pero li naviganti vanno
con la calamita, securi per lo mare, e con la stella e con
lo partire della carta et de li bossoli de la calamita* (*Libro di Guerino Meschino*, Padua, 1473, in-fol., cap. CLXIX).
— Ce qui prouve que la boussole, les cartes géographiques, et l'observation des astres étaient déjà les élémens
d'un voyage maritime. Dans la *Sfera di Goro Dati*, poème *in ottava rima*, écrit à Florence vers la fin du quatorzième, ou au commencement du quinzième siècle, et
qui a été imprimé à Florence en 1482 et en 1513, et à
Venise en 1534 (*Dati, Goro, storia*, p. XIIII-XVI), on trouve
les vers suivans. — « Et con la carta dove son segnati —
I venti et porti et tutta la marina. — Vanno per mare

mencement du quinzième siècle, les principaux
instrumens employés par les navigateurs. Dans la
suite, les premiers voyageurs européens qui par-
vinrent aux Indes-Orientales furent étonnés de
voir que dans ces contrées les naturels ne se servaient en mer que de l'astrolabe (1). On trouve

---

mercanti et pirati....... — Col bossol de la stella temperata.— Di calamita verso tramontana — Veggion appunto
ove la prora guata. — ..... Bisogna l'orologio per mirare —
Quante hore con un vento siano andati, — Et quante miglia
per ora arbitrare.—Et troveran dove sono arrivati. » — Vers
que j'ai tirés de deux manuscrits du quinzième siècle que je
possède, et qui prouvent que déjà, du temps de Goro Dati,
on se servait du loch. Ces manuscrits contiennent tous
deux des cartes géographiques : dans le plus grand,
il y a un hémisphère avec l'Asie, l'Europe et l'Afrique :
celle-ci est entourée par la mer. L'auteur dit que tout
le reste de la sphère terrestre est recouvert par la mer.
Quelques auteurs ont parlé (*Atti dell' accademia della
Crusca*, tom. III, p. 198), d'après une note de Remigio Flo-
rentino à l'histoire de Mathieu Villani (*Villani, M., historia.*,
Venez., 1562, in-4. p. 277-280), d'un traité de la sphère en
octaves composé par Zanobi da Strata ; mais Zanobi n'a fait
que traduire Macrobe : le poème dont on parle est celui de
Goro Dati dont je viens de donner un extrait (*Ambrosii Traversarii epistolæ*, p. CXCII).

(1) *Zurla, il mappamondo di fra Mauro*, p. 52. — *Ramusio, viaggi*, tom. I, f. 121. — Barthema dit que les voya-

quelquefois, dans les figures qui accompagnent les manuscrits ou les plus anciennes éditions des ouvrages d'astronomie, des observations faites par réflexion, à l'aide d'un horizon artificiel, mais on ne sait pas si cet horizon était à mercure ou simplement à eau. C'est d'après un ancien traité de navigation, écrit en patois vénitien, qu'on a cru, comme nous l'avons déjà dit, que dès cette époque on avait appliqué la trigonométrie à la nautique, science qui de jour en jour prenait un plus grand développement. Non-seulement les villes maritimes faisaient continuellement des expéditions lointaines, mais les villes aussi qui étaient éloignées de la mer faisaient un commerce très actif et cherchaient par tous les moyens à s'emparer d'un port de mer pour se créer une marine. Florence, animée par son ancienne rivalité contre Pise, cherchait un débouché à Piombino et à Livourne, et des documens découverts récemment semblent prouver que ce furent les Florentins qui, au

---

geurs en Arabie se servaient de la carte géographique et de la boussole, et il appelle *pilote* celui qui dirigeait les caravanes (*Ramusio viaggi*, tom. I, f. 150).

quatorzième siècle, retrouvèrent les îles Canaries, depuis si long-temps oubliées des navigateurs. Si nous faisions l'histoire de la navigation, nous devrions parler longuement des
voyageurs italiens du quatorzième et du quinzième siècle : car ce n'est pas seulement du temps
de Colomb, comme on le croit communément,
que les Italiens sont intervenus dans les découvertes maritimes. Ils avaient précédé les Portugais, et avaient présidé à toutes les tentatives (1). Leurs cosmographes étaient les plus célèbres de l'Europe, et l'on verra plus tard les
Portugais cherchant à aller par mer aux Indes-
Orientales, faire copier les cartes d'un moine de
Murano, qui devaient leur apprendre la vraie
forme de l'Afrique et la route de Goa (2).

Parmi les grandes applications de la mécanique il faut placer l'art militaire, et surtout l'art
d'attaquer et de défendre les places ; car malgré
l'introduction de la poudre en Europe (3), on se

---

(1) Je tâcherai au reste de présenter un exposé succinct
des voyages des Italiens, là où je parlerai des découvertes
de Colomb.

(2) *Zurla, il mappamondo,* p. 84.

(3) J'ajouterai ici à ce que j'ai dit à la page 73 de ce volume, relativement à l'invention de la poudre, qu'Omodei,

servait toujours de préférence des anciennes machines dans les sièges. Il reste encore quelques

---

dans un écrit que je ne connais que depuis peu de jours, avait
déjà remarqué le passage de Guido Cavalcanti sur les *Bombarde* que j'ai cité précédemment. Mais Omodei attribue ce
passage à un auteur bien postérieur à l'ami de Dante, à cause
de la phrase *studiare il pecorone*, qui se trouve dans cette *canzone*, et que l'érudit Piémontais a pris à tort pour une citation du *Pecorone*, recueil de contes fort connu et plus moderne
que Cavalcanti. Il me semble qu'Omodei n'a pas compris
cette phrase, qui n'est pas une citation, mais un proverbe
ou un dicton populaire qui veut dire simplement : *être une
bête (Omodei, origine della polvere*, Torino, 1834, in-4,
p. 38-39). Au reste, cet écrit contient des recherches curieuses et mérite d'être lu par les personnes qui desirent
approfondir cette question, bien que l'auteur ait sur ce sujet
des opinions que je ne puis pas partager. J'ajouterai, à ce
sujet, que M. Lacabane, employé aux manuscrits de la bibliothèque royale, qui s'occupe de préparer une histoire de
l'invention de l'artillerie, m'a fait connaître un passage
inédit fort curieux, qui me semble démontrer jusqu'à l'évi-
dence ce que j'avais déjà dit et tenté de prouver (c'est-à-dire
que le moine Schwartz n'a pas été l'inventeur de la poudre) et
qui explique en même temps ce que Schwartz a fait. Voici ce
passage : « Le dix septième May mil trois cent cinquante
quatre ledict seigneur Roy estant acertené de l'Invention de
faire artillerie trouvée en Allemagne par un Moyne nomme
Bertholde Schwatz ordonne aux generaux des monnoies
faire dilligence d'entendre quelles quantitez de cuivre es-
toient audict Royaume de France, tant pour adviser des
moyens d'Iceux faire artillerie, que semblàblement pour empescher le vente d'Iceux à Estrangers et transporter hors le

manuscrits où sont décrites et figurées les machines qu'on employait à lancer de grosses pierres, des armes, des matières enflammées dans les
villes assiégées ; souvent on y jetait aussi des
animaux vivans ou en putréfaction, pour insul-
ter aux assiégés ou pour les empester. Quelquefois même, on y lançait des hommes qu'on soup-
çonnait d'espionnage ou de trahison. Dans ces
temps où l'escalade jouait encore un si grand
rôle, on avait inventé des machines qui, fixées
dans les murs, étaient destinées à faire tomber
les échelles, et d'autres qui, placées sur les remparts, devaient, par un mouvement de rotation
très vif imprimé à des poutres horizontales, ba-
layer le haut des remparts et précipiter dans les
fossés les ennemis qui seraient montés à l'as-
saut. De puissans ressorts qui se débandaient
tout-à-coup, d'immenses leviers, mus par la
force des animaux, produisaient des effets qui
étaient comparables quelquefois à ceux de la

Royaume « (*MSS. de la bibliothèque du roi, fonds Colbert,
mélanges,* n° 198, in-fol.). — Voyez aussi, à ce sujet, *Marini saggio storico sui bastioni* (Roma, 1801, in-8), *Dati,
G., istoria* (p. 46), et un article que j'ai inséré dans l'*Antologia di Firenze* (Novembre 1831, p. 9).

poudre, mais qui exigeaient toujours de plus longs préparatifs (1). La poudre était connue, et cependant ce ne fut que long-temps après qu'on s'en servit pour les mines. Jusqu'à la fin du quatorzième siècle, lorsqu'on voulait faire tomber un édifice, on faisait une grande excavation sous ses fondemens, et après l'avoir soutenu avec des étais, on mettait le feu à ces étais, et l'édifice s'écroulait. L'emploi de la poudre dans les mines avait été attribué à Pierre Navarro, qui faisait la guerre en Italie pour Charles V, bien qu'un auteur contemporain assurât que ce capitaine n'avait fait que profiter de la découverte de Giorgi (2). On a depuis retrouvé cette invention dans les manuscrits de Léonard de Vinci (3), et dans un autre manuscrit d'un ingénieur italien appelé Paul Santini, qui était, vers le milieu du quinzième siè-

(1) Les premières éditions de Vegèce, et des autres écrivains *de re militari*, sont ordinairement accompagnées de figures qui représentent plus souvent les machines militaires du moyen âge que celles de l'antiquité.

(2) *Biringuccio pirotechnia*, Venez., 1558, in-4, f. 158, lib. X. c. 4.—Voyez aussi *Marini saggio storico sui bastioni*, p. 54.

(3) *MSS. de Léonard de Vinci*, vol. N, f. 128 et 132.

cle, à l'armée du roi de Hongrie (1). Mais d'a-
près un chroniqueur contemporain, il semble
que, dès l'année 1403, un ingénieur florentin,
appelé maître Dominique, avait promis de faire
sauter par une mine une partie des fortifications
de Pise. (2)

Dès le douzième siècle, les Italiens s'occupaient d'hydraulique, et ils en appliquaient les
principes à la construction des canaux, des aque-

---

(1) Ce manuscrit qui est fort beau et qui se trouve à la
Bibliothèque royale de Paris sous le n° 7239, a eu une singulière destinée. Écrit par un Italien, il fut pris aux Hongrois
par les Turcs et placé dans la bibliothèque du sérail : en 1687
Girardin, ambassadeur à Constantinople, l'en tira avec la
permission du Grand-Seigneur.

(2) *Pitti, B.*, *Cronica*, Firenze, 1720, in-4, p. 75. — On
peut voir sur les machines de guerre du moyen âge, *Muratori, antiquit. ital.*, tom. II, col. 441, et seq., Dissert. 26. —
Giulini, memorie di Milano, tom. VI, 59, 61, 71, etc. — Il
n'est pas inutile de rappeler ici que ce sont les Italiens qui
ont inventé les bastions (*Marini, saggio storico sui bestioni*,
p. 11 et suiv.). Parmi les moyens d'attaque et de défense il y
avait aussi les inondations, et l'on sait que Brunellesco tenta
infructueusement ce moyen au siège de Lucques. Les moyens
mécaniques par lesquels les Vénitiens firent voyager une
flotte à travers les montagnes, pour secourir Brescia assiégée par Nicolò Piccinino, méritent une mention particulière
(*Poggii Bracciolini, historia Florentina*, Venet. 1715, p. 270
et 327, lib. VI et VIII, ad ann. 1430 et 1439).

ducs, et de diverses machines. Au commencement du treizième siècle, on creusait, pour la
navigation intérieure de la Lombardie (1), des
canaux qui avaient été précédés par des canaux

---

(1) Affò a publié une charte de l'an 1203, par laquelle le
podestat de Reggio s'oblige, au nom de sa commune, à faire
creuser un canal « Navigium...... bene cavatum ad eundum
et redeundum cum navibus » qui aille jusqu'au canal de
Guastalla : on voit par ce document que dès cette époque les
travaux de ce genre s'effectuaient moyennant un droit de
navigation (*Affò, storia di Guastalla*, tom. I, pag. 356).
Giulini dit que les Milanais creusèrent, en 1179, le *Navilio di
Gazano* ou *Tesinello*, mais qu'il n'était destiné qu'à l'irrigation,
et que ce fut seulement dans le siècle suivant qu'ils le rendirent navigable (*Giulini, memorie di Milano*, tom. VI,
p. 501). Landolphe l'Ancien parle, il est vrai, au onzième siècle d'un canal qui aurait servi à la navigation
(*Muratori scriptores rer. ital.*, tom. IV, p. 85, lib. II,
c. 24); mais ce fait n'est pas suffisamment établi, et l'on peut
croire que le canal navigable de Guastalla, qui existait déjà
en 1203, est plus ancien que celui de Milan. Celui-ci était
dirigé par une commission composée de quatre personnes,
deux moines et deux bourgeois (*Giulini, memorie di Milano*,
tom. VIII, p. 248. — Voyez aussi *Antichità Longobardico-
Milanesi*, Milano, 1792, 4 vol. in-4, tom. II, p. 99 et suiv., Dissert. 12). *Alidosi* parle d'un *Naviglio* ou canal à Bologne dès
l'année 1208, mais on ne sait pas si c'était un canal d'irrigation ou un canal navigable (*Alidosi, instruttione*, p. 106.—
Voyez aussi, à ce sujet, *Muratori, scriptores rer. ital.*, tom.
VIII, col. 381; tom. XI, col. 65-66; et tom. XVII, col.
975-976; et *Bruschetti, storia de' progetti per la navigazione
del Milanese*, Milano, 1830, in-4, p. 2-12).

d'irrigation.Cependant, malgré tous ces travaux,
ce n'est qu'au quinzième siècle qu'on trouve la
première indication des écluses. Une constante
tradition , qui a été adoptée par plusieurs auteurs modernes (1), pourrait faire croire que
c'est Léonard de Vinci qui les a inventées : mais
il est de fait que si l'on voit dans ses manuscrits le dessin de plusieurs écluses, on trouve
aussi dans des écrivains précédens l'indication
de procédés propres au passage des bateaux
dans des canaux situés à différens niveaux (2).

---

(1) *Antichità Longobardico-Milanesi*, tom. II, pag. 121,
Dissert. 12.

(2) Pierre Candide en parle dans la vie de Philippe Maria
Visconti, duc de Milan : voici ce passage, que Muratori a
déjà publié, et que je cite ici avec quelques légères variantes,
tirées d'un manuscrit que je possède. « Meditatus est et aque
rivum, per quem ab Abiate Viglevanum usque sursum vehe-
retur, aquis altiora scandentibus machinarum arte quas
concas appellant. (*Muratori, scriptores rer. ital.*, tom. XX,
col. 1006). — Tiraboschi croit que les écluses furent inventées
par Philippe de Modène et par Fioravante (père de cet Aristote
de Fioravante dont nous avons déjà parlé), qui, en 1439, dirigeait les travaux hydrauliques que faisait exécuter le duc de
Milan. Zendrini a cité une charte de l'an 1481, par laquelle
Denis et Pierre Dominique, horlogers de Viterbe, fils de
maître François, ingénieur, s'engagent à mettre à effet un

Les travaux des lagunes de Venise sont très
anciens, et dès le douzième siècle les Vénitiens et
les habitans de Padoue se firent la guerre pour ré-
gler le cours de la Brente (1). Une découverte

---

procédé pour faire passer des bateaux d'un canal à un autre
sans les décharger (*Antichità Longobardico-Milanesi*, tom. II,
p. 122, Dissert. 12.—*Biblioteca italiana*, tom. XIX, p. 459-
460). Mais quoiqu'on ait prétendu, d'après un exemple tiré
du Glossaire de Ducange (*ad voc. Concha*), que le mot *Conca*,
ou *Concha*, qui signifiait aussi une certaine espèce de navire,
n'avait pas ici un sens bien déterminé, il serait cependant
difficile de voir dans tout cela autre chose que des écluses
plus ou moins grossières, que Léonard de Vinci a dû per-
fectionner sans doute, mais dont, à nom avis, il n'est pas
l'inventeur (Voyez aussi, à ce sujet, *Bruschetti, storia*, p. 12).
Quant à la supposition que Pline le jeune eût connu les
écluses, il me semble qu'elle a été combattue victorieuse-
ment dans les *Antichità Longobardico-Milanesi* (tom. II,
p. 125, Dissert. 12).

(1) *Veri, rer. venet. historia*, Venet. 1678, in-4, p. 35, lib. I,
ad ann. 1143.—*Sigonii, de regno Italiæ*, lib. X, ad ann. 1110.
—Les digues sont très anciennes dans les états vénitiens : et
dès les temps les plus reculés cette république s'était occupée
de la direction des rivières : en 1314 le sénat avait voulu re-
médier aux obstacles que les travaux des pêcheurs apportaient à l'écoulement des eaux dans les canaux (*Zendrini, Memorie storiche delle lagune di Venezia*, Padova, 1811, 2 vol.
in-4, tom. I, p. 9). On peut voir, dans cet ouvrage de Zendrini, combien de soins, de travaux et de dépenses la république consacrait, dès le quatorzième siècle, aux travaux hydrauliques.

qui mérite l'attention des savans, c'est celle des moulins, mus par la marée, qu'on avait établis dans ces lagunes dès le onzième siècle. Ces moulins qui devaient tourner six heures dans un sens et six heures dans l'autre, étaient appelés *aquimoli*, et on les trouve cités dans un document de 1044 (1). Au reste, on avait aussi appliqué le mouvement des eaux à des machines

(1) *Zanetti, origine d'alcune arti presso i Veneziani*, p. 70.
—Quant aux moulins ordinaires, on sait qu'ils sont indiqués dans Vitruve (*Architectura*, p. 408, lib. X, c. 10). Les moulins à vent se trouvent, pour la première fois, mentionnés d'une manière certaine en 1332. Le grand conseil de Venise accorda une certaine somme à Barthelemi Verde, *pro faciendo unum molinendum a vento:* et comme le décret ajoute : « *Dando plezariam..... de restituendo..... in tempore sex mensium si ipsum non perducere ad molendum* », il est évident qu'il s'agit ici d'une première tentative (*Zanetti, origine d'alcune arti presso i Veneziani*, p. 74). Un fait assez curieux, c'est que, dès le quatorzième siècle, on avait à Milan des moulins mus par un mouvement d'horlogerie : « *Adinvenerunt facere Molendina quæ non aqua aut vento circumferuntur, sed per pondera contra pondera, sicut solet fieri in Horologis* » dit Flamma dans sa chronique à l'année 1341 (*Muratori, antiquit. ital.*, tom. II, col. 394, Dissert. 24). Ce passage semble prouver, au reste, que les moulins à vent étaient fort connus à Milan en 1341, et par suite que ceux de Verde n'étaient pas une invention tout-à-fait nouvelle. Montucla dit, mais sans en donner aucune preuve, que les moulins à vent sont une invention hollandaise (*Montucla, hist. des math.*, tom. I, p. 530).

employées dans les manufactures. Dès l'année
1341, il y avait à Bologne de grandes fileries
mues par la force de l'eau, et elles produisaient
un effet évalué à quatre mille fileuses. (1)

On pourrait signaler un grand nombre d'autres faits qui, sans être précisément des faits
scientifiques, prouvent cependant qu'on commençait dès cette époque à tenir compte des
divers phénomènes naturels qui pouvaient servir dans les applications. Malheureusement ces
faits sont si peu liés entre eux qu'on éprouve un
grand embarras quand on veut les exposer; et
il faut se résigner à mettre aussi peu d'ordre dans
l'exposition qu'on en fait, qu'il y en avait alors
dans les sciences auxquelles ils appartiennent.
Nous les indiquerons donc plutôt comme des
symptômes d'un état social avancé, que comme
formant un système scientifique.

Sans pouvoir citer de grandes découvertes
physiques ou chimiques faites en Italie au quatorzième siècle ou au commencement du quin-

<hr>

(1) *Alidosi, instruttione*, p. 37. — Dans une charte de
1008 citée par Giulini, on trouve l'indication de plusieurs
machines hydrauliques (*Giulini, memorie de Milano*, tom. III,
p. 67).

zième, on doit indiquer les progrès de l'art du teinturier et du fondeur (1) comme une preuve de l'avancement de ces sciences. On doit surtout signaler cet esprit d'observation qui commençait alors à se développer, et dont on trouve des traces dans les chroniqueurs (2), qui manquaient rarement d'enregistrer les phé-

---

(1) On sait qu'une plante destinée à la teinture a donné le nom à la famille Rucellai de Florence (*Manni, de Florentinis inventis*, p. 36, c. XX) ; mais un fait qui n'est pas aussi généralement connu, c'est que dans ces temps on ne fabriquait à Florence que très peu de draps de laine, bien qu'on en fît un grand commerce, et que les teinturiers étaient la source d'une des principales richesses de cette ville. En effet, on se bornait à faire venir une très grande quantité de draps tous fabriqués de l'étranger, et on les teignait ensuite (*Osservator Fiorentino*, tom. IV, p. 124 et suiv.).

(2) Parmi ces observations j'en citerai spécialement une qui se rapporte à l'origine des fontaines, que l'on trouve dans Goro Dati, et que j'ai déjà rapportée ailleurs (*Antologia*, Novembre 1831, p. 14) ; voici le passage de Dati : « I Fiorini che si spendeano l'uno anno, in gran parte si erano ritornati nell' altro anno, come fa l'acqua, che'l mare per gli nugoli spande nelle piove fanno sopra alla Terra, e pe 'l corso de' rivi, e fossati, e fiumi si ritorna nel mare » (*Dati, G., istoria*, p. 129). — On voit qu'au quinzième siècle des bourgeois de Florence étaient plus avancés sur cette question que ne l'était, deux cents ans plus tard, Descartes avec ses alambics et sa distillation souterraine (*Des-Cartes, principia philosophiæ*, Amest. 1664, in-4, p. 164).

nomènes naturels les plus frappans. Bien que privés d'instrumens météorologiques, ils faisaient cependant des observations qui peuvent avoir encore
beaucoup d'intérêt pour la détermination des
maxima et des minima de température, et pour
constater la périodicité de certains phénomènes
qui paraissent se reproduire à des époques déterminées (1). Mais c'est surtout les applications
que l'on cherchait, et qui augmentaient tous

---

(1) La petite chronique de Ser Naddo qui est insérée dans
le tome XVIIIe des *Delizie degli eruditi Toscani*, semble
plutôt un journal de météorologie qu'une chronique politique. Dans les *Scriptores rerum italicarum*, on rouve un
grand nombre d'observations météorologiques. Si je pouvais
m'étendre sur ce sujet, je donnerais une liste des nombreuses étoiles filantes qui ont été observées, dans divers
siècles, vers le 12 novembre. Je me bornerai ici à signaler
les apparences de ce genre observées le 9 novembre par
Grégoire de Tours au sixième siècle (*Histoire des Francs*,
tom. I, p. 261, lib. V, *Collection de M. Guizot*, tom. I). Il est
évident qu'en ayant égard au déplacement du calendrier, le
9 novembre revient à l'époque de l'année où l'on a observé
ce phénomène de nos jours. Un autre fait, non moins remarquable, c'est qu'on trouve, en faisant au calendrier
les corrections nécessaires, vers la même époque de l'année
quelques-uns des orages les plus épouvantables dont l'histoire nous a conservé le souvenir ; mais il ne faut pas se hâter
de tirer des conclusions trop absolues de ces observations
isolées : elles doivent seulement diriger notre attention vers
un genre de recherches qui promet des résultats intéressans.

les jours d'importance et d'étendue. C'est alors que plusieurs professions qui, pendant long-temps, avaient été confondues avec d'autres, prirent un nom particulier et devinrent des pro-fessions spéciales (1).

Tout ce qui servait au besoin du commerce, au développement de l'industrie, à la sûreté et à la prospérité publiques fut beaucoup perfec-tionné dans les républiques italiennes. La mé-trologie était bien compliquée à une époque où à chaque pas les poids et mesures changeaient : on s'efforça donc de rendre les mesures inva-riables, au moins dans chaque ville, en les exposant officiellement au public (2); et l'on trouve dans des ouvrages de commerce des ta-

---

(1) Pendant long-temps les architectes, appelés *maitres maçons*, étaient chargés de tout ce qui est relatif aux machines. Un peu plus tard, il y eut des *mastri d'edificj*; et enfin au quinzième siècle des *ingénieurs*. Nous avons vu précédemment que des médecins étaient mécaniciens, et que des horlogers se faisaient ingénieurs (Voyez ci-dessus, pag. 220 et 230).

(2) *Giulini, memorie di Milano*, t. VI, p. 481.— Les moyens de mesurer n'étaient pas alors d'une grande précision; on voit cependant dans un ancien manuscrit (intitulé *Algorithme*) qui est à la bibliothèque de l'Arsenal, que lorsqu'il s'agissait de peser des matières précieuses, on enfermait dans une boîte

bles comparatives des poids, des mesures, et des monnaies des différens peuples (1). Le cadastre dont on s'occupa à plusieurs reprises, conduisit à l'arpentage (2), et l'on commença à lever des plans de villes, et à faire des cartes géographiques d'après des procédés réguliers (3). La statistique commença à être cultivée (4). Des ta-

---

les balances pour les garantir du mouvement de l'air. « Puis te fault avoir ung bon trebuchet dedans une lanterne de voyre ou de papier que le vent ne puisse empescher ledit trebuchet » (*MSS. français, sciences et arts*, n° 184).

(1) *Della Decima*, tom. III, p. 4 et suiv. — Nous avons déjà vu (p. 214) que les marchands florentins étaient censés devoir étudier l'algèbre. Dans les traités de commerce de ce temps-là, il y a toujours des notions d'astronomie appliquées à la navigation, et un petit résumé de chimie pour l'affinage des métaux (*Della Decima*, tom. III, p. 325-362). Il y avait alors à Florence six écoles publiques où douze cents élèves apprenaient les élémens des sciences, les langues, et tout ce qui se rapporte au commerce (*Frescobaldi, vieggio*, Roma, 1818, in-8, p. 49).

(2) *Giulini, memorie di Milano*, tom. VII, p. 274 et 575; et tom. VIII, p. 12, etc. — *Della Decima*, tom. I, p. 26.

(3) On peut voir par un ancien plan de Venise, que Temanza a publié, combien étaient imparfaits la topographie et l'arpentage au douzième siècle (*Temanza, antica pianta di Venezia*, Venezia, 1781, in-4).

(4) On trouve des faits de statistique dans presque tous les chroniqueurs de ces siècles : mais dans quelques cas leurs écrits prennent la forme d'une véritable statistique. On peut

bles de naissance furent dressées dès le quinzième siècle (1). On organisa les secours contre
les incendies (2). On pava les rues des villes (3),
et l'on ouvrit de nouvelles routes dans les campagnes (4). Enfin toutes les branches de l'industrie, toutes les sources de la prospérité publique
furent encouragées et protégées.

Pendant plus d'un siècle et demi, toute l'é-
nergie, toutes les forces des Italiens furent employées à faire éclore et à développer la civilisation moderne. Lettres, poésie, sciences,
arts, mœurs, forme de gouvernement, tout
était nouveau dans ces nouvelles sociétés. Le
peuple, qui avait tant d'influence dans les ré-

---

lire à ce propos les chapitres VIII et IX de l'histoire de Florence de Goro Dati , le chant XCI du *Centiloquio* de Pucci
dans le sixième volume des *Deliziedagli eruditi Toscani* ,
l'ouvrage de Pagnini *Della Decima* , les *Scriptores* de Muratori , tom. XI , col. 712 , etc., etc.

(1) *Lastri, richerche sulle popolazione di Firenze,* Firenze,
1775 , in-4 , p. 34 et suiv.

(2) *Osservator Fiorentino,* tom. IV , p. 134. — *Giulini,*
memorie di Milano , tom. IV, p. 511. — On sait que les Romains aussi avaient un corps de pompiers qu'ils appelaient
Vigiles.

(3) *Dati, G., storia,* p. 111.

(4) Voyez sur les réglemens des routes et des canaux *Giu-*
lini, memorie di Milano , tom. II , p. 330; tom. VI, p. 457,
479, 481; et tom. VIII, p. 152, 258, 488, etc.

publiques démocratiques italiennes, prenait part
à ces travaux et à ces progrès, et forçait, quelquefois avec des formes violentes, toutes les
classes de la société à y contribuer. Sous peine
d'être compté pour rien, d'être privé de tous
les droits de citoyen (d'être *ammonito*), il fallait
travailler; et mille faits divers qu'il nous est impossible de rapporter ici, prouvent que cette nécessité de travailler était entrée dans l'esprit et
dans les mœurs de tous. Malgré les commotions
politiques qui ébranlaient si souvent ces républiques, un état social où le travail et la production étaient un besoin si universel, devait
être accompagné d'une grande prospérité. En
effet, les richesses immenses que le commerce
et l'industrie avaient accumulées dans les villes
italiennes au quatorzième siècle, surpassent
toute imagination (1); elles produisirent bientôt

---

(1) L'histoire du commerce en Italie n'a pas été faite, et
cependant ce sujet si vaste et si beau offrirait un grand intérêt. Ces marchands d'une activité sans pareille, qui exploitaient tout le monde connu, depuis la Norvège jusqu'à la
Chine, qui avaient des comptoirs sur tous les points de l'ancien continent, qui ne reculaient jamais devant une tentative hasardeuse, et qui rapportaient dans leur patrie l'or et les
idées de tous les peuples, présentent un spectacle imposant.

le bien-être et un luxe qui se fit jour à travers toutes les lois somptuaires. Les arts furent alors cultivés avec passion et admirés avec enthousiasme; les artistes s'appliquèrent à étudier

---

Dans les traités de commerce de cette époque, qui sont de véritables encyclopédies, on parle de la Chine et des pays les plus éloignés, comme s'ils n'étaient qu'à quelques lieues. Les produits de chaque contrée, les monnaies, les mesures, les moyens de communication, les langues, les mœurs, les lois, les usages, y sont décrits avec soin. On y voit, comme de nos jours en Angleterre, des compagnies de marchands, faire la guerre et la paix, et jouir de privilèges spéciaux comme les nations les plus puissantes (*Della Decima*, tom. III, p. 1 et suiv., et 45 et suiv., etc.). Mais (ce qu'on ne voit plus à présent) l'histoire nous montre des individus isolés combattre contre des rois étrangers et les vaincre. Tel fut ce Megollo Lercaro, marchand génois, qui osa se mesurer tout seul contre un empereur grec et qui, après la victoire, donna un si noble exemple de générosité et de modération. Pour montrer quelles étaient la puissance et les richesses de ces marchands, il suffira de rappeler, qu'en un seul mois les Génois armèrent une flotte de deux cents voiles, portant près de cinquante mille combattans, et qu'en vingt-trois ans seulement, soixante-et-dix familles florentines payèrent, au commencement du quinzième siècle, près de *cinq millions de florins d'or d'impots* (*Della Decima,* tom. I, p. 33). Au reste, j'engage ceux qui voudraient se faire une idée de ce commerce et de cette industrie à lire les ouvrages de Pagnini, de Baldelli, de Sandi, de Marin, de Giulini, de Manzi; les *Antiquitates* de Muratori, etc., etc. Ils y trouveront une foule de faits intéressans.

l'antiquité et à l'imiter, et comme après un premier élan populaire les poètes aussi se tournèrent vers l'étude des classiques, et qu'en général on s'accordait, au sortir d'une époque d'ignorance, à considérer les anciens comme les maîtres en tout des modernes, il était naturel qu'une société plus policée sympathisât davantage avec les formes de l'antique civilisation et avec les écrivains de Rome et de la Grèce. L'étude de l'antiquité devint bientôt une vive passion chez ces hommes qui ne pouvaient rien faire à demi. L'Europe tout entière se rejeta vers le passé, et il ne resta qu'un petit nombre d'individus occupés à marcher en avant. Alors l'érudition envahit tout et suspendit pour un temps les progrès de ces admirables générations. La langue y perdit de sa naïveté, la poésie de son originalité, les sciences furent négligées, l'esprit aventureux se calma, la société devint imitative, les sentimens, les passions même durent s'appuyer sur l'érudition, et l'esprit humain, qui s'était avancé dans des régions nouvelles, rentra pour quelque temps dans l'ornière. Il en sortit plus tard avec de nouvelles forces, riche de nouvelles beautés, revêtu de formes plus brillantes et plus polies, mais il ne put jamais retrouver l'inspiration et la spontanéité primitives.

Au reste, ce passage à travers l'érudition était une nécessité : il devait ralentir pour un temps la marche des sciences et des lettres, mais la connaissance des chefs-d'œuvre de l'antiquité devait finir par profiter à la science moderne, et il ne faut pas médire trop légèrement de ces hommes qui les premiers voulurent ressusciter le savoir des Grecs et des Romains. Ce culte pour l'antiquité produisit une révolution complète dans les études, et en traçant l'histoire de la science on doit s'arrêter un instant à cette époque climatérique.

A la tête des restaurateurs de l'antiquité brille Pétrarque, célèbre pour ses sonnets, mais dont la belle et utile influence sur le quatorzième siècle n'a pas toujours été convenablement appréciée. Ce poète, dont l'ascendant a été si grand, trop grand même sur la poésie italienne, s'appliqua spécialement à la forme en littérature, et par l'élégance de son esprit devint nécessairement l'admirateur des anciens. Tout ce qui était rude et grossier le choquait, et il paraît avoir souvent méconnu les sources de l'inspiration moderne. Dante lui-même ne fut

pas assez admiré par Pétrarque, qu'on accusa
à cette occasion de jalousie (1). A plus forte raison le poète des grâces devait-il être mécontent
des romans de chevalerie, qui de son temps
étaient si recherchés (2).

Né à Arrezzo, de parens florentins exilés avec
Dante, Pétrarque fut conduit à Avignon par son
père, qui de bonne heure lui fit étudier la
jurisprudence à Montpellier. Mais les classiques étaient sa lecture favorite, et l'on ne peut
lire sans émotion une de ses lettres dans laquelle il raconte la colère de son père, jetant
au feu tous les livres du jeune poète, et qui,
vaincu par ses larmes, retira des flammes un

---

(1) *Petrarchæ epistolæ*, 1601, in-8, p. 445 et seq., *Epist.*
fam., lib. XII, ep. 12.

(2) On voit dans le chant de *Francesca da Rimini* que
déjà du temps de Dante les romans de la table ronde étaient
fort populaires en Italie. Ils furent, dès le quatorzième siècle, traduits presque tous en italien, et c'est pour cela qu'en
général ils sont écrits dans une langue si pure; tandis
que les romans espagnols, traduits au seizième siècle, sont
bien loin d'avoir la même correction. Les paladins aussi
devinrent, à cette époque, populaires en Italie : Roland et
Olivier furent souvent sculptés dans les églises italiennes;
notamment dans le *Duomo* de Vérone, et dans l'église des
Santi Apostoli de Florence (*Maffei, Verona illustrata*, Vé-
rona, 1732, 4 vol. in-8, tom. III, p. 110-112).

Virgile et un Cicéron, à demi brûlés, pour les lui rendre (1). Nous ne suivrons pas Pétrarque dans les pélerinages qu'il fit à la recherche des manuscrits, ni dans ses voyages politiques. Qui peut ignorer sa passion pour cette Laure mystérieuse qui lui inspira de si beaux vers et qui a tant contribué à sa gloire (2)? On sait qu'il fut appelé à-la-fois à Paris et à Rome pour y recevoir la couronne, et qu'il opta pour le Capitole, après être allé soumettre son poème latin, l'Afrique, au roi Robert de Naples.

Dans le voyage qu'il fit alors, et qui fut comme une marche triomphale, les peuples accouraient sur son passage, et les aveugles privés du bonheur de le voir, le suivaient d'une extrémité à l'autre de l'Italie pour pouvoir au moins le toucher (3). Pétrarque releva la condition des poètes, que les troubadours avaient rendue presque servile en faisant souvent un métier de la poé-

---

(1) *Petrarchæ opera*, tom. II, p. 947, *Epist. rer. sen.*, lib. xv, p. 1.

(2) Pétrarque lui-même avoue qu'il doit toute sa gloire à Laure (*Petrarchæ opera*, tom. I, p. 355, *De compt. mundi*, Dial. 3).

(3) *Baldelli, del Petrarca*, Firenze, 1797, in-4, p. 71.

sie. Nous avons vu Dante lui-même exposé aux
sarcasmes des courtisans et presque confondu
avec les bouffons. C'est d'après ces exemples qu'on
a supposé que Cino da Pistoja avait demandé à
Pétrarque, pourquoi il voulait quitter l'étude
des lois pour se faire parasite à la cour des tyrans (1)?

Sans l'infatigable activité de Pétrarque, sans
son amour ardent pour les anciens, nous se-
rions privés aujourd'hui de plusieurs des plus
beaux restes de l'antiquité. Car souvent il
copia un ouvrage d'après un manuscrit unique qui était au moment d'être perdu (2). A
chaque nouvelle découverte sa joie éclate vivement, et il annonce à ses amis la victoire qu'il
vient de remporter sur le temps (3). Quelquefois

---

(1) La lettre de Cino da Pistoja à Pétrarque qui a été insérée
dans le *Prose antiche*, est très probablement apocriphe
(*Ciampi, vita di Cino da Pistoja*, Pisa, 1808, in-8, p. 78 et
suiv.).

(2) Pétrarque nous a conservé quelques-uns des ouvrages
de Cicéron pour lequel il professait une espèce de culte. On
sait que malheureusement le traité *De gloria* qu'il possédait
fut égaré par Convennole da Prato (*Petrarchæ, opera*, tom. II,
p. 947, *Epist. rer. sen.*, lib. xv, ep. 1).

(3) Au reste, Pétrarque n'était pas seulement un collecteur

c'est avec une certaine joie maligne qu'il annonce ces découvertes, et il n'épargne pas toujours les villes que dans son style classique il appelle barbares (1).

Les classiques latins ne furent pas les seuls dont il s'occupa. Quoique médiocrement versé dans la connaissance de la langue grecque, il s'attacha à en répandre l'étude en Italie : il encouragea et paya de sa bourse des traducteurs. C'est à lui que l'Italie doit le texte grec et la première traduction latine des poèmes d'Homère. L'étude de la langue grecque n'avait jamais été interrompue dans le midi de l'Italie; mais en Toscane et en Lombardie, elle avait été fort négligée (2). On cite à la vérité quelques

---

de manuscrits; c'était aussi un érudit rempli de sagacité : c'est lui qui le premier a remarqué l'anachronisme de Virgile qui a fait vivre ensemble Enée et Didon (*Petrarchæ, opera*, tom. II, p. 788; *Epist. rer. sen.*, lib. IV, ep. 4).

(1) Voyez ci-dessus, p. 227.

(2) Dante paraît avoir ignoré le grec : Filelfo et Manetti l'affirment (*Manetti, vitæ*, p. XXIV et 86), et il semble l'avouer lui-même en disant dans le Convito qu'il ne sait pas au juste ce qu'Aristote a pu penser de la voie lactée, parce que deux diverses traductions lui font dire deux choses fort différentes à cet égard (*Dante, opere minori*, tom. I, p. 75, *Convito*).

savans qui ont de tout temps cultivé le grec (1) ; mais ce n'étaient que des individus isolés, et les classiques grecs restaient inconnus au plus grand nombre. Ce furent Pétrarque (aidé par Léonce) et Boccace, qui ouvrirent ces trésors cachés : ils contribuèrent aux progrès des sciences en facilitant aux Italiens les moyens de lire dans l'original les ouvrages d'Archimède, d'Euclide, d'Apollonius, de Ptolémée.

Pétrarque a copié et fait copier un grand nombre de manuscrits. Il en avait donné une partie à la ville de Venise, et ces manuscrits long-temps oubliés (2) furent égarés ou négligés. Cependant il existe encore quelques-uns de ses livres dans différentes bibliothèques. On connaît le Virgile où il avait écrit cette note si touchante sur la mort de

---

(1) Voyez, à ce sujet, *Baldelli*, *vita di G. Boccacci*, Firenze, 1806, in-8, p. 221 et suiv.

(2) Les manuscrits de Pétrarque ont été presque tous dispersés, et l'on croyait communément que l'incurie des Vénitiens en était la cause (*Tomasini*, *Petrarcha redivivus*, Patav., 1681, in-4, p. 71-72). Morelli a voulu les disculper, mais je ne sais pas si son apologie a obtenu un succès complet (*Morelli*, *della libreria di San Marco*, Venez., 1774, in-8, p. III-IX).

Laure (1). C'est dans un manuscrit, ayant appartenu à Pétrarque qu'on a trouvé le seul vocabulaire connu d'une langue orientale, le Coman, qui était parlée par des peuples dont à
présent il ne reste plus que le souvenir. (2)

Pétrarque avait les défauts de sa passion
pour l'antiquité. Il était tellement accoutumé
à considérer les classiques latins comme des
maîtres et des législateurs en tout, qu'il avait
besoin dans ses lettres d'appuyer les sentimens
les plus simples par des citations. Ainsi, par
exemple, écrit-il à un ami qu'il faut s'aimer
même de loin; il cite à l'appui de cela un
passage d'un auteur ancien : et s'il approuve
les projets et la tentative de Cola de Rienzo,
c'est parce qu'il espère voir revivre cette
Rome qui a été la mère de ses auteurs favoris.

_____

(1) *Tomasini, Petrarcha redivivus*, p. 242. — *Baldelli,
del Petrarca*, p. 181.

(2) *Klaproth, memoires sur l'Asie*, Paris, 1824-1828; 3
vol. in-8, tom. III, p. 113.— Ce dictionnaire qui était en latin, en persan et en coman, semble avoir été fait par un
marchand italien. Le coman est une des langues dont la
connaissance est recommandée aux négocians italiens dans
un traité de commerce, écrit au quatorzième siècle, par Balducci (*Della Decima*, tom. III, p. 2).

Plusieurs fois il s'adressa aux princes pour qu'ils rendissent la splendeur à l'empire romain et à l'Italie. Mais malgré les missions diplomatiques qui lui furent confiées, Pétrarque ne fut jamais un homme politique. Il aimait passionnément la popularité, et, comme tous les hommes qui l'ambitionnent, il a souvent sacrifié à l'idole qui devait la lui procurer.

Sans être un savant de profession, il n'a pas cependant manqué de s'occuper de science : il a cultivé spécialement la géographie et a composé un itinéraire oriental. On sait qu'il avait rassemblé un grand nombre de cartes géographiques (1) dont on doit regretter à présent vivement la perte. Il a combattu Averroës et ne s'est pas montré partisan d'Aristote. Ennemi de l'astro-

---

(1) Pétrarque a été le premier qui ait fait faire une carte de l'Italie (*Baldelli, del Petrarca*, p. 132). Il faut l'ajouter à la liste des écrivains qui ont parlé des antipodes (*Petrarchæ*, opera, tom. II, p. 895, *Epist. rer. sen.*, lib. V, ep. 17). Coluccio Salutati en a parlé aussi, mais il paraît que sur ce sujet les esprits timides craignaient de s'exprimer librement; car Salutati dit : « Ab Antipodibus (si fas est credere in inferiore Hemisphærio mortales aliquos habitare) » (*Salutati, C., epistolæ*, Flor., 1741, 2 vol. in-8, tom. I, p. 378).

logie et de l'alchimie, à une époque où ces erreurs étaient si répandues, il mérite des éloges pour les avoir réfutées : mais ce qu'il y a dans ses ouvrages de plus important pour l'histoire littéraire ce sont ses lettres, où l'on trouve une foule de renseignemens précieux sur toutes les classes de la société, et surtout sur la condition des savans et des gens de lettres. Une édition complète (1) de ces lettres, accompagnée d'un bon commentaire, formerait la meilleure histoire littéraire de l'Italie, et du midi de la France, au quatorzième siècle. Elles renferment des faits curieux et des contrastes qu'on chercherait vainement ailleurs. Ainsi, le pieux Pétrarque qui voulait vendre ses livres pour ériger une chapelle à la Vierge (2), fait une description horrible de la cour des Papes à Avignon (3). A Naples, où

---

(1) Ni les différentes éditions de ses œuvres complètes, ni le volume publié par Samuel Crispin (1601, in-8) ne contiennent toutes les lettres de Pétrarque ; il en reste encore beaucoup d'inédites : le manuscrit latin n° 8568 de la bibliothèque royale en contient un grand nombre qui n'ont jamais été publiées.

(2) *Petrarchæ epistolæ*, p. 588, *Variar*, ep. 34.

(3) *Petrarchæ opera*, tom. II, p. 729 et seq., *Epist. sin. tit.* 16. — Pétrarque était religieux, mais il n'était pas superstitieux. La lettre qu'il écrivit à Boccace (qui avait été tel-

la cour était si polie et les mœurs si peu rigides,
il trouva les jeux des gladiateurs encore au quatorzième siècle (1).

---

lement frappé des reproches d'un moine, qu'on disait qu'il
s'était fait Chartreux) le prouve. C'est dans cette lettre remarquable que Pétrarque montre toute son affection à Boccace, et qu'il lui dit, pour l'engager à accepter des offres, que
refusait la fierté de l'auteur du Décaméron, ces belles paroles :
Nil mihi debes, nisi amorem. » (*Manni, illustrazione del
Boccaccio,* Firenze, 1732, in-4, p. 83-100).

(1) *Petrarchæ, opera,* tom. II, p. 646, *Epist. fam.,* lib. V,
ep. 6.—Au reste, ces spectacles dans lesquels on faisait combattre des hommes entre eux ou avec des bêtes féroces n'ont
pas cessé dans les premiers temps du christianisme, par
l'intervention d'un cénobite chrétien, comme on s'est plu si
souvent à le répéter. Ces jeux où des hommes étaient tués
pour l'amusement d'autres hommes, se sont continués jusqu'au seizième siècle en Italie. Manzi a réuni un grand nombre d'anciens documens qui prouvent la vérité de ce fait
(*Manzi, discorso sopra gli spettacoli degli Italiani,* Roma,
1818, in-8, p. 7-14, et 105-111); et l'on pourrait en citer
beaucoup d'autres, parmi lesquels je me bornerai à indiquer la description, en patois vénitien, de la guerre des *Ni-
cototti* et des *Castellani,* en 1521, insérée par M. Gamba
dans le premier volume des *Poéti antichi del dialetto ve-
neziano* (Venezia, 1817, 2 vol. in-16). Les joutes et les tour-
nois étaient des spectacles du même genre, mais au moins
on y prenait quelques précautions pour se tuer un peu plus
difficilement, bien que l'exemple de Henri II prouve que ces
précautions étaient insuffisantes. Des écrivains contemporains
affirment qu'au dix-septième siècle, il y avait à Londres

Sa manière de travailler se voit dans ses lettres et mieux encore dans un manuscrit qu'U-
baldini a publié au dix-septième siècle (1). Il
écrivait partout : poussé par son imagination,
il écrivait même sur sa fourrure (2). Il dormait
peu, était très sobre et vivait volontiers dans la
solitude. On sait qu'après avoir perdu ses amis
les plus chers et la femme qu'il avait tant aimée, il se retira dans une campagne près de Padoue, où il mourut en 1374, à l'âge de soixante-
et-dix ans.

Parmi les amis de Pétrarque Boccace seul
lui survécut. On connaît peu et on apprécie
mal ce grand écrivain, lorsqu'on ne le juge
que d'après son *Décaméron*. Boccace était
un homme âpre et passionné : il avait passé sa
jeunesse à la cour de Naples, qui n'était pas
alors un modèle de mœurs. Accusé plus tard
d'avoir mis trop de liberté dans ses récits,
Boccace, contre lequel on se déchaînait beau-

---

des gens qui se battaient à coups de couteau pour un prix
convenu.

Voyez la note VII à la fin du volume.

(1) *Petrarca, rime*, Roma, 1642, in-fol.

(2) *Baldelli, del Petrarca*, p. 66.

coup, répondit qu'il l'avait fait à l'instigation de la reine Jeanne (1) : et pourtant c'est dans cette cour dissolue qu'il trouva la femme destinée à réveiller son génie, qui était, comme il le dit lui-même, endormi (2).

Le père de Boccace était de Certaldo, mais on ne sait pas bien où naquit l'auteur du Décaméron : Paris, Florence et Certaldo se disputent sa naissance. Il eut d'abord pour maître Jean de Strada, et puis il s'appliqua successivement au commerce et au droit canon ; mais bientôt il s'en lassa, et se mit à courir le monde. A sept ans, il avait vu Dante à Ravenne (3); plus tard, il assista aux examens que le roi Robert faisait subir à Pétrarque, et au triomphe du poète. Ces deux évènemens durent fixer sa destinée. L'amour le rendit à la poésie, et il s'y livra presque exclusivement. Il écrivit le Filocopo pour plaire à cette Marie qu'il aimait; et s'il avait reçu de la reine des inspirations plus élevées, il se serait

(1) *Baldelli, vita di G. Boccacci*, p. 56.

(2) « Era il tuo ingegno divenuto tardo » etc. (*Boccaccio, rime*, Livorno, 1802, in-8, p. 14).

(3) *Petrarchæ epistolæ*, p. 445, *Epist. fam.*, lib. XII, ep. 12.

sans doute exercé sur des sujets plus graves et
plus dignes de son admirable talent. Au reste,
le Décaméron contient autre chose que les ori-
ginaux de plusieurs contes de La Fontaine :
la générosité, la douleur, la grandeur d'âme y
sont peintes de main de maître ; et l'écrivain
n'avait pas besoin de chercher au-dehors de
nobles sentimens. Devenu pauvre pour avoir
voulu se consacrer uniquement aux lettres, il
supporta l'indigence avec dépit quelquefois, mais
jamais sans courage. Il ne mendia pas les bien-
faits des puissans, et ne voulut dédier ses ouvrages qu'à des amis (1). Il passait sa vie à
travailler et à copier des manuscrits, et il contribua au moins autant que Pétrarque à répandre
la connaissance et le goût des classiques : son
courage se montra surtout lorsque, dans la *Vita
di Dante*, il reprocha amèrement aux Florentins leur ingratitude envers le grand poète (2). Il

(1) *Boccatii genealogia*, f. cxlvi, lib. XV, c. 13.
(2) Dans l'introduction à la vie de Dante, Boccace s'exprime à l'égard d'un fait si récent, avec une liberté et une
hardiesse qu'on devrait savoir plus souvent imiter aujour-
d'hui (*Boccacci, opere*, tom. IV ; *Vita di Dante*, p. 1-4). Il a
fait preuve aussi d'une grande hardiesse dans son *Com-*

fut alors, à ce qu'on dit, *ammonito*, et se retira à Certaldo dans une petite maison où, rongé
par une espèce de gale et sans moyens de se faire
soigner (1), il vécut dans la misère. Enfin Florence eut honte de maltraiter tous ses grands
hommes ; Boccace fut rappelé et chargé d'expliquer au peuple la *Divina Commedia*. Cette explication se fit d'abord dans l'église de Saint-

---

mento sur Dante, en reprochant aux Florentins leurs défauts. Sacchetti aussi a reproché aux Florentins leur con-
duite envers Dante.

(1) *Baldelli, vita di G. Boccacci*, p. 199-201. —L'histoire
de Florence a enregistré les noms de plusieurs écrivains que
la misère n'empêcha pas de s'illustrer. Tels furent Arrighetto
de Settimello, qui écrivait en mendiant ; G. Villani et Cennino da Colle, emprisonnés pour dettes ; et Fazio degli
Uberti, auteur du *Dittamondo*, qui s'est plaint dans ses
poésies du cruel dénûment où il se trouvait (*Sonetti e
canzoni di diversi antichi autori Toscani*, lib. IX). Ce
Dittamondo est une encyclopédie en vers dans laquelle
l'auteur suit presque toujours Pline et Solin. Elle n'a pas
par conséquent un grand intérêt pour nous. D'ailleurs elle
est presque illisible dans les diverses éditions qu'on en a
donnée, sans excepter celle de Milan de 1826. Si l'on voulait citer tous les poèmes italiens dans lesquels on trouve des
faits relatifs aux sciences, il ne faudrait pas oublier le *Qua-
driregio* de Frezzi, et le *Morgante Maggiore* de Pulci, où
l'auteur a eu la singulière idée, dans le chant XXV, de faire
faire au Diable une espèce d'encyclopédie où la théologie
n'est pas oubliée.

Etienne (1) et a été long-temps continuée dans
des églises. Quel enseignement public! On ne
doit pas s'étonner que chez un peuple qu'on
nourrissait de la poésie de Dante pussent se
développer de si grandes qualités. Cet enseignement, nous l'avons déjà dit, a cessé aujour-
d'hui. Il a cessé par l'influence d'un pouvoir qui
voudrait enlever à l'Italie toutes ses beautés, et
jusqu'au souvenir de sa gloire, pour la maintenir plus facilement dans l'esclavage. S'il avait
quelque espoir d'être obéi, le Conseil Aulique
défendrait au soleil de luire au-delà des Alpes.

Boccace ne jouit pas long-temps de ce bonheur : il mourut en 1373 (2), n'ayant pas même
eu le temps d'user la fourrure que Pétrarque lui
avait léguée, afin qu'il n'eût pas froid la nuit en
travaillant (3).

---

(1) *Lami, catalogus manuscript. bibliotecæ Riccardianæ*,
p. 119. — Boccaccio eut 100 florins de traitement : son commentaire prouva qu'effectivement il parlait au peuple et aux
gens les moins instruits.

(2) Le testament de Boccace est fort intéressant. Cet
homme célèbre, qui en mourant ne laissait presque rien,
montre une sollicitude touchante pour une bonne qui l'avait
soigné (*Manni, illustrazione*, p. 110).

(3) Le texte du testament de Pétrarque est très remarqua-

Boccace dans sa *Généalogie* a consigné des faits dont nous avons déjà profité, et qui jettent beaucoup de lumière sur l'histoire scientifique et littéraire de son siècle. Brocchi a cru que l'auteur du Décaméron avait décrit pour la première fois les coquillages fossiles ; mais il nous a été impossible de retrouver le passage original qui est cité inexactement par Brocchi (1), et d'ailleurs nous avons vu que les fossiles sont déjà indiqués dans l'Acerba.

Les manuscrits de Boccace ne furent guère plus heureux que lui. Ceux qu'il avait légués à la bibliothèque de Santo-Spirito périrent dans l'incendie de 1471. D'autres, que le feu n'avait pas atteints, furent long-temps négligés (2), ou ont

---

ble ; les expressions du testateur prouvent la pauvreté de Boccace. Pétrarque a fait aussi un legs à ce Jean Dondi dont nous avons parlé. Ce testament est écrit d'une manière bien naïve. Pétrarque prie un de ses amis de l'excuser, s'il lui laisse si peu : il prie un autre légataire de ne pas perdre au jeu les vingt florins qu'il lui a laissés (*Petrarchæ opera*, tom. III, p. 317).

(1) *Brocchi, conchiologia fossile*, Milano, 1814, 2 vol. in-4, tom. I, p. III-IV. — Hérodote aussi avait parlé des coquillages fossiles (*Historia*, Amstelod., 1763, in-fol., p. 108, lib. II, § 12).

(2) Voyez *Boccacci, rime*, p. 167 et suiv. — *Boccacci, let-*

été détruits par l'intolérance. Il y a encore peu
d'années que ses cendres furent violées (1); et
aucun monument ne rappelle à présent son nom
aux Florentins. Il n'a pas tenu au zèle farouche
de Savonarole que tout ce qu'avait laissé le grand
écrivain ne fût détruit : plus tard, la cour de
Rome, aidée par le grand-duc de Toscane, et
servie merveilleusement par Salviati, voulut
(comme le disait avec raison Boccalini) assassiner Boccace, qui fut couvert de blessures dans
la lutte (2). Malgré ces attentats le Décaméron existe encore, et il sera toujours un
des plus beaux ouvrages qui aient été jamais
écrits.

Après Pétrarque et Boccace, tous les esprits

---

tera a Zanobi da Strata, con altri documenti inediti, Firenze,
1827, in-8. — Ciampi, monumenti d'un manoscritto auto-
grafo di G. Boccacci, Firenze, 1827, in-8. — Dans ce dernier ouvrage (p. 53-60 et 79-103) on trouve la preuve des
anciens voyages des Italiens aux Canaries, dont nous avons
parlé ci-dessus, p. 224.

(1) Boccace a subi l'outrage que la bigoterie avait voulu
faire à Dante et à Galilée. Les cendres de Pétrarque ont été
violées aussi, et le sénat de Venise a dû promulguer un décret
pour les protéger (Agostini, scrittori Veneziani, tom. I,
p. 301. — Baldelli, del Petrarca, p. 169).

(2) Manni, illustrazione, p. 658.

se tournèrent vers l'érudition, et la littérature sembla s'être transformée en une vaste citation. Au moyen âge on invoquait en toute occasion les Pères de l'Église : l'érudition classique au quinzième siècle remplaça l'érudition sacrée. Ce fut un nouveau culte pour l'antiquité qui effraya d'abord l'Eglise (1), et rien ne put se dire ou se faire sans l'appui des classiques ; car les restes de la science antique étaient supposés renfermer la solution de toutes les questions que les hommes pouvaient se proposer. Alors la langue italienne fut négligée, et les érudits écrivirent en latin ou en grec (2) : l'au-

---

(1) Nous avons déjà dit que Pétrarque fut accusé de magie parce qu'il lisait Virgile, et que Paul II condamna comme hérétiques ceux qui prononçaient le nom d'*Académie*.

(2) On sait, par exemple, que Léonard Arétin a écrit en grec son traité *de republica Florentinorum*. Cet ouvrage se trouve dans le manuscrit latin n° 5897 de la bibliothèque royale. D'autres savans italiens suivirent l'exemple de cet historien. Quant au latin le fait est trop connu pour qu'on doive s'y arrêter. C'est vraiment par un bonheur inespéré que la langue italienne, après un siècle d'abandon, se releva sans avoir subi d'altération notable. C'est à cette continuité d'une langue qui n'est pas la plus ancienne de l'Europe, que la littérature italienne doit en partie son éclat. Il serait bien diminué si la langue de Dante et de Pétrarque était aussi éloignée de celle d'Alfieri, que la langue du Brut

torité des philosophes anciens fut sans appel
en matière de science ; on interrompit les recherches sur l'algèbre et sur la philosophie
naturelle qui avaient été entreprises dans les
deux siècles précédens ; les lois municipales
firent place au Digeste. Et l'antiquité, qui tout-à-
coup fit irruption dans les sociétés modernes
avec sa langue, sa poésie, ses arts, sa philosophie, ses lois, nous donna aussi ses mœurs.
Mais c'étaient les mœurs de la décadence, venant se greffer sur celles du moyen âge. C'é-
taient les mœurs d'Horace, de Catulle, de
Sénèque : c'étaient les habitudes de ces gram-
mairiens Byzantins, qui disputaient sur des mots,
pendant que les Turcs brisaient les portes de la
capitale ; et elles devaient contribuer à l'asservissement de l'Italie. Car, si un tribun audacieux,
rempli des souvenirs de l'antiquité (1), tentait de
faire revivre l'ancienne république romaine ; si
quelques âmes ardentes, se trompant avec Bru-
tus, croyaient qu'il suffit de tuer un tyran pour

d'Angleterre ou des Niebelungen est éloignée de celle de Racine ou de Schiller.

(1) *Vita di Cola di Rienzo*, Bracciano, 1631 in-12, p. 2 et
suiv.

rendre la liberté à un peuple corrompu; ces faits n'étaient que des accidens isolés : le principe que voulait établir l'érudition était l'autorité et par conséquent la tyrannie. On n'a pas assez fait attention à l'arrivée du savoir antique qui accompagna en Italie la décadence de l'ancienne liberté municipale, ni à l'instinct qui porta à favoriser ce genre d'études, les hommes destinés à renverser les républiques italiennes. Cette érudition s'élevait parce que les causes de l'ancienne originalité, dont elle contribuait à anéantir les restes, n'existaient plus.

Le goût de l'érudition n'était pas le symptôme le plus grave de l'immense changement qui s'opérait alors dans les mœurs des Italiens (1). Cette transformation fut si grande, que

---

(1) L'Histoire des mœurs en Italie serait un ouvrage du plus haut intérêt, qui servirait à expliquer plusieurs des principales difficultés de l'histoire politique de cette contrée, et à redresser les idées des étrangers sur un pays qu'ils connaissent si peu. Il m'est impossible d'effleurer même ce sujet. Je me bornerai donc à signaler ici un petit nombre de faits qui s'y rapportent. Il faut remarquer d'abord que les mœurs des républiques étaient bien plus sévères que celles des villes placées sous la domination d'un seul, comme on peut s'en

si elle n'était pas attestée par les témoignages les plus positifs, on aurait de la peine à la concevoir, et on ne pourrait pas y croire. Les passions brûlantes, les haines invétérées des partis, n'agitaient plus, comme autrefois, la société. L'esprit religieux et aventureux du quatorzième siècle, l'amour de la gloire munici-

---

assurer en comparant les mœurs de Florence et de Venise à celles de Milan et de Naples. La cour des Papes a été toujours représentée par les historiens comme la plus corrompue de toutes, et mille faits divers (depuis le procès relatif au dîner, entre les chanoines et l'abbé de la Basilique Ambroisienne de Milan, jusqu'aux quinze cents courtisanes du concile de Constance) prouvent que le clergé a par son inconduite provoqué la réforme. Les historiens contemporains attribuent aux étrangers (surtout à Charles d'Anjou) la corruption des mœurs en Italie (Voyez, à ce sujet, *Muratori, antiquit. ital.*, tom. II, col. 295 et suiv. Dissert. 23. — *Da Barberino, del Reggimento delle Donne*, Roma, 1814, in-8. — *Giulini, memorie di Milano*, passim, — *Fantuzzi, monumenti ravennati*, Venezia, 1801, 6 vol. in - 4, passim). Mais une chose qu'il ne faut jamais oublier pour bien comprendre cette époque, c'est qu'à la renaissance la poésie était en Italie l'élément dominant : non-seulement alors les hommes les plus graves, les plus positifs (comme par exemple Castruccio et Paul dall' Abbacco), faisaient des vers, mais les actions de la vie commune étaient poétiques. Plus tard, l'intérêt devint le mobile universel.

pale (1), firent place à l'intérêt matériel qui,
dans les siècles suivans, domina toutes les ques-

---

(1) A cette époque de passions vives et profondes, une
foi ardente s'était emparée de tous les esprits. Mais ce n'é-
tait pas, comme on l'a prétendu, une bigoterie superstitieuse
qui pesait alors sur les masses. Tous les esprits supérieurs
savaient se soustraire à l'influence monacale. Sans parler de Dante, de Pétrarque et de Boccace, dont les noms ont
été souvent cités et qui pourraient sembler suspects, on
trouve dans le recueil des lettres des *Santi e Beati Fiorentini* (Firenze, 1736, in-4), des passages qui prouvent que les
hommes les plus pieux n'épargnaient pas la cour de Rome.
Voyez par exemple à la page 35 de ce recueil, la lettre de
Frère Louis Marsili sur la mort de Pétrarque, dont il avait
commenté les trois célèbres sonnets contre la cour de Rome,
et à la page 13 celle du bienheureux Giovanni dalle Celle sur
la guerre des Florentins contre le pape : cette dernière a été
publiée avec beaucoup de mutilations, car en 1736 la censure
Toscane n'a pas permis d'imprimer ce qu'écrivait quatre siècles auparavant un *bienheureux*; mais je possède un
ancien manuscrit où cette lettre importante se trouve sans lacunes, et on y voit qu'à cette époque il y avait en Italie beaucoup plus de liberté en matière de religion, qu'il n'y en a à
présent. Au reste, les républiques les plus attachées à la cour
de Rome sévirent plusieurs fois contre les moines; et comme
ces républiques étaient en même temps les plus démocratiques, il en résulte que le peuple qui présidait à ces détermi-
nations n'était pas, comme on le croit actuellement, esclave du
clergé. En 1307, la république de Florence fit démolir la moitié
du clocher de la *Badia*, et le peuple pilla le couvent, parce
que les moines refusaient de payer les impôts (*Della Decima*,
tom. I, p. 81) : plus tard, dans la même ville, les magistrats

tions. Ce n'étaient plus les temps où l'on sonnait
pendant un mois une certaine cloche, pour aver-
tir l'ennemi qu'on allait attaquer, et afin qu'il
se préparât à la défense; les guerres n'étaient
plus qu'une affaire de budget (1). Et comme par
suite des guerres civiles, qui avaient plus d'une

---

firent couper les mains aux familiers de l'inquisiteur qui
avaient abusé de leur pouvoir (*Villani, G., storia*, p. 865,
lib. XII, c. 57). On peut voir dans Muratori *(Antiquitates,*
tom. III, col. 493 et suiv.) comment François Ordelaffi ré-
pondait aux excommunications. A Venise, il était permis de
blesser les moines en payant une amende de 50 sous (*Sacchetti, novelle*, Nov. 111). Et tout cela se faisait pendant que
le reste de l'Europe était à genoux devant le pape ! Les républiques italiennes étaient religieuses, parce qu'elles étaient
poétiques : mais les magnifiques églises, les superbes monumens qu'on a élevés à cette époque étaient surtout destinés
à rehausser la gloire municipale. De là cette émulation qui
faisait que si une république élevait un dôme ou un clocher,
sa voisine s'efforçait d'en avoir de plus beaux, et que lorsqu'un gouvernement pressé par la disette chassait les pauvres, il se trouvait à côté une ville qui leur ouvrait ses portes
et les nourrissait.

(1) Goro Dati nous apprend que la durée de la grande
guerre de la république de Florence avec le duc de Milan
avait été déterminée d'avance, et qu'en calculant ses recettes et ses dépenses les Florentins avaient prévu l'époque
où le duc serait forcé de faire la paix (*Dati, G., istoria,*
p. 66-67). Quant à la *Martinella* à laquelle nous faisons allusion ici, tous les historiens de Florence parlent de cette
cloche.

fois épouvanté les artisans et les avaient forcés
à porter leur habileté au-delà des Alpes (1),
l'industrie et les manufactures déclinèrent ;
l'activité des négocians s'exerça indifférem-
ment sur toutes les matières, et les premières
familles s'associèrent pour exploiter des trafics
honteux et des gains illicites. Dans les républiques les plus illustres, on fut forcé d'appeler
les Juifs, afin de faire baisser l'intérêt de l'argent et d'extirper l'usure si c'était possible (2). Si

---

(1) C'est surtout après la prise de Lucques par Uguccione
de la Faggïola que les ouvriers en soie abandonnèrent la
Toscane et portèrent en France cette branche d'industrie
(*Manucci, le attioni di Castruccio*, Roma, 1590, in-4,
p. 18).

(2) L'intérêt légal de l'argent a varié d'une manière extraordinaire en Italie. Au quatorzième siècle, on payait souvent le 20 pour 100 (*Muratori, antiquit. ital.*, tom. I, col. 893,
Dissert. 16). La dette publique (*Monte comune*) était à 12, à 15,
à 20 pour 100. En 1359, les Florentins firent un emprunt
à 33 pour 100 du capital, et s'obligèrent à payer 15 pour 100
d'intérêt (*Ammirato, istorie fiorentine*, tom. II, p. 988).
En 1430, pour diminuer l'usure, on appela les Juifs à Florence à condition qu'ils ne prêteraient qu'à 20 pour 100 (*Ammirato, istorie fiorentine*, tom. II, p. 1063). Cependant dès
qu'une grande calamité arrivait, la religion reprenait ses
droits, et l'on ne voulait plus recevoir d'intérêts. Dans la peste
de 1383, la république de Florence dut faire un décret pour
engager les rentiers à recevoir les intérêts échus (*Am-*

le héros de cette triste Odyssée ne s'était pas
chargé de nous raconter lui-même sa vie et ses

---

mirato, *istorie fiorentine*, tom. II, p. 765). Plusieurs écrivains se sont imaginés que les Juifs avaient introduit l'usure
en Italie : il est certain que des gens à qui on n'accordait aucun des droits civiques, qui ne pouvaient posséder aucune
propriété territoriale, qui n'étaient tolérés que pour un temps
déterminé, qui étaient partout rançonnés de la manière la
plus fiscale, n'avaient d'autre ressource, pour vivre, que
celle de prêter à intérêt. On les forçait à devenir usuriers en
leur interdisant toute autre industrie : mais les faits que nous
venons de citer, auxquels on pourrait en ajouter beaucoup
d'autres, prouvent que les Chrétiens ne valaient pas mieux.
C'est le fanatisme religieux et non pas là haine de l'usure qui
a si souvent ameuté le peuple contre les Juifs, contre lesquels
on avait fait des lois si atroces que si, par exemple, un Juif
était convaincu d'avoir eu commerce avec une femme chrétienne, et réciproquement, ils étaient par ce fait tous les deux
condamnés à mort : « *Si autem Judaeus Christianam, vel
Christianus Judaeam carnaliter cognoverit, tum vir quam
fœmina, utroque casu capite puniatur, ita ut moriatur,* »
disaient les statuts (Voyez, à ce sujet, *Giulini, memorie di
Milano,* tom. VII, p. 399. — *Sandi, storia civile della repub-
blica di Venezia,* Venez., 1755, 6 vol., in-4, 3ᵉ part., vol. I,
p. 437 et suiv. — *Muratori, antiquit. ital.,* tom. I, col. 880 et
seq., Dissert. 16. — *Della Decima,* tom. II, p. 138-139. — *Leges
statutæ reipublicæ Sancti Marini,* Forolivii, 1834, in-fol.,
f. 96, lib. III, r. 74), etc., etc.). Au reste tous les peuples
ont voulu rejeter sur les étrangers la tache d'usuriers. En
France, au treizième et au quatorzième siècle, on les appelait *Lombards;* en Italie, on les appelait *Caorsini* (de Cahors)
(*Dante, infern.,* cant. XI, v. 50. — *Muratori, antiquit. ital,*
tom. I, col. 891, 893, etc.).

aventures, on aurait de la peine à croire qu'un
des premiers citoyens de Florence, portant l'un
des noms les plus illustres, eût consenti à voyager dans toute l'Europe pour le compte de plusieurs négocians de Florence qui exploitaient sa
grande habileté au jeu (1). De Bellincion Berti

---

(1) *Pitti, B., cronaca*, p. 28, 33, etc.— Les marchands ne
lisaient probablement plus ces *Traités de commerce* qui com-
mençaient par de petits poèmes sur les devoirs du marchand
(*Della Decima*, tom. III, p. XXIV). C'est surtout en France et
en Flandre qu'étaient alors les rendez-vous de tous les joueurs
de l'Europe. En Italie, on se livrait moins aux jeux ordinaires, mais on spéculait sur les fonds publics. Dans l'histoire de
Florence par Stefani on voit, qu'en 1371 on fut obligé de
faire une loi contre les ventes à terme, et que pour modérer
ces anciens jeux de bourse, on mit un impôt de deux pour
cent sur la vente des fonds publics (*Delizie degli eruditi Toscani*, tom. XIV, p. 97). Un fait non moins curieux pour l'histoire financière de l'Italie, c'est qu'au treizième siècle il y
avait à Milan du papier-monnaie : celui-là est un des cas
rares dans lesquels le papier-monnaie a été remboursé (*Giulini, memorie di Milano*, tom. VII, p. 540, et tom. VIII,
p. 47). Je regrette bien de ne pouvoir m'arrêter plus longuement sur ce sujet, qui offrirait un grand nombre de faits intéressans. Je voudrais pouvoir exposer les différentes lois
destinées tantôt à protéger l'industrie par des tarifs et des
prohibitions, tantôt à laisser au commerce une entière liberté ; la condition sociale des ouvriers, leurs associations,
leurs maîtrises ; la protection spéciale dont ils jouissaient
dans plusieurs villes aux dépens des agriculteurs, qui
étaient souvent forcés à adopter un genre déterminé de cul-

à Buonaccorso Pitti la distance est prodigieuse.
Cependant il y avait encore des restes de cette

---

ture (celle du mûrier par exemple) dans l'intérêt de l'industrie, et qui restèrent trop long-temps dans une condition servile là où les industriels commandaient. En effet,
on trouve à Bologne, à Florence et dans d'autres républiques italiennes les *serfs de la glèbe* au treizième et au
quatorzième siècle : car, quant aux *esclaves*, ils ont continué bien plus long-temps, malgré les dénégations des
écrivains qui ont confondu les *serfs* et les *esclaves*. Mais
ce sujet est si vaste qu'il exigerait un ouvrage spécial. Je
traiterai sommairement la question de l'esclavage dans la
note VII à la fin du volume : quant aux autres points que je
viens seulement d'indiquer, voyez *Muratori, antiquit. ital.*,
tom. II, col. 865 et seq., Dissert. 3o. — *Ghirardacci, storia
di Bologna*, tom. I, p. 190 et 264.— *Giulini, memorie di Milano*, passim. — *Osservator fiorentino*, tom. IV, p. 179. —
Della Decima, tom. II, p. 107.— *Frescobaldi, viaggio*, p. 51.
— *Sandi, storia*, passim. — *Marin, storia*, passim., etc.,
etc. — J'ai déjà dit qu'on trouve les lettres de change dans
Léonard de Pise (voyez ci-dessus, p. 39) : dans les traités de
commerce de Balducci et de Jean d'Uzzano, on trouve la
commission pour la lettre de change et les assurances ter-
restres et maritimes, qui variaient de 6 à 15 pour 100 (*Della
Decima*, tom. II, p. 78, et tom. IV, p. 119, 128, etc.). Les
droits d'entrée qu'on y voit indiqués prouvent qu'au quatorzième et au quinzième siècle les Italiens tiraient des Indes-
Orientales à-peu-près tous les objets qu'on en tire à présent
(*Della Decima*, tom. III, p. 295 et tom. IV, p. 21, etc.— *Frescobaldi, viaggio*, p. 42-46, 57, etc.). Parmi les faits curieux
qu'on peut déduire de ces anciens tarifs des douanes italiennes, il en est quelques-uns qu'on doit signaler ici parce

antique simplicité de mœurs dont Dante avait
déjà déploré la perte. Dans cette république qui,
presque au berceau, avait commandé à Arnolfo di
Lapo d'élever la plus belle église du monde et qui
avait été obéie, vivaient de grands artistes qui
conservaient une admirable simplicité. Ce Brunellesco qui a si bien deviné la théorie des voûtes,
et qui a osé le premier suspendre une montagne
sur des colonnes; qui jeune encore s'était proposé d'élever la coupole de Florence, et qui,
pour s'y préparer par l'étude de l'antiquité,
avait vécu plusieurs années à Rome du travail
de ses mains, Brunellesco vivait avec le premier sculpteur de son siècle, Donatello, comme
vivent à peine aujourd'hui nos ouvriers. Le titre
de l'architecte de la coupole de Florence était

qu'ils ont rapport à l'histoire littéraire. Ainsi l'on voit que
les livres (manuscrits) de médecine, de jurisprudence,
de grammaire, les romans, etc., payaient au commencement
du quinzième siècle 5 pour 100 de droit d'entrée à Florence
et un droit plus élevé pour sortir, et que c'étaient les
apothicaires qui vendaient les livres (*Della Decima*, tom. IV,
p. 21, 40, et 17). Au reste, on lit dans Ghirardacci (*Storia
di Bologna*, tom. II, p. 117) qu'on ne pouvait, sous des
peines très sévères, faire sortir de Bologne un manuscrit
sans permission spéciale.

celui de *maître-maçon*, et il portait le tablier des
journaliers. Une anecdote rapportée par Vasari en
dit plus sur la vie des artistes de cette époque que
tous les commentaires (1). Donatello ayant fait
un Christ en bois, le montra à Brunellesco, qui
en critiqua la raideur et qui ajouta même qu'il
avait l'air d'un paysan. Donatello piqué, lui répondit : « Eh bien, prends du bois et fais mieux. »
Ce propos n'eut pas de suite pour le moment, et
ne semblait pas pouvoir en avoir, car l'architecte de Santa Reparata n'avait jamais manié le
ciseau. A quelques mois de là, Brunellesco prie
Donatello à dîner, et ils s'acheminent ensemble
vers la maison. En traversant la halle, Brunellesco
achète des œufs, les donne à son ami en lui disant qu'il avait affaire un moment, et l'engage à
prendre le devant. Donatello s'en va les œufs dans
son tablier ; arrivé à la maison de Brunellesco, il
entre et trouve au rez-de-chaussée un Christ de
bois si admirablement sculpté que, saisi d'admiration, il laisse tomber les œufs. Sur ces en-
trefaites, Brunellesco paraît et lui dit : Eh
bien, Donatello, qu'as-tu ? — A quoi l'autre ré-

(1) *Vasari, vite*, tom. IV, p. 202 et 275.

répond : tu as raison, Brunellesco; désormais à toi les Christs et à moi les paysans.—L'histoire ajoute que les deux artistes ne cessèrent jamais de s'aimer comme deux frères.

Le quinzième siècle s'ouvrit sous de tristes auspices en Italie. La décadence des républiques, et l'absence d'un de ces hommes éminens qui, depuis la renaissance, n'avaient cessé d'illustrer ce pays, jettent un voile de pâleur et de tristesse sur cette époque. Les sciences et les lettres suivirent alors ce dépérissement (1) social et

(1) Ce n'était plus le temps où des professeurs de l'Université de Bologne refusaient la souveraineté d'une ville considérable pour ne pas se séparer de leurs élèves (*Alidosi, dottori bolognesi in legge*, Bologna, 1620, in-4, p. 94, et où les factions se taisaient pour honorer les fils d'Accurse, qui, bien que Gibelins, furent faits Guelfes par les habitans de Bologne, à cause de leur père (*Alidosi, dottori bolognesi in legge*, p. 93). Dans un temps où les élèves des plus célèbres universités écoutaient, assis sur de la paille, les leçons des plus illustres maîtres, on solennisait les succès universitaires avec une magnificence dont nous avons de la peine à nous rendre compte aujourd'hui (*Arrivabene, secolo di Dante*, Firenze, tom. I, p. 162. — *Alidosi, dottori bolognesi in legge*, p. 224). Dès la création de l'université de Naples, les professeurs avaient le rang et le titre de *comtes palatins*, tandis qu'au quinzième siècle, les *maîtres des sciences* étaient mis, à Florence, sur la même ligne que les bouffons (*Origlia, istoria dello*

l'on est forcé de reconnaître une décadence gra-
duelle et non interrompue pendant toute la première moitié du quinzième siècle. En effet, Léonard Arétin, Poggio, Filelfo, Ambroise de Camal-
dule, Guarino, Laurent Valla (1), furent doués d'un

---

studio di Napoli, Napoli, 1753, 2 vol. in-4, tom. I, p. 53
et suiv. — *Delizie degli eruditi Toscani*, tom. XVIII,
p. 297).

(1) Il ne faut pas confondre l'auteur des *Élégances de la
langue latine* avec Georges Valla de Plaisance, qui mourut
à la fin du quinzième siècle, et qui s'appliqua surtout à
traduire du grec des ouvrages scientifiques. On peut voir
dans Poggiali (*Memorie*, tom. I, p. 140-160) le catalogue des
nombreux ouvrages de l'érudit de Plaisance, qui écrivit
sur la grammaire et sur la médecine, et qui étudia les
mathématiques avec succès, sous Jean Marliani de Milan.
Le grand ouvrage de Valla *de Expetendis et Fugiendis rebus*
(publié en 1501 par Alde, après la mort de l'auteur), est
une encyclopédie qui se distingue des encyclopédies pré-
cédentes, parce que l'auteur en a pris les élémens dans
les écrivains grecs et latins, en excluant les Arabes et les
auteurs du moyen âge : les sciences mathématiques y occupent une place très considérable, et sous ce rapport elle mérite une attention particulière. Dans le troisième chapitre
du quatrième livre de sa géométrie, Valla a donné un
traité des sections coniques : je n'en connais pas de plus
ancien écrit en Europe, par un chrétien, après la renaissance. Ce traité de géométrie contient d'autres recherches intéressantes. Le sixième livre est consacré aux machines : parmi celles-ci l'auteur en décrit une (Voyez la signa-

grand savoir et d'une infatigable activité; mais
il serait fort difficile d'indiquer les progrès
qu'ils ont fait faire aux sciences et aux lettres.
Occupés à commenter et à traduire des classiques grecs ou latins, ils n'avaient ni le temps
ni la volonté d'entreprendre des recherches
originales ; et leurs écrits semblent jetés dans
le même moule (1). Ce furent certainement des

---

ture a a) par laquelle il se propose de résoudre ce problème
*Crisci constructio , statuatur, ut igne attingente fores sponte
aperiat. Extincto autem igne rursus claudantur.* — Dans la
description de la machine il semble parler de vapeur; mais
cette description est si obscure, et la figure si embrouillée,
qu'il ne m'a pas été possible de comprendre si Valla avait
réellement appliqué la vapeur à sa machine.

(1) Un seul homme se distingua des autres par l'originalité
de son esprit, et par un système très libéral d'éducation
qu'il avait conçu et qu'il fit mettre en œuvre. Cet homme est
Vittorino da Feltre, qui excella aussi dans les sciences, et
que Blaise Pelacani força, par sa rudesse, à apprendre tout
seul les mathématiques. Son système d'éducation , l'Institut
qu'il avait formé et d'où sortirent tant d'hommes célèbres,
méritent d'être étudiés par tous ceux qui veulent s'appliquer à l'amélioration intellectuelle et morale de l'homme.
Vittorino uniquement occupé de son plan sut s'abstenir de
toute querelle littéraire. Il mourut à Mantoue, en 1447, à
l'âge de 68 ans : il ne nous reste de lui que quelques fragmens
(*Vairani, Cremonensium monumenta,* Romæ, 1778, 2 vol.
in-4, tom. I, p. 14 et seq. — *Martene et Durand, veterum
scriptorum amplissima collectio,* Paris., 1723, 9 vol. in-fol.,

hommes utiles; mais ce qu'ils ont fait, d'autres l'auraient fait à leur place. Tout dégénéra alors; Feo Belcari menaça la gloire de Dante, et les sonnets de Burchiello firent oublier un instant ceux de Pétrarque (1). Ce barbier fit école, et son genre baroque fut imité par les hommes les plus instruits de ces temps corrompus (2).

Quelques écrivains ont attribué à la protection des princes italiens, et surtout à celle des Médicis, qui déjà s'apprêtaient à monter sur le trône, la gloire littéraire de l'Italie au quinzième siècle. C'est principalement par l'influence de quelques écrivains anglais, de Roscoe sur-

tom. III, col. 843). Il existe au reste des monumens qui prouvent que même dans des siècles plus rudes les moyens d'instruction n'étaient pas trop sévères en Italie, et qu'ils étaient plus doux qu'ailleurs. Ainsi, par exemple, la grammaire est représentée dans le *Campo Santo* de Pise par une femme qui allaite, tandis que dans les cathédrales de Chartres et de Laon, elle est figurée per une femme qui fouette un enfant.

(1) Le Lasca a dit : « Burchiello, il quale dagli antichi « nostri fu gindicato terzo con Dante, e col Petrarca. » (*Manni, de Florentinis inventis*, p. 88).

(2) Parmi les imitateurs de Burchiello, il faut citer Léon Baptiste Alberti, également célèbre dans les sciences, dans les arts et les lettres. Comme architecte, il est trop connu pour qu'il soit nécessaire de rappeler ses travaux. On sait qu'il a eu le mérite difficile de tromper Alde le jeune, qui a publié comme ancienne une comédie intitulée *Philodoxius*, qu'Al-

tout, que ces idées ont été généralement adoptées. Mais un examen attentif prouve que dans
le cas actuel le fait principal et l'explication
qu'on en donne sont également inexacts. Car, si
l'on entend par gloire littéraire autre chose
qu'un grand étalage d'érudition, ou des collec-
tions formées à grands frais, l'Italie ne fut pas
glorieuse à cette époque, et elle ne reprit son
éclat que sur le déclin du siècle, et indépendamment de toute protection. Ce furent des hommes malheureux, forcés pour la plupart d'aller
chercher du pain hors du pays qui les avait
vu naître, tels que Léonard de Vinci, Paciolo,
Colomb, l'Arioste, Machiavel, Michel-Ange,
qui rendirent à l'Italie sa splendeur. Des
musées, des cabinets de médailles ne font

berti avait composée (*Burchiello sonetti*, Veniegia, 1504, in-8.
— *Lepidi comici veteris Philodoxius*, Luccæ, 1588, in-8). Alberti avait essayé le premier d'appliquer à la poésie italienne
les règles de la prosodie latine. Il avait inventé un instrument pour copier les tableaux en les réduisant à volonté
(*Vasari vite*, tom V, p. 62), et un autre pour déterminer la
profondeur de la mer d'après le temps qu'emploie un corps
plus léger que l'eau à remonter du fond à la surface (*Manni,
de Florentinis inventis*, p. 94 et 68). Un instrument du même
genre se trouve déjà indiqué dans un ouvrage de Savosorda
écrit plus de trois siècles auparavant.
Voyez la note IV à la fin du volume.

pas la gloire. d'une nation. Et d'ailleurs cet
amour de l'antiquité était un caractère général du temps, et n'appartenait pas plus spécialement à tel prince qu'à tel individu. Tous
les citoyens riches faisaient à cette époque travailler les artistes; souvent ils envoyaient des savans, dans les contrées les plus éloignées, à la recherche des manuscrits. À Florence, Niccolò Niccoli était un amateur moins riche sans doute,
mais plus instruit et non moins zélé que Côme
de Médicis. Et il faut remarquer à l'avantage
de Niccoli, qu'il n'a jamais envoyé de sicaire
contre les savans qu'il avait employés (1). On

(1) Lorsqu'on examine avec impartialité toutes les phases
de l'inimitié de Côme de Médicis et de Filelfo, il est difficile de ne pas se persuader que le *père de la patrie* a tenté
plusieurs fois de faire assassiner le philologue de Tolentino.
Au reste, l'érudition avait amené à sa suite les querelles littéraires, et les plus grands efforts des philologues du quinzième siècle étaient dirigés contre leurs rivaux. Les vifs démêlés qu'eurent entre eux Filelfo, Niccoli, Poggio, Léonard
Arétin, Guarino, Valla, etc., etc., occupèrent une grande
partie du quinzième siècle, et n'eurent qu'un résultat négatif
pour les lettres. Le style grossier de leurs diatribes rend les
discussions de ces érudits encore plus désagréables (Voyez, à
ce sujet, *Rosmini, vita del Filelfo,* Milano, 1808, 3 vol. in-8,
tom. I, p. 94-85. — *Rosmini, vita di Guarino,* Brescia,
1803, 3 vol. in-8, tom. II, p. 79 et suiv. — *Shepherd, vie de
Poggio Bracciolini*, Paris, 1819, in-8, p. 123 et suiv.).

a répété souvent, et bien à tort, que la prise de Constantinople par les Turcs avait servi à policer l'Italie en l'enrichissant des débris de la Grèce. Mais nous croyons avoir prouvé que les Italiens n'avaient rien à apprendre (1) des Grecs lorsque l'empire de Constantin s'écroula pour toujours.

Il fallait être riche pour rassembler des manuscrits et pour en faire copier avec ce luxe qui distingue la plupart de ceux qui ont appartenu à Alphonse, roi de Naples, et aux Médicis. Mais tout cela n'était qu'un vain apparat. Quel. est, en effet, le secours qu'ils ont accordé à Poggio Bracciolini, lorsqu'il parcourait à ses

---

(1) Cela n'avait pas échappé à l'esprit de Voltaire, dont on s'est hâté un peu trop de décrier les talens historiques. Voici ce qu'il dit dans le chapitre 82 de l'*Essai sur les Mœurs* : — « On fut redevable de toutes ces belles nouveautés aux Toscans. Ils firent tout renaître par leur seul génie, avant que le peu de science qui était resté à Constantinople refluât en Italie avec la langue grecque, par les conquêtes des Turcs ; Florence était alors une nouvelle Athènes..... On voit par là que ce n'est point aux fugitifs de Constantinople qu'on a dû la renaissance des arts. Les Grecs ne pouvaient enseigner aux Italiens que le grec. Ils n'avaient presque aucune teinture des véritables sciences, et c'est des Arabes que l'on tenait le peu de physique et de mathématique que l'on savait alors. »

frais le nord de l'Europe pour copier des manuscrits (1)? Quels encouragemens ont-ils donnés
aux premiers imprimeurs qui devaient alors sur-
monter tant d'obstacles? Ces hommes laborieux
ont été accueillis d'abord dans des couvens ou
chez des particuliers; mais les princes, et ceux
qui se disposaient à l'être, semblaient déjà
pressentir ce que la presse deviendrait un jour.
A Paris, on voulait brûler les disciples de Gutten-
berg : à Rome on les laissait mourir de faim (2).

---

(1) « Nulla enim vel parva admodum his (*Regibus ac Pon-*
tificibus) bonarum artium cura est : nulla doctrinae, nulla
sapientium, ac doctorum virorum, nulla virtutis. Simulata
in quibusdam quidem virtutis signa apparent : nulla im-
pressa vestigia. Suscepit hic (me intuens) olim diligentiam et
laborem peragrandem Alemanniæ librorum perquirendorum
gratia, qui in ergastulis apud illos reclusis detinentur in
tenebris et carcere caeco. Qua in re multum profuit latinis
musis ejus industria. Nam octo Ciceronis orationes, inte-
grum Quintilianum, ... restituit nobis... Haec cum ab eo
fuissent in lucem edita; cunque uberior et quasi certa spes
proposita esset ampliora inveniendi : nunquam postea aut
princeps, aut pontifex vel minimum operae aut auxilii adhi-
buit. » (*Poggi opera*, Argent., 1513, in-fol., f. 147). — On
voit par les lettres de Poggio que les moines de Saint-Gall
gardaient leurs manuscrits avec aussi peu de soin que les
moines du Mont-Cassin, lorsque Boccace alla visiter leur
bibliothèque (*Shepherd, vie de Poggio Bracciolini*, p. 98).
(2) Voyez le fameuse lettre de Sweynheym et Pannartz à

La première édition d'Homère est due au patronage d'un simple citoyen dont personne ne parle, et l'on cherche en vain à cette époque un grand monument typographique dû à la munificence d'un souverain (1).

Sixte IV, insérée dans le cinquième volume du Glossaire de Nicolas de Lyra, imprimé à Rome en 1472. Au reste, si les papes n'ont pas protégé les imprimeurs, au moins ils ne les ont pas persécutés. On sait qu'en laissant de côté les *Decor Puellarum* et le *Commentaire* sur Almansor de Gradi, dont la célébrité est due à une faute typographique, Rome est la seconde ville de l'Europe où l'imprimerie a été établie. Et il ne faut pas oublier que dès l'origine la cour de Rome a profité de cette admirable invention pour activer la vente des indulgences. Les *litteræ indulgentiarum* de Nicolas V, imprimées avec caractères mobiles en 1454, sont le plus ancien monument typographique portant une date certaine.

(1) Si les Italiens n'ont pas inventé l'imprimerie, au moins c'est en Italie que cet art naissant a porté les plus beaux fruits, en reproduisant les chefs-d'œuvre de l'antiquité. Presque toutes les éditions princeps sont italiennes, et depuis le Lactance de 1465, les presses italiennes n'ont jamais cessé de reproduire les classiques. En peu d'années, l'imprimerie s'établit dans toute l'Italie. Des villes secondaires, des villages même, s'efforcèrent de se signaler dans cet art. Quinze ans après la première édition du *Psautier*, sept ans après l'introduction de l'imprimerie en Italie, Jesi Mantoue et Fuligno ont publié en même temps une édition in-folio de Dante. Et il serait difficile d'en faire une plus belle à présent. Les premières éditions des classiques grecs, les premiers

Au lieu de ranimer et protéger les lettres, comme on le répète tous les jours, Laurent de Médicis n'a fait, comme font d'ordinaire les grands, que protéger la médiocrité. Les membres de son académie platonique étaient des érudits qu'il payait et qui le vantaient dans leurs écrits : mais en même temps les Toscans les plus illustres étaient forcés de s'expatrier. Landino, Marsile Ficin, Pic de la Mirandole, étaient, il est vrai, accueillis noblement par lui; mais il ne faut pas oublier qu'en même temps Léonard de Vinci, Paciolo et Alberti quittaient la Toscane. On poussait Pulci à écrire contre Franco, on encourageait les auteurs des *Canti Carnascialeschi*, nouveaux chants fescennins, mais Bellinzone devait aller chercher du pain à

---

caractères orientaux, ont été exécutés en Italie. D'ailleurs, sans parler de l'invention de la gravure sur cuivre, qui est due à Maso Figuerra, ni des caractères faits par Bernard Cennini à Florence, lorsque les Allemands gardaient encore le secret de leur art, il est permis de croire que l'existence de l'imprimerie chinoise, qui avait été révélée à l'Europe par les voyageurs vénitiens, et la connaissance de ces caractères mobiles que les calligraphes italiens employaient depuis si long-temps pour former avec tant de régularité les caractères des manuscrits, n'ont pas dû être inutiles aux Allemands qui ont inventé l'imprimerie.

Milan. Laurent de Médicis a usurpé une gloire qu'il ne mérite pas. Qu'est-il resté de ses travaux et de ceux de ses protégés? Rien qui mérite d'être étudié à présent. Qu'a-t-il fait pour Toscanella, que Colomb consultait avec tant de déférence? Qu'a-t-il fait pour Vespuce, heureux navigateur et habile astronome? S'il admet à sa table Michel-Ange encore enfant, la statue de neige que Pierre de Médicis lui fit faire plus tard, la comparaison qu'il faisait de Buonarroti avec un coureur espagnol (1), nous donnent la mesure du respect que Laurent avait su inspirer à son fils pour l'immortel artiste. En refusant toujours, malgré les plus vives instances, de retourner dans sa vieillesse auprès d'un Médicis, Michel-Ange doit nous faire comprendre ce que valait la protection de cette famille. Un seul homme de génie, Politien, est resté auprès de Laurent. Mais l'histoire de la Conjuration des Pazzi montre à quelles conditions il était protégé. Au reste, on sait que Politien lui-même ne manqua pas d'essuyer des dégoûts et des tracasseries dans la fa-

---

(1) *Vasari, vite*, tom. XIV, p. 44.

mille du maître de Florence (1). C'est à cette
époque de protection que Paul II excommu-
niait les académiciens et faisait torturer les savans; et que le duc de Milan, laissant Léonard
sans pain et sans vêtemens en hiver, lui suggé-
rait la pensée d'abandonner les arts.

Voilà ce que furent au quinzième siècle les
princes italiens, et ces Médicis qu'on a voulu
immortaliser, et à qui les étrangers s'obstinent
encore à attribuer la renaissance.

Les vrais bienfaiteurs de l'Italie, ceux qui lui
ont rendu son ancien éclat, ne sont pas les hommes qui l'ont opprimée. Car, il est bon de le répéter, jamais les tyrans n'ont fait la gloire d'une
nation. L'Italie doit sa splendeur à ces hommes
courageux qui, à une époque de barbarie, allaient dans des contrées éloignées chercher la
science chez des infidèles, malgré les préjugés
qui devaient les en détourner, malgré mille dangers qui les menaçaient. On ne peut songer sans
émotion à ces hommes infatigables que rien
ne rebutait, et qui, sans espérer aucune ré-

_____

(1) *Roscoe, the life of Lorenzo de' Medici*, Heidelberg, 1825,
4 vol., in-8, tom. III, p. 253.

compense, faisaient tant d'efforts pour introduire chez les Chrétiens les sciences des Arabes (1). Gérard de Crémone et Platon de Tivoli
ont plus fait pour les sciences que tous les
princes du quinzième et du seizième siècle. Après
ces premiers maîtres, l'Italie doit sa civilisation
aux hommes qui l'ont affranchie de la féodalité,

---

(1) Ce n'est pas seulement, comme on le croit généralement, au onzième et au douzième siècle que les Arabes
exercèrent de l'influence en Italie. Cette influence s'est continuée bien plus long-temps. Au moyen âge la science par
excellence est placée en Orient : les *sages* sont orientaux, les
enchanteurs aussi. Les *Novelle antiche* en offrent plusieurs
exemples. Dans les anciens poèmes, dans les premiers romans, les Européens se font toujours les élèves des Orientaux. Les idées des Arabes étaient devenues familières en
Italie, leur langue le fut aussi, et dans les sciences elle
était indispensable. L'*Opus Pandectarum* de *Matheus Syl-
vaticus*, le *Clavis sanationis* de Simon de Gênes ne sont
guère que des dictionnaires arabes, tous les mots scientifiques étant alors tirés de cette langue. Dans le commerce on
se servait à chaque instant de mots orientaux: Fondaco,
Diremo, Karato, Reba, et beaucoup d'autres noms semblables, se trouvent dans des traités de commerce du quatorzième et du quinzième siècle écrits en italien. On avait
même pris les divisions des saisons, et les noms des constellations et des époques de l'année où la navigation devient
plus difficile (*Della Decima*, tom. III, p. 56 et suiv.; tom. IV,
p. 281, etc. — *Targioni, viaggi*, tom. II, p. 63 — *Giustiniani, annali*, f. 117, etc., etc.).

aux poètes et aux artistes qui lui ont inspiré ce sentiment du beau si répandu encore à présent dans le peuple italien, à ceux qui lui ont ouvert les sources de l'antiquité. C'est la démocratie qui a tout fait en Italie; le despotisme a voulu tout arrêter. La lutte entre ces deux principes a été longue et opiniâtre; elle recommence à chaque instant; mais si l'on demandait à la monarchie ce qu'elle a fait de l'héritage de Fibonacci, de Marco Polo, de Dante, de Brunellesco; comment elle a continué Colomb, Machiavel, Ferro, Léonard de Vinci, Raphaël, Michel-Ange, Ferruccio, glorieux dépôt que la démocratie lui avait confié en mourant, la monarchie ne saurait répondre qu'en montrant le Spielberg.

FIN DU LIVRE PREMIER.

NOTES ET ADDITIONS.

NOTE I.

(PAGES 22, 27, 29, 30.)

Nous reproduisons ici l'introduction du livre de l'*Abbacus* par Léonard de Pise, afin qu'on puisse bien se pénétrer de ce qu'il dit relativement à l'importation des chiffres indiens en Occident. Cette introduction avait été déjà publiée avec quelques variantes par Targioni (*Viaggi*, tom. II. p. 59) et par Grimaldi (*Memorie istoriche di più uomini illustri Pisani*, tòm. I, p. 172). Le texte que nous publions ici a été tiré d'un manuscrit du commencement du quatorzième siècle qui se trouve à la bibliothèque *Magliabèchiana* de Florence (Classe XI, n° 21.). Bien que ce traité porte la date de 1202, on voit que ce n'est que la seconde édition de 1228, puisque dans l'introduction on fait mention de la *Pratique de la géométrie* composée en 1220.

Incipit liber Abbaci compositus a Leonardo filio Bonacci Pisano, in anno 1202.

Cum genitor meus a Patria publicus scriba in Duana Bugea pro pisanis mercatoribus ad eum confluentibus constitutus præesset, me in pueritia mea ad se venire faciens, inspecta utilitate et commoditate futura, ibi me studio abbaci per aliquot dies ita esse voluit et doceri. Ubi ex mirabili magisterio in arte per novem figuras Yndorum ixtroductus, scientia artis in tantum mihi præ cæteris placuit et intellexi ad illam, quod quidquid studebatur ex ea apud Ægyptum, Syriam,

Græciam, Siciliam et Provintiam cùm suis variis modis
ad que loca negotiationis causa prius ea peragravi, per
multum studium et disputationis didici conflictum.
Sed hoc totum etiam et Algorismum atque Pictagoræ,
quasi errorem computavi, respectu modi Yndorum.
Quare amplectens strictius ipsum modum Yndorum
et attentius studens in eo, ex proprio sensu quædam
addens et quædam etiam ex subtilitatibus Euclidis
geometriæ artis apponens, summam hujus libri, quam
intelligibilius potui in quindecim capitulis distinctam
componere laboravi, fere omnia quæ inserui certa
probatione ostendens ut ex causa perfecta præ cæteris
modo hanc scientiam appetentes instruantur, et gens
latina de cetero sicut hactenus absque illa minime inveniatur. Si quid forte minus, aut plus justo vel necessario intermisi mihi deprecor indulgeatur, cum
nemo sit qui vitio careat et in omnibus undique sit
circonspectus.

Scripsistis mihi domine mi et magister Michael
Scotte summe philosophe ut librum de numero quem
dudum composui vobis transcriberem; unde vestræ
obsecundans postulationi ipsum subtiliori prescrup-
tans indagine, ad vestrum honorem et aliorum mul-
torum utilitatem correxi. In cujus correctione quædam necessaria addidi, et quædam superflua resecavi
in quo plenam numerorum doctrinam edidi juxta modum Yndorum quem modum in ipsa scientia præ-
stantiorem elegi. Et quia arismetica et geometriæ scientia sunt connexæ et suffragatoriæ sibi ad invicem, non
potest de numero plena tradi doctrina nisi interse-
cantur geometrica quædam vel ad geometricam spec-

tantia quæ hic tamen juxta modum numeri operantur,
qui modus est sumptus ex multis probationibus et
demonstrationibus quæ figuris geometricis fiunt. Verum in alio libro quem de pratica geometriæ composui, ea quæ ad geometriam pertinent et alia plura
copiosis explicavi singula figuris et probationibus
geometricis demonstrando. Sane hic liber magis quam
ad theoricam spectat ad praticam. Unde qui per eum
hujus scientiæ praticam bene scire voluerint oportet
eos continuo usu et exercitio diuturno in ejus praticis
perstudere, quod scientia per praticam versa in habi-
tum memoria et intellectus ad eo concordent cum manibus et signis quod quasi uno impulsu et anelitu in
uno et eodem stanti, circa idem per omnia naturaliter
consonent, et tunc cum fuerit discipulus latitudinem
consecutus gradatim poterit ad perfectionem hujus
facile pervenire. Et ut facilior pateret doctrina, hunc
librum per XV distinxi capitula. Unde quidquid de
his lector voluerit possit levius invenire. Porro si in
hoc opere reperitur insufficientia vel deffectus illud
emendationi vestræ subjicio.

Explicit prologus : incipit capitulum.

1. De cognitione novem figurarum Yndorum et
qualiter cum eis omnis numeris scribatur, et qui numeri et qualiter retineri debeant in manibus et de in-
troductionis abbaci.

2. De multiplicatione integrorum numerorum.

3. De addictione ipsorum ad invicem.

4. De extractione minorum numerorum ex majo-
ribus.

5. De divisione integrorum numerorum per integros.

6. De multiplicatione integrorum numerorum cum ruptis, atque ruptorum sine sanis.

7. De additione et extractione et divisione numerorum integrorum cum ruptis atque partium numerorum in singulis partibus reductione.

8. De emptione et venditione rerum venalium et similium.

9. De barattis rerum venalium et de emptione bolsonaliæ et quibusdam regulis similibus.

10. De societatibus factis inter consocios.

11. De consolamine monetarum atque eorum regulis quæ ad consolamen pertinent.

12. De solutionibus multarum positarum quæstionum quas erraticas appellamus.

13. De regula eleatayin, qualiter per ipsum fere omnes erraticæ questiones solvantur.

14. De reperiendis radicibus quadratis et cubiis et multiplicatione et divisione seu extractione earum in se, et de tractatu binomiorum et recisorum et eorum radicium.

15. De regulis et proportionibus geometriæ pertinentibus, de quæstionibus algebræ et almachabelæ. »

Depuis la première édition du premier volume de cet ouvrage, un habile géomètre, M. Chasles, a fait paraître dans les *Mémoires couronnés par l'Académie royale des sciences et belles-lettres de Bruxelles* (tom. XI, Bruxelles, 1837, in-4), un *Aperçu historique sur l'origine et le développement des méthodes en géomé-*

trie. L'auteur de cet *Essai* a traité, dans les *Notes*, une foule de questions intéressantes qu'il a su rattacher à son sujet (1). Sans pouvoir me flatter, comme l'auteur le dit avec trop d'obligeance pour moi, que la publication de mon premier volume lui ait inspiré ses recherches sur l'histoire de la géométrie chez les Orientaux, et chez les Chrétiens au moyen âge, je ne puis qu'applaudir au parti qu'il a pris de traiter dans des notes étendues, et avec tous les développemens nécessaires, un sujet que je n'avais pu qu'effleurer dans mon *Discours préliminaire*. Les deux mémoires de M. Chasles que j'ai cités précédemment (p. 22 et 48) ne sont que des extraits (2) de son *Aperçu*, qu'il avait fait tirer à part, et qu'il avait bien voulu me donner. L'ouvrage entier n'a paru que lorsque tout le texte de ce second volume était déjà imprimé; mais je suis porté d'autant plus naturellement à en parler dans cette note, que M. Chasles a fait un exposé des travaux de Fibonacci, et que malheureusement mes recherches m'ont conduit à des résultats fort différens de ceux qu'il a obtenus sur tout

---

(1) Parmi ces recherches, je citerai spécialement l'origine des polygones étoilés, que M. Chasles suppose, par une interprétation un peu hardie peut-être, avoir été considérés par Boëce, et qu'il a trouvés clairement indiqués dans Campanus de Novare et dans d'autres écrivains plus récens (*Aperçu*, p. 477 et suiv.; et p. 512 et suiv.).

(2) Je dois dire que dans son ouvrage, M. Chasles a corrigé l'inadvertance que j'ai signalée précédemment sur la traduction d'Euclide, qu'il avait d'abord attribuée à Campanus (*Aperçu*, p. 423, 479, 511).

ce qui concerne l'origine de notre système de numération (1).

En effet, M. Chasles croit que le passage qui se
trouve à la fin du premier livre de la géométrie de
Boëce, passage qui avait déjà fixé l'attention de plusieurs savans, prouve que les Pythagoriciens avaient
connu une arithmétique de position (*Aperçu*, p. 469,
471). Il s'était même efforcé, par de longs développemens, de prouver d'abord qu'ils avaient connu *l'arithmétique indienne* (*Aperçu*, p. 476); mais quoique,
dans les *Additions* (p. 558), il ait corrigé la dernière
phrase du paragraphe où il traite cette question,
comme la même idée se reproduit dans tout ce qu'il
a écrit sur ce sujet (2), on ne sait pas s'il a réelle-
lement changé d'avis sur le fond de la question,
ou bien si ce n'est qu'un changement de mots. Il

---

(1) Au reste M. Chasles et moi nous nous trouvons d'accord sur
beaucoup d'autres points. Je suis heureux de voir qu'il a adopté mes
idées sur la *prétendue* géométrie de position des Arabes, et sur le peu
de cas que l'on doit faire de l'inexactitude de Delambre (*Apercu*, p. 501,
511, 523, etc.).

(2) « De ce qui précède nous croyons pouvoir conclure que le sys-
« tème de numération exposé par Boëce est le système décimal, dans
« lequel les neuf chiffres, dont il se sert, prenaient des valeurs de
« position, croissant en progression décuple en allant de droite à gau-
« che; et enfin que ce système de numération était précisément celui
« des Indiens et des Arabes, et le nôtre actuel; avec cette différence
« légère que, dans la pratique, les places, où nous mettons le zéro,
« restaient vides alors; et que cette dixième figure auxiliaire était sup-
« pléée par l'emploi de colonnes marquant distinctement l'ordre des
« unités, dizaines, centaines, etc. » (*Apercu*, p. 471.)

y a même lieu de croire qu'il a persisté dans sa première opinion sur l'ensemble de la question, en lisant
ce que M. Chasles dit (*Aperçu*, p. 465, 470, 473, 503,
507) sur l'arithmétique de Gerbert, qu'il suppose
n'être autre chose que celle de Boëce, et de laquelle
il pense que notre système de numération a pu se
former en supprimant les lignes verticales, qu'il
croit avoir séparé les unités des divers ordres dans
le système des Pythagoriciens (qui ne différait du
nôtre, suivant M. Chasles, que par l'absence du zéro,
qu'il considère comme fort peu importante), et en
formant finalement ce zéro (1) par la réunion des deux
dernières colonnes qu'on aurait laissé subsister (*Aperçu*, p. 557, 558 etc.).

Je ne saurais suivre l'auteur dans tous les développemens qu'il a donnés à son hypothèse, et je me
bornerai à indiquer ici quelques-unes des principales
difficultés qui me semblent s'opposer à son système,
et que j'ai déjà eu l'honneur de lui signaler dans des
communications verbales.

Le passage de Boëce, et les passages analogues
qu'on rencontre dans d'autres anciens auteurs présentent une grande obscurité quand on veut les inter-
préter directement; et tous les écrivains qui ont voulu
en pénétrer le sens, sans en excepter M. Chasles, ont
été obligés de faire différentes suppositions et de for-

---

(1) M. Chasles (*Aperçu*, p. 472) donne une origine du zéro qui est
contraire à l'étymologie. On sait que ce mot vient d'un mot arabe qui
signifie vide, et qui n'est que la traduction du *çunya* des Hindous.

cer un peu la traduction (1). Ces passages prouvent
seulement, à mon avis, que les Pythagoriciens (ou des
Pseudo-Pythagoriciens plus modernes) avaient employé des abréviations pour écrire les grands nombres. Mais on savait cela par les inscriptions et
par les notes tyroniennes, et j'ai déjà dit que quelques-unes de ces abréviations étaient restées en usage
chez nous lorsqu'on avait adopté le système arithmétique des Hindous. Ce sont ces chiffres tyroniens, introduits dans l'arithmétique indienne, qui ont si sin-
gulièrement compliqué la question de l'origine de
notre système de numération, lorsque des érudits, qui
s'attachaient plus à la forme des chiffres qu'au fond
de la question, ont voulu la résoudre (2). Mais après

---

(1) M. Chasles est forcé de supposer que *placer sous l'unité*, signifie
placer *dans la colonne des unites*, bien que cela soit fort obscur, surtout d'après les mots *Ita varie ceu pulverem dispergere,* qui, exprimant une comparaison, ne doivent pas être négligés, et qu'on ne voit
pas comment on pourrait concilier avec l'interprétation de M. Chasles. De plus, il doit (contre la tradition constante et d'après un manuscrit qui est peut-être incomplet ou qui a pu être défiguré par les
copistes comme le sont tant d'autres) supposer aussi que la table de
Pythagore n'est pas celle que tout le monde connait, et enfin il est obligé
de ne choisir dans son manuscrit que la première ligne du tableau qui
s'y trouve, pour en former sa nouvelle table de Pythagore, sans expliquer le reste. Tout cela est bien incertain, et le devient d'autant plus que
M. Chasles n'a raisonné que d'après sa traduction, sans citer le texte
latin (*Aperçu*, p. 465-472).

(2) La forme du 8 n'est ni indienne, ni arabe, non plus que celle du 6.
Une chose à laquelle on n'a pas fait attention, c'est que dans les pre-

avoir admis l'existence de ces abréviations, il faut
s'arrêter ; car je crois que nous n'avons aucun moyen
de remonter à cette espèce de sténographie numérique que Boëce attribue aux Pythagoriciens. Je suis
cependant convaincu qu'elle était très imparfaite, et
voici pourquoi.

Archimède a écrit, comme on sait, un traité intitulé l'*Arenaire*, qui n'a d'autre but que de simplifier la numération des Grecs. Ce perfectionnement
est tellement au-dessous du système que M. Chasles
suppose avoir été connu avant Archimède par les Pythagoriciens, qu'il faudrait croire que ce grand géomètre perdait son temps à rendre un peu moins imparfait un mauvais système de numération, au lieu
d'en adopter un fort bon qui aurait été connu avant
lui (1). M. Chasles est forcé de faire cette supposition (*Aperçu*, p. 475-476 et 558), mais moi, je ne
pourrai jamais l'adopter.

---

miers auteurs chrétiens qui ont parlé de la nouvelle arithmétique, on
trouve les neuf chiffres écrits de suite l'un après l'autre de droite à gauche, ce qui prouve qu'on les apprenait d'un peuple qui écrivait de
droite à gauche comme, par exemple, les Arabes et les Juifs. Cependant, dans la composition, ces chiffres s'écrivaient de gauche à droite,
comme le faisaient les Hindous qui les avaient donnés aux Arabes (*Targioni, viaggi*, tom. II, p. 61. — *MSS. latins de la bibl. du roi*,
n° 7359, f. 85, n° 7363, f. 1, n° 7366 ; et *fonds Sorbonne*, n° 972,
tr. 3, n° 980, tr. 12, n° 981, f. 1, etc.).

(1) Apollonius aussi a voulu simplifier le système de numération des
Grecs, et cependant il est resté au-dessous de ce qu'on suppose avoir été
connu long-temps avant lui (*Aperçu*, p. 576 et 558).

De plus, Boëce, qui, d'après M. Chasles, connaissait un système fort simple de numération, ne s'en est jamais servi. Dans sa géométrie, dans son arithméti- que, dans tous ses ouvrages, il a toujours écrit les nombres composés par le système de numération des Romains. Dans aucun ancien manuscrit de cet auteur, on ne trouve la valeur de position des chiffres : on y trouve quelquefois des signes abrégés, des notes tyro- niennes, mais *jamais* on n'a trouvé un manuscrit du dixième ou du onzième siecle avec des nombres écrits par un système de valeurs de position ; et M. Chasles lui-même n'en peut citer aucun qui représente un nom- bre d'après le système qu'il suppose avoir été connu de Boëce (1). Il résulte de là, pour moi, que du temps d'Archimède les systèmes de numération adoptés en Italie étaient tous moins parfaits que celui qu'il a ex- posé dans l'*Arenaire*, et que le système (quel qu'il fût), attribué aux Pythagoriciens par Boëce, ne valait guère mieux que le système des Romains qu'il a toujours employé. Maintenant, la question étant réduite à ces termes, et entre ces limites, on peut laisser le champ libre aux conjectures ; mais je doute fort qu'elles con- duisent jamais à des résultats bien intéressans.

Contre les hypothèses trop hardies et qu'aucun fait ne vient appuyer, il restera toujours le témoignage de

---

(1) Il faut ajouter aussi qu'à partir du treizième siècle, on com- mence successivement à trouver la valeur de position dans presque tous les manuscrits ; ce qui me semble concourir à prouver que c'est à cette époque qu'elle a été introduite parmi nous.

Fibonacci (1), de Sacrobosco, de Jordanus, de Valla, qui ont assisté à l'introduction de la nouvelle arithmétique, qui ont contribué puissamment à la répandre parmi les Chrétiens, et qui l'appellent toujours *arithmétique indienne*, comme M. Chasles lui-même l'a reconnu (*Aperçu*, p. 464).

M. Chasles combat l'opinion des personnes qui croient que Fibonacci a été le premier à exposer parmi les Chrétiens le système arithmétique des Hindous (*Aperçu*, p. 510-511). Je crois qu'il serait fort difficile d'établir qu'avant Fibonacci il a été écrit dans l'Europe chrétienne et par un Chrétien, un ouvrage où les principes de la nouvelle arithmétique étaient exposés. On trouve, il est vrai, le système décimal employé dans quelques anciens manuscrits; mais il n'y a pas de règles. Il n'y a que la pratique, et encore ces manuscrits

---

(1) On peut ajouter à ces noms ceux d'Alkindi et de Planude, l'auteur inconnu du poème *de Vetula*, etc. L'autorité d'Alkindi au neuvième siècle est surtout d'un grand poids. J'ai parlé ci-dessus (p. 47) du poème *de Vetula*, en disant que je n'avais jamais pu le voir. Depuis lors, j'ai pu m'en procurer un exemplaire d'une édition inconnue à tous les bibliographes, et qui, suivant toute apparence, est l'édition princeps. C'est un petit volume in-4° de 42 feuillets sans chiffres, réclames, ni signatures, et qui semble imprimé en Italie dans les premiers temps de l'imprimerie. Il commence par ces mots : « Publii Ouidii Nasonis (*sic*) liber de uetula, » et se termine au verso du dernier feuillet par ceux-ci : « Publii Ouidii Nasonis Pelignensis = liber de uetula finit. » Chaque page entière contient 28 lignes. Il n'y a pas de grandes capitales. Cette édition ne contient pas l'introduction qui se trouve dans le manuscrit latin n° 8256 de la bibliothèque royale, où il n'y a, au reste, qu'un fragment de ce poème.

sont presque tous de date incertaine, et semblent
pour la plupart, avoir été exécutés chez les Mores,
ou par des Juifs qui, comme nous l'avons déjà dit, ont
reçu les premiers les sciences des Orientaux (1). Il doit
paraître sans doute étonnant que ces premiers traducteurs, qui ont travaillé avec tant d'ardeur à nous faire
connaître les écrits scientifiques des Arabes, ne nous
aient pas donné leur arithmétique; mais jusqu'à ce
que l'on prouve le contraire par des faits positifs,
il faut considérer l'*Abbacus* de Fibonacci comme le
premier ouvrage sur l'arithmétique indienne, écrit
par un Chrétien et chez les Chrétiens, qui ait une
date certaine (2). L'*Algorismus* de Gérard, indiqué par
M. Chasles (*Aperçu*, p. 510), peut être d'un tout autre
auteur que de Gérard de Crémone. Cet ouvrage n'est
probablement que celui qu'on trouve indiqué dans
quelques catalogues de manuscrits, sous le nom d'*Algorismus Genandi* (3); ce qui augmente encore l'incertitude sur l'auteur et sur l'époque où il vivait. On
pourrait peut-être vouloir citer aussi un ouvrage appelé
*Liber Ysagogarum alchorismi in artem astronomicam a
magistro A. compositus*, qui se conserve manuscrit
à la bibliothèque du roi (4). Ce traité porte à la

---

(1) Tom. I, p. 153 et suiv.

(2) Autrement, comment Fibonacci aurait-il osé écrire ces mots « et
« gens latina de cetero sicut actenus absque illa minime inveniatur »
(Voyez ci-dessus, pag. 288).

(3) *Montfaucon, bibliotheca bibliothecarum*, tom. I, p. 38 et 88.

(4) *Fonds Sorbonne*, n° 980. — J'ai déjà dit (p. 47) que l'auteur
de ce traité appelle la nouvelle arithmétique *figuræ Indorum*. Ne pouvant

fin cette souscription : *Perfectus est liber in electionibus horarum laudabilium editione Hali, fili Hamet ebrani : translatus de arabico in latinum in civitate Barchinona : Abraham Judeo ispano, qui dicitur Savacorda existente interprete. Et perfecta est ejus translatio..... anno Domini MCXXXIV.* — Mais outre que d'après cette indication, ce ne serait encore là qu'une traduction de l'arabe faite par l'entremise d'un Juif, il faut remarquer de plus, que ce traité semble n'être qu'un amalgame de deux ouvrages distincts, l'un appelé *Liber Ysagogarum* (anonyme et divisé à cinq livres) qui contient l'algorisme avec un peu de géométrie, et l'autre qui commence au second livre et qui est le traité d'Hali traduit en 1134. Ainsi ce manuscrit ne

---

pas donner un extrait de cet ouvrage, je me bornerai à signaler ici une division du temps fort bizarre qui est exposée au commencement de cette manière : « Instans pars temporis est, cujus nulla pars est. « Momentum vero pars temporis est constans ex DLXXIIII instantibus. « Minutum quoque est de IIII momentis collectum : punctum vero tem- « poris spacio II minutis et dimidio ; metitur hora autem IIII punctis « contexta est XXIII diei. Dies autem mensis trigenta plus minusve. « Mensis autem anni XII. Scilicet annus est spatium quo sol ad idem « zodiaci punctum revertitur....... Arabes quos imitaturi sumus....... » Ces derniers mots démontrent que le commencement de cet ouvrage n'a rien de commun avec l'ouvrage d'Hali ben Hamet, traduit par Savosorda en 1134. L'emploi des chiffres latins, dans le passage pré- cèdent, d'un ouvrage destiné à exposer les principes de l'arithmétique indienne, prouve que cette arithmétique était alors toute nouvelle et qu'on avait bien de la peine à l'adopter. C'est pour cela qu'il a fallu au treizième siècle tant d'ouvrages pour la propager, et non pas, comme le croit M. Chasles (*Aperçu*, p. 510), parce que cette arithmé- tique fut connue depuis long-temps.

peut fournir aucun argument contre la priorité de l'*Abbacus* de Fibonacci, qui, cependant (comme nous le reconnaissons avec la plupart de ceux qui ont discuté ce point de l'histoire des sciences), n'a pas été le premier ouvrage latin où l'on ait employé les chiffres arabes, mais qui, jusqu'à ce que d'autres faits viennent prouver le contraire, doit être considéré comme le premier traité avec date certaine écrit originairement en latin par un Chrétien, où les règles de la nouvelle arithmétique se trouvent exposées.

Après avoir, à ce qu'il me semble, assuré la priorité de Fibonacci sur ce point, il me sera plus facile encore de prouver que c'est à lui qu'on doit le premier traité original d'algèbre écrit en latin par un Chrétien. Pour combattre les droits de Léonard, M. Chasles cite un traité de l'*algorisme* par *Jean de Séville*, qui l'aurait composé environ un demi-siècle avant l'époque où Fibonacci écrivait son premier ouvrage (1). Mais il faut remarquer ici plusieurs choses ;

---

(1) *Aperçu*, p. 5io-511. — M. Chasles n'indique pas la bibliothèque où il a trouvé l'*Algorismus* de Jean de Séville, et il dit à propos de cet ouvrage : « *Les copies doivent être très rares, car les catalogues de manuscrits n'en indiquent aucune.* » — Cela n'est pas exact, car dans le catalogue imprimé des manuscrits de la bibliothèque royale (tom. IV, p. 344, *MSS. latins*, n° 7359), on y trouve *Johannis Hispalensis algorismus, sive practica arithmeticæ*. La bibliothèque royale en possède deux autres exemplaires (*Fonds Sorbonne*, n° 972 et n° 981); le premier est anonyme; et quoique le mot *Hispalensis* ait été ajouté par une main moderne dans la table qui est en tête du n° 981, et qu'il se trouve aussi dans le catalogue manuscrit, le volume dont nous parlons

d'abord.que l'âge de ce Jean est incertain (1), car il a pu y avoir plusieurs *Jean de Séville*, ou pour mieux dire d'*Espagne*, comme le croyait Jourdain (2), et que d'ailleurs celui qu'on appelle ordinairement *Johannes Hispalensis* était un Juif (3) qui traduisait en hébreu des ouvrages arabes que d'autres traduisaient en latin. Ainsi même en admettant qu'il soit de lui, l'*Algorismus* n'est probablement qu'une traduction (4), ou tout au moins une imitation de l'arabe; et en tout cas, il n'a été écrit que par un Juif demeurant parmi les Arabes, et ne peut, à ce titre, entrer nullement en concurrence de priorité avec un ouvrage écrit à Pise par un Chrétien. Les manuscrits de la bibliothèque royale où se trouve l'*Algorismus* cité par M. Chasles, contiennent à la fin, il est vrai, quelques paragraphes qui ont pour titre : *Exceptiones de libro qui dicitur gleba mutabilia*, c'est-à-dire, *excerptiones de libro qui dicitur gebra et mucabala*, et où se trouvent réso-

---

ne porte que «... *editus* ... *a magistro iohe* » sans dire si c'est Jean de Séville ou un autre Jean.

(1) Fabricius dit de lui *Fuit incertæ ætatis* (*Bibliotheca med. et inf. latinitatis*, tom. IV, p. 84).

(2) *Biographie universelle*, tom. XXI, p. 477.—Vers la fin du douzième siècle, il y eut à Bologne un professeur de droit canon, appelé *Jean d'Espagne* (*Tiraboschi, storia della lett. ital.*, tom. III, p. 417).

(3) M. Chasles lui-même reconnaît cela (*Aperçu*, p. 310).

(4) Les manuscrits de l'*Algorismus* portent *editus*, mot qu'on employait ordinairement pour les traductions, tandis que *compositus* indiquait presque toujours une production originale.

lus des problèmes du second degré. Mais, ou ce fragment est du même auteur que l'*Algorisme* qui le précède, et alors comme étant écrit en Espagne et par un Juif il ne peut rien diminuer au mérite du premier algébriste chrétien ; ou bien il n'est pas de Jean, et, dans ce cas, il rentre dans la classe des anonymes, et ne peut fournir aucun argument contre Fibonacci. D'ailleurs, si l'on voulait tenir compte des traductions, il faudrait encore citer un Italien, Platon de Tivoli, comme ayant le premier fait connaître l'algèbre aux Chrétiens : car à la fin du « Liber Embadorum a Savosorda in ebraico compositus et a Platone Tiburtino in latinum translatus, anno Arabum DX, mense saphar, (1) » il y a aussi quelques problèmes d'algèbre, entre autres celui-ci : $x + y = 10$, $xy = 22$, qui mène à une équation du second degré. Cette traduction, qui est de 1116, précède tous les ouvrages de Jean Hispalensis, mais je ne la cite ici que pour l'opposer à d'autres traductions postérieures : car quant aux ouvrages de Fibonacci, outre leur originalité, ils sont tellement au-dessus de tous ces essais, qu'on ne peut établir aucune comparaison.

J'ajouterai ici que M. Chasles me semble n'avoir pas assez apprécié l'originalité des travaux de Léo-

---

(1) *MSS. latins de la bibliothèque du roi*, n° 7224, et *Supplément latin*, n° 774.— Le second de ces manuscrits n'est pas complet : mais il peut être complété à l'aide du premier, qui est au reste beaucoup plus moderne.

nard sur l'analyse indéterminée, quand il dit : « Les
« formules de Léonard de Pise que Lucas de Burgo
« rapporte, sont les mêmes que celles que nous avons
« déduites de la question géométrique de Brahme-
« gupta. Or, Léonard de Pise avait rapporté les con-
« naissances mathématiques de l'Arabie. Nous devons
« donc attribuer ses formules pour la résolution des
« questions du second degré, aux Arabes; et penser
« que ceux-ci les avaient reçues des Indiens. » (*Essai*,
p. 442-443).

Comment M. Chasles, qui, malgré le témoignage
unanime de vingt écrivains de cette époque, semble
vouloir enlever aux Arabes et aux Hindous l'honneur
de nous avoir donné l'arithmétique décimale, peut-il
raisonner ici d'une manière tout-à-fait opposée lorsqu'il s'agit de diminuer le mérite de Fibonacci? Il suppose d'abord que Léonard de Pise avait rapporté toutes
ses connaissances mathématiques de l'Arabie, et puis
il en déduit que ses travaux sur l'analyse indéterminée
sont empruntés aux Arabes et par suite aux Hindous.
Quand Fibonacci dit qu'il a pris aux Arabes le système de numération des Hindous, M. Chasles veut
prouver que ce système est occidental. Et lorsque le
géomètre de Pise dit qu'il a écrit sur les nombres carrés d'après des questions qui lui ont été proposées par
des philosophes de la cour de Frédéric II (*Tagioni*,
viaggi, tom. II, p. 66), M. Chasles prétend qu'il a emprunté ses recherches aux Arabes; bien que tous les
anciens géomètres qui ont écrit sur cette matière citent
Léonard sans jamais citer aucun ouvrage arabe (ce
qu'ils font toujours lorsqu'il s'agit de la résolution des

équations déterminées du second degré, et de ce qu'ils appellent l'algébre), et que l'on n'ait jamais trouvé aucun ouvrage arabe où des questions un peu élevées d'analyse indéterminée soient traitées. Dans des questions historiques, il faut se garder de prendre pour des réalités, et d'en tirer des conséquences, les suppositions que l'on a faites. Ici, comme dans tout ce qui est relatif à l'origine de l'arithmétique de position et l'interprétation du fameux passage de Boëce, M. Chasles semble avoir trop accordé à ses propres hypothèses. Je dirai même qu'il paraît avoir été entraîné par ses connaissances en géométrie à regarder comme minimes des difficultés qui auraient été des barrières insurmontables pour des mathématiciens moins exercés, dans des temps moins heureux pour la science. Les interprétations sont toujours dangereuses : le talent de l'interprète supplée souvent à celui de l'auteur, et il est probable que M. Chasles a été fort généreux envers Brahmegupta et Boëce, en leur attribuant, par de légers changemens dans le texte, des résultats qu'ils n'ont peut-être jamais connus. (*Aperçu*, p. 428, 430, 441, 443, 449, 467, etc., etc.)

NOTE II.

Incipit (1) *Practica Geometriæ composita a Leonardo Pisano de filiis Bonaccii* (2) *anno* 1220.

Rogasti Amice (3) et Reverende Magister ut tibi librum in pratica Geometrie conscriberem. Igitur amicitia tua coactus tuis precibus condescendens opus iamdudum inceptum taliter tui gratia edidi ut hi (4) qui secundùm demostrationes geometricas et hi (5) qui secundum uulgarem consuetudinem quasi laycali more in dimensionibus voluerint operari super VIII huius artis distictiones, que inferius explicantur perfectum inveniant documentum. — Quare (6) prima est, qualiter latitudinis camporum quatuor æquales an-

---

(1) J'ai suivi ici le manuscrit *Supplément latin*, n° 78, de la Bibliothèque royale de Paris. On trouvera au bas de la page les variantes marginales du manuscrit.

(2) Le manuscrit latin n° 7223 de la bibliothèque royale porte, comme je l'ai déjà dit ci-dessus (p. 21) *a Leonardo Bigollosio filio Bonacci pisano.*

(3) Dominice.

(4) i.

(5) i.

(6) Quarum.

gulos habentium in eorum longitudines triplici modo
multiplicentur.

Secunda est de quibusdam regulis geometricis, et
de inventione quadratarum radicum in tantu, quantu
eis, qui per rationes solum modo geometricas voluerint operari necessarium esse putavi.

Tertia de ratione embadorum omnium camporum
cuius cujusque forme.

Quarta de divisione omnium camporum inter con-
sortes.

Quinta de radicibus cubicis inveniendis sexta de
inventione embadorum omnium corporum cuius cujusque figure, que continentur tribus dimensionibus 5
longitudine, latitudine, et profunditate.

Septima de inventione longitudinum planitierum,
et inventione (1) rerum ellevatorum.

Octava de quibusdam subtilitatibus geometricis.
Tamen antequam ad harum distinctionum doctrinam
perveniam, quædam introductoria necessaria propo-
nenda esse putavi. Ad hæc igitur secundum mei in-
genii capacitatem perficienda tuæ correctionis aggres-
sus fidutia hoc opus curavi tuo magisterio destinare ut
que in eo fuerint emendanda tua sapientia corrigan-
tur. *Vale.*

_____

(1) Altitudinum.

NOTE III.

(PAGE 36)

Incipit (1) *capitulum quintum decimum de regulis geometriæ pertinentibus et de quaestionibus algebrae et almuchabile partes huius ultimi capituli sunt tres, quarum una erit de proportionibus trium et quatuor quadrincitarum ad quas .multae quaestionum geometriae pertientium solutiones religuntur. Secunda erit solutione quarundam quæstionum geometricalium : tertia erit super modum algebrae et almuchabilæ. Incipit pars prima.*

Sint primum tres numeri proportionales *a. b , b. c, c· d.* Secundum proportionem continuam scilicet ut : *a. b.* ad. *b. c.* ita *b. c.* ad. *c. d.* et sit coniunctum numerorum. *a. b.* et *b. c.* 10, et numerus. *c. d.* sit 9. et quæratur disiunctio numerorum *a. b. b. c.* quantum est sicut *a. b.* ad *b. c.* ita *b. c.* ad *c. d.* erit ergo sicut duo antecedentes ad unum ipsorum, ita et reliqui

---

(1) Ce quinzième chapitre du traité de l'*Abbacus*, chapitre qui renferme l'algèbre de Fibonacci, est tiré du manuscrit n° 21 de la classe xı de la bibliothèque Magliabechiana de Florence. J'avais eu d'abord l'intention de donner la traduction de ce chapitre en langage analytique moderne, comme je l'ai fait dans le premier volume pour le *Liber augmenti diminutionis;* mais j'ai été forcé d'abandonner cette idée pour ne pas grossir démésurément ce volume.

antecedentes ad secum consequentem, hoc est, sic
a. c. primus ad *b. c.* secundum, ita *b. c.* tertius est
ad *c. d.* quartum, et sunt noti primus et quartus, et
quia cum quatuor numeri sunt proportionales multiplicatio primi in quartum equatur multiplicationi
secundi in tertium : est enim primus *a. c.* ro et quar-

tus *c. d.* 9 quorum multiplicatio quæ est 9o equatur
multiplicationi *b. c.* secundi *b. d.* tertium : dividatur
itaque numerus *c. d.* scilicet in duo equa super punctum *e.* erit unaquæque portio eorum $\frac{1}{4}$ 4 (o) et quia
c. d. numerus divisus est in duo equa super *e.* et ei
adiunctus ut numerus *b. c.* erit multiplicatio radiuncti
b. c. in totum *b. d.* cum quadrato muneri *e. c.* equalis
quadrato numeri *b. e.* est enim multiplicatio ex *b. c.*
in *b. d.* 9o et quadratus numeri *c. e.* est $\frac{1}{4}$ 2o quibus in
simul junctis faciunt $\frac{1}{4}$ 11o, prǒ quadrato numeri *b. c.*
quorum radix scilicet $\frac{1}{2}$ 1o est numerus *b. e.* de quibus
auferatur numerus *c. e.* scilicet $\frac{1}{2}$ 4. remanebit *b. c.* numerus 6. quibus extractis ex numero *a. c.* scilicet ex 1o
remanebit numerus *a. b.* Item sit sicut numerus *a. b.*

ad *b. c.* ita *b. c.* ad *c. d.* et *a. b.* sit 4 et coniunctum
ex numeris *b. c.* et *c. d.* sit 15. erit ergo sicut *a. b.*
primus ad *a. c.* secundum : ita *b. c.* tertius ad *b. d.*
quartum ; multiplicabis siquidem primum eorum in
quartum scilicet 4. per 15 erunt 6o. quibus equatur
multiplicatio secundi *a. c.* in tertium *b: c.* quare

addatur super 60 multiplicatio medietatis numeri
a. b. in se erunt 64. ex quorum radice auferatur medietas numeri *a. b.* remanebunt 6. pro numero *b. c.*
quibus extractis ex numero *b. d.* remanebunt 9. pro
numero *c. d.* Rursus fit sicut *a. b.* ad *b. c.* ita *b. c.* ad
c. d. et *b. c.* sit 6. coniunctum itaque ex numeris *a.*
b. et *c. d.* sicut 13. quia multiplicatio primi equatur
multiplicationi secundi in se in tribus numeris proportionalibus, ideo secundum numerum in se multiplica erit 36. quibus equatur multiplicatio ex *a. b.*
in *c. d.* Adiaceat itaque numerus *d. c.* equalis numero
a. b. quare totus *c. e.* est 13. qui dividatur in duo
equa super punctum *f.* erit unaquæque portio eorum
: 6 et quoniam numerus *c. e.* divisus est in duo equalia super *f.* et in duo inequalia super *d.* erit superficies recti angula inequalium portionum scilicet multiplicatio *e. d.* in *d. c.* cum quadrato numeri *d. f.*
equalis quadrato numeri *e. f.* quare multiplicetur *c.*
f. scilicet : 6. in se erunt in : 42. de quibus auferatur
multiplicatio ex *a. b.* hoc est ex *e. d.* in *d. c.* quæ
multiplicatio est 36. remanebunt : 6. pro quadrato
numeri *f. d.* quorum radix scilicet : 2 est numerus
f. d. quibus additis super numerus *c. f.* erit totus *c.*
d. g. quibus extractis ex *c. e.* scilicet ex 13. remanebunt 4. pro numero *d. e.* hoc est pro numero *a. b.*
Item collectum ex numeris *a. b. b. c. c. d.* sit 19. et
quæritur quantitas uniúsque, hoc potest fieri infinitis
modis ex quibus ponam unum modum : sumantur tres
numeri continue proportionales, sintque 1. et 2. et 4.
quos in simul junge erunt 7. in quibus divide multiplicationes de 1. et 2. et 4. in 19.

Rursus sit sicut. *a*. ad. *b*. *g*. ita. *b*. *g*. ad *e*. *d*. et sit
2. numerus *b*. *c*. in quibus numerus *b*. *g*. superhabundet numerum *a*. necnon et numerus *e*. *d*. sit 9.
summatur ex numero *e*. *d*. et numerus *e*. *f*. equalis
superfluo in quo numerus *c*. *d*. superhabundet numerum *b*. *g*. erit itaque sicut numerus *e*. *d*. primus ad
b. *g*. secundum; ita *e*. *f*. tertius ad *b*. *c*. quartum :
multiplicabis ergo. *e*. *d*. in *b*. *c*. qui sunt noti erunt
18. quibus equatur multiplicatio *b*. *g*. in *e*. *f*. est enim

f. *d*. equalis numero *b*. *g*. ergo ex ducto *e*. *f*. *d*. provenit 18. qui auferantur ex quadrato medietatis nu-
meri *e d*. quæ medietas sit *e*. *c*. remanebunt $\frac{1}{4}$. 2. quorum radix $\frac{1}{2}$. 1. quæ sunt quantitas numeri *f*. *ε*. quibus
extractis ex *ε*. *e*. remanebunt 3. pro *f*. *e*. quibus extractis ex *c*. *d*. remanebunt 6. pro *f*. *d*. hoc est pro *b*.
g. ex quibus extractis 2. scilicet *b*. *g*. remanebit *c*. *g*.
hoc est *a*. 4. sed sunt *a*. ad. *b*. *g*. ita *b*. *c*. sit ad. *e*. *f*.
et sit. *a*. 4 et *e*. *f*. sit 13. multiplicabis ergo primum
numerum *a*. notum per quartam *e*. *f*. erunt 12. quibus equatur multiplicatio secundi. *b*. *g*. in tertium. *b*.

c. et est notus *c*. *g*. cum sit equalis. *a*. noti. Quare dimidium *c*. *g*. scilicet 2. in se erunt 4. quæ adde cum

12. quæ proveniunt ex $b.$ $c.$ in $b.$ $g.$ erunt 16. de quorum radice tolle 2. scilicet dimidium $e.$ $g.$ remanebunt 2. pro $c.$ $b.$ numero, quibus additis cum $c.$ $g.$
erunt 6. pro numero $g.$ $b.$ pro numero. Hoc est $f.$ $b.$
quibus addito numero $c.$ $f.$ habebuntur 2. pro $c.$ $d.$
sit etiam numerus. $b.$ $g.$ notus qui sit 6. et numeri $a.$
$c.$ $d.$ sint ignoti, et sit $c.$ $\varepsilon.$ in quibus numerus $c.$ $d.$
superhabundat numerum $a.$ quantum est sicut $a.$ ad
$b.$ $g.$ ita $b.$ $g.$ ad $e.$ $d.$ erit itaque multiplicatio ex $a.$

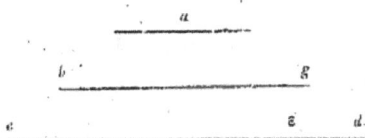

in $e.$ $d.$ equalis quadrato numeri $b.$ $g.$ qui quadratus
est 36. ergo ex ductu $\varepsilon.$ $d.$ qui est equalis $a.$ in $d.$ $e.$
provenit 36. quibus si addatur quadratus medietatis
numeri $\varepsilon.$ $e.$ scilicet $\frac{1}{4}.$ 6. erunt $\frac{1}{4}.$ 42. de quorum radice
scilicet de $\frac{1}{2}.$ 6 tolle $\frac{1}{2}.$ 2. scilicet dimidium $\varepsilon.$ $e.$ remanebunt 4. pro $\varepsilon.$ $d.$ hoc est pro numero $a.$ quibus addi-
tis 5. erunt 9. pro toto numero $e.$ $d.$ Et si proponemus
differentias prædictas in quadratis vel in cubis trium
quorumlibet numerorum continue proportionalem
evenirent utique omnia quæ diximus in eisdem, quia
cum fuerint sicut primus numerus ad secundum, ita
secundus ad tertium, per eqale erit sicut quadratus
primi ad quadratum secundi; ita quadratus secundi
ad quadratum tertii, nec non si coniungatur erit proportio summæ quadratorum primi et secundi ad quadratum secundi; sic proportio quadratorum secundi
et tertii ad quadratum tertii, et e converso, eritque

similiter sicut quadratus primi ad quadratum secundi, ita superfluum quod addit quadratus secundi super quadratum primi ad id quod addit quadratus tertii super quadratum secundi et hæc omnia accident in cubis.

Modus alius proportionis inter tres numeros.

Sunt tres numeri ex quibus primus et tertius sunt noti, secundus autem ignotus est, scilicet proportio superhabundatiæ maioris super medium ad superhabundatiam medii super minorem est sicut maior numerus ad minorem : pone numeros quos vis pro maiori et minori numero, sintque 20 et 12. et auferatur 12. de 20. remanebunt 8. quæ summa duarum suprascriptarum superhabundatiorum quas oportet dividere mea proportione, quod 20. habent secundum ad 12. quare addes 20 cum 12. erunt 32. erit ergo sicut 32. ad 12. ita 8. ad superhabundantiam medii super minorem quam multiplicabis 8 per 12. veniunt 96. quæ divide per 32. veniunt 3. pro superhabundatia medii super minorem, quare si addatur 3. super 12. erit medius numerus 15. Sint itaque omnia quæ diximus inter prædictos tres numeros, sed maior numerus sit ignotus reliqui duo sint noti; et quia est sicut tertius ignotus ad primum notum scilicet ita superhabundantia secundi noti, quare si permutaverimus proportionem erit sicut tertius ad superhabundantiam eius super secundum; ita primus ad superhabundantiam secundi super primum et quia primus et secundus sunt noti, erit ipsa superhabundantia nota : pone igitur pro secundo et primo numero numeros quales vis.

α _____ ε _____ b

sintque 15 et 12. et tertius numerus sit *a. b.* de quo
auferatur numeros *a. g.* qui sit 15. scilicet equalis secundo numero : ergo *b.* est superhabundantia *a. b.*
super secundum numerum, demostratum est proportio
numeri *a. b.* ad *g. d.* esse quam habet minor numerus
12. ad superhabundantiam secundi scilicet ad 3. quæ
proportio est in minimis sicut 4. ad 1. ergo sicut 4
sunt ad 1. ita *a. b.* ad *g. b.* quare proportio *a. g.* ad
g. b. erit sicut 3. ad 1. ergo multiplicandus est numerus *a. g.* scilicet 15. per 1. et summa dividenda est
per 3. venient 5. pro numero *g. b.* quare totus *a. b.*
scilicet maior numerus est 20. sint siquidem ipsorum
trium numerorum ignoti, reliqui duo sint noti, quorum medius sit 15. maior 20. quare superhabundantia eius super secundum est 5. et quia est sicut 20. ad
minorem numerum ignotum ita 5. ad superhabundantiam secundi super primam; quare permutatum erit
sicut 20. ad 5. hoc est sicut 4. ad 1. ita primus ignotus
ad superhabundantiam secundi ; ergo sit itaque secundus numerus *d. e.* de quo sumatur numerus *d. ε.* qui
sit equalis minori ignoto numero et quia est sicut 4.
ad 1. ita primus ignotus ad superhabundantiam secundi : ergo sicut 4. est ad 1. ita *d. ε.* ad *ε. e.* quare
coniunctum erit sicut 5 ad 4. ita *d. e.* ad *ε. e.* et quia
d. e. est 15. Multiplica ea per 4. et summam divide
per 5. venient 12. pro numero *d. ε.* qui cum sit equalis primo et primus erit 12.

Modus alius proportionis inter tres numeros.

Sint iterum tres numeri inequales quorum maior
et minor sint noti scilicet dati, medius autem sit ignotus, et sit superhabundantia medii super minorem ad
superhabundantiam maioris super medium si maior
numerus est ad minorem, pone ergo pro minori numero et maiori numeros quoslibet datos : sint 12. et
4. et extrahe 4. de 12. remanent 8. pro summa duorum residuorum suprascriptorum et quia est sicut 12.
ad 4. ita superhabundantia prima ad superhabundantiam secundam, erit ergo sicut compositum ex 12. et 4
ad 4. ita summa utriusque superhabundaptiæ scilicet 8.
ad superhabundantiam secundam quare multiplicanda sunt 4. scilicet minor numerus per 8. et summam divide per 16. exibunt 2. pro superhabundantia maioris
numeri in qua excedit secundum : quare extractis 2. de
maiori numero remanent 10. pro medio numero. sed sit
datus primus et secundus numerus, quorum primus sit.
4. secundus 10. tertius autem sit ignotus, et quia est
sicut tertius ad primum ita superfluum primum ad su-

perfluum secundum ; erit igitur multiplicatio tertii in
superfluum secundum equalis multiplicationi primi in
superfluum scilicet de 4. in sex : quæ multiplicatio
est 24. sit itaque tertius numerus a. b. de quo auferatur secundus numerus qui sit a. g. remanebit g. b.
pro superfluo in quo numerus a. b. excedit secundum
numerum ex ductu a. b. in b. g. provenit 24. et est

notus numerus *a. g.* cuius dimidium sit *g. d.* quod erit
5. quorum quadratum si addideris super 24. erunt 49.
quorum radix scilicet 7. est numerus *d. b.* cui si addatur numerus *d. a.* erit totus *a. b.* 12. de quibus si auferatur numerus *a. g.* remanebunt pro numero *d. g.*
sint sicut dati secundus et tertius numerus quorum
secundus sit 10. tertius 12. et sit primus numerus
ignotus et quia est sicut 12. ad primum numerum
ignotum, ita superhabundantia secundi super primum
quæ est ignota ad superhabundantiam tertii super secundum, quæ est 2. quare multiplicatio de 12. in 2.
æquatur multiplicationi primi numeri in superhabundantiam primam; adiaceat itaque numerus *d. c.* qui

sit 10. scilicet quantitas secundi numeri et auferatur
ab eo minor numerus qui *d. ε.* remanebit ergo *ε. e.*
pro superhabundantia quam habet secundus super
primum : ergo divisa sunt 12. in duas partes, quarum
una multiplicata per aliam facit 24. quæ partes sunt
d. ε. ε. e. dividatur ergo *d. e.* in duo equalia super
punctum *i.* et multiplicetur *ε. i.* in se erunt 25. de quibus extrahe 24. remanet 1. cuius radix quæ est 1. est
numerus *i. ε.* quare *ε. e.* est 6. et *ε. d.* qui est
equalis primo numero est 4.

Modus alius proportionis in tribus numeris.

Sit itaque proportio maioris ad minorem quæ sit nota
sicut superfluum primum et secundum ad secundum,
et sit medius numerus ignotus; ponamus pro maiori et
minori numero 12. et 6. qui sint dati et extrahantur *b.*

de 12. remanebunt 6. quæ sunt summa amborum superfluorum, et quia est sicut 12. ad *b*. scilicet sicut
maior numerus ad minorem, ita 6. scilicet utriusque
superflui ad superfluum secundum; ideo multiplicabis 6. per 6. et divides per 12. exibunt 3. pro secundo superfluo, quo extracto de maiori numero remanent 9. pro mediato numero. Sit itaque tertius numerus ignotus, secundus sit 9. primus 6. et adiaceat
numerus *a*. *b*. ignotus pro maiori, et auferatur minor
qui fit. *a*. *d*. remanebit *d*. *b*. qualis duorum superfluorum et *g*. *b*. est superfluum secundum, et quia est

$$a \qquad\qquad d. \qquad\qquad\qquad g \quad\quad b$$

sicut numerus *a*. *b*. ad numerum *a*. *d*. ita *d*. *b*. ad *g*. *b*.
erit cum diviserimus sicut *b*. *d*. ad *d*. *a*. ita *d*. *g*.
tertium enim est. *a*. *d*. 6. et *a*. *g*. est 9. quare *d*. *g*.
est 3. quibus multiplicatis in *d*. *a*. faciunt 18. quibus
equatur multiplicatio *d*. *b*. in *g*. *b*. scilicet *d*. *b*. est
notns cui additus est numerus. *g*. *b*. ergo ex *d*. *b*. in
g. *b*. cum quadrato dimidii *d*. *g*. equatur quadrato
coniuncti ex *g*. *b*. ex dimidio *g*. *d*. quod dimidium est
1. cuius quadratus scilicet $\frac{1}{4}$ 2. si addatur super 18.
erunt $\frac{1}{4}$ 20. de quorum radice scilicet de $\frac{1}{3}$ 4. si auferatur $\frac{1}{2}$ 1. scilicet dimidium ex *g*. *d*. remanebit *g*. *d*.
remanebit *g*. *d*. 3. in quibus maior *b*. *a*. superhabundat numerum medium *a*. *g*. quæ est 9. quibus additis cum 3. faciunt 12. pro maiori numero *a*. *b*. et si
minor numerus *a*. *d*. fuerit ignotus reliqui vero. *a*. *g*.
et *a*. *b*. sint noti. quia est sicut *a*. *b*. primus ad *a*. secundum, ita summa duorum superfluorum scilicet *d*.
b. est ad superfluum secundum, scilicet ad *g*. *b*. erit

itaque multiplicatio *a. b.* primi in *g. b.* quartum
equalis multiplicationi *a. d.* in *d. b.* et quia ex *a. b.*
in *g. b.* proveniunt 36. quæ sunt quadratus medietatis totius *a. b.* idcirco radix eorum scilicet : 6. est minor numerus *a. d.* qui erat ignotus.

Modus alius proportionis.

Sit itaque *a. b.* ad *a. d.* sicut summa duorum superfluorum primum, scilicet *b. d.* ad *g. d.* et sit igno-
tns numerus *a. g.* numeri numero *a. d.* et *a. b.* sint
noti, quorum *a. b.* sint 25. et *a.* sit 10. quia *d. b.* est
15. et quia est sicut *b. a.* ad *d. a.* ita *b. d.* ad *g. d.*
ergo si multiplicarimus *a. d.* secundum in *d. b.* tertium, scilicet 10. per 15. et diviserimus summam per
a. b. scilicet per 25. venient 6. pro superfluo *g. d.*
quibus si addatur numerus *d. a.* erit numerus *a. g.*
16. qui erat ignotus. Et si minor numerus *a. d.* fuerit,
reliqui vero *a. g.* et *a. b.* sint noti quia est sicut *a. b.*,
ad *a. d.* ita *d. b.* ad *g. d.* erit, diviseris sicut *b. d.* ad
d. a. ita *b. g.* ad *g. d.* quam cum permutaveris erit *b.
d.* ad *b. g.* sicut *d. a.* ad *d. g.* est enim *d. a.* 10. et *g.
a.* est 16. expositione : quare si ex *a. g.* auferatur *a.
d.* remanebit *d. g.* 6. ergo proportio *a. d.* ad *d. g.* est
in minimis sicut 5. ad 3. ergo ex proportio *b. d.* ad *g.
b.* est sicut 5. ad 3. quam cum diviseris erit sicut 2.
ad 3. ita *d. g.* scilicet 6. ad *g. b.* ignotum; ergo multiplicatio de 3. in 6. dividenda est per 2. et si habebuntur pro numero *g. b.* cui si addatur numerus *g.
a.* erit totus *a. b.* 25. qui erat ignotus. Sed sit ignotus
numerus *a. d.* reliqui vero *a. b.* et *a. g.* sint noti, et

quia est sicut *a. b.* ad *a. d.* ita *d. b.* ad *g. d.* erit, cum

```
a        d                g        b
————————————————————————————————————
```

permutaveris fuerunt *a. b.* ad *b. d.* ita *d. b.* ad *g. b.*
ergo numeri *a. b.* et *d. b.* continui proportionales
sunt : quare si ex ductu *a. b.* in *g. b.* radicem acciperis proveniet utique numerus *d. b.* notus est enim
numerus *a. b.* 25. et *g. b.* est 9. cum *a. g.* sit 16.
quibus in simul multiplicatis faciunt 225. quorum
radix scilicet 15. est numerus *b. d.* qui auferatur ex
numero *b. a.* remanebunt 10. pro numero *d. a.*

Incipit differentia tertia in proportione trium nu-
merorum.

Et si proponantur quia proportio *b. a.* ad *g. a.* sicut superhabundantia maioris numeri super medium
ad superhabundantiam medii super minorem, hoc est
sicut *g. b.* ad *g. d.* et sit ignotus quilibet numerorum
a. b. a. g. a. d. dico quod numeri *a. b. a. g. a. d.* sit
continue proportionales, quod probabitur ita : quo-

```
a               d        g        b
————————————————————————————————————
```

niam est sicut *a. b.* ad *a. g.* ita *b. g.* ad *g. d.* hoc est
sicut totus ad totum, ita pars ad partem, quam erit
pars ad partem, ita residuum ad residuum ut in quinto
Euclidis ostenditur, ergo erit sicut *b. g.* ad *g. d.* ita
a. g. ad *a. d.* sed sicut *b. g.* ad *g. d.* ita *a. b.* ad *a. g.*
Quare est sicut *a. b.* ad *a. g.* ita *a. g.* ad *a. d.* ergo
numeri *a. b. a. g. a. d.* continue proportionales sunt,
unde si aliquis illorum erit ignotus poteris eum repe-

rire per modum superius demostratum in numeris tribus continue proportionalibus. Sed sicut $b. a.$ ad $g. a.$
ita $d. g.$ ad $g. b.$ et sit primus ignotus numerus $g. a.$
reliqui vero $a. b.$ et $a. d.$ sint noti ex quibus $a. b.$ sit
12. et $a. d.$ sit 2. et quia est sicut $a. b.$ ad $a. g.$ ita $d.$
$g.$ ad $g. b.$ erit, cum permutaveris sicut $a. g.$ ad $a. b.$

primus ad $a. b.$ secundum ita $b. d.$ tertii ad $g. d.$
quartum : quare multiplicatio ex $a. b,$ secundi in $b.$
$d.$ tertium est nota quia surgit ex 12. in cuius multiplicationis summa est 120. cui equatur multiplicatio
cuniuncti ex $a. g.$ et $a. b.$ in $b. d.$ quare si numero $a.$
$b.$ addatur numerus $b. e.$ qui sit equalis numero $a. g.$
et auferatur ex numero $b. e.$ numerus $e. \varepsilon.$ qui sit
equalis numero $g. d.$ remanebit numerus $\varepsilon. b.$ equalis numero $a. d.$ qui est 2. quare totus numerus $a. \varepsilon.$
est 14. cui additus est numerus $\varepsilon. e.$ dividatur ergo
numerus $a. e.$ in duo'equa super $i.$ erit ergo multiplicati $a. e.$ in $e. \varepsilon.$ quæ est 120. cum quadrato numeri
$\varepsilon. i.$ qui est 49. equalis quadrato numeri $i. e.$ quod
radix eorum quæ est 13. est numerus $i. e.$ de quibus
si auferatur numerus $\varepsilon. i.$ qui est 7. remanebunt 5.
pro numero $\varepsilon. e.$ hoc est pro $g. d.$ cui si addatur numerus $a. d.$ habebitur 8. pro numero $a. g.$ et si $a. b.$
tamen fuerit ignotus quia erit sicut $a. b.$ ignotus ad $g.$
$a.$ notum, ita $d. g.$ notus ad $g. b.$ ignotum, quoniam
multiplicatio noti $a. g.$ in notum $d. g.$ scilicet de 8. in
6 equatur multiplicationi $a. b.$ ignoti in $g. b.$ ignotum.
Dividatur ergo $a. g.$ in duo equa super $e.$ et quia numerus $a. g.$ divisus est in duo equa et ei additus est

numerus *g. b.* erit multiplicatio *a. b.* in *g. b.* cum quadrato numeri *e. g.* est equalis quadrato numeri *e. b.*
est enim multiplicatio *a. b.* in *g. b.* 48. et quadratus
numeri *e. g.* est 16. quibus in simul junctis reddunt
64. quorum radix quæ est 8. est numerus *e. b.* qui-

———————————————————————————————
a   d   e   b

bus nec addatur numerus *e. a.* erit totus numerus *a.*
b. 12. sit itaque numerus *a. d.* ignotus, reliqui vero
a. g. et *a. b.* sint noti, et quia est sicut *a. b.* ad *a. d.*
ita numerus *d. g.* ad *g. b.* scilicet 48. equalis multiplicationi *a. g.* noti in *d. g.* ignotum : quare divide
48. per *a. g.* scilicet per 8. exibunt 6. pro numero *d.*

———————————————————————————————
a   d   e   b

g. quibus extractis ex numero *a. g.* remanebunt pro
numero *a. d.*

Modus proportionis in tribus numeris.

Et si fuerit sicut *a. b.* ad *a. g.* ita summa superha-
bundantiarum eorum scilicet *d. b.* ad *g. b.* et sit ignotus numerus *a. g.* ad *a. b.* sit 15. *a. d.* sit 5. quoniam
summa abundantiarum prædictarum scilicet numerus
d. b. est 10. quia sicut *a. b.* ad *a. g.* ita *d. g.* ad *g. b.*
erit cum permutabitur sicut *a. b.* ad *d. b.* ita *a. g.* ad
g. b. ergo coniungetur erit sicut *a. b. d. b.* ita *a. g. g.*
b. hoc est *a. b.* ad *g. b.* ergo est sicut 15. ad 10. ita 15.
scilicet *a. b.* ad *g. b.* ignotum, scilicet 25. ad 10. sunt
sicut 5. ad 2. quare multiplicabis 15. per 2. et divides
per 5. vel quinto de 15. multiplica per 2. venient 6.

pro numero *g. b.* quibus diminutis ex numero *a. b.*
remanent pro numero *a. g.* Et si tamen numerus *a. b.*
fuerit ignotus quia est sicut *a. b.* ad *a. g.* ita *d. b.* ad
g. b. erit, etiam convertentur, et sicut *a. g.* ad *a. b.*

a	d	g	b

ita *a. b.* ad *g. d.* nec non cum dividetur erit sicut
primus *a. g.* ad secundum *g. b.* ita secundus *g. b.* ad
tertium *g. d.* quare numeri *a. g. g. b.* et *g. d.* continui proportionales sunt, erit ergo proportio *a. g.* primi
in *g. d.* tertium equalis multiplicationi *g. b.* in se est
enim *a. g,* 9. et *g. d.* est 4. in quibus numerus *a. g.*
superhabundat numerum *a. d.* unde si multiplicationis de 9. in 4. radicem acciperis venient 6. pro numero *g. b.* quibus additis cum *a. g.* venient 16. pro
numero *a. b.* Et si numerus *a. d.* fuerit ignotus reliqui vero *a. g.* et *a. b.* sint noti et quoniam est sicut
a. b. notus ad *a. g.* notum ita *d. b.* ignotus ad *g. b.* notum : quare si multiplicaveris *a. b.* in *g. b.* scilicet 16.
in 6. et si diviseris summam per *a. g.* scilicet per 9.
venient 10. pro numero *d. b.* quibus diminutis ex numero *a. b.* remanebunt *a. d.*

a	d	g	b

Modus alius proportionis in tribus numeris.

Et si fuerit sicut *a. b.* ad *a. g.* ita *d. b.* ad *d. g.*
fueritque *a. g.* ignotus reliqui *a. b.* et *a. d.* sint noti
in hac proportione demostrabo tertium numerum ex-
cedere non posse secundum, sic quoniam est sicut
a. b. ad *a. g.* ita *b. d.* ad *g. d.* erit; ergo si diviseris si-

cut *b*. *g*. ad *g*. *d*. sed quia eidem eadem proportionem
habent sibi invicem super equalia ergo numeri *g*. *d*.
et *a*. *g*. sibi invicem sunt equales minor maiori quod
est impossibile maior est enim *g*. *a*. quam *g*. *d*. unde
potest saliaî (*sic*) nisi numerus *b*. *g*. sit Zephirum ,
hoc est nihil et tunc erit sicut Zephirum et *g*. *a*. ad
a. *g*. ita Zephirum et *g*. *d*. ad *d*. *g*. hoc est sicut *g*. *a*.

ad *g*. *a*. ita *d*. *g*. ad *d*. *g*. est enim *g*. *d*. id in quo numerus *a*. *g*. excedit numerum *a*. *d*. quare numerus
a. *b*. est equalis numero *a*. *g*. cum superhabundantia
b. *g*. super *g*. *a*. sit nihil : ergo cum notus est numerus *a*. *b*. notus est numerus *a*. *g*. Aliter quia est sicut
a. *b*. ad *a*. *g*. ita *b*. *d*. ad *g*. *d*. erit convertetur sicut
a. *b*. ad *a*. *b*. ita *g*. *a*. ad *g*. *d*. ponamus *a*. *b*. esse 8. et
a. *d*. esse 2. quare *b*. *d*. esse 6. quod est sicut 8. ad 6.
ita *a*. *g*. ad *g*. *d*. scilicet 8. ad 6. sint 4. ad 3. ergo si
extraxerimus 3 de 4. remanebit 1. quare est sicut 1.
ad 3. ita *a*. *d*. ad *d*. *g*. quare si multiplicatio *a*. *d*. in 3.
diviseris per 1. venient 6. pro numero *g*. *d*. cui si addatur *d*. *a*. scilicet 2. erit numerus *g*. *a*. equalis numero *a*. *b*. ut prædixi , nec enim est necessarium ponere ignotum aliquem numerorum *a*. *b*. et *a*. *d*. quia
si notus est numerus *a*. *g*. notus et numerus *a*. *b*. cum
sit equalis , et si noti sunt numeri *a*. *g*. et *a*. *b*. notus
erit et numerus *a*. *d*. cum possit esse qualem vis numerum minor numero *a*. *g*.

Modus alius proportionis in tribus numeris.

Si vero proportio *a. g.* ad *a. d.* sicut proportio *b. g.* ad *g. d.* et sit ignotus primus numerus *a. g.* reliqui vero *a. b.* et *a. d.* sint noti quoniam est sicut *b. g.* ad *g. d.* ita *g. a.* ad *d. a.* erit cum permutaveris sicut *b. g.* ad *g. a.* ita *g. d.* ad *d. a.* et cum composueris erit sicut *b. g. g. a.* ad *g. a.* hoc est sicut *b. a.* ad *g. a.* ita *g. d. d. a.* hoc est *g. a.* ad *d. a.* quare numeri *a. b. a. g. a. d.* continui proportionales sunt : ergo cum ignotus sit numerus *a. g.* multiplicabis *a. d.* in *a. b.* cuius summæ radix est numerus *a. g.* et si fuerit ignotus numerus *a. b.* divides quadratum numeri *a. g.* pro *a. d.* et e contra, si ignotus fuerit numerus *a. d.* nec non et si duo illorum fuerint ignoti poteris per reliquum ipsos invenire. Verbi gratia sit numerus *a. d.* 8. ponam *a. g.* 12. ad libitum et multiplicabo 12. in se et summam dividam per 8. provenient 18. pro numero *a. b.* Et si secundus fuerit 18. ponam ad libitum unum ex reliquis in quo dividam quadratum numeri *a. g.* et si monator (*sic*) eorum fuerit notus faciam ex eo sicut feci de minori.

Modus alius proportionis in tribus numeris.

Ponam etiam ut sit sicut *a. g.* ad *a. d.* ita *b. d.* ad *g. d.* et sit notus uterque numerorum *a. d.* et *a. b.* reliquis vero *a. g.* sit ignotus et quantum est sicut *a. g.* primus ad *a. d.* secundum, ita *b. d.* tertius ad *g. d.* quartum, erit ergo multiplicatio *a. d.* in *d. b.* equalis

multiplicationi *a. g.* in *g. d.* sit ergo 6. numerus *a. b.*
et numerus *a. d.* sit 2. quare *d. b.* est 4. et sit ex *a. d.*
in *d. b.* veniunt 8. quibus multiplicatio *g. a.* in *g. d.*
est equalis et quoniam est notus numerus *a. d.* quadratum ipsius medietatis scilicet 1. adde cum *g,* erit
9. de quorum radice scilicet de 3. extrahe dimidium
a. d. remanebunt 2. pro numero *g. d.* de quibus si
addatur numerus *d. a.* habebis 4. pro numero *a. g.*

a   *d*   *g*   *b*

Et si fuerit ignotus numerus *a. b.* invenietur cum
multiplicationem *a. g.* noti in *g. d.* notum diviseris
per *a. d.* notum tunc procreabitur inde numerus *g. d.*
qui est 4, cui si addatur numerus *a. d.* erit 6. numerus *a. b.* Et si numerus *a. d.* fuerit ignotus tamen quia
est sicut *a. g.* ad *a. d.* ita *b. d.* ad *g. d.* erit cum permutabitur sicut *a. g.* primus ad *g. d.* ita *d. b.* ad
g. b. quadratum quare multiplicabis *a. g.* notum scilicet, 4. per 2. erunt 8. quibus equatur multiplicatio
g. d. secundi in *d. b.* tertium : quare si acciperis quadratum dimidii *g. b.* qui est 1. et addes eum cum 8.
erunt 9. super radicem quorum si adderis 1. scilicet
dimidium numeri *g. b.* habebis 4. pro numero *d. b.*
quæ si auferatur de numero *a. b.* remanebunt 2. pro
numero *a. d.* in hac autem proportione summus numerus si notus fuerit tamen poteris per ipsum reliquos invenire : verbi gratia quia est sicut *a. g.* ad *a. d.* ita *b. d.*
ad *g. d.* ergo erit sicut *a. d.* ad *a. g.* ita *d. g.* ad *d. b.*
scilicet cum diviseris erit sicut *a. d.* ad *d. g.* ita *d. g.*
ad *g. b.* ergo numeri *a. d. g. b.* continui proportionales sunt, primum quidem si numerus *a. d.* fuerit

notus *d. g.* ad libitum, cuius quadratum dividam per

a. d. notum et sic proveniet numerus *g. b.* scilicet si
fuerit notus numerus *g. b.* ponam ad libitum et numerum *g. d.* et multiplicabo *g. d.* in se et quod provenerit dividam per *g. b.* et veniet numerus *a. d.* et
si fuerit notus numerus *a. g.* accipiam ex eo ad libitum aliquem numerum qui sit numerus *g. d.* similiter
et pro numero *a. d.* ponam numerum qualem voluero
in quo dividam quadratum numeri *g. d.* et proveniet
numerus *g. b.*

Modus alius proportionis in tribus numeris.

Ponam etiam ut sit sicut *a. g.* ad *a. d.* ita *d. g.* ad
g. b. et sit ignotus numerus *a. g.* ex reliquis autem
numerus *a. d.* sit 4. et numerus *a. b.* sit 10. quoniam
est sicut *a. g.* ad *a. d.* ita *d. g.* ad *g. b.* erit, ergo sicut
compositus numerus ex *a. g.* et *a. d.* primus ad *a. d.*
secundum; ita compositus ex *d. g. b.* tertius, ad *g. b.*
quartum; quare id quod provenit ex *a. d.* in *d. b.*
quod est 24. equatur ei quod provenit ex *a. g.* et *a.*
d. in *g. b.* et producatur enim recta *b. a.* in *e.* et sit

a. e. equalis numero *a. d.* eritque recta *e. b.* 14. quæ
est indivisa in duo super *g.* itaque multiplicatio *b. g.*
in *g. b.* est 34. dividatur ergo linea *e. b.* in duo equa
super punctum *f.* erit *b. f.* 7. de quorum quadrato si
auferatur multiplicatio *b. g.* in *g. e.* remanebunt 25.

pro quadrato lineæ *g. f.* quare *g. f.* est 5. qui auferatur
ex *f. b.* remanebunt 2. pro numero *g. b.* quibus extractis ex numero *a. b.* habebuntur 8. pro numero
a. g. et si numerus *a. b.* fuerit ignotus, reliqui vero
a. d. et *a. g.* sint noti quare est sicut *a. g.* notus ad

a. d. notum , ita *d. g.* notus ad *g. b.* ignotum; multiplicabis ergo *a. d.* in *d. g.* scilicet 4. per 4. et divides
per *a. g.* venient 2. pro *g. b.* quibus additis cum
a. g. erit totus *a. b.* 10. sed ignotus numerus *a. d.*
tamen et quia est sicut *a. g.* notus ad *a. d.* ita *d. g.*
ad *g. b.* notum, multiplicatio ergo ex *a. g.* in *g. b.*
quæ est 16. equatur multiplicationi *a. d.* secundi in
tertium *d. g.* quæ multiplicatio cum sit equalis quadrato medietatis numeri *a. d.* similiter numerum *a. d.*
dimidium esse numeri *a. g.* ergo *a. d.* est 4.

Modus ultimus proportionis tribus numeris.

Sit itaque sicut *a. g.* ad *a. d.* ita *d. b.* ad *g. b.* in
hac autem proportione invenitur quod numerus est
equalis superfluo tertii numeri super secundum quod
demostrabitur ita *d. b.* ad *g. b.* erit supermutabitur
et dividetur sicut *a. d.* ad *d. g.* ita *b. g.* ad *g. d.* quæ
ergo eadem eamdem proportionem habent sibi invicem
equalia sunt. Equalis ergo est numerus *a. d.* numero

g. b. ut prædixi. Unde si ignotus fuerit numerus
a. g. tamen extrahes numerum *a. d.* ex numero *b. a.*

et remanebit notus numerus *a. g.* et si fuerit numerus
a. b. ignotus addes numerum *a. d.* super numerum
a. g. habebis numerum, et si fuerit ignotus *a. d.* extrahes numerum *a. g.* ex numero *a. b.* residuum erit
numerus *a. d.* Et notandum cum aliqua praedictorum
trium numerorum omnes tres numeri ponantur ignoti
et summa eorum ponantur nota tunc inveniendi erunt
tres numeri qui sint in ipsam quam volueris proportionem et eos in simul junges et si id quod provenerit
fuerit equale summae quaesitae habebis utique propositum; sin autem cadet proportionaliter videlicet sicut
inventa fuerit ad quaesitam ita uniusquisque trium inventorum numerorum erit ad suum cumsimilem.

Incipit de proportione quattuor numerorum.

Cum quattuor numeri *a. b. g. d.* proportionales
fuerint ut *a.* ad *b.* ita *g.* ad *d.* erit permutanti sicut
b. ad *a.* ita *d.* ad *g.* et sicut *g.* ad *a.* ita *d* ad *b.* et
multiplicatio *a.* in *d.* equatur multiplicationi *b.* in *g.*
quare si fuerit ignotus numerus *d.* divides factum ex
b. in *g.* per *a.* et si *a.* fuerit ignotus divides per *d.*
factum ex *b.* in *g.* fuerit ignotus numerus *b.* scilicet
g. per notum ipsorum divides factum ex *a. d.* sed si

proponatur quod summa numerorum *a. b.* sit 14. et

numerus *g*. sit 22. et numerus *d*. sit 6. et vis scire
quantum numerus *a*. vel numerus *b*. quia est sicut
a. ad *b*. ita *g*. ad *d*. erit ergo ut *a*. *b*. ad *b*. ita *g*. *d*. ad *d*.
quare multiplicabis coniunctum ex *a*. et *b*. scilicet
14. per *d*. hoc est per 6. erunt 84. quæ divide per
coniunctum ex *g*. *d*. hoc est per 28. veniet 3. pro
numero 6. quibus extractis ex 14. remanent 11. pro
numero *a*. similiter procedes si numeri *a*. et *b*. nec
non et summa ignotorum *g*. *d*. fuerit nota. Item si
fuerit ignotus unusquisque numerorum *a*. *g*. scilicet
summa eorum sit no'ta et sint etiam noti numeri *b*.
d. *b*. *d*. erit sicut summa *b*. *b*. nota ad notum *d*. ita *a*.
g. notum ad *g*. ignotum quare multiplicabis coniunctum ex *a*. *g*. in *d*. et divides per coniunctum ex numeris *b*. *d*. et quod provenerit erit numerus *g*. quo
extracto ex summa numerorum *a*. *g*. remanebit numerus *a*. notus : similiter facies cum ignoti fuerint
numeri *b*. *d*. et eorum summa sit nota, nec non et
unusquisque numerorum *a*. *g*. sit notus.

Item sit sicut *a*. ad *b*. ita *g*. ad *d*. et sit summa
numerorum *b*. *g*. nota sed unusquisque eorum sit
ignotus et sint etiam noti numeri *a*. *d*. quorum *a*. sit
6. et *d*. sit 9. et summa numerorum *b*. *g*. sit 5 quia
factis ex *a*. in *d*. scilicet 54. equatur factum ex *b*. in
g. oportet ut dividantur 21. in duas partes, quorum
una multiplicata per aliam facient 54. ergo ex qua-

$$\frac{b}{5} \qquad \frac{a}{6}$$

$$\frac{d}{9} \qquad \frac{5}{13}$$

drato medietatis de 21. scilicet de $\frac{1}{4}$ 110. extrahes 54.
et radicem residui quæ est $\frac{1}{2}$ 7. extrahes de $\frac{1}{4}$ 110 remanent 3. primo ex numeris $b. g.$ quibus extractis de
21. rémanent 18. pro alio numero, erit enim sicut
6. ad 3. ita 18. ad $g.$ vel sicut 6. ad 18. ita 3. ad $g.$
eodemque modo procedens cum summa numerorum
$a. d.$ ignotorum fuerit nota cum numerus $b. g.$ pro-
cedet enim ex hoc talis quæstio quod quidam mat
rotulos 6. nescio pro quot bisantiis scilicet pro bisantiis 9. habuit rotulos nescio quod eadem ratione scilicet summa rotulorum et bisantiorum fuit 36. de
quibus extrahendi sunt rotuli 6. et bisantii 9. remanent 21. pro summa duorum ignotorum numerorum
qui assimilantur numeris $b. g.$

Sit item proportio numeri $a. b.$ ad numerum $g.$
sicut proportio $d. c.$ ad numerum $\varepsilon.$ et sint ignoti
numeri $a. b.$ et $g.$ numeri autem $d. e. \varepsilon.$ sint noti, et
sit notum superfluum numeri $a. b.$ super $g.$ quod sit
numerus $a. c.$ et quia maior est numerus $a. b.$ quam

6. maior erit numerus $d. e.$ quam $\varepsilon.$ sumatur itaque ex
numero $d. e.$ numerus $f. e.$ equalis numero $\varepsilon.$ et quia
est sicut $a. b.$ ad $g.$ ita $d. e.$ ad $\varepsilon.$ erit itaque sicut $a. b.$
ad $e. d.$ ita $d. c.$ ad $f. e.$ quare si diviseris erit sicut
$a. c.$ notus ad $c. b.$ ignotum, ita $d. f.$ notus ad $f. c.$
notum, quare multiplicabis $a. b.$ primum per $e. f.$
quartum et divides per $d. f.$ tertium, et provenit $c. b.$

scilicet *g.* notus quo audito cum *a. c.* notum erit notus
totus numerus *a. b.* similiter si fuerint noti numeri
a. b. et *g.* numeri *d. e.* et *ε.* sint ignoti sed sit notum
id in quo numerus *d. e.* excede numerum *ε.* quod sit
numerus *d. f.* accipiam ergo ex numero *a. b.* numerum
c. b. equalem numero *g.* remanebit *a. c. b.* notum;
quare multiplicabitur *d. f.* in *b.* et summa·dividetur
per *a. c.* et quod exierit erit numerus *f. e.* hoc est
numerus *ε.* super quem si additis fuerit numerus *d. f.*
erit notus numerus *d. e.* sed sint ignoti numeri *a. b.*
et *d. e.* et uterque numerorum *g. ε.* sit notus, nec
non et superfluum *a. b.* super *d. e.* quod sit *a. c.* quoniam est sicut *a. b.* ad *g.* ita *d. e.* ad *ε.* permutanti :
ergo erit sicut *a. b.* ad *e.* ita *g.* ad *ε.* sit itaque numerus *g.* 9. et numerus *ε.* sit 3. et superfluum *a. b.* super
d. e , hoc est *a. c.* sit 8. et quoniam est sicut *g.* ad *ε.*
ita *a. b.* ad *d. e.* erit ergo sicut superfluum *g.* super *ε.*
scilicet 6. ad superfluum *a. b.* super *d. e.* scilicet ad
8. sicut *ε.* ad numerum *d. e.* quare multiplicabis nu -

merum *ε.* per 8. erunt 24. quæ divides per 6. veniunt
4. pro numero *d. e.* cni addit numerus *a. c.* habebuntur 12. pro numero *a. b.* aliter erit sicut 6. ad 8.
ita numerus 8. ad numerum *a. b.* quare multiplicabis
8. per 9. et divides per 6. venient 12. de quibus si
·auferatur numerus *a. c.* remanebunt 4. pro numero *d.*
ut prædixi. Sed sint numeri *a. b.* et *ε.* ignoti et unus-

quisque numerorum *d. e.* et *g.* sit notus nec non et
superfluum *a. b.* super *ε.* quod sit *a. c.* et quia est
sicut *a. b.* ad *g.* ita *d. e.* ad *ε.* erit multiplicatio *a. b.*
in *ε.* hoc est ex *a. b.* in *c. b.* est nota cum equalis multiplicationi notorum *d. e.* in *g.* cui multiplicationi si
addatur quadratus numerus *a. c.* scilicet dimidium
numeri *a. b.* proveniet notus quadratus numeri *i. b.*
quare radix ipsius est *i. b.* de qua si auferatur *i. c.*
notus remanebit *c. b.* scilicet *ε.* notus si addatur *a. c.*
notus erit etiam notus numerus *a. b.* quæ etiam demostrentur in numeris ex *g.* quidem in *d. e.* scilicet
ex *g.* quidem in *d. e.* scilicet ex 9. in 4. quibus si
addatur quadratus medietatis numeri *a. c.* qui nume-
rus *a. c.* sit 9. erunt $\frac{1}{4}$. 56. quorum radix quæ est $\frac{1}{2}$. 7.

est numerus *i. b.* de quo si auferatur numerus *i. c.*
remanebunt 3. pro numero *c. b.* hoc est pro numero *ε.*
cum quibus si addatur 9. item numerus *a. c.* erunt
12. pro toto numero *a. b.*

Item sit sicut *a.* ad *b.* ita *g. a.* ad *d.* et sit summa
quadratorum numerorum *a. b.* 225. et *g.* sit 4. et numerus *d.* sit 3. addens quadratum de 4. cum quadrato
de 3. scilicet 16. cum 9. erunt 25. proportio enim de
25. ad 9. est sicut proportio 225. ad quadratum
numeri *b.* quare multiplicabis 9. per 225. et divides
per 25. exibunt 81. pro quadrato numeri *b.* est quare
numerus *b.* est 9. ex his autem colliges omnia evenire

in quadratis quatuor numerorum proportionalium
quæ diximus iu numeris simplicibus, etiam et eadem
provenient in cubis ipsorum.

Explicit pars prima ultimi Capituli.

*Incipit secunda de quæstionibus Geometriæ pertinen-
tibus.*

Est hasta justa quamdam Turrim erecta habens in
longitudinem pedes xx. quare si pes hastæ separetur
a Turri pedibus 12. quot pedibus caput hastæ des-
cenderit. Sit itaque turris linea *a. b.* ex qua accipiatur

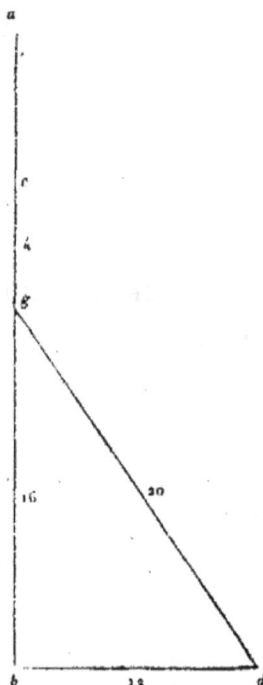

b. c. equalis datæ hastæ et protrahitur linea *d. b.* in
plano quæ sit pedum 12. et jaceat hasta *d. g.* equalis

lineæ *b. c.* et sic fecit trigoni recti ad angulum ab
hasta *d. g.* et a plano *d. b.* et a muro *b.* et est angulus
rectus ipsius qui sub *g. b. d.* et quoniam ut Euclides
testatur in penultimo sui primi libri in trigonis recti-
angulis quadratus lateris subtendentis angulum rectum equatur quadratis duobus lateris reliquorum
duorum laterum angulum rectum continentium; quare
quadratus hastæ *d. g.* scilicet 400. equatur duobus
quadratis linearum *d. b.* et *b. g.* scilicet quadratus
lineæ *d. b.* est notus cum ipsa sit nota, quare si
auferatur quadratus ipsius scilicet 144. ex 400. remanebunt pro quadrato lineæ *b. g.* 256. quorum
radix scilicet 16. est linea *b. g.* qua extracta ex
linea *c.* remanebunt 4. pro descensu capitis hastæ
g. c. Et si protrahatur pes hastæ donec caput eius des-
cenderit pedibus 4. et quæratur quantum pes elon-
gabitur a turri in hac ponitur latus *b. g.* quia extractis
4. ex linea *e. b.* quæ est longitudo hastæ remanent 16.
linea *g. b.* quorum quadratus si auferatur ex quadrato
hastæ *d. g.* scilicet 256 ex 400. remanebunt 144. pro
quadrato lineæ *b. d.* quæ est separatio pedis hastæ a
turri, et si fuerit nota altitudo *g. b.* et planum *b. d.*
et ignoraveris longitudinem hastæ *d. g.* addes quadratum linearum *b. g.* et 6. minimum scilicet 256.
et 144. erunt 400. quorum radix scilicet 20. est hasta
d. g. et hæc memoriæ commenda cum sint utilia.

In quodam plano sunt erectæ duæ hastæ quæ distant
in solo pedibus 12. et numerorum hastæ est acta pedibus 35. maior quoque pedibus 40. quæritur si maior
hasta ceciderit super minorem in qua parte ipsius erit
cumtactus eorum. Sit itaque minor hasta linea *a. b.*

maior vero *g. d.* et copulatur recta *d. a.* et quia quadratus maioris hastæ est plus duobus quadratis linearum *a. b.* et *b. d.* scitur quod linea *d. a.* est maior

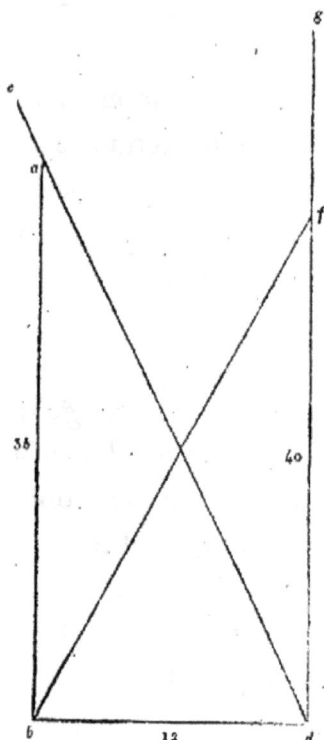

quam linea *d. g.* quare protrahitur linea *d. a.* in punctum *e.* et sit equalis recta *d. e.* rectæ *d. g.* ergo si hasta
d. g. ceciderit super punctum *a.* faciet lineam *d. e.*
erit ergo trigonum *a. b. d.* recti-angulum; quare quadratus lineæ *a. d.* equatur duobus quadratis linearum
a. b. et *b. d.* adde ergo in simul quadratos eorum scilicet 1225. et 144. erunt 1369. quorum radix scilicet
33. est linea *d. a.* quibus extractis ex linea *d. c.* scilicet ex hasta *d. g.* remanebunt 3. pro linea *a. e.* Et
si minor hasta ceciderit super maiorem extrahe 144.
de 1225. remanent 1081. quorum radice accipe in

hasta *d. g.* sitque *d. f.* in puncto, ergo *f.* erit cumtactus hastæ minoris et ut hic apertus videas protrahe
lineam *b. f.* ipsa erit subtendens angulum rectum qui
est ad *d.* quare quadratus lineæ *b. f.* equatur duobus
quadratis in earum *f. d. b.* qui quadrati scilicet 1081.
et 144. in simul juncti faciunt 1225. quorum radix
scilicet 35. est linea *b. f.* quæ est equalis hastæ *b. a.*
ut oportet.

In quodam plano sunt duæ turres quarum una est
alta passibus 30. altera 40. et distant in solo passibus
50. infra quas est fons ad cuius centrum volitant duæ
aves pari volatu descendentes pariter ex altitudine
ipsarum quæritur differentia centri ab utraque turri.
Sit itaque maior turris linearum *a. b.* minor sit *g. d.*
spatium quod est inter eas est linea *b. d.* et copulentur
summitatis earum cum linea *a. g.* quæ dividatur in
duo equa super punctum *e. a.* quo protrahatur linea

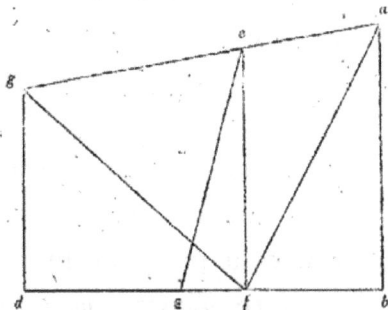

e. f. equidistans lineæ *a. b.* et *g. d.* et a puncto *e.*
protrahatur linea *e. ɛ.* faciens angulos rectos super
linea *a. g.* dico quod punctus *ɛ.* est centrum fontis,
quod probabitur ita : protrahantur *a.* puncto *ɛ.* duæ
rectæ quæ sint *ɛ. a.* et *ɛ. g.* quæ sunt volatus avium
quos ostendam esse equales pro linea *ɛ. a.* est sub-

tendens angulum rectum in triangulo ε. a. e. ideo
quadratus ipsius equatur duobus quadratis linearum
g. e. et ε. scilicet g. e. est equalis e. a. et quadratus
lineæ e. ε. et communis in prædictis duobus trigonis,
quare g. ε. et a. ε. sunt equales, et hoc volumus, si
secundum numerum procedere vis adde passus utriusque turris, scilicet 40. cum 30. erunt 70. quorum
dimidium scilicet 35. est dimidium e. f. nam et dimi-

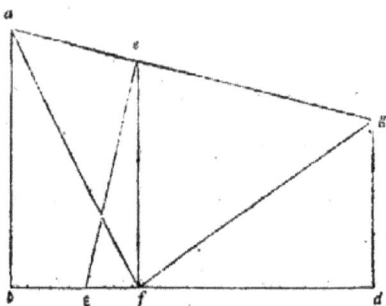

dium spatii b. d. est 25. quod est quelibet linearum
b. f. et f. d. et accipe differentiam quæ est a minori
turri usque in 35. quæ est 5. in quibus multiplica 35.
erunt 175. quæ divide per dimidium spatii, scilicet per
25. exibunt 7. pro linea f. e. cum quibus si addantur 25.
scilicet linea d. f. erit linea d. ε. 32. et si auferantur
7. ex linea f. b. remanebunt 18. pro linea ε. b. quorum
quadratus si addatur cum quadrato turris b. a. scilicet
324. cum 1600. erunt 1924. pro quadrato lineæ ε. a.

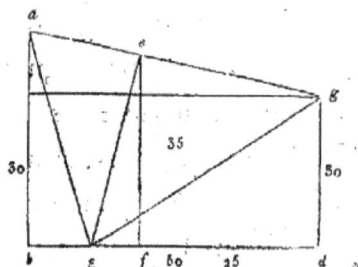

cui etiam equatur quadratus lineæ ε. g. cum proveniat
ex additione quadratorum linearum ε. d. et d. g. scilicet de 1024 et de 900. et hoc volumus. Et notandum
quod quadratus maioris turris esset equalis duobus
quadratis qui sunt a. spatio b. d. et a. minori turri,
tunc centrum fontis esset punctus b. qui est pro ex
maioris turris, et si quadratus ipsius maioris turris
superhabundaret super summam prædictorum quadratorum tunc centrum erit extra maiorem turrim
quod invenies eodem modo. Verbi gratia sit spatium
b. d. quod est differentia turrium 10. et turris sint
eadem ut in hac alia cernitur formula et protrahatur
linea b. d. in infinitum super punctum i. et a. puncto
e. protrahatur linea e. f. nec non et linea e. g. ita
faciens angulos rectos super lineam a. g. quare osten-
duntur ex his quæ diximus lineæ ε. a. et ε. g. sibi
invicem equales; nam si præscripta 175. diviseris per

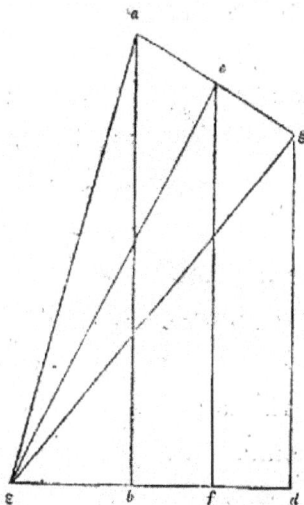

spatium d. f. quod est 5. nimirum 35. venient pro

spatio *f. ɩ.* quare centrum *ɩ.* distat a pede minoris turris, scilicet *a.* puncto *d.* passibus 40. ex quibus si trahatur spatium *d. b.* scilicet 10. remanebunt 30. pro spatio *b. c.* quod est extra maiorem turrim, et nota quod est supra lineam *d. i.* protrahetur in plano linea ab utraque parte in infinitam per punctum *ɛ.* secans ipsam ad rectos angulos tunc in quacumque parte ipsius lineæ velles, possis esset centrum prædictæ fontis. Et si *a.* centro fontis duæ aves in simul discesserint, et pari volatu super altitudines duarum turrium ab utraque parte fontis existentium uno eodemque momento devenerint et vis scire utriusque turris altitudinem et sit centrum prædictum longe *a.* minori turri passibus 32. *a.* minori passibus 18. sic facies quadratum minoris spatii de quadrato maioris extrahe scilicet 324. de 1024. remanebunt 700. quæ serva et pone altitudinem minoris turris ad libitum sitque 30. super quorum quadratum adde 700. servata, erit 1600. quorum radix scilicet 40. erit altitudo maioris turris. Et ponatur quod maior turris sit altior minoris passibus 8. dimidium de 8. serva et adde in simul distantias cintri *a* turribus scilicet 18. et 32. erunt 50. quorum dimidium scilicet 25. extrahe de 32. remanent 7. quæ multiplica per eamdem 25. erunt 175. quæ divide per 4. servata exibunt $\frac{3}{4}$. 43. pro linea *e. f.* super que adde 4. erunt $\frac{3}{4}$. 47. pro altitudine maioris turris, de quibus extractis 8. in quibus ipsa excedit minorem remanebunt $\frac{3}{4}$. 39. pro minori turri.

Quidam habuit bisantios 100. de quibus lucratus est in quodam foro ex quibus omnibus lucratus est in alio foro proportionaliter secundum quod lucratum fuerat in primo foro et habuit libras 200 pone *a*. pro

$$a \; \underline{\hspace{3cm}}$$

$$b \; \underline{\hspace{3cm}}$$

$$g \; \underline{\hspace{3cm}}$$

libris 100. et 6. pro eo quod habuit intra capitale et lucrum in primo foro et *g*. sit 200. quia est sicut *a*. ad *b*. ita ad *g*. erit multiplicatio *a*. in *g*. equalis quadrato numeri *b*. ergo multiplicabis 100. per 200. erunt 20000. quorum radix quæ est circa libras 141. et solidos 8. et denarios $\frac{3}{4}$. 5. est numerus *b*. de quibus auferantur libræ 100. capitalis remanebunt libræ 41.

Rursus quidam habuit libras 100. cum quibus fecit unum viadium et lucratus est nescio quot et tunc accepit alias libras 100. in societate et cum in his omnibus lucratus est eadem ratione qua lucratus fuerat in primo viagio, et sic habuit libras 299. quæretur quot lucratus fuit per libram sit *d*. 100. de quibus habeat numerum *b*. in primo viagio super quem addantur libræ 100. societatis et proveniat quantitas *g*. *c*. *d*. de qua sint numerus *c*. et dividatur *g*. *c*. in duo

$$\underset{a}{\overset{100}{\underline{\hspace{2.5cm}}}} \qquad \underset{b}{\overset{130}{\underline{\hspace{2.5cm}}}}$$

$$g \quad 50 \quad \underset{g}{\overset{100}{}} \quad 50 \quad c \qquad\qquad d$$

$$299$$

equalia sunt *e*. et quia est sicut *a*. ad *b*. ita *g*. *d*. ad *e*. erit multiplicatio ex *b*. in *g*. *d*. equalis multiplicationi *a*. in *e*. sed multiplicatio *a*. in *e*. scilicet de 100. in

299. est 29900. quibus equatur multiplicatio ex b. in
g. d. scilicet c. d. est equalis b. erit ergo multiplicatio
g. d. in c. d. 29900. quibus si addatur quadratus numeri ε. c. scilicet 2500. erunt 32400. quorum radix
scilicet 180. est numerus ε. d. ex quibus si auferatur
50. scilicet ε. e. remanebunt 130. pro numero c. d.
sed c. d. est equalis b. ergo b. est 130. qui fuit capitale et lucrum primi viagii, de quibus si auferatur
libræ 100. Capitalis remanebunt libræ 30. pro lucro :
ergo ex libris 100. lucratus fuit 30. centesima pars
quarum, scilicet solidi 6. lucratus fuit per libram in
unoquoque viagio. Item quidam habuit libras 100.
de quibus et de eorum proficuo lucratus est semper
equaliter in tribus foris et in fine habuit libras 200.
quæritur quot in unoquoque habuit foro : hic intelli-
guntur quattuor numeri proportionales ex quibus primus et quartus sunt noti scilicet libræ 100. et libræ
200. reliquos opportet not invenire. Et quoniam
Euclides dicit inter duos cubos numeros duo medii
intercidunt numeri continuati cum ipsis in portione
continua, ideo cubicentur 100. erunt 1000000. quorum proportio est ad cubum denariorum primi fori
sicut primus numerus ad quartum ut Euclides ostendit,
et quia quartus numerus scilicet 200. duplum est primi
duplica 1000000. erunt 2000000. pro cubo denariorum primi fori, quibus etiam duplicatis faciunt
4000000. pro cubo denariorum secundi fori, quibus
duplicatis faciunt 8000000. scilicet cubum ducen-
tarum librarum quas ipse habuit in ultimo foro : ergo
reperias radicem cubicam numerorum primi et secundi fori et habebis quarta secundum quantitatem

cum ipsi numeri radicem cubicam non habeant; sed
si primus numerus eorum et ultimus essent cubi vel
habentes proportiones inter se sicut cubus numerus
tunc interciderent inter eos duo numeri ratiocinati.
Verbi gratia sit primus numerus 24. quartus vero sit
81. quorum proportio est sicut cubus 8. ad cubum 27.
unde si vis invenire numeros intercidentes accipe radices cuborum, eruntque 2. et 3. in quorum proportione cadunt numeri intercidentes; quare triplum
primi numeri divides per vel dimidium eius quod est
12. triplica veniunt 36. pro secundo numero quorum
dimidio iterum triplicato veniens pro tertio numero
54. quorum etiam dimidio iterum triplicato provenit est quartus numerus 81. ut volebamus, et notandum quod quando in similibus inter primum numerum et ultimum scilicet inter capitale et id quod
habiut in fine suorum viagiorum unus intercidit numerus ut in duobus foris tunc proportio ipsorum
trium numerorum dicitur esse duplicata in ea quam
habet ultimus numerus ad primum numerum, hoc
est sicut ultimus numerus, ita quadratus secundi
numeri est ad quadratum primi et quadratus ultimi
ad quadratum secundi et dicitur duplicata quia quadratus numerus surgit ex duobus numeris equalibus
et cum duo intercidentium tunc ipsorum quatuor
numerorum proportio esse dicitur triplicata hoc est
sicut ultimus numerus est ad primum, ita cubus secundi ad cubum primi et cubus tertii ad cubum secundi et cubus ultimi ad cubum tertii et dicitur triplicata quia omnis cubus numerus surgit ex t ribus
equalibus numeris ut 8, qui surgit ex tribus binariis

et cum tres intercederent numeri ut in questione quatuor viagiorum tunc proportio ipsorum quinque numerorum erit quadriplicata, hoc est sicut proportio
quinti ad primum, ita quadratus quadrati unius
cuiusque sequentis erit ad quadratum quadrati sui
antecedentes et dicitur quadriplicata quia omnis quadratus quadrati surgit ex quatuor numeris equalibus
ut 81. qui surgit ex quatuor tertiariis et sic per ordinem ascendit proportio ex additione intercidentium
numerorum. Nam qui copulata proportio est in cubis
quadratorum vel in quadratis cuborum ex quibus est
32. qui surgit ex 5. binariis vel ex multiplicatione cubi
binarii in quadratum eius sex copulata vero proportio
est in cubis cuborum qui numeri oriuntur ex sex
numeris equalibet si acceperis radicem quadratam
provenit numerus cuius radix cubica est latus ipsorum numerorum. Verbi gratia ut 729. quorum radix
quadrata est 27. quorum radix cubica est 3. qui numerus est laus de 729. secundum has multiplicitates,
ex his autem habetur quod quandi extremi numeri
scilicet capitale et id quod habetur in fine duorum
viagiorum non habeant proportionem inter se sicut
quadratus numerus ad quadratum numerum tunc
numerum intercedens inter eos erit radix numeri non
quadrati. Et cum tres fuerint viagii et extremi non
habuerint proportionem sicut cubus numerus ad cubum
numerum tunc unusquisque duorum intercedentium
numerorum erit radix cubica numeri non cubi. Et si
quatuor fuerint viadii extremi non habuerunt proportionem inter se sicut quadratus numeri ad quadratum quadrati : tunc unusquisque trium interci-

dentium numerorum erit radix radicis numeri non quadrati et sic intelligas in reliquis.

Quidam habens bisantios cum quibus lucratus est in quodam foro, ita quod inter capitale et proficuum habuit bisantios 8o. de quibus lucratus est in alio foro eadem ratione quod lucratus fuerat prius et habuit aliquid et fuerit proportio capitalis ad ultimum numerum sicut est proportio quadrati de 5. ad quadratum de 9. hoc est sicut 25. est ad 81. ad ultimum numerum, quare multiplicanda sunt 25. et 81. per 8o. et dividenda utraque multiplicatio per 45. exibunt pro capitali bisantios $\frac{4}{9}$. 44. et pro ultimo numero bisantia 144. Eadem regula retinet cum dicitur inveniantur duo numeri ex quibus $\frac{1}{5}$ unius sit $\frac{1}{9}$ alterius et si multiplicati faciant 8o. erit primus numerus $\frac{2}{3}$. 6. scilicet radix de $\frac{4}{9}$. 44. prædictis et alius numerus erit 12. scilicet radix de 144. et inveniuntur itaque $\frac{1}{5}$ primi numeri $\frac{1}{9}$ secundi, inveniendi sunt duo numeri quorum $\frac{1}{5}$ unius est $\frac{1}{9}$ alterius eruntque $\frac{1}{5}$ et 9 multiplica ergo 9. per 8o. et divide per 5 et 5 per 8o. divide per 9. exibunt $\frac{400}{9}$ et 144 integri, quorum radices scilicet $\frac{20}{30}$ et 12. sunt quæsiti numeri. Et si vis invenire duos numeros ex quibus $\frac{2}{5}$ unius sint $\frac{4}{9}$. alterius, et in simul multiplicati facient 6o. invenies ergo duos numeros ex quibus $\frac{2}{5}$ unius sint $\frac{4}{9}$ alterius eruntque in minoribus numeris 9. et 10. multiplica ergo secundum regulam suprascriptam 10 per 6o. et divide per 9. exibunt $\frac{2}{3}$. 66. quorum radix est primus numerus. Item multiplicationem de 9. in 6o. divide per 10. erunt 54. quorum radix secundus numerus.

Si vis invenire duas radices in integris quorum

quadrati in simul coiuncti faciant quadratum numerum , scilicet habentem radicem accipe duos numeros
quadratos vel habentes inter se proportionem quadratorum et sint ambo pares vel impares et multiplica
unum in alium, et venientis numeri radicem accipe
quæ erit una ex radicibus quæsitis : deinde aggrega
numeros scriptos et egredietur numerus par, et cum
ambo sint pares vel impares, cuius numeri dimidium
accipe et ex ipsa medietate minorem numerum extrahe
residuumque erit alia radix. Verbi gratia sint duo
quadrati numeri 1 et 9. quibus coniunctis faciunt 10.
et ex multiplicatione unius in alium surgit 9. unius
radix est 3. quæ habeas pro radice et extrahe minorem numerum scilicet 1. ex medietate decenarii remanebunt pro alia radice 4.

Inveniuntur hæc per unam ex suprascriptis deffi-
nitionibus, scilicet cum numerus dividetur in duas
equales partes, et in duas inequales, erit multiplicatio
minoris partis per maiorem cum quadrato numeri qui
est à minori parte usque ad medietatem totius numeri
divisi equalis quadrato dictæ medietatis. Quare ponamus iterum pares numeros habentes proportionem
inter se sicut quadratus numerus ad quadratum numerum et sint 8. et 18. quorum proportio est sicut 4.
ad 9. qui sunt numeri quadrati qui in simul juncti
faciunt 26. cuius dimidium est 13. ergo 26. divisus
est in duas partes inequales scilicet in 8. et in 18. et
in duas equales scilicet in 13. et 13. est ergo multiplicatio de 8. in 18. cum quadrato quinarii qui est
ab 8. in 13. equalis multiplicationi de 13. in se. Sed
ex multiplicatione 8. in 18. surgit 144. qui est qua-

dratus cuius radix est 12. et ex multiplicatione quinarii in se qui est alia radix surgit 25. et sic habentur
169. cuius radix est 13. Et aliter est quidem manifestum quod omnes quadrati numeri componuntur a
congregione imparium numerorum per ordinem, ut
si super qui est quadratus est primus impar addatur
3. qui est secundus impar habeatur 4. qui est secundus
quadratus super quem si addatur tertius impar numerus scilicet 5, tertius quadratus scilicet 9. procreatur et sic infinite ex continua collectione imparium quadrati per ordinem oriuntur. Quare si accipimus aliquem quadratum numerum imparem vel
ortum ex duobus vel pluribus imparibus numeris
continuis et summam reliquorum imparium ab unitate
accepimus nimirium duos quadratos habebimus, qui
coniuncti, aliquem quadratum numerum reddent.
Verbi gratia accipiamus 49. pro uno quadrato et
colligamus omnes impares qui sunt ab uno usque in
47. scilicet multiplicemus 24. in 6. et habebunt 576.
pro secundo quadrato cuius radix est 24. et radix
de 49 est 7. et summa horum quadratorum est 625.
quorum radix est 25. similiter imposueris duos vel
plures numeros continuos impares quorum coniuncto
faciat quadratum numerum radix quidem ipsius erit
una exquisitis radicibus; summæ vero reliquorum
imparium radix qui sunt ab ipsis usque ad unitatem
erit alia.

De inventione duarum radicem quarum multiplicationes
in simul junctæ faciunt 35.

Si dicatur ter tria faciunt 9. et quatuor quatuor faciunt

16. quibus in simul additis faciunt 25. volo ut invenias alias duas radices quarum quadrati faciunt 25. Quia 25. est numerus, numerus habens radicem scilicet 5. reperiendæ sunt aliæ duæ radices quarum quadrati in simul juncti faciunt alium quemlibum numerum habentem radicem, eruntque 5 et 12. nam 5. multiplica in se faciunt 25. et 12 in se faciunt 144. quibus in simul junctis faciunt numerum habentem radicem videlicet 169. cuius radix est 13. deinde multiplica radicem de 25. videlicet 5 per 12. modo inventa erunt 60. quæ divide per 13 exibunt $\frac{8}{13}$ 4. pro una ex duobus radicibus; deinde multiplica eadem 5 per alia inventa 5 erunt 25. quæ similiter divide per 13. exibit $\frac{12}{13}$ 1. quæ sunt alia radix. Verbi gratia multiplicatio de $\frac{8}{13}$ 4. in se facit $\frac{12}{13}$ $\frac{3}{13}$ 21 et multiplicatio de $\frac{12}{13}$ 1. in se facit $\frac{1}{13}$ $\frac{9}{13}$ 3. quibus in simul junctis faciunt 25, ut quæsitum est, et sic potes multimode $\frac{4}{5}$. 4. et $\frac{2}{5}$ etiam $\frac{56}{61}$ 4 et $\frac{55}{61}$ 1.

De inventione duarum radicem quarum multiplicationes faciant 41.

Item 4. vices 4. faciunt 16 et 5 vices faciunt 25. quæ in simul juncti faciunt 41. et quæritur ut invenias alias duas radices quarum quadrati faciant similiter 41. Inveniantur quidem duo quilibet numeri quorum multiplicationes junctæ faciunt numerum habentem radicem scilicet 25. cuius radix videlicet 5. multiplicetur per utrasque radices propositas scilicet per 4. et per 5 exibunt 20 et 25 deinde multiplica 20 per 20 erunt 400. et 25 per 25 erunt 625. quibus in simul junctis faciunt 1025. vel multiplica 25 per 41. et erunt similiter 1025. in quibus alias duas radices poteris reperire in sanis propter 20 et 29 quæ faciunt 1025. quos invenies sic : pone radices quæ fecerunt 25. unam sub alia ante quas pones eas quæ fecerunt 41. ut hic ostenditur et multiplicabis 3 per 4. quæ sunt ante ipsam 3 et quæ fuit una ex radicibus de 2524. et 5 per 5 quæ sunt ante ipsam et habebis 12 et 20. quæ servabis exparte. Rursus multiplicabis radices ex opposito scilicet 3 per 5 et 4 per 4. erunt 15 et 16. quæ

3	4
4	5

adde in simul erunt 31. et extrahe 12 de 20 remanent 8. et sic habes pro quæsitis duabus racidibus 31 et 8. quorum multiplicationes in simul junctæ scilicet 961 et 64. faciunt 1025. Quare dividendum est uterque numerus videlicet 31 et 8 per 5. quæ multiplicasti superius per positas radices videlicet per 4 et per 5 exibunt 6 et $\frac{1}{5}$ et $\frac{1}{3}$ quorum multiplicationes si in simul addideris faciunt 41 sunt enim in 1025. aliæ 2. radices, quarum multiplicationes in simul junctæ juncte faciunt iterum 1025. quæ reperiuntur ex prædictis quatuor inventis numeris : sic adde 12. cum 20. et extrahe 15 de 16. et egredientur pro ipsis radicibus 32 et 1. quibus per 5. divisis reddent $\frac{2}{5}$ 5 et $\frac{1}{5}$. quorum quadrati faciunt iterum 41. Possumus enim cum multiplicatione duorum aliorum numerorum multimode ad eamdem 41. pervenire scilicet si accepimus

alios duos numeros præter 3. et 4. quorum multiplicationes junctæ in simul faciant alium numerum habentem radicem ut 5 et 12. qui faciunt alium numerum habentem radicem videlicet 169. de cuius radice
videlicet de 13. facies sicut fecisti de 5. reperies $\frac{1}{3}$ 3
et $\frac{6}{13}$ 5. Quoniam quorum multiplicationes in simul
junctæ faciunt similiter 41. nam unde hæc inventiones
procedunt geometrice demostrata sunt in libello quem
de quadratis composui.

De petia panni ex qua quidam voluit facere lintea-
mina.

Quidam habet petiam unam panni quæ est longa
ulnis 100 et ampla ulnis 30. ex qua vult facere linteamina, quorum unumquodque habeat in longitudine ulnas 12 et in latitudine ulnas 5. quæritur quot
linteamina inde facere potest; multiplicabis itaque
habitudinem petiæ per ipsius longitudinem videlicet
30 per 100 est 3000. quæ divide per longitudinem et
latitudinem linteaminum, videlicet per 5 et per 12.
hoc est $\frac{1}{16}$ $\frac{1}{10}$ exibunt linteamina 50.

De arca præstita plena frumento.

Quidam recepit mutuo quamdam archam plenam
frumento quæ habuit in singulis lateribus videlicet
in latitudine, longitudine et altitudine palmes 16
accidit nempe quod ipsa arca fuit ique combusta sic
quod non posset frumentum cum ipsa archa reddere
quod conveniretur ut redderet frumentum suo præ-

statori aut eam archam quæ habet in singulis lateribus palmes 4. tolle cum ea tuum fromentum quæritur
quos archas frumenti ei reddere debeat multiplicabis
itaque latitudinem maioris archæ per longitudinem
ipsius videlicet 16 per 16 erunt 256. quo multiplicatis
per altitudinem videlicet per 16 erunt 4096. quo divide per 64. quæ exiit ex multiplicatione latearum
minoris archæ videlicet de 4 in 4. quæ in 4 exibunt
archæ 64. vel aliter divide latus maioris arcæ pro latus
minoris videlicet 16 per 4 exibunt 4. quæ cubica erunt
similiter arcæ 64. ut prædiximus. Si autem aliqua
præscriptarum arcarum inequalia habet latera priori
regulæ non obstaret quia semper multiplicanda est
latitudo per longitudinem et altitudinem maioris arcæ
et debes dividere ipsam summam per latitudinem et
longitudinem et altitudinem minoris.

De cisterna plena aqua in qua eiicitur lapis tetragonus.

Est cisterna plena aqua quæ tenet bariles 1000. et
habet in latitudine pedes 20, et in longitudine pedes
24. et in altitudine pedes 30. quæritur si eiiciatur in
eam lapis quadratus habens in singulis lateribus pedes
6. quanta aqua inde exierit; multiplicabis itaque ul-
timæ latitudinem per longitudinem scilicet 20 per 24
erunt 480. quæ multiplica per altitudinem videlicet
per 30. erunt pro arca totius cisternæ pedes quadrati
14400. quos serva et multiplica in unum latitudinem
et longitudinem et altitudinem lapidis scilicet 6 per
6 quæ per 6. erunt 216. quadrati per aerca ipsius lapidis; quare proportionaliter est sicut 216. ad 14400.

ita bariles evacuationis ad bariles 1000. quare multiplica 216 per 1000 erunt 216000. quæ divide per
144000 exibunt 15. et tot bariles aquæ exibunt de
cisterna pro ipso lapide.

De cisterna in qua eiicitur colupna.

Item si in cisterna suprascripta eiiciatur colupna
quæ sit longa pedibus 10 et habeat in circuitu pedes
20, sic facies, invenies suprascriptum 14400. quæ est
summa pedum totius cisternæ, deinde invenias dimidium colupnæ quod per Geometriam sic invenitur,
videlicet, quod divides circulum colupnæ videlicet
22 per $\frac{1}{3}$ 3. exibunt pro diametro pedes 7. quorum
dimidium quod est $\frac{1}{2}$ 3. multiplica per dimidium circuli videlicet per 11. erunt $\frac{1}{2}$ 38. quæ sunt arca circuli
colupnæ quæ multiplica per longitudinem colupnæ
videlicet per 10. erunt pro arca colupnæ pedes quadrati 385 quos multiplica per bariles 1000 erunt
387000. (sic) quos divide per 14400. exibunt $\frac{5}{8}$ $\frac{6}{9}$ 26.
tot bariles aquæ exierunt de cisterna pro colupna illa.

Rursus si in eadem cisterna eiiciatur lapis qui habeat
formam piramidis circularis, hoc est quod in basis
ut pes colupnæ rotundæ, et vadat ipsius rotodonditas
semper minuendo versus altitudinem donec ad nihi-
lum redigitur et sit circulus basis pedes 22. et ipsius
altitudinem habeat pedes 18. invenies siquidem diametrum ipsius basis, hoc est quod divides 22 per $\frac{1}{7}$ 3.
et habebis 7. pro diametro, cuius dimidium videlicet $\frac{1}{2}$ 3. multiplicabis per dimidium circuli scilicet
per 11 erunt $\frac{1}{2}$ 38. quæ sunt acra basis; deinde in-

venies diametrum altitudinis piramidis quæ sic inve=
nietur.: multiplicabis 18 per 18 et 324. de quibus
extrahe multiplicationem diametri dimidii circuli,
videlicet $\frac{1}{2}$ 3 in se, quæ multiplicatio est $\frac{1}{4}$ 12. remanebunt $\frac{3}{4}$ 311. quorum radix quæ est parum amplius
de $\frac{12}{17}$ 17. erit perpendicularis videlicet diametrum
altitudinis ipsius cuius tertiam partem quæ est $\frac{15}{17}$ 5.
multiplica per $\frac{1}{2}$ 38. erunt pedes $\frac{8}{17}$ 226. et tanta erit
arca totius piramides quæ multiplica per bariles 1000
et divide per arcam cisternæ indelicet per 14400.
exibunt bariles $\frac{2783}{3825}$ 15.

De cisterna in qua eiicitur lapis ex utraque parte pira-
midatus.

Iterum si in eadem cisterna eiiciatur lapis qui habeat formam fusi cum quo filant mulieres in duo reddit piramidis similes suprascripto piramidi et quod
ponatur invenire scilicet in sectiones piramidarum cui
cum detur pedibus 144. et in longitudine habeat
exterius pedes 26. invenies itaque arcam piramidis
per suprascriptam regulam et addes eas in unum erunt
pedes $\frac{2}{3}$ 1124. quos multiplicabis per bariles 1000 et
divides per 14400. exibunt bariles $\frac{150}{269}$ 78.

De cisterna in qua eiicitur spera rotunda.

Adhuc si in suprascripta cisterna eiiciatur forma
rotunda in cuius circuitu sunt pedes 44. invenies diametrum ipsius scilicet quod divides 44 per $\frac{1}{7}$ 3. exibunt pro diametro ipsius pedes 14. quæ multiplica

per sextam partem ipsius videlicet $\frac{1}{3}$ 2 erunt $\frac{2}{3}$ 32.
quæ multiplica per 44 erunt 1437. et tot pedes qua-
drati continetur in suprascripta forma quos multiplica
per bariles 1000 et divide per 14400. exibunt $\frac{17}{87}$ 99.
et tot bariles exierunt de cisterna projectione illius
formæ. Possumus enim in suprascripta cisterna varias
lapide formas eiicere utpote triangulatas, quadratas,
pentaglatas etiam plurium laterum habentes seu obli-
quas quas relinquimus demostrare his qui geometriam
ignorant.

De triangulari ciborio picto a tribus magistris.

Quidam construxit palatium et pro tecto sui tha-
lami ciborii ex quatuor trigonis constituit quorum
unumquodque latus habebat in altitudine palmos 36.
et in eorum basi palmos 3o. quod ciborum tribus
magistris dedit ad pingendum, quorum primus pinxit
suam portionem videlicet tertiam incipiendo a puncta
illius ciborii, finiendo ad equidistantem lineam circiter cum base trigonorum. Secundus suam tertiam
partem primi circiter pingere studuit; tertius vero
pinxit residuum : quæritur quantum unusquisque ex
ascendentibus lineis trigonorum pinxerit cum unus-

quisque ipsorum tantum tertiam partem ciborii pin-

xisse proponatur : mensura quidem basis in hoc quæstione nil facere scias : mensura vero linearum ascen-
dentium a base usque ad puncta ciborii videlicet 36.
in se ipsam multiplicata erunt 1296. et radicem tertiæ
partis ipsi videlicet de 432. subtiliter invenire studeas;
nam ipsa erit portio quam primus ex ipsis lineis a
puncta inferius descendendo depinxit similiter si de
$\frac{2}{3}$ de 1296. scilicet de 864. radicem subtiliter acceperis terminum secundi magistri ab eadem puncta
inferius descendendo reperies. Residuum vero pinxit
tertius ut in subiecta figura ostenditur. Unde manifestum est quod est quacumque parte de suprascriptis
1296 radicem acciperis dabit punctum seu terminum
tibi cujusdem partis suprascripti ciborii a puncta incipiendo et inferius veniendo ut superius demostra-
vimus.

Sint tres numeri ex quibus medietas primi est tertia
pars secundi, et quarta pars secundi est quinta pars
tertii numeri et multiplicatis ipsis tribus numeris in
unum scilicet primum per secundum, quorum summa
multiplicata per tertium faciunt additionem eorumdem. Invenias primum tres numeros quorum medietas
primi sit tertia pars secundi, et quarta secundi sit
quinta tertii, eruntque 8. et 12 et 15. pone ergo ut
primus numerus sit 8. secundus 12. tertius 15. et
multiplica eos in unum et etiam addes eos , erit
eorum multiplicatio 1440. quorum addictio est 35.
vide ergo quæ pars sit addictio dicta est multiplicatione prædicta quia eadem pars erit tetragonis uniusquisque quæsitorum numerorum , ex tetragono sup-
positi numeri in se. Itaque 35 de 144. sunt $\frac{7}{288}$ quia

tetragonus primi numeri quæsiti est $\frac{7}{288}$ ex tetragono de 8. scilicet de 64. similiter tetragonus secundi quæsiti numeri est $\frac{7}{288}$ ex tetragono de 12 scilicet ex 144. Item et tetragonus tertii quæsiti numeri est $\frac{7}{288}$. ex tetragono de 15. scilicet de 225. unde multiplicanda sunt et super 288 per 64. et per 144. et per 225. et dividenda unaquaque multiplicatio per 288 et habebis pro tetragono primi numeri $\frac{5}{9}$ 1. cuius radix est primus quæsitus numerus, et pro tetragono secundi numeri habebis $\frac{1}{2}$ 3. cuius radix est secundus numerus, et pro tetragono tertii numeri habebis $\frac{3}{4}$ 85. Et notandum quia cum numeri fuerint duo tamen erit proportio uniuscuiusque positorum numerorum ad suum consimilem quæsitorum sicut proportio multiplicationis positorum ad additionem eorumdem quæ proportio dicitur simplex. Et cum numeri fuerint tres erit sicut multiplicatio trium positorum numerorum ad summam additionis eorum, ita quadratus uniusquisque positorum ad quadratum sui consimilis quæsitorum ut in hoc in qua fuerit proportio quadratorum de 8 et 12 et 15. scilicet positorum numerorum ad quadratos quæsitorum numerorum sicut 14400 ad $\frac{1}{2}$ 5. scilicet sicut summa multiplicationis ipsorum ad summam addictionis eorumdem quæ proportio dicitur duplicata cum quadrati surgant ex multiplicatione duorum equalium numerorum. Et cum numeri fuerint quatuor erit sicut factus ex multiplicatione positorum ad factum ex additione eorumdem; ita cubus uniuscuiusque positorum ad cubum sui consimilis quæsitorum quæ proportio dicitur triplicata cum cubi surgant ex multiplicatione trium equalium numerorum.

Et cum numeri fuerint quinque erit siquidem proportio positorum ad eorum consimiles quæsitorum
quadruplicata in his quæ diximus superius et in sex
numeris cadet proportio quincuplata, et cætera.

Nam si cognoscere vis utrum radices inventorum
tetragonorum scilicet $\frac{5}{9}$ 1 et de $\frac{1}{2}$ 3 et de $\frac{33}{48}$ 7 sint ad
invicem in quisitis proportionibus scilicet sicut 3. est
ad 3. ita radix de $\frac{5}{9}$ 1. sint ad radicem $\frac{1}{2}$ 3. et sicut 4.
sunt ad 5. ita radix de $\frac{1}{2}$ 3. sint ad radicem de $\frac{33}{48}$ 9.
multiplicabis ergo $\frac{5}{9}$ 1 et $\frac{1}{2}$ 3. per 18 in quibus reperiuntur $\frac{1}{9}\frac{1}{2}$ et habebis 28 et 63. et quoniam 28 sunt
ad sicut tetragonis binarii ad tetagonum ternarii hoc
est sicut 4 ad 9. cognoscitur quod radix de $\frac{5}{9}$ 1. est
ad radicem de $\frac{1}{2}$ 3. sicut 2 ad 3. similiter invenies
radicem de $\frac{1}{2}$ 3. esse ad radicem de $\frac{33}{48}$ 5. sicut 4 sunt
ad 5. cum $\frac{1}{2}$ 3.sint ad $\frac{33}{48}$ 5. sicut tetragonis quaternarii
ad tetragonum quinarii. Item si vis cognoscere utrum
multiplicatio radicum trium inventorum tetragonorum
surgat in ascensione additionorum ipsarum multiplica
$\frac{5}{9}$ 1 per $\frac{1}{2}$ 3. quam multiplicationem multiplica per
$\frac{33}{48}$ 5 erunt $\frac{132}{144}$ 30. cuius numeri radix est summa multiplicationis radicum trium tetragonorum dictorum.
Iterum ut habeas junctiones ipsarum junge tres numeros inventos superius in quibus proportionibus
scilicet 8 et 12 erunt 35. et accipe tetragonum primi
numeri scilicet 64 et tetragonum de 35. scilicet 1225.
quia in qua proportione est tetragonus primi positi
numeri ad tetragonum junctionis trium positorum
numerorum, ita primus inventus tetragonus est ad
tetragonum junctionis radicum trium inventorum tetragonorum, hoc est sicut 64, sunt ad 1225. ita $\frac{5}{9}$ 1

23.

est ad tetragonum summæ junctionis trium radicum
suprascriptarum; quare multiplicanda sunt 1225 per
$\frac{5}{9}$ 1. et dividenda multiplicatio eorum per 645. et
invenies similiter $\frac{132}{144}$ 30. pro tetragono junctionis
trium prædictarum radicum : possumus multas varias
quæstiones de similibus in tribus numeris vel in pluribus proponere secundum quod in duorum numerorum quæstionibus superius fecimus quorum omnium
solutiones per ea quæ dicta sunt satis aperte inveniri
possunt.

Incipit pars tertia de solutione quarumdam quæstionum
secundum modum algebræ et almichabile scilicet ap-
proportionis et restaurationis.

Ad computationem quidem algebræ et almuchabile
tres proprietates que sunt in quolibet numero consi-
derantur, que sunt radix quadratus et numerus simplex. Cum itaque aliquis numerus multiplicatur in
se et provenit aliquid, tunc factus ex multiplicatione
quadratus est multiplicati et multiplicatus sui quadrati
est radix : ut cum multiplicatur 3. in se venunt 9.
sunt enim 3. radix de 9 et 9. sunt quadratus ternarii,
et cum numerus non habet respectum ad quadratum
vel radicem tunc simpliciter numerus appellatur; hæc
autem in solutionibus quæstionum inter se equantur
sex modis ex quibus tres sunt simplices et tres com-
positi : primus quidem modus est quando quadratus
qui census dicitur equatur radicibus; secundus quando
census equatur numero. Tertius quando radix equatur
numero. Unde cum in aliqua quæstione invenientur

census vel partem unius census equari radicibus vel
numero debent redigi ad equationem unius census
per divisionem ipsorum in numerum censuum. Verbi
gratia cum duo census equatur decem radicibus divides radices per numerum census scilicet 10 per 2.
exibunt radices 5. que equantur uni censui hoc est
radix census est 5 et census est 25. quia quot radices
equantur censui, sit unitates sunt in radice census.
Item si tres census equantur radicibus 12. tunc tertia
pars trium censuum equatur tertiæ parti de radicibus
12. hoc est unus census equatur quatuor radicibus;
quare radix census est 4 et census est 16. similiter
cum in census $\frac{1}{2}$ 3. equantur radicibus 21. divides 21
per $\frac{1}{2}$ 3. et invenies quod unus census equatur radicibus 6; et si $\frac{1}{2}$ unius census equatur 5. radicibus divides 5 per $\frac{1}{2}$ hoc est multiplicabis 5 per 2. quæ sunt
sub virga et divides per 1. quod est suprascripta virga
exibunt 10. ergo unus census equatur 10. racidibus;
et si $\frac{1}{3}$ unius census equantur 8. radicibus tunc census
equabitur radicibus 12. quia divisis 8 per $\frac{1}{3}$ veniunt
12. hæc omnia intelligantur cum census augmentatus
vel diminutus equalitur alio numero. Sed ut hæc
apertius habeantur, ponatur 5. census equari debue-
runt 45. divides ergo 45 per 5. venient denarii 9.
qui equantur censui hoc est census est 9. et radix
eius est 3. similiter cum census $\frac{1}{3}$ 4 equatur denariis
26. divides 26 per $\frac{1}{3}$ 4. scilicet 78 per 13. exibunt 6.
qui equatur unus census, quare radix eius est surda
cum sit radix numeri non quadrati. Et cum $\frac{3}{4}$ unius
census equantur denarii 12, tunc census equabitur
denariis 16. quia divisis 12 per $\frac{3}{4}$ scilicet 48 per 3.

venient 16. quare radix census est 4. similiter facies
cum radices vel partes unius radicis equantur numero,
his autem ostensis reliquos tres modos compositos
demostremus. Primus enim modus est quando census
et radices equantur numero; secundus quando radices et numerus equantur censibus; tertius modus est
quando census et numerus equantur radicibus. Unde
cum in aliqua questione invenietur census augmentatus vel diminutus cum compositione radicum et
numeri tunc omnia reducenda sunt ad censum unum.
Verbi gratia duo census et decem radices equantur
denariis 30. ergo unus census et 5. radices equantur
denariis 15. simili quoque modo, si tres census et
12 radices equantur denariis 39. divides hæc per numerum censuum scilicet per 3. proveniet unus census
et quatuor radices quæ equantur denariis 13. item si
inveniantur radices 15 et denarii 60. qui equantur
censibus 5. divides hæc omnia per numerum censuum
scilicet per 5. et invenies quod unus census equatur
tribus radicibus et denariis 12. Item si $\frac{4}{5}$ unius census et radices 10. equantur denariis 20. divides hæc
omnia per $\frac{4}{5}$. scilicet multiplicabis radices 10. et de-
darios 20 per 5 exibunt 50. et denarii 100. quæ divides
per 4 et sic invenies quod unus census et radices $\frac{1}{2}$ 7.
equantur denariis 25. et sic intelligas in similibus. Et
cum hec omnia operari sciveris et volueris invenire
quantitatem census quæ cum datis radicibus equantur
numero dato. sic facias : accipe quadratum medietatis radicum, et adde cum super numerum datum
et eius quod provenerit radicem accipe de qua numerum medietatis radicum tolle et quod remanserit

erit radix quæsiti census. Verbi gratia census et decem
radices equantur 39. dimidium itaque ex radicibus
est 5. quibus in se multiplicatis faciunt 25. quibus
additis 39 faciunt 64. de quorum radice que est 8. si
auferatur medietas radicum scilicet 5. remanebunt 3.
pro radice quæsiti numeri census; quare census est 9.
et ipsius decem radices sunt 30. et sic census et decem
radices equantur 39. nam unde hec regula procedat
per duplicem figuram ostendere procurabo. Adiaceat
siquidem tetragonus a. b. c. d. habens in singulis
lateribus amplius quam ulnas 5. et accipiatur super
latus a. b. punctus e. et super latus a. d. punctus f.
et super latus b. c. punctus g. et super latus c. d.
punctus h. et sit unaquaque rectarum b. e. c. g. et
c. h. et d. f. ulnarum 5. et complicantur rectæ e. h.
et f. g. et quia tetragonum est quadrilaterum a. c.
erit latus d. a. equalis lateri. b. a. et cum de qualibet
equalia auferantur quæ remanent erunt equalia quare
si ex d. a. auferatur d. f. et ex b. a. auferatur b. e.
quarum unaquæque est 5. remanebit siquidem e. a.

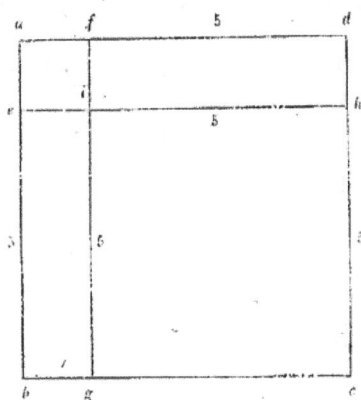

equalis rectæ f. a. sed recta a. e. equalis est recta f. ..

cum equalis sit recta *f. g.* rectæ *a. b.* est enim recta
i. g. equalis rectæ *e. b.* propter eadem ergo, et recta
e. a. equalis est rectæ *a. f.* cum recta *e. h.* sit equalis
rectæ *a. d.* et recta *i. b.* rectæ *f. d.* tetragona ergo
sunt quadrilatera *e. f.* et *g. h.* ponam itaque processu
quæsito quadrilaterum *e. f.* quod est ignotorum laterum cuius radix est unaquaque rectarum *e. i.* et *i. f.*
sed rectæ *e. i.* duplicata est superficies recti angulo
b. i. quæ est quinque radices census *e. f.* cum ipsa
superficies aplicata sit super radicem eius et sit unaquaque rectarum *e. b. i. g.* similiter et superficies
i. d. constat ex 5. radicibus census *e. f.* cum sit
aplicata super radicem ipsius scilicet super latus *a. f.*
et sit 5. unaquæque rectarum *f. d.* et *i. h.* sed quia
census et 10. radices equantur denariis 39. erunt ergo
39 prædictæ tres superficies quæ sunt *e. f. b. a. i. d.*
quibus addantur 25. scilicet tetragonum *g. h.* cuius
unumquodque latus est 5. habebuntur 64. pro toto
tetragono *a. b. c. d.* quorum radix scilicet 8. est longitudo uniuscuiusque lateris eius, quare si auferatur
ex *b. a.* recta *b. e.* scilicet 5 de 8. remanebunt 3 pro

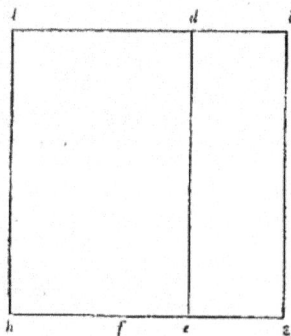

linea *e. a.* ergo radix quæsiti census est 3 et census

est 9. pro addito cum decem suis radicibus faciunt 39.
ut oportet. Aliter sit census quæsitus tetragonum *e. i.*
et super latus *d. e.* applicentur decem radices; enim
scilicet superficies recti angula *d. b.* cuius numeri
quodque latum *h. e.* et *l. d.* sit 10. et dividatur recta
h. e. in duo equa super *t.* et quoniam census *ε. d.* et
eius 10. radices *d. h.* equatur denariis 39. ergo tota
superficies recti angula *ε. l.* est 39. quæ superficies
constat ex *i. ε.* in *h. ε.* recta quidem *ε. i.* equalis est
recte *ε. e.* cum sit tetragonum quadrilatorum *e.* ergo
exductu *ε. e.* in *ε. b.* proveniunt 39. quibus addatur
tetragonum lineæ *e. c.* quod est 25. habebuntur 64.
pro tetragono lineæ *t. c.* quare radix de 64. scilicet 8.
est recta *f. c.* de qua si auferatur recta *e. c.* quæ est
5. remanebunt 3. pro linea *c. ε.* ergo radix census *e. i.*
est 3. et census est 9. ut per alium modum invenimus.
Et cum ceciderit in solutione alicuius quæstionis quod
census equatur radicibus et numero tunc quadratum
medietatis radicum addes super numerum et super
radicem eius quod provenerit addes numerum medietatis radicum et habebis radicem quæsiti census. Verbi
gratia census equetur decem radicibus et denariis 39.
Addam siquidem quadratum medietatis radicum scilicet 25. super 39 erunt 64. quorum radix scilicet 8.
scilicet medietatem radicum proveniet 13. pro radice
quæsita census; quare census est 169. Nam si unde
hec regula procedit scire vis aiaceat tetragonum *a. b.*
c. d. cuius unumquodque latus sit plus quam 10. et
protrahatur in ipso linea *e. f.* et sit 10. unaquaque
rectarum *e. c.* et *f. d.* et dividatur *e. c.* in duo equa
super *g.* et sit census quæsitus tetragonum *h. d.* quare

decem radices erit superficies *c. d.* cum sit aplicata
super latus *e. f.* quod est equalis radici ipsius census

hoc est lineæ *a. b.* et est 10. unaquaque linearum *c. e.*
et *f. d.* remanebit superficies *f. b.* 39. quæ proveniunt
ex ductu *f. e.* in *e. b.* scilicet *f. e.* est equalis rectæ
b. c. ergo ex *b. e.* in *b. c.* proveniunt 39. quibus si
addatur quadratus lineæ *e. g.* veniunt 64. pro quadrato
lineæ *b. g.* cuius radici addatur linea *g. c.* scilicet 5.
venient 13. pro linea *b. c.* quæ est radix quæsiti census
quare census est 169. Et cum occurerit quod census
et numerus equentur radicibus scias hoc fieri non
posse nisi numerus fiat equalis vel minor quadrato
medietatis radicum quod si equalis fuerit habebitur
pro radice census numerus medietatis radicum et si
qui censu equatur radicibus fuerit minor quadrato
medietatis radicum et si id quod remanserit non erit
radix quæsiti census tunc addes id quod extraxisti
super numerum de quo extraxisti habebis radicem
quæsiti census. Verbi gratia census et 40. equatur 14.
radicibus dimidiatis siquidem radicibus veniunt 7.
de quorum quadrato de 49 extrahe 40. remanent 9.
quorum radicem quæ est 3. extrahe de medietate ra-

dicum scilicet de 7. remanebunt 4. pro radice quæsiti census, ergo census est 16. quibus additis cum 40

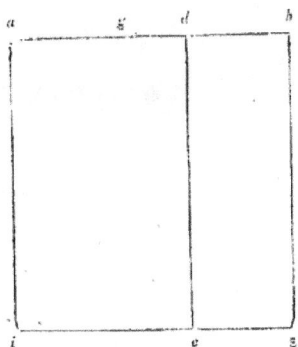

faciunt 56. quæ sunt radices 14. eiusdem census cum exducta radice quæsiti census et sic census erit 100. quo addito 40 faciunt 140. quæ sunt radices de 14 de 100. cum ex multiplicatione radices de 100 in 14. provenient 140. et sic non solvetur quæstio cum diminutione solvetur sine dubio cum additione, et si unde hæc regula procedat nosse vis adiaceat linea *a. b.* quæsiti et dividam eam in duo equalia super *g.* et in duo inequalia super *d.* et constituam super unam ex inequalibus portionibus tetragonum, constituantur primum super minorem portionem quæ est *d. b.* tetragonum *d. ε.* et protrahatur *ε. e.* in directo in punctum *i.* et sit recta *ε. i.* equalis rectæ *a. b.* et copuletur recta *i. a.* et quia recta *ε. b.* est radix census *d. ε.* et recta *a. b.* est 14. erit tota superficies *a. ε.* radices 14. ex censu *d. ε.* Et quia census et 40. equatur racidibus 14. erit superficies *a. e.* 40. quod proveniet ex *d. e.* in *d. a.* hoc est ex *b. d.* in *d. a.* quibus 40. si addatur quadratus scitionis *d. g.* habebuntur 49. scilicet quadratum lineæ *g. b.* quare quadratum lineæ *d. g.* est 9.

quorum radix scilicet 3. est linea *g. d.* cui si addatur
linea *g. a.* erit 10. tota linea *a. d.* et si auferatur *g.
d.* ex *g. b.* remanebunt 4. pro linea *d. b.* quæ est radix
census *d. ε.* et supra linea *a. d.* constituatur census
a. l. ut in hac alia figura remanebit superficies *l. b.*

40. quod provenit ex *l. d.* in *d. b.* hoc est ex *a. d.* in
d. b. quæ 40. si extrahantur ex quadrato lineæ *a. b.*
remanebunt 9. quorum radix scilicet 3. est linea *g.*
quare *a. d.* est 10. Ergo radix census *a. b.* est 10. et
census est 100. ut prædiximus. Cum his autem sex
regulis possint solutiones infinitarum quæstionum
reperiri : sed oportet eòs qui per eorum modum
procedere volunt, scire ea quæ diximus in multiplicatione et divisione et extractione seu additione radicum et binomiorum atque recisorum quibus per-
fecte cognitis quædam quæstiones super hæc proponantur.

*Expliciunt introductiones Algebræ et Almuchabile, in-
cipiunt quæstiones eiusdem.*

Si vis dividere 10. in duas partes, quæ in simul

multiplicatæ faciant quartam multiplicationis maiores
partis in se, pone pro maiori parte radicem quam
appellabis rem, remanebunt pro minore parte 10.
minus re, qua multiplicata in re venient 10. res minus
censu et ex multiplicata re in se proveniet census,
quia cum multiplicatur radix in se provenit quadratus
ipsius radicis : ergo decem res minus censu equantur
quartæ parti census. Quare quadruplum ipsarum equabitur censui uni : ergo multiplica 10. minus censu per
4. venient 40. radices minus 4. censibus quæ equantur
censui. Restaura ergo 4. census ab utraque parte
erunt 5. census quæ equantur 40. radicibus : quare
divide radices 40 per 5 exibunt radices 8. quibus
equatur census ; ergo portio pro qua posuisti rem est
8. quibus extractis de 10. remanent 2. quæ sunt alia
portio, et sic perduximus hanc quæstionem ad unam
ex sex regulis ad eam videlicet in qua census equatur
radicibus ad quam etiam reducemus hanc in qua
divisi 10. in duas partes ex quibus multiplicavi unam
per aliam et in id quod provenit divisi quadratum
unius portionis et provenit $\frac{1}{2}$ 1. pone iterum rem pro
una portione remanebunt 10. minus re, et multiplica
rem in 10 minus re venient 10. res minus censu. Et
multiplica rem in se veniet census quem divide per
10. res minus censu quod sic fit : tu scis quia ex ipsa
divisione provenit $\frac{1}{2}$ 1. ergo si multiplicas ex eadem
per divisorem provenit utique divisus numerus, scilicet census multiplica ergo 10. res minus censu per
$\frac{1}{2}$ 1. exibunt 15. res minus censu et dimidio quæ
equantur censui. Restaura ergo censum $\frac{1}{2}$ 1. ab utraque
parte et erunt censui $\frac{1}{2}$ 2. qui equantur radicibus 15.

quare divide 15. radices per $\frac{1}{2}$ 2 exibunt 6. radices
quæ equantur censui. Quare census est 36. quorum
radix scilicet 6. est una ex duabus portionibus, reliqua autem erit 4. Item divisi 10 in duas partes et
multiplicavi unam earum in se et quod provenit multiplicavi per $\frac{7}{9}$ 2. et id quod provenit fuit 100. scilicet
quadratus de 10. sic facies : pone pro ipsa portione
ipsam rem quam multiplica in se venient census que
multiplica per $\frac{7}{9}$ 2 venient census $\frac{7}{9}$ 2. qui equantur
100. divide ergo 100 per $\frac{7}{9}$ 2 venient 36. quibus equatur census : quare radix eorum quæ est 6. est una ex
duabus portionibus et sic perducta est hæc quæstio
ad secundam regulam in qua census equantur numero. Item divisi 10 in duas partes et divisi maiorem
earum per minorem et id quod provenit fuit $\frac{1}{3}$ 2. sic
facies : pone rem pro una ex suprascriptis portionibus;
quare alia erit 10. minus re et divide 10 minus re
in rem, quia ex ipsa divisione veniunt $\frac{1}{3}$ 2. multiplica
divisionem per $\frac{1}{3}$ 2 venient res $\frac{1}{3}$ 2. quæ equantur 10
minus re. Adde ergo res utrique parti et erunt res
$\frac{1}{3}$ 3. quæ equantur 10. divide ergo 10 per numerum
rerum scilicet per $\frac{1}{3}$ 3. veniet quod una res equabitur
tribus denarii : quare una ex suprascriptis portionibus
3. a quibus usque in 10 sunt 7. pro alio portione et
sic reducto est hæc quæstio ad tertiam regulam ubi
radices equantur numero.

Divisi in duas partes 12 et multiplicavi unam earum
per 27 et quod provenit fuit equale quadrato alterius
partis, sic facies : pone rem pro una partium remanebunt 12 minus re pro alia, quibus multiplicatis
per 27 faciunt 324. minus 27. rebus et multiplica

rem in res scilicet primam partem in se proveniet
census qui equatur denariis 324. minus 27 rebus,
quibus rebus additis utrique parti veniet census et 27.
res quæ equantur denariis 324. et sic reducta est hæc
questio ad unam ex tribus compositis regulis ad eam
videlicet in qua census et radices equantur numero.
Unde ut procedas secundum ipsam regulam multi-
plica $\frac{1}{2}$ 13 scilicet dimidium radicum in se erunt $\frac{1}{4}$ 182.
quæ adde cum 32. rerum $\frac{1}{4}$ 56. quibus radicem invenias sic fac quartas ex his erunt 2025. cui numero
radicem invenias eritque 45. quæ divide per radicem
de 4. quæ sunt sub virga scilicet per 2 exibunt $\frac{1}{2}$ 22.
de quibus extractæ medietates radicum remanebunt
9. pro radice census, quæ sunt una pars a quibus
usque in 12 desunt 3. pro secunda parte. Multipli-
cavi 1. plus de $\frac{1}{3}$ unius numeri per unum plus de $\frac{3}{4}$
eiusdem et provenerunt 73. pone pro ipso numero
rem ergo vis multiplicare $\frac{2}{3}$ rei uno addito per $\frac{3}{4}$ rei
plus uno. Multiplica ergo $\frac{2}{3}$ per $\frac{3}{4}$ rei proveniet medietas census et multiplica unum per unum faciet 1.
et unum in $\frac{3}{4}$ rei, et unum in $\frac{2}{3}$ rei veniet res et $\frac{5}{12}$ rei
et sic ex eorum multiplicatione habebitur medietas
census et res $\frac{5}{17}$ 1. et denarius unus qui equatur denariis 73. Abice ergo denarium unum ab utraque parte
remanebit medietas census et res $\frac{5}{12}$ que equantur
denariis 72. resintegra itaque censum tuum et habebis censum et res $\frac{5}{6}$ 2. quæ equantur 144. quare
dimidia radices exibunt $\frac{17}{12}$. Quas multiplica in se venient 2 $\frac{1}{144}$ quæ adde cum 144 erunt $\frac{1}{144}$ 146. quibus
radicem invenies ordine demostrato scilicet multiplica
146 per 144. et adde unum erunt centesimæ quadra-

gesimæ quartæ, 21,075. cuius numeri radicem divide
per 12 scilicet per radicem de 144. que sunt sub virga
et habebis $\frac{1}{13}$ 12 pro radice quæsita de qua extrahe
medietatem radicum scilicet $\frac{5}{12}$ 1. remanebunt $\frac{1}{2}$ 10
pro numero quæsito super $\frac{2}{3}$ quorum si addatur 1
venient $\frac{1}{9}$ 8. etiam et addito uno super $\frac{3}{4}$ ipsorum
venient 9 et ex $\frac{1}{9}$ 8. multiplicatis in 9 surgunt 73. ut
propositum fuit.

Divisi decem in duas partes et addidi simul quadratos ipsorum et provenerunt $\frac{1}{2}$ 62. pone itaque
rem pro prima parte et multiplica eam in se venient census, simul multiplicata secundam partem
in se quæ est 10. minus re quam multiplicationem
facies sic ex 10. in 10 veniunt 100. et ex re diminuta
in rem diminutam provenit census additus et ex 10
multiplicatis bis in rem diminutam proveniunt 20.
res diminutæ et sic pro multiplicatione de 10. minus
re in se habentur 100. et census 20. rebus diminutis
quare si addantur cum quadrato primæ partis scilicet
cum censu erunt 100. et duo census minus viginti
rebus quæ equantur denariis $\frac{1}{2}$ 62. Adde ergo viginti
res utrique parti erunt 100. et duo census quæ equan-
tur 20. rebus et denariis $\frac{1}{2}$ 62. Abice igitur $\frac{1}{2}$ 62. ab
utraque parte remanebunt duo census et denariis
$\frac{1}{2}$ 37. quæ equantur 20. radicibus et sic producta est
hæc quæstio ad tertiam regulam compositarum ubi
census et numerus radicibus equantur, quare ut ipsam
immiteris regulam divide numerum et radices per
numerum censuum scilicet per 2. hoc est dimidia ea
eveniet quod census et denarii $\frac{3}{4}$ 18. equantur radicibus 10. dimidia ergo radices venient 5. quæ mul-

tiplica in se erunt 25. de quibus extrahe $\frac{3}{4}$ 18. remanent $\frac{1}{4}$ 6. quorum radicem scilicet $\frac{1}{2}$ 2. extrahe de
medietate radicum scilicet de 5 remanebunt $\frac{1}{2}$ 2. quæ
sunt una prædictarum partium à quibus usque in 10.
desunt $\frac{1}{2}$ 7. quæ sunt secunda pars. Et si extracto
quadrato minoris partis de quadrato maioris remanent
50. sic facies quadratum unius partis scilicet censum
de quadrato alterius extrahe scilicet de 100 et censu
viginti rebus diminutis remanebunt 100. diminutis 20.
rebus quæ equantur 50. quare adde ûtrique parti 20.
res et tolle de unaquaque 50 remanebunt viginti res
quæ equantur 50. quare divide 50 per 20. veniunt
$\frac{1}{2}$ 2 pro minori portione.

Multiplica siquidem tertiam unius numeri per quartam eius et provenit ex multiplicatione idem numerus et
denarii 24. pone pro ipso numero rem et multiplica
$\frac{1}{3}$ rei per quartam eius veniet $\frac{1}{12}$ census quæ equatur
rei et denariis 24. Reintegra ergo censum scilicet
multiplica hæc omnia per 12. et veniet census qui
equatur duodecim rebus et denariis 288. multiplica
ergo 6. quæ sunt dimidium radicum in se erunt 36.
quæ adde cum 288 erunt 324. super quorum radicem
adde dimidium radicum erunt 24. quæ sunt radix
census ergo quæsitus numerus est 24. et sic reducta
est hæc quæstio ad secundam ex tribus regulis compositis ubi census equatur radicibus et numero.

Divisi 10 in duas partes et divisi illam per istam
et istam per illam et provenerunt $\frac{1}{4}$ 3. In hac quæstione oportet quædam predicere etiam et demostra-
tionibus demostrare Sit itaque prima illarum partium
a. et secunda b. et dividatur b. in a. et proveniat d.

et a. in b. et proveniat g. coniunctum. ergo ex g. d.
est $\frac{1}{3}$ 3. et quia cum dividitur a. in b. provenit g. d.

ergo si multiplicetur g. in b. provenit a. quod si
multiplicetur in a. veniet quadratus numeri a. et cum
dividetur b. in a. provenit d. ergo si multiplicetur d.
in a. proveniet b. quod si multiplicetur in b. proveniet
quadratus numeri b. ergo ex a. in d. ducta in b. et ex
b. in g. ducta in a. hoc est ex a. in b. ducto in coniunctum ex numeris g. d. scilicet $\frac{1}{3}$ 3. proveniet summa
quadratorum ex numeris a. b. quibus demostratis sit
prima pars res a. remanebit pro b. 10. minus re et
multiplicetur a. in se proveniet census et b. in se
provenient 100. et census diminutis viginti radicibus
quibus omnibus in unum junctis erunt 100. et duo
census minus 20. radicibus pro duobus quadratis numerorum a. b. quæ equantur multiplicationi ex a.
in b. ducta in $\frac{1}{3}$ 3. quare multiplicetur a. in b. scilicet
res in 10. minus re erunt 10 erunt 10. res minus censu,
quæ multiplica per $\frac{1}{3}$ 3 erunt res $\frac{1}{3}$ 33. minus censibus
$\frac{1}{3}$ 3. quæ equantur 100 denariis et duobus censibus
viginti rebus diminutis; adde ergo utrique parti 20.
res et census $\frac{1}{3}$ 3. et habebis 10 et census $\frac{1}{3}$ 5. quæ
equantur rebus $\frac{1}{3}$ 53. quæ omnia divide per numerum
censuum scilicet per $\frac{1}{3}$ 9. et veniet census et denariis
$\frac{3}{4}$ 18. que equantur radicibus 10. dimidia ergo radices

et multiplica eas in se erunt 25. ex quibus extrahe $\frac{3}{4}$
18 remanebunt $\frac{1}{4}$ 6. quorum radicem adde super medietatem radicum et habebis $\frac{1}{2}$ 7 pro maiori portione
quare minor portio erit $\frac{1}{2}$ 2.

Rursus divisi 10. in duas partes et multiplicavi
unam earum per 6. et quod provenit divisi per aliam
partem et tertiam eius et quod provenit addidi super
summam multiplicationis primæ partis in 6. et totum
id quod concretum est fuit 39. Pone siquidem pro
prima parte rem, et ipsam multiplica per 6 et proveniet 6. res quas debet dividere per secundam partem scilicet per 10. minus re et eius quod provenerit
tertiam partem debes addere super 6. res ut habeas
39. quare accipe tertiam 6. rerum erit duæ res quæ
divise per 10. minus revenient illud quod debet addi
super 6. res ut veniat 39. ergo id quod provenit ex
divisione duarum rerum in 10. minus re est 39. ex-
ceptis 6. rebus : quare si multiplicas divisorem per
ex eundem provenit utique divisus numerus scilicet
duæ res; multiplica ergo 10. minus re in 39. minus
6. rebus et provenient denarii 390. et 6. census diminutis 99. rebus quæ equantur duabus rebus. Adde
ergo 99. res utrique parti erunt sex census et denarii
390. quæ equantur rebus 101. Divide hec omnia per
numerum censuum scilicet per 6. veniet quod census
denarii 65. equantur rebus $\frac{5}{6}$ 16. quare de quadrato
medietatis radicum abice 65. et eius quod remanserit
radicem accipe que erit $\frac{5}{12}$ 2. quam accipe de numero
medietatis radicum scilicet de $\frac{5}{12}$ 8 remanebunt 6.
quæ sunt radix census, quare radix ipsius census
scilicet 6. est una ex duabus portionibus quæ si per

6. multiplicata fuerit venient 39. quibus divisis per secundam partem veniet 9. quorum tertia si addatur super 36. nimium 39. provenient propositum fuit.

Divisi 60. in homines et provenit unicuique aliquid, et addidi duos homines super illos et per omnes ipsos divisi 60. et provenit unicuique denarii $\frac{1}{2}$ 2. minus ex eo quod provenerat prius; sit numerus primorum hominum linea *a. b.* et erigatur super ipsam secundum rectum angulum linea *b. g.* quæ sit illud quod contingit unicuique illorum de præscriptis denariis 60. et protrahe lineam *g. d.* equalem equidistantem lineæ *b. a.* et copuletur recta *d. a.* ergo spatium quadrilateri *a. b. g. d.* 60. cum colligatur ex *a. b.* in *b. g.* deinde linea *a. b.* protrahe in punc-

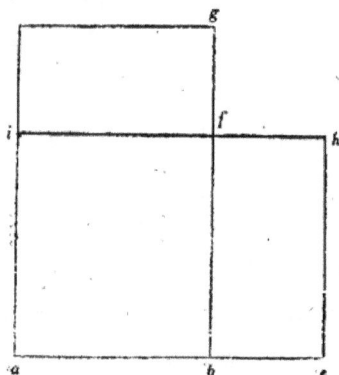

tum *e.* et sit *b. e.* 2. scilicet numerus hominum additorum et signetur in linea *b. g.* punctus *f.* et sit *g. f.* $\frac{1}{2}$ 2. scilicet illud quod diminutum fuit unicuique per additionem duorum hominum et per punctum *f.* protrahatur linea *h. i.* equalis et equidistans lineæ *e. a.* et copuletur recta *e. b.* eritque quadrilaterum *h. e. a. i.* 60. cum colligatur ex *a. e.* in *e. h.* scilicet

ex *a. e.* in *b. f.* quæ *b. f.* est id quod provenit unicuique ex denariis 60, in homines *a. e.* ergo superficies
g. a. equatur superficiei *b. d.* ergo multiplicatio *g.*
b. in *b. a.* equatur multiplicationi *a. e.* in *f. b.* Quare
ipsæ quatuor lineæ proportionales sunt est ergo sicut
g. b. prima ad *f. b.* secundam, ita *e. a.* tertia ad
b. a. quartam, quare si dividatur erit sicut *g. f.* ad
f. b. ita *e. b.* ad *b. a.* et cum permutaveris erit sicut
g. f. ad *e. b.* ita *f. b.* ad *b. a.* scilicet proportio *g. f.*
ad *e. b.* est sicut 5 ad 4. ergo et *f. b.* ad *b. a.* est sicut
5. ad 4. ergo *f. b.* continet semel et quartum numerum *a. b.* pone ergo pro numero *a. b.* rem, erit ergo
b. f. res $\frac{1}{4}$ 1. et multiplica *a. b.* in *b. f.* et provenit
census $\frac{1}{4}$ 1. superficie *b. i.* et multiplica *a. b.* in *f. g.*
scilicet *i. f.* in *f. g.* provenient res $\frac{1}{2}$ 2. pro denarii $\frac{1}{8}$
7. equantur denariis 20. divide igitur hec omnia per
numerum censuum scilicet per $\frac{1}{3}$ 1. et invenies quod
census et radices $\frac{1}{2}$ 5. equantur denariis 15. procedit

ergo secundum regulam eius et invenies radicem cen-

sus scilicet *a. b.* esse 2. quare *b. g.* est 10. potest etiam
proportio *f. b.* ad *a. b.* promptius inveniri : ponam
iterum lineam *a. b.* rem cui est equalis linea *i. f.* ergo
i. f. est res : multiplicabo siquidem *a. f.* in *f. g.* scilicet res in 4. et venient 4. res pro superficie *f. d.*
cui addam superficiem *e. a.* quæ 30. erunt itaquæ duæ
superficies *a. e.* et *f. d.* 30 et 4. res de quibus auferam superficies *a. d.* quæ est 20. ergo pro superficie
e. f. remanebunt 10 et 4. res quæ superficies fit ex
e. b. in *b. f.* quare si dividatur 10 et 4. res per *e. b.*
scilicet per 3. venient $\frac{1}{3}$ 3 et res $\frac{1}{3}$ 1. pro linea *a. f.* ut
per alium modum invenimus.

Item divisi 20. et homines et accidit unicuique
aliquid, et addidi duos homines et in omnes divisi 60.
et accidit unicuique denarii 5. plus eo quod acciderat antea. Ponam itaque *a. b.* numerum primorum
hominum, et *b. c.* sit id quod contingit unicuique
eorum ex denariis 20. et super addam ei lineam *c. d.*
quæ sit 5. et lineæ *a. b.* addam lineam *b. g.* quæ
2. et explebo quadrilaterum equiangulum *e. g.* quæ
constat sub rectis *f. g. g. a.* et est *a. g.* numerus
omnium hominum et *f. g.* id quod contingit unicuique ex 60. cum sit equalis lineæ *d. b.* ergo superficies *g. e.* est 60. et superficies *b. i.* est 20. ponam
ergo pro *a. b.* rem erit et *i. c.* res et multiplicabo
i. c. per *c. d.* veniunt 5. res quæ addam super superficiem *b. i.* quæ est 20. veniunt in summa 20 et 5.
res pro superficie *b. e.* quæ extraham ex superficie *g. e.* scilicet de 60 remanebunt 40 minus 5.
rebus pro superficie *g. d.* de qua etiam auferam superficiem *h. d.* quæ est 10. cum proveniat ex *h.* in *ε.*

scilicet ex 2. in 5 remanebunt 30 minus 5. rebus pro
superficie g. e. si dividatur pro g. b. scilicet per 2.

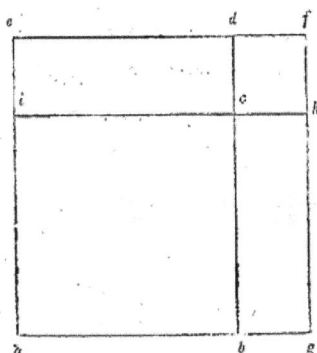

venient 15 minus rebus $\frac{1}{2}$ 2. pro linea b. c. et est id
quod provenit unicuique primorum hominum quare
multiplica a. b. in b. c. scilicet rem in 5 minus rebus
$\frac{1}{2}$ 2. venient 15. res diminutis censibus $\frac{1}{2}$ 2. quæ equantur 20. Restaura ergo census $\frac{1}{2}$ 2 erunt census $\frac{1}{2}$ 2 et
20. qui equantur 15 rebus; divide ergo hæc omnia
per numerum censuum scilicet per $\frac{1}{2}$ 2. veniet quod
census et denarii 8. equantur 6. rebus quare ex quadrato medietatis radicum scilicet ex 9. extrahe superficie f. d. ergo tota superficies b. d. est census $\frac{1}{4}$ 1. et
res $\frac{1}{2}$ 2. scilicet ipsa est 60. ergo census   1 et res $\frac{1}{2}$ 2.
equantur denariis 60. divide ergo hæc omnia per
numerum censuum per $\frac{1}{4}$ 1. veniet census et radices
2. que equantur denariis 48. Adde ergo quadratus
medietatis radicum scilicet 1. super 48. erunt 49. de
quorum radice abice medietatem radicum remanebunt
6. pro numero a. b. quare b. g. est 10. et a. e. est 8.
Aliter quia superficies g. a. et a. h. sibi invicem
equantur cum qualibet ipsarum sit 60. si communiter.

auferatur recti angula superficies *a. f.* remanebit
superficies *d. f.* equalis superficiei *e. f.* equales ergo
superficies et equi angulæ circa equales angulos super
mutue proportionis. Unde est sicut *g. f.* ad *f. h.* ita
f. b. ad *f. i.* hoc est ad *b. a.* scilicet *g. f.* ad *f. b.* est
sicut 5 ad 4. ergo et *f. b.* ad *b. a.* est sicut 5 ad 4. ut
superius inventum est.

Item divisi 20 in homines et provenit aliquid et
addidi tres homines et inter omnes divisi 3o et accidit
unicuique minus eo quod venerat prius : sit itaque
linea *a. b.* numerus primorum hominum, et *b. g.*
sit id quod accidit unicuique ex 20. quare superficies
b. d. rectiangula est 20. et protrahatur *a.* in *b. e.* et
sit *b. e.* 3. nec non et ex linea *b. g.* extrahatur *g. f.*
quæ sit 4. et per punctum *f.* protrahatur linea *i. h.*
equidistans et equalis lineæ *a. e.* et copuletur *h. e.*
et erit 3o superficies *e. i.* quare superficies *i. c.* addit
10. superficiem *b. d.* quare applicetur lineæ *i. d.*
superficies *d. k.* quæ sit 10. et protrahatur linea *e. a.*
in *ε.* et sit *a. ε.* equalis in *k.* et copuletur linea *l. ε.*
et quoniam superficies *b. d.* est 20. et super *i. l.* est
10. erunt itaque ambæ superficies *b. d.* et *i. l.* equales
superficiei *i. e.* Communiter addatur superficies *a. k.*
erit tota superficies *e. k.* equalis toti superficiei *b. l.*
et quia superficies *d. k.* est 4. et est aplicata lineæ
d. i. quæ est 10. cum sit equalis lineæ *g. f.* si dividatur 10 per 4. venient $\frac{1}{3}$ 2. pro linea *i. k.* hoc est
pro linea *a. ε.* et quia superficies *b. l.* provenit ex
g. b. in *b. ε.* èt superficies *e. k.* provenit ex *h. e.* in
e. ε. ergo equalis est multiplicatio *g. b.* in *b. ε.* multiplicationi *b. e.* hoc est *f. b.* in *e. ε.* erit ergo sicut

$g. b.$ ad $f. b.$ ita $e. \varepsilon.$ ad $b. \varepsilon.$ et cum diviseris erit
sicut $g. f.$ ad $f. b.$ ita $e. b.$ ad $b. \varepsilon.$ et cum permutaveris erit sicut $g. f.$ ad $c. b.$ hoc est sicut 4 ad 3.
ita $f. b.$ ad $b. \varepsilon.$ his itaque intellectis pones numerum
primorum hominum scilicet $b. a.$ esse rem quare tota
$b. \varepsilon.$ erit res et denarii $\frac{1}{2}$ 2. et quia est sicut 3 ad 4.
ita $\varepsilon. b.$ ad $b. f.$ multiplica ergo $b. \varepsilon.$ per 4. et divides
per 3 exibunt pro linea $b. f. \frac{1}{3}$ 1 et denarii 3. quibus
addatur $f. g.$ quæ est 4. erit tota linea $b. g.$ res $\frac{1}{3}$ 1.
et 8 remanebit 1. cuius radicem scilicet 1. extrahe
de 3. scilicet medietatem radicum vel adde eam super 3. et habebis pro numero primorum hominum
2 vel 4.

Item divisi 60 in homines unicuique provenit
aliquid et addidi tres homines et inter omnes divisi
et accidit unicuique 26. minus quam acciderat prius :
sit itaque 60. superficies $a. b. c. d.$ rectangula et
superficies $e. f. c. h.$ fit 20. $a. i.$ sit 26. et $b. f.$ sit
numerus additorum hominum scilicet 3. et 6. $c.$ sit
numerus primorum, quare $b. a.$ erit id quod provenit
unicuique eorum ex 60. et $b. i.$ scilicet $e. f.$ est id
quod provenit unicuique hominum $f. c.$ ex 20. et sic
$c. b.$ scilicet $h. i.$ res et multiplicabo $h. i.$ in $i. a.$ proveniet res 26. pro superficie $a. d.$ cui addam 20. scilicet superficiem $f. h.$ et erunt duæ superficies $f. h.$
et $d.$ 26. res et denarii 20. quibus duabus superficiebus
equantur superficies duæ quæ sint $f. i.$ et $b. d.$ ergo
superficies $f. i.$ et $b. d.$ sunt res 26 et denarii 20. de
quibus si auferatur superficies $b. d.$ quæ est 60 remanebunt res 26. minus denarii 40. pro superficie $f. i.$
quæ si dividantur per $f. b.$ scilicet per 3. venient res

$\frac{1}{3}$ 8 minus denarii $\frac{1}{3}$ 13. pro linea b. i. quibus si addatur linea i. a. scilicet 26. erit tota linea b. a. res

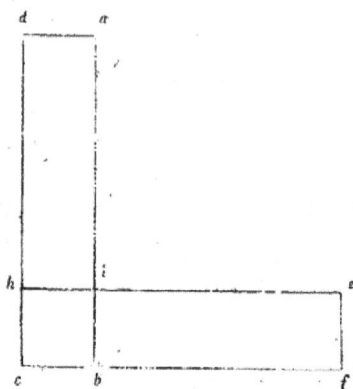

$\frac{2}{3}$ 8 et denarii $\frac{2}{3}$ 12. Multiplicabo ergo c. b. in b. a. hoc est rem in res $\frac{2}{3}$ 8. et denarios $\frac{2}{3}$ 12 provenient census $\frac{2}{3}$ 8. et res $\frac{2}{8}$ 12. pro superficie b. d. quæ superficies est 60. ergo census $\frac{2}{3}$ 8. et res $\frac{2}{8}$ 12. equantur denariis 60. redige ergo hæc omnia ad censum unum scilicet divide ea per numerum censuum scilicet per $\frac{2}{3}$ 8. et veniet unus census et res una et $\frac{6}{13}$ rei quæ equantur denariis $\frac{12}{13}$ 6. accipe ergo dimidium de re $\frac{6}{13}$ 1 quod est $\frac{10}{26}$. et multiplica illud in se venient $\frac{361}{676}$. quibus adde cum $\frac{12}{13}$ 6 erunt $\frac{5041}{676}$. quibus invenies radicem sic : accipe radicem de 5041 quæ est 71. et divide eam per radicem de 676. scilicet per 26. exibunt $\frac{19}{26}$ 2. de quibus abice medietatem radicem scilicet $\frac{19}{26}$ remanebunt 2. quæ equantur rei ergo homines c. b. fuerunt 2.

Item divisi 10 in homines et provenit unicuique aliquid et addidi 6. homines et divisi in omnes 40. et provenit unicuique illud quod evenerat prius : extrahe

₁o de 4o. remanent 3o. quæ sunt proportio 6. hominum additorum; quare divide 3o per 6. venient 5.
unicuique, in quibus etiam 5. dividatur ₁o scilicet
portiones primorum hominum venient 2. et tot homines fuerunt priores.

Divisi decem in duas partes et multiplicavi unam
earum in se et provenit trigyplum duplum alterius
partis, ergo quadratus unius partis equatur multiplicationi secundæ partis in 33. unde non oportet super
hanc quæstionem aliquid dicere cum superius super
regulam huic consimilem demostravi. Est enim prima
8. secunda 2.

Emi nescio quot res pro denariis 36 emi cariores
sibi invicem equalis prœtii, et fuit pretium uniuscuiusque carioris denarii 3 plus pretio aliarum et
inter omnes res fuerunt ₁o sit itaque linea *a. b.*
numerus primarum rerum et *a. g.* sit secundarum;
est ergo tota *b. g.* ₁o super quam secundum rectum
angulum erigatur linea *a. c.* quæ sit equalis pretio
uniuscuiusque vilium rerum et additur super linea
a. c. linea *c. d.* quæ sit 3. erit ergo tota *a. d.* equalis
pretio uniuscuiusque cariorum rerum et protrahatur
per punctum *d.* linea *e. f.* quæ sit equalis et equidistans lineæ *g. b.* et copuletur rectæ *e. g. f. b.* per
punctum *c.* protrahatur linea *e. h.* et quia linea *a. c.*
est pretium uniuscuiusque rei vilioris erit multiplicatio *c. a.* in numerum multitudinis ipsarum rerum
scilicet in *a. b.* 36. sed ex *c. a.* in *a. b.* provenit superficies *a. h. g.* superficies *a. h.* est 36. similiter et
superficies *d. g.* est 36. quæ provenit ex *d. a.* in *a. g.*
scilicet ex pretio uniuscuiusque carioris rei in nume-

rum multitudinis ipsarum. Ergo duæ superficies $d.$ $g.$
et $a.$ $h.$ sunt 72. scilicet duplum de 36. ergo tota

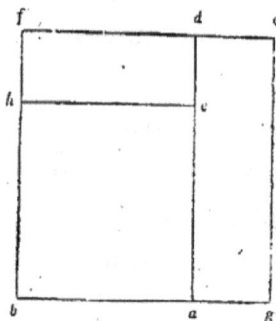

superficies $g.$ $f.$ est 22. et superhabundet ex ea superficies $c.$ $f.$ quibus omnibus intellectis ponam lineam
$a.$ $b.$ rem et multiplicetur $h.$ $c.$ in $c.$ $d.$ scilicet res
in 3. proveniet 3. res pro superficie $c.$ $f.$ ergo tota
superficies $g.$ $f.$ est 72. additis tribus rebus et quia
ipsa superficies provenit ex $b.$ $g.$ in $g.$ $c.$ hoc est ex
$b.$ $g.$ in $a.$ $d.$ et est $b.$ $g.$ 10. in quibus ergo si dividantur 72. et tres res provenit $\frac{1}{5}$ 7. et $\frac{3}{10}$ rei pro linea
$a.$ $d.$ de qua si auferatur linea $d.$ $c.$ quæ est 3. remá-
nebunt pro linea $a.$ $c.$ $\frac{1}{5}$ 4. et $\frac{3}{10}$ rei et quia ex $b.$ $a.$
in $a.$ $c.$ provenit 36. multiplica $b.$ $a.$ in $a.$ $c.$ scilicet
rem in $\frac{1}{5}$ 4. et in $\frac{3}{10}$ rei provenient in multiplicatione
res $\frac{1}{5}$ 4. et $\frac{3}{10}$ census que equantur denariis 36. Reintegra ergo censum tuum scilicet multiplica omnia su-
prascripta per 10. et divide ipsas multiplicationes per
3. quæ sunt super 10. et proveniet census et radices
14. quæ equantur 120. super quæ adde quadratum
medietatis radicem scilicet 49 erunt 169. de quorum
radice quæ est 13. abice 7 remanebunt 6. pro radice
tui census quæ radix est linea $b.$ $a.$ ergo $b.$ $a.$ est 6.

in qua si diviseris 36 venient 6. pro linea *a. c.* quibus
si addatur *c. d.* erit tota *a. d.* 9. et si extrahatur *a. b.*
ex 10 remanebunt 4. pro numero cariorum rerum
qui numerus est linea *a. g.*

Divisi 12. in duas partes et multiplicavi unam per
aliam et quod provenit divisi per differentiam ipsarum
partium et provenit   4. pone pro minori parte rem
et multiplica eam per aliam scilicet per 12. minus re
provenient 12. res censu diminuto quæ divide per
differentiam quæ est inter portiones scilicet inter rem
et 12 minus re quæ est 12. duabus rebus diminutis.
Et quia sic sunt ex ipsa divisione evenire $\frac{1}{2}$ 4. multiplica $\frac{1}{2}$ 4 in 12. minus duabus rebus venient 54. rebus
9. diminutis quæ equantur 12. rebus minus censu.
Restaura ergo in utraque parte censum et 9. res et
veniet census et 54. quæ equantur radicibus 21. quare
ex quadrato medietatis radicum scilicet ex $\frac{1}{4}$ 110. extrahe 54 remanent $\frac{1}{4}$ 56. quorum radix quæ est $\frac{1}{2}$ 7.
extrahenda est ex medietate radicum scilicet *d.* $\frac{1}{2}$ 10
remanent 3. proposita re scilicet per minori parte
quare maior pars est 9.

Rursus divisi 10 in duas partes et divisi maiorem
partem per minorem et quod provenit addidi super
10. et multiplicavi hoc totum per 10. et provenit 115.
ex multiplicatione quidem de 10 in 10. provenient
100. quibus extractis de 115 remanent 15. quæ divide
per 10. evenit $\frac{1}{2}$ 1. quod est id quod provenit ex divisione maioris partis per minorem, quo intellecto
pone pro minori parte rem et divide per eam reliquam
partem scilicet 10. minus re hoc est multiplica rem
per $\frac{1}{2}$ 1 et veniet res $\frac{1}{2}$ 1 quæ equantur 10. minus re

restaura ergo rem et habebis res $\frac{1}{2}$ 2. quæ equantur
10. divide ergo 10 per $\frac{1}{2}$ 2 exibunt 4. pro minori parte
quare maior est 6.

Item divisi 10. in duas partes et divisi maiorem
per minorem et quod provenit addidi super 10. et
postea divisi minorem per maiorem et quod provenit
addidi iterum super 10 et multiplicavi factum ex
prima junctione per factum ex secunda et provenit
$\frac{2}{3}$ 122. sit itaque a. b. 10. quibus addatur b. g, scilicet id quod provenit ex divisione maioris partis per
minorem et sit iterum d. e. 10. cui addatur c. ε. scilicet id quod provenit ex divisione minoris partis per
maiorem, et quia ex a. g. in e. ε. proveniunt $\frac{2}{3}$ 122.
si auferatur ex eis 100. quæ proveniunt ex a. b. in
d. e. remanebunt 22. pro tribus multiplicationibus
quæ sunt b. g. in d. e. et b. g. in e. ε. et e. ε. in a.
b. de quibus si auferatur multiplicatio b. g. in e. ε.
quod est 1. remanebunt $\frac{2}{3}$ 22. pro duabus multiplicationibus quæ sunt b. g. in d. e. et e. a. in a. b. quæ

equantur multiplicationi summæ numerorum b. g. e.
ε. in 10. quare divide $\frac{2}{3}$ 21 per 10 exibunt $\frac{1}{6}$ 2. quæ sunt
summa numerorum b. g. et e. ε. et si reducta est hæc
quæstio ad unam ex antecedentibus quæstionibus in
qua denarios divisi 10. in duas partes et divisi istam
per illam, et illam per istam et quæ proveniunt ex
divisionibus aggregavi et illud fuit $\frac{1}{6}$ 2. operare ergo

secundum illam regulam et invenies illas partes esse
4 et 6. et scias quia quotiens habueris duos numeros
et diviseris maiorem et minorem per maiorem et mul-
tiplicerint id quod provenit ex una divisione id quod
provenit ex alia semper ex eorum multiplicatione
procreabitur 1. et ideo dixi 1. evenire ex $b.$ $g.$ in $d.$ $e.$
Item addatur divisio maioris per minorem super 10.
et divisio maioris partis super maiorem tollatur de
10. et quæ provenerit multiplicetur ex ipsa multiplicatione proveniat $\frac{1}{3}$ 107. sit itaque numerus $a.$ $b.$
id quod provenit ex divisione maioris portionis et
super minorem et $b.$ $d.$ sit id quod provenit ex divisione maioris minorem et multiplica 10 per 10 proveniunt 100. et multiplica $a.$ $b.$ additum in $d.$ $b.$
diminutum provenit 1. diminutum quo extracto de
100. remanent 99. quibus extractis de $\frac{1}{3}$ 107. remanent
$\frac{1}{3}$ 8. quæ proveniunt ex multiplicatione $a.$ $b.$ in 10.
extracta inde multiplicatione $d.$ $b.$ diminuti in 10.
ergo $\frac{1}{3}$ 8 proveniunt ex 10. multiplicatis in superfluum
quod est inter $b.$ $d.$ et numerum $a.$ $b.$ quod superfluum est $a.$ $d.$ dividantur ergo $a.$ $d.$ in duo equa

super $e.$ erit ergo multiplicatio $d.$ $b.$ in $a.$ $b.$ cum
quadrato numeri $e.$ $d.$ equalis quadrato numeri $e.$ $b.$
provenit enim ex $b.$ $d.$ in $a.$ $b.$ cui si addatur quadratus numeri e $\frac{1}{3}$ 8 per 10. proveniunt $\frac{5}{6}$. unius pro
numero $a.$ $d.$ dividantur ergo $d.$ scilicet $d.$ $\frac{5}{12}$ erunt
$\frac{169}{144}$. quorum radix scilicet $\frac{13}{12}$. est numerus $b.$ $e.$ cui si
addatur $e.$ $a.$ habebitur $\frac{1}{2}$ 1. pro numero $a.$ $b.$ et si

auferatur $e.\ d.$ ex $e.\ b.$ scilicet $\frac{5}{12}$ de $\frac{13}{12}$ remanent $\frac{2}{3}$.
pro numero $b.\ d.$ deinde pone rem pro maiori parte
et divide eam per reliquam partem scilicet per 10
minus re proveniet $\frac{1}{2}$ 1. quare si multiplicat $\frac{1}{2}$ 1 per
10 minus re habebis 5. et rem $\frac{1}{2}$ 1. quæ equantur rei
quare res $\frac{1}{2}$ 2. equantur 15. divide ergo 15 per $\frac{1}{2}$ 2.
provenient 6. quæ sunt maior pars. Aliter quia ex
divisione maioris partis in minorem provenerit $\frac{1}{2}$ 1.
ergo minor pars est in maiori semel et semis et est
etiam illa minor pars in se, semel ergo est in 10 bis
et semis, quare si diviseris 10 per $\frac{1}{2}$ 7. provenient 4.
pro minori parte. Et si proponatur quod super maiorem portionem ponatur prædictis numerus $a.\ b.$ et
super minorem ponatur prædictis numerus $b.\ d.$ et
multiplicentur et veniunt 35. multiplicetur quidem
$a.\ b.$ in $b.\ d.$ provenit 1. quo extracto de 35 remanent
34. et multiplicetur $a.\ b.$ in minorem partem, et
proveniet maior pars, et multiplicetur $b.\ d.$ in maiorem partem et veniet pars minor ergo ex his duabus
multiplicationibus proveniunt 10. quibus extractis de
34. remanent 24. pro multiplicatione unius partis
earum in aliam quæ extrahis de quadrato medietatis
de 10 remanent 1. cuius radix scilicet 1. tolle de 5. et
adde super 5. et habebis 4 et 6. pro quæsitis partibus.

Rursus divisi 10. in duas partes et divisi illam per
istam et istam per illam et quæ ex divisione provenerunt addidi super 10. et in id quod provenit multiplicavi alteram partium et provenerunt 114. sit
itaque $a.$ una ex prædictis partibus, quam pone
rem, et $b.\ g.$ sit 10. super quæ addantur numeri $g.\ d.$
et $d.\ e.$ qui proveniant ex divisione partium inter se.

et quia ex *a.* in *b. e.* proveniunt 114. ergo ex *a.* in
b. g. et in *g. d.* et in *d. e.* proveniet in summa similiter 114. quæ si auferatur inde id quod provenit ex
a. in *b. g.* scilicet multiplicatio rei in 10. remanebunt
114. minus 10. rebus pro multiplicatione numeri *a.* in
g. e. de quo si extraheris multiplicationem ex *a.* in
g. d. scilicet in id quod provenit ex divisione alterius
partis per *a.* ex qua multiplicatione surgit pars divisa
quæ est 10. minus re remanebunt 104. minus 9. rebus pro multiplicatione *a.* in *d. e.* scilicet est *d. c.* id

quod provenit ex portione *a.* divisa per aliam partem
et quia manifestum est cum unus numerus dividitur
per alium et in hoc quod provenit ex divisione multiplicatur numerus divisus id quod ex ipsa multiplicatione equale ei provenit est quod proveniret si quadratus divisi divideretur per divisorem; ergo multiplicatio *a.* divisi in *d. e.* equantur divisioni quadrati
numeri : *a.* in secundam partem scilicet in 10. minus
re. Quare multiplicatur *a.* in se provenit census qui
cum dividitur per 10. minus re proveniunt 104. minus
9. rebus; quare si multiplicaveris 10. minus re in
104. minus 9. rebus venient 1040 et 9. census diminutis 194. rebus quæ equantur censui, restaura ergo
res diminutas et extrahe unum censum ab utraque
parte remanebunt 8. census et denarii 1040. quæ
equantur rebus 194. divide ergo hæc omnia per numerum censuum et veniet census et denarii 130. quæ

equantur rebus $\frac{1}{2}$ 24. procede ergo secundum suam regulam et invenies partes esse 2 et 8.

Divisi 10. in duas partes et divisi maiorem per minorem et quod provenit multiplicavi in hoc quod est inter utramque partem et dividatur *a. b.* in *g. b.* et proveniat *e.* ex multiplicatione ergo *e.* in *a. g.* provenient 24. et ex *e.* in *g. b.* provenit divisus scilicet *a. b.* ergo ex *e.* in *a. b.* proveniunt 24 et res una scilicet id quod provenit ex *e.* in *a. b.* equantur ei quod provenit ex quadrato numeri *a. b.* divisio in *g. b.* Ergo si di-

vidatur quadratus numeri *a. b.* per numerum *g. b.* proveniet 24. et res una ; ergo si multiplicaverimus *g. b.* scilicet 10 minus re, in 24, et rem unam proveniet quadratus numeri *a. b.* scilicet census : nam multiplicatio de 24. addita re in 10. re diminuta sic fit ex 10 in 24. veniunt denarii 240. et ex 10. in re addita veniunt decem res additæ et ex 24. in re diminuta veniunt 24. res diminutæ a quibus si auferantur 10. res additæ remanebunt 14. res diminutæ et ex re addita in rem diminutam provenit census diminutus et sic habentur pro dicta multiplicatione denarii censu 240. diminutis et rebus 14. quæ equantur censui : quare addatur utrique parti census et res 14. venient duo census et res quæ equantur denariis 240. Quare unus census et radices 2. equantur denariis 120. vel aliter quia ex *e.* in *a. b.* proveniunt 24. et res una et ex *e.* in *g. b.* provenit res una; ergo ex *e.* in 10 proveniunt 24 et duæ res. Quare si

dividantur 24. et duæ res per 10. venient denarii $\frac{1}{5}$ 2.
re et $\frac{3}{5}$. pro numero e. quæ simul triplicata fuerint per
numerum b. g. scilicet per 10. minus re provenient
denarii 24. minus $\frac{1}{5}$ census et $\frac{2}{5}$ rei que equantur rei
scilicet numero a. b. cum proveniat ex e. in g. b.
Adde ergo utrique parti $\frac{1}{5}$ census et $\frac{2}{5}$ rei, veniet $\frac{1}{5}$
census et res una et $\frac{2}{5}$ quæ equantur denariis 24.
Quincupla ergo hæc omnia et erit similiter census et
septem res quæ equantur denariis 120. dimidia ergo
radices et re et invenies 10. divisa fuissse in 8 et 2.

Divisa 10. in duas partes divisi istam per illam
et illam per istam et quod provenit multiplicavi in
unam partem et fuit 34. sit maior pars a. et minor
sit b. et dividatur a. per b. et veniet d. et b. per a.
et venit g. multiplicavi ergo coniunctum ex g. d. in
a. et provenit 34. Pone ergo a. rem remanebit b. 10.

minus re; et multiplicatur d. per a. et veniet b. scilicet 10 minus re quæ extrahantur de 34 remanent
24. Addita re pro multiplicatione numeri d. in a. quæ
multiplicatio equatur divisioni quadrati ex numero a.
in b. quare si multiplicetur b. scilicet 10. minus re
per 24. re addita venient omnia quæ dicta sunt in
antecedenti quæstione.

Divisi 10. in duas partes et divisi istam per illam
et illam per istam et differentiam quæ provenit inter
exeuntes numeros ex divisione multiplicavi per unam
partem et fuerunt 5. sit iterum maior pars a. minor

quoque sit *b*. et ex divisione *a*. in *b*. proveniat *g. d*.
et ex *b*. in *a*. proveniat *e. d*. quare *g. e*. est id in quo
multiplicatur *a*. et proveniunt 5. pone itaque pro *a*.
scilicet pro maiori parte rem; erit ergo *b*. 10. minus
re et multiplicetur *g. e*. in *a*. venient 5. et *e. d*. multiplicetur iterum in *a*. veniet *b*. quo addito cum 5
faciunt r5. minus re : ergo ex multiplicatione *g. d*.

in *a*. proveniunt 15. minus re et est *g. d*. id quod provenit ex *a*. diviso in *b*. quæ multiplicato equatur
divisioni quadrati numeri *a*. in *b*. ergo si dividatur
quadratus numeri *a*. per *b*. proveniunt 15. minus re :
quare si multiplicabitur numerus *b*. scilicet 10. minus
re in 15. minus re veniunt denarii 150. et census
diminutis inde 25. radicibus quæ equantur censui :
quare si addantur 25. radices utrique parti et auferatur census ab eis remanebunt denarii 150. quæ
equantur 25. radicibus : divide ergo 150 per 25. venient 6. pro unaquaque radice scilicet pro numero *a*.
quare *b*. est 4.

Divisi 10. in duas partes et divisi unam per aliam
et quod provenit addidi parti per quam divisi et fuit
25. pone pro prima parte rem quæ sit *a*. et pro secunda 10. minus re quæ sit *b. g*. et dividatur *a*. per
b. g. et proveniat *g. d*. ergo *b. d*. est $\frac{1}{2}$ 5. de qua si
auferatur *b. g*. scilicet 10. minus remanebit res minus
denariis $\frac{1}{2}$ 4. pro numero *g. d*. et quia numerus *a*.
divisus est per *b. g*. et provenit *g. d*. si multiplicaveris

b. g. in *g. d.* nimirum *a.* provenit; ergo multiplica 10.
minus re per rem minus denariis $\frac{1}{2}$ 4. quæ multipli-

a

b   g   c

catio sic fit ex 10. in rem additam veniunt decem res
et ex re diminuta in $\frac{1}{2}$ 4. diminuta veniunt res $\frac{1}{2}$ 4.
additæ et sic habentur res $\frac{1}{2}$ 14 additæ et ex 10. additis in $\frac{1}{2}$ 4. diminuta veniunt 45. traginea diminuta
et ex re addita in rem diminutam provenit census
diminutus et sic pro quæsita multiplicatione habentur
res $\frac{1}{2}$ 14 diminutis censo et denariis 45. quæ equantur
rei. Restaura ergo utrique parti diminuta et etiam de
utraque tolle rem et veniet census et denarii 45. qui
equantur rebus $\frac{1}{2}$ 13. extrahe ergo 45. ex quadrato
medietatis radicum scilicet de $\frac{9}{16}$ 45. remanebunt $\frac{9}{16}$
quorum radix quæ est $\frac{3}{4}$. si de medietate radicum
scilicet de $\frac{3}{4}$ 6. auferatur remanebit 6. quæ equantur
rei, quare relique portio scilicet *b. g.* est 4.

Divisi 10. in duas partes et divisi unam per aliam,
et quod provenit addidi parti divisæ et hoc totum
multiplicavi per aliam partem et fuit 30. ponam siquidem rem pro re divisa quæ sit *a. b.* et pro alia
parte ponam 10. minus re, quæ fuit *g.* et dividatur
a. b. in *g.* et proveniat *b. d.* ergo ex *a. d.* in *g.* pro-

a   b   d

g

veniunt 30. scilicet ex *a. b.* in *g.* proveniunt 10. res.

minus censu et ex *b. d.* in *g.* rediit res divisa et sic
pro *a. d.* in *g.* veniunt res 11. minus censu quæ equantur 3o. Adde ergo censum utrique parti et habebis
censum et denarios 3o. qui equantur 11. rebus : operare ergo per illud et venies primam partem fuisse 6.
secundam 4.

Divisi 10. in duas partes et divisi unam partem per
aliam et hoc quod exiit multiplicavi per divisam partem et fuerunt 9. sit itaque prima pars *a.* quæ fit
res, secunda sit *b.* quæ est 10. minus re et dividatur

a. per *b.* et veniet *d.* ergo ex *d.* in *a.* veniunt 9. quod
idem est si dividatur quadratus numeri *a.* per *b.*
ergo si multiplicabis *b.* scilicet 10. minus re in 9.
proveniet quadratus numeri *a.* scilicet census : ergo
denarii 9o. minus rebus qui proveniunt ex 9 in 10.
minus re equantur censui. Restauratis igitur 9. rebus
veniet quod census et 9. rebus equantur denariis 9o.
est eritque prima pars 6 secunda 4.

Est census de quo si auferatur 72. remanebit radix
eius ex hac quidem positione cognoscitur quod res et
denarii 72. equantur censui, quare quadratum me-
dietatis unius scilicet $\frac{1}{4}$ adde super 72. erunt $\frac{1}{4}$ 72.
super quorum radicem scilices super $\frac{1}{2}$ 8. adde $\frac{1}{2}$ erunt
9. quæ sunt radix census et census quæsitus est 81.

Sunt duo numeri quorum maior excedit minorem

in 6. et divisi minorem per maiorem et provenit $\frac{1}{3}$:
pone pro minori rem quare major erit res et denarii 6.
et quia ex divisione minoris per maiorem provenit $\frac{1}{3}$.
ergo si multiplicabitur $\frac{1}{3}$ per minorem numerum provenit numerus divisus scilicet minor; ex multiplicatione quidem maioris numeri per $\frac{1}{3}$ provenit tertia
rei et denarii 2. quæ equantur rei; abice ergo $\frac{1}{3}$ rei
ab utraque parte remanebunt $\frac{2}{3}$ rei quæ equantur denariis 2. reintegra ergo rem tuam et venie nt res quæ
equantur 3. ergo minor numerus est 3. super quem
adde 6 erunt 9. pro numero. Aliter sit maior nume-
rus a. b. et a. c. sit minor ergo c. b. est 6. et quia

divisio a. c. in a. b. provenit $\frac{1}{3}$ ergo proportio a. b. ad
a. c. ut sicut 3. ad 1. et cum diviseris erit sicut 2. ad 1.
ita b. c. ad c. a. Ergo a. c. est dimidium ex e. b. velut
quia divisio a. c. per a. b. provenit $\frac{1}{3}$ unius integri
a. c. tertia ex a. b. quare si duplicatur a. c. erunt
tres res quæ equantur rei et tribus dragmis , etc.

Est numerus de quo ieci tertiam eius et denarios
4 et eius quod remansit proieci quartam et quod remansit fuit radix primi numeri : pone pro ipso numero
censum de quo abice tertiam remanebunt duæ tertiæ
census de quo etiam abice 4. remanebunt $\frac{2}{3}$ census
minus denariis 4. de quibus abice quartam remane-
bunt $\frac{3}{4}$ duarum tertiarum census minus $\frac{3}{4}$ de denariis 4. hoc est medietas census minus denariis 3. quæ
equantur radici positi census. Restaura ergo 3 denarios
remanebit medietas census quæ equantur rei et denariis 3. quare census equatur duabus radicibus et

denariis 6. Adde ergo super 6. quadratum medietatis radicum provenit utique binomium pro radice quæsiti census, quod binomium est radix de 7. et denarius 1. quod cum in se multiplicaveris provenient 8 et radix de 28. pro quæsito censu.

Est de quo projeci tertiam et quod remansit multiplicavi per tres radices ipsius et provenit idem census tu scis quia cum multiplicatur tertiam radicis per tres radices tum provenit inde unus census quare $\frac{2}{3}$ quæsiti census est $\frac{1}{2}$ qui in se multiplicato facit $\frac{1}{4}$ pro quantitate census.

Item est census de quo extraxi 3. radices ipsius et additi eas cum 4. radicibus residui et fuerunt 20. pone pro ipso censu tetragonum *a. b. g. d.* cuius radix est *b. g.* et auferatur ex linea *b. g.* recta *g. e.* quæ sit 3. cui equalis sit recta *d. ε.* et copuletur *e. ε.* ergo superficies *e. d.* equatur tribus radicibus census *b. d.* qua extracta ex superficie *b. d.* remanet superficies *b. ε.* cuius 4. cum superficie *e. d.* sunt 20. ergo si ex 20. auferantur tres radices census *b. d.* rema-

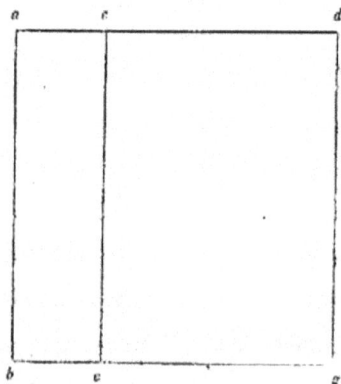

nebunt 10. minus tribus radicibus quæ equantur 4.

radicibus superficies b. ε. quare quarta pars ex 20.
minus tribus radicibus scilicet 5. minus $\frac{3}{4}$ unius radicis
equantur uni radici superficiei b. ε. quare multiplicetur 5. minus $\frac{3}{4}$ radicis in se erunt denarii 25 et $\frac{9}{16}$.
census minus radicibus $\frac{1}{2}$ 7. quæ equantur superficies
b. c. hoc est censui b. d. minus tribus radicibus suis
que sunt superficies c. d. quare si communiter ad-
datur res $\frac{1}{2}$ 7 erunt $\frac{9}{16}$. census et denarii 25. quæ
equantur censui et rebus $\frac{1}{2}$ 4. Unde si communiter
auferantur $\frac{9}{16}$ census remanebunt $\frac{7}{16}$. census et res $\frac{1}{2}$ 4.
quæ equantur denariis 25. Redige ergo hæc omnia ad
censum unum scilicet multiplica ea per 16. et divide
per 7. et erit census unus et res $\frac{2}{3}$ 10. quæ equantur
denariis $\frac{1}{7}$ 57. super quos adde ergo quadratum medietatis radicem et est et invenies radicem b. g. esse
4 censum b. d. 16.

Et si proponatur quod tres radices census b. d. cum
quatuor radicibus residui scilicet superficiei b. ε.
equantur censui b. d. ef denariis 4. extrahe ergo ex
censu et denariis 4. radices 3. remanebit census 4.
minus tribus radicibus quæ equantur 4. radicibus
superficiei b. ε. scilicet superficies b. ε. equantur censui b. d. minus tribus suis radicibus, ergo superficies
b. ε. cum denariis 4. equantur 4. radicibus ipsius :
pone ergo pro superficie b. ε. censum qui cum denariis 4 equatur 4 radicibus, extrahe ergo 4 ex quadrato medietatis radicum scilicet de 4. remanebit
zephirum quo addito vel diminuto a medietate radicum reddit 2. pro radice positi census quibus 2. in
se multiplicabis reddunt 4. pro ipso censu scilicet
pro superficie b. ε. quod etiam fit ex b. in e. ε. hoc

est ex *b. e.* in *b. g.* ergo ductu *b. e.* in *b. g.* veniunt
4. dividatur ergo *e. g.* in duo equa sicut *i.* erit quæque

portio *e. i.* et *i. g.* $\frac{1}{2}$ 1 et quia ex *b. e.* in *b. g.* proveniunt 4. si eis addatur quadratus lineæ *a.* scilicet
$\frac{1}{4}$ 2. habebuntur pro quadrato lineæ *b. a.* $\frac{1}{4}$ 6. quare
si super eorum radicem scilicet super $\frac{1}{4}$ 2. addatur
linea *i. g.* scilicet $\frac{1}{2}$ 1. habebuntur 4. pro linea *b. g.*
quare census *b. g.* est 16. cuius radices scilicet superficies *e. d.* sunt 12. remanent ergo 4. pro superficie
b. ε. cuius quatuor radices sunt 8. quibus additis cum
12. reddent denarios 4. super censum *b. d.* ut quære-
batur.

Et si dicatur est census de quo extraxi 8 radices
et addidi eas cum 10. radicibus residui et provenit
census et denarii 21. eodemque modo invenies censum qui cum 21 equetur decem suis radicibus eritque
9. licet 49. unus quorum habeatur pro superficie *b. ε.*
quam si potuerimus esse 9. erit tetragonum *b. d.*
ratiocinatum, quod sic probatur quia ex ductu *b. e.*
in *b. g.* provenit 9. si addatur quadratus numeri *e. i.*

scilicet 16 erit 75. quorum radix scilicet 5. est linea
b. i. quibus si addatur i. g. scilicet 4. erit tota b. g.
ratiocinata quæ erit 9. quare census b. d. est 81. et
si ex i. b. auferatur i. e. remanebit i. b. unum et
si ponam superficiem b. ε. 49. erit radix eius 7. et est
media in proportione inter b. e. et e. ε. quare ex
b. e. in e. ε. hoc est ex b. e. in g. b. veniunt 49.
quibus si addantur 16. scilicet quadratus numeri c. i.
provenient 65. super quorum radicem si addantur
i. g. erit tota a. g. binomia quinta scilicet radix de
65. et denarii 4. et si auferatur i. e. ex i. b. remanebit
e. b. recisum quod est radix de 65. minus 4 quæ
multiplicata per e. ε. scilicet per radicem de 65. et
per 4. proveniunt 49. pro superficie b. ε.

Adhuc si dictum fuerit est census cuius 4. radices
multiplicavi per 5. radices eius et quod provenit fuit
quadruplum census et denarii 48. ex ductis quidem 4.
radicibus in 5. in radices provenit 20. census qui
equantur quatuor censibus et denariis 48. quare si
communiter auferatur 4. census remanebunt census
qui equantur censibus quatuor et denariis, quare
si communiter auferantur census remanebunt 16.
census qui equantur denariis 48. quare divide 48
per 16. venient 3. pro quantitate quæsiti census.
Item est census cuius $\frac{1}{13}$ equantur $\frac{1}{7}$ radices eius.
Reduc ergo hæc omnia ad censum unum et erit
quod census equatur radici $\frac{6}{7}$ 1. ergo radix cen-
sus est $\frac{6}{7}$ 1. qua radice in se multiplicata redde $\frac{169}{49}$.
Item est census quem si multiplicas in quadruplum
ipsius veniunt 20. erit eius regula quod cum multiplicas ipsam in se provenient 5. ipse namque est

radix 5. item est census quem in tertiam sui multiplicavi et provenit 10. erit eius consideratio quoniam cum multiplicas ipsam in se proveniunt 30.
Dic ergo quod census est radix de 30. Item est census quo multiplicato per quadruplum ipsius provenit
tertia dragmæ, ergo si multiplicabitur ille census
in duodecuplum ipsius provenit unum ergo ille cen-
sus in est $\frac{1}{12}$. Item est census quo multiplicato in radicem ipsius provenit triplum census primi erit eius
consideratio quoniam cum multiplicas radicem census in tertiam ipsius provenit census, dico quod
istun census tertia est radix eius et ipse est 9.
Item multiplicavi tertiam census et denarium in quartam eius et duos denarios et provenit census et aug-
mentum 13. denariorum pone pro ipso censu rem
et multiplica testiam rei in quartam eius et provenit
duodecima pars census et testia rei in duos denarios
et quarta rei in denarium et denarius in duos denarios et si habebis duodecimam census et $\frac{11}{12}$ rei et
denarios 2. qui equantur rei et denariis 3. tolle ergo
ab utraque parte $\frac{11}{12}$. rei et duos denarios remanebit
itaque duodecima census quæ equatur duodecima rei
et denariis 11. multiplica ergo hæc omnia per 12. et
veniet census qui equatur uni rei et denariis 132. etc.

Est numerus de quo si auferatur $\frac{1}{4}\frac{1}{3}$ et denarii 4.
remanebit siquidem radix eius; pone pro ipso nu-
mero rem et extrahe ex eo $\frac{1}{4}\frac{1}{3}$ et denarios 4. remanebunt itaque $\frac{7}{12}$. rei minus denarios 4. qui sicut
radix positæ rei quare multiplica eo in se et quod
provenit equabitur rei : nam multiplicabis $\frac{5}{12}$ rei in
se proveniunt $\frac{25}{144}$ census et ex duplo de $\frac{5}{12}$ rei in de-

nariis 4. diminutis veniunt res $\frac{1}{3}$ 3. diminutæ. Et ex
denariis 4. in denarios 4. diminutos veniunt denarii
16. additi quæ omnia equantur rei adde ergo utrique
parti res $\frac{1}{3}$ 3 venient res $\frac{1}{3}$ 4. quæ equantur $\frac{24}{144}$ census
et denariis 16. reddite ergo hæc omnia ad censum
unum scilicet multiplica unum quodque ipsorum
numerorum per 144. et divide unamquamque multiplicationem per 25. et veniunt radices $\frac{24}{25}$ 24. quæ
equantur censui et denariis $\frac{4}{25}$ 92. et invenies censum esse binomium scilicet $\frac{12}{25}$ 12. et radicem de
$\frac{369}{625}$ 63. et si dictum fuerit quod multiplicato prædicto residuo scilicet $\frac{5}{12}$ rei minus denariis 4. in se
faciant 12. ultra primum numerum tunc eodem or-
dine erunt $\frac{25}{144}$ census et dinarii 4. qui equantur radicibus $\frac{1}{3}$ 4 et cum redigeris ea ad censum unum
erit census et denarii $\frac{1}{25}$ 23. qui equantur radicibus
$\frac{24}{25}$ 24. operare ergo per ea et invenies quæ sint numerum esse 24.

Multiplicavi numerum per 4. radices ipsius et provenit septuplum ipsius numquam multiplicabitur
numerus aliquis per aliquid ex qua multiplicatione
provenit septuplum multiplicati nisi multiplicetur
ipse numerus per 7. ergo cum multiplicatur quæsitus
numerus per 4. radices eius tunc ipse multiplicatur
per 7. unde manifestum est quod radices 4. prædicti
numeri equantur denariis 7. ergo radix eius est $\frac{3}{4}$ 1.
quod provenit ex 7. divisis in 4. qua radice in se
multiplicata provenient $\frac{1}{16}$ 3. proquæsito numero.
Item est numerus de quo projeci quartam ipsius residuumque multiplicavi per 4. radices eius et provenit septuplum illius et quia ex multiplicatione de

$\frac{3}{4}$ quæsiti numeri in 4. radices eius provenit septuplum eius si multiplicabitur pars extracta scilicet $\frac{1}{4}$
per 4 radices prædictas provenit duplum eiusdem-
que numeri. Ergo si multiplicabitur numerus quæsitus per 4 radices eius nimirum proveniet cotuplum
eiusdem numeri; ergo 4. radices equantur denariis 8.
ergo radix quæsiti numeri est 2. et ipsi numerus est 4.

Item numerus est de quo projeci 4. radices ipsius
et de residuo accepi $\frac{1}{4}$ et fuit equale radicibus 4. ergo
cum $\frac{1}{4}$ pars residui equatur 4 radicibus totum ergo
residuum equabitur radicibus 16. quibus si addantur radices 4. quæ fuerunt proiectæ totus numerus
quæsitus equabitur 20. radicibus quare radix eius est
20. et ipse numerus est 400. Item est numerus de
quo proieci 3. radices ipsius et quod remansit fuit
radix quadrupli ipsius numeri pro quadrato prædicto
accipe radicem de 4. quæ est 7. et adde eam cum
3. propter 3. radices erunt 5. quæ sunt radix numeri
quæsiti et ipsi numerus est 25.

Rursus est numerus quo multiplicato per $\frac{1}{3}$ ipsius
proveniunt 5. dic ergo cum ex multiplicatione prædicta venient 5. si multiplicatur idem numerus per
tertium ipsius provenient $\frac{1}{2}$ 2. ergo si numerus multiplicabitur in se faciat $\frac{1}{2}$ 7. ergo ipse numerus est
radix de $\frac{1}{2}$ 7. Nam si vis scirr qualiter ipse multiplicetur per $\frac{2}{3}$ ipsius multiplicata ipsium in se erunt
$\frac{1}{2}$ 7. et multiplicata $\frac{2}{3}$ ipsus in se erunt $\frac{4}{9}$ quas partes
accipe de $\frac{1}{3}$ 7. erunt $\frac{1}{3}$ 3 quæ multiplica per $\frac{1}{2}$ 7. venient 25. quorum radix scilicet 5. est summa quæsi-
tatæ multiplicationes ut oportet.

Item est numerus de quo extracta tertia ipsius et

denariis 6. residuum si in se multiplicabitur reddet
duplum ipsius numeri quamvis hæc ad unam ex 6.
regulis algebræ produxi veleant tamen qualiter proportionaliter fieri debeant indicabo. Sit itaque numerus quæsitus linea *a. b.* de quo auferatur linea
b. g. quæ sit tertia numeri *a. b.* remanebit numerus
a. g. $\frac{2}{3}$ numeri *a. b.* de quo etiam auferatur linea *g. d.*
quæ sit 6. remanebit ergo numerus *a. d.* qui est ra-
dix est duplo numeri *a. b.* quare reperiendus est numerus qui cum multiplicatus fuerit per numerum *a. g.*
faciat duplum numeri *a. b.* eritque 3. ergo multiplicatio numeri *a. g.* in 3. equatur multiplicationi *a. d.*
in se. Ergo est sicut *a. g.* ad *a. d.* ita *a. d.* ad 3
maiorem *a. g.* quam *a. d.* maior ergo *a. d.* quam 3.
auferatur itaque 3. ex numero *a. d.* sit itaque *a. e.*
et quoniam est sicut *a. g.* ad *a. d.* ita *a. d.* ad *a. e.* erit
ergo cum diviseris sicut notus *g. d.* ad *d. a.* ita *d. e.* ad
e. a. notum multiplicabis ergo *g. d.* notum in *a. e.* notum, scilicet 6 per 3. erunt 18. quibus equatur multiplicatio *e. d.* in *a. d.* quare si superaddatur quadratus
medietatis numeri *a. e.* scilicet $\frac{1}{4}$ 2. erunt $\frac{1}{4}$ 20. super
quorum radicem scilicet super $\frac{1}{3}$ 4. adde medietatem
numeri *a. e.* quæ est $\frac{1}{2}$ 1. venient 6, pro numero *a. d.*
cui addantur 6. scilicet numerus *d. g.* erit numerus
a. g. 12. quæ sunt $\frac{2}{3}$ numeri *a. b.* multiplicetur ergo
12 per 3. et dividantur per 2. vel super 12. addatur
medietas eorum venient 18. pro toto numero *a. b.* et
si proponatur quod ex ductu *a. d.* in se proveniat
numerus *a. b.* cum augmento denariorum 18. invenies numerum quo multiplicato per numerum *a. g.*
faciat equale numero *a. b.* eritque $\frac{1}{2}$ 1. qui sit linea

a. e. ergo ex *a. e.* in *a. g.* provenit numerus *a. b.*
ergo si ex ipsa multiplitatione auferatur multiplicatio
ex *a. e.* in *d. g.* scilicet ex $\frac{1}{2}$ 1. in 6. remanebit multiplicatio *a. e.* in *a. d.* equalis numero *a. b.* diminutis inde 9. scilicet ex *a. d.* in se provenit 18. ultra
numerum *a. b.* ergo multiplicatio *a. d.* in se super
multiplicationem ex *a. e.* in *a. d.* in 27. sed multiplicatio *a. d.* in se equatur duabus multiplicationibus
quæ sunt ex *a. e.* in *a. d.* et ex *e. d.* in *a. d.* ergo
multiplicatio *e. d.* in *a. d.* est 27. cui addatur quadratus medietatis numeri scilicet $\frac{9}{16}$ erunt $\frac{9}{16}$ 77. super quorum radicem quæ est $\frac{1}{4}$ 5. si addideris $\frac{3}{4}$. scilicet dimidium numeri *a. e.* veniunt 6. pro numero
a. d. super quem si addideris numerum *d. g.* erunt pro
numero *a. g.* super quem si addideris dimidium eius
erit totus numerus *a. b.*

Adhuc est numerus de quo proieci tertiam eius et
denario 6. et quod remansit multiplicavi per 5. et rediit idem numerus : sit itaque linea *a. b.* numerus
quæsitus cuius tertia sit *b. c.* et *c. d.* fit 6. et linea
g. h. sit 5. et auferatur ex *g. h.* numerus *g. f.* qui
sit $\frac{1}{2}$ 1. in quo multiplicatus numerus *a. c.* facit numerum *a. b.* et *a. d.* in *g. h.* facit similiter numerum *a. b.* quare est sicut *c. a.* ad *d. a.* ita *h. g.* ad
f. g. erit ergo cum dividetur sicut *c. d.* primus ad
d. a. secundum : ita *h. f.* tertius ad *f. g.* quartum
ergo multiplicatio *c. d.* in *f. g.* scilicet de *b.* in $\frac{1}{2}$ 1.
quæ multiplicatio est 9. equatur multiplicationi

d. a. ignotiin *h. f.* notum quare si dividantur 9. per *h. f.* scilicet per $\frac{1}{2}$ 3. venient $\frac{4}{7}$ 2. pro numero *a. d.* cui si addatur numerus *d. c.* erit *a. c.* $\frac{4}{7}$ 8. super quem si addatur dimidium eorum venient $\frac{6}{7}$ 12. pro toto numero *a. b.* Et si ex *a. d.* in 5. scilicet in *g. h.* proveniant 24. ultra numerum *a. b.* erit tota multiplicatio *g. f.* in *a. d.* novem minus multiplicatione *g. f.* in *a. c.* quæ provenit ex *g. f.* in *d. e.* hoc est ex $\frac{1}{2}$ 1. in 6. ergo ex *g. h.* in *a. d.* provenient 9. diminuta de numero *a. b.* quæ si addantur super 24. erunt 33. quæ proveniunt ex *f. b.* in *a. d.* quare si dividantur 33. per $\frac{1}{2}$ 3. scilicet per *f. h.* venient $\frac{3}{7}$ 9. pro numero *a. d.* quare numerus *a. c.* est $\frac{8}{7}$ 15. quibus si addatur dimidium eorum scilicet $\frac{1}{7}$ 6. erunt $\frac{1}{7}$ 23. pro toto numero *a. b.*

In quadam negotiatione quidam habuit libras 12 capitalis cum quibus lucratus est aliquid in mensibus tribus super quod totum scilicet super capitale et lucrum quidam alius addidit libras 11. et cum his omnibus lucratus est proprotionaliter secundum quod lucratus fuerat primum et in capite duodecim mensuum lucratus est aliquid et fuit totum lucrum duodecim mensium et trium libræ 9. quæritur quot ex ipso lucro cadit unicuique ipsorum vel quot lucrabatur in unoquoque mense per libram. Ponam pro libris 12. lineam *a. b.* et pro lucro eorum trium men-

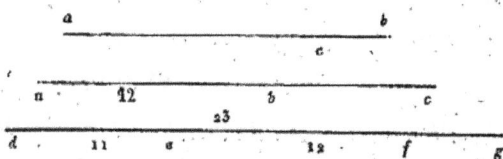

sium lineam *b. c.* et jaceat linea *e. g.* equalis lineæ

a. c. et auferam ab eâ lineam *f. g.* equalem lineæ
b. c. remanebit *e. f.* equalis lineæ *a. b.* et addam lineæ *c. g.* lineam *d. e.* quæ sit 11. erit ergo tota *d. f.*
23. et sit *g. h.* lucrum numeri *d. g.* in uno anno
erit ergo coniunctum ex *g. h.* in *b. c.* 9. et quia annus quadruplus est trium mensium aceipiam ex *g. h.*
quartam eius quæ sit *g. i.* erit ergo lucrum in tribus
mensibus totius numeri *d. g.* quare proportionaliter
est sicut *a. b.* ad *b. c.* ita *d. g.* ad *g. i.* et quia numerus *g. h.* quadruplus est numeri *g. i.* erit sicut
a. b. ad *b. c.* ita quadruplum ex *d. g.* ad *g. h.* Per-
mutatim ergo sicut quadruplum ex *d. g.* ad *a. b.* ita
g. h. ad *b. c.* Coniunctum ergo sicut quadruplem ex
d. g. cum *a. b.* ad *a. b.* ita coniunctum ex *g. h.* et *b. c.*
ad *b. c.* Cum enim quatuor quantitates proportionales
sunt erit multiplicatio primæ in quartam, sicut multiplicatio secundæ in tertiam. Quare quod fit ex coniuncto quadrupli *d. g.* cum *a. b.* in *b. c.* est sicut
illud quod fit ex *a. b.* in coniunctum ex *g. h.* cum
b. c. est enm *a. b,* 12. et *g. h.* cum *b. c.* sunt 9.
quorum multiplicatio surgit in 108. ergo multiplicatio
coniuncti ex quadruplo *d. g.* cum *a. b,* in *b. c.* surgit
similiter in 108. deinde ut reducatur hæc quæstio ad
unam ex quæstonibus algebræ ponam lucrum *b. c.*
rem quare et *f. g.* erit similiter res : ergo quadruplum totius *d. g.* est 92. et quatuor res cum quibus
si addatur numerus *a. b.* qui est 12. erit coniuncto
quadrupli *d. g.* cum *a. b.* 104. et quatuor res : quæ
omnia multiplicata in *b. c.* scilicet in rem faciunt quatuor census et 104. radices , 108, quæ equantur libris 108. Quare quarta pars eorum scilicet census et

radices 26. equantur quartæ de 108. scilicet 27. unde
si dimidium radicem in se multiplicabitur surgit in
169. cum quibus additis 27. faciunt 196 de quorum
radice scilicet de 14. si auferatur dimidium radicum
suprascriptarum remanebit 1. pro quantitate rei ergo
b. c. cum sit res est libra 1. qua divisa per menses
3. veniet pro lucro duodecim librarum in uno mense
denarii 80. quibus divisis per libras 12. veniet de--

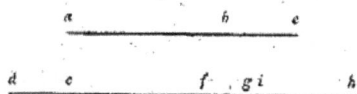

$$a \quad\quad\quad\quad b \quad\quad c$$
$$d \quad e \quad\quad\quad\quad f \quad g \, i \quad\quad h$$

narii $\frac{2}{3}$ 6. et tot lucrabatur per libram in unoquoque
mense ; deinde est babentur contingens unicuique
addam *b. c.* super *a. b.* provenient pro 13. super quas
addam lucrum ipsarum duodecim mensium quod
est librarum 4. et solidorum 6. et denariorum 8. venient in summa libræ $\frac{1}{3}$ 17. proportione capitalis et
lucri primi hominis de quibus si auferatur capitale
ipsius scilicet libræ 12. remanebit pro lucro ipsius
pro $\frac{1}{3}$ 5. reliquum scilicet pro $\frac{2}{3}$ 3. remanet pro lucro
unius anni contingente et qui miserat pro 11.

Inveniat quis numerus quo multiplicato in se et
in radicem de 10. faciat nonuplum ipsius numeri ponam pro ipso numero rem quæ sit linea *a. b.* et
addam ei lineam *b. g.* quæ sit radix *d.* 10. et or-
dinabo super rectam *a. b.* quadratum *d. b.* et per
punctum *g.* protraham lineam *g. ε.* equidistantem
utrique rectarum *b. e.* et *a. d.* conductam rectam *d. e.*
in punctum *g.* et erit tota superficies *d. g.* recti angula
nonuplum numeri *b. a.* hoc modo ex ductu quidem

26.

b. a. in se provenit tetragonum *d. b.* et ex ductu *e. b.*
in *b. g.* hoc est *b. a.* in *b. g.* provenit superficies *e. g.*

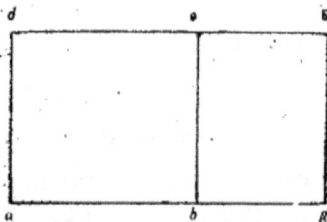

ergo ex ductu *b. a.* in se et in radicem de 10. provenit superficies *d. g.* quæ est nonuplum numeri *b. a.*
hoc est numeri *d. a.* et quia *b. a.* posuimus rem esse
erit ergo et *d. a.* res scilicet radix et tota superficies
d. g. cum sit nonuplum numeri *d. a.* equabitur 9.
radicibus, quare tota *g. a.* est 9. de quibus si auferatur recta *g. b.* quæ est radix de 10. remanebit pro
quæsito numero *b. a.* 9. minus radice de 10. Et si
dicatur quod ex ductu *b. a.* scilicet numeri dati in
se et in radicem de 10. proveniat nonuplum quadrati quod fit a numero *b. a.* ponam iterum *b. a.*
rem ex ductu eius in se provenit census *b. d.* et ex
ductu *b. a.* hoc est *b. e.* in *b. g.* quæ est radix 10.
provenit radix 10. censuum quia multiplicata radix
in se facit censuum et radix 10. in se facit 10. multiplica ergo 10. in censuum et proveniet 10. census
quorum accipe radicem et erit radix 10. censuum
quæ est superficies *e. b. g.* ergo census et radix de-
cupli ipsius est nonuplum ipsius census, hoc est
quod equatur censibus, communiter si auferatur
census remanebit radix 10. censuum equalis 8. censibus : hoc est superficies *e. g.* est octuplum tetragoni
b. d. ergo est sicut 8 ad 1. ita superficies *e. g.* ad qua-

dratum *d. b.* sed sicut superficies *g. e.* ad quadratum
d. b. ita numerus *g. b.* ad numerum *b. a.* ergo est
sicut 8 ad 1. ita *g. b.* ad *b. a.* sed *b. g.* est nota cum
sit radix de 10. ergo si multiplicaverimus radicem de
10. in unum et diviserimus per 8. veniet utique radix de $\frac{12}{64}$. unius dragmatis pro numero *b. a.* quare
quadratum *b. d.* est 10. 64. unius dragmatis. Nam
ex ductu *e. b.* in *b. g.* scilicet ex radice de $\frac{10}{64}$. in radicem de 10. veniunt radix $\frac{100}{64}$ quæ est radix $\frac{10}{8}$ hoc
est dragmata $\frac{1}{4}$ 1. qui denarii $\frac{1}{4}$ 1. procul dubio octuplum est de $\frac{10}{64}$. hoc est quadrati *b. d.*

Item est numerus quo multiplicato in se et in radicem de 10. proveniunt 20. ergo per ea quæ dicta
sunt invenimus si pro ipso numero ponamus rem
quot census et radix 10. censuum equantur 20. et
tunc si ponamus superscriptam lineam invenies quot
census et tot radices eius quot unitatis sunt in radicum de 10. equatur 20. quare dividam rectam *g. b.*
in duo equa super punctum *i.* et erit recta *i. b.*
radix quartæ partis de 10. scilicet de $\frac{1}{2}$ 2. et tota superficies *d. g.* est 70. quæ provenit ex *d. a.* in *a. g.*
hoc est ex *b. a.* in *g. a.* quibus 20 si addatur qua-
dratus lineæ *i. b.* scilicet $\frac{1}{2}$ 2. veniet $\frac{1}{2}$ 22. pro quadrato lineæ *i. a.* quare si ex $\frac{1}{2}$ 22. auferatur radix de
$\frac{1}{2}$ 2 scilicet ex *i. a.* tollatur *i. b.* remanebit radix de 10.
pro numero *b. a.* ergo tota *g. a.* est radix de 40 quæ
duabus radicum cum de 10 equatur. Nam si ducatur
b. a. in se proveniunt 10. et ex ductu *b. a.* in *b. g.* proveniunt alia 10. cum unaquaque ipsarum sit radix de 10.

Multiplicavi octuplum radicis cuiusdam numeri per
triplum radicis ipsius et provenienti summæ addidi

denarios 20. et fuit totum illud equale quadrato ipsius
pone siquidem pro ipso numero rem quare pro oc-
tuplo radices ipsius habebuntur octo radices ipsius et
pro triplo radicis eius habebuntur radices 3. et ex
multiplicatione octo radicum ipsius in tres radices
eius venient viguplum quadruplum ipsius numeri. Et
quia possuimus ipsum numerum esse rem veniet ex
dicta multiplicatione radices 24. quibus si addantur
30 erunt 24. res et denarii 20. quare equantur censui
scilicet quadrato quæsiti numeri quare dimidia radices erunt 12. quibus in se ducas erunt 144. quibus
adde 20. erunt 164. super quorum radice adde medietatem radicum de 164. et denarios 12. pro quæsito
numero qui numerus binomium quintum (*sic*). Quod
binomium si multiplicaverimus per 24. et addiderimus 20. equabitur multiplicationi ipsius binomii in se.

Et si dicatur multiplicavi radicem octupli cuiusdam
numeri in radicem tripli eius et provenienti summæ
addidi 20. et ex hoc toto provenit quadratum ipsius
numeri : ponam pro ipso numero lineam *b. g.* et
describam super ipsam tetragonum *b. d.* et auferam
ab eo superficiem *b. f.* quæ sit 70. remanebit superficies *f. g.* equalis multiplicationi radicis octupli numeri *b. g.* in radicem tripli eius, quæ multiplicatio
eius est radix vigupli quadrupli quadrati *b. d.* ergo
ex ductu *f. e.* hoc est *b. g.* in *c. g.* provenit numerus multiplicationis radicis octupli numeri *b. g.* in
radicem tripli eius ; sed ex multiplicatione octupli numeri *b. g.* in triplum eius provenit viguplum quadruplum quadrati *b. d.* quod etiam provenit ex quadrato *b. d.* ducto in 24. Quare si multiplicaverimus

radicem de 24. per radicem quadrati *b. d.* scilicet per
numerum *b. g.* proveniet radix vigupli quadrupli
quadrati *b. d.* quod idem provenit ex *e. g.* in *b. g.*
ergo *e. g.* est radix de 24. quæ si dividatur in duo
equa super punctum *h.* erit utique *e. h.* radix de *b.*
et quia ex ductu *b. e.* in *e. f.* hoc est ex *b. e.* in *b. g.*
provenit 26. quibus si addiderimus quadratum nu-
meri *e. h.* quod est 6. habebuntur 26. pro quadrato
lineæ *e. h.* ergo numerus *b. h.* est radix de 26. cui si
addatur numerus *h. g.* habetur pro quæsito numero
b. g. radix de 26 et radix de 6. queonam omnia faciunt binomium sextum quod binomium in se mul-
tiplicatum faciunt 32. et radicem de 624. pro quantitate numeri *b. d.* de quibus si auferatur superficies
b. f. quæ est remanebunt superficie *f. g.* 12 et radicem de 624 quæ etiam habebuntur ex ductu radicis
de 24 in radices de 26 et de 6. nam ex ductu radicis
de 24. in radicem de 6. veniunt 12. et ex radice de
24 in radicem de 26. provenit radix de 24. est oportet.

Rursus multiplicavi radicem sextupli cuiusdam averis in radicem quincupli eius et addide decuplum
ipsius averis et denarios 20. et fuerunt hæc omnia
sicut multiplicatio ipsius averis in se : ponam pro
ipso avere rem et multiplicabo radicem sexupli eius
in radicem quincupli eius hoc est in radicem 6. rerum, in radicem 5. rerum provenit radix 30. censuum quia cum multiplicatur res in rem facit census ;
ergo cum multiplicatur radix rei in radicem rei provenit radix census deinde addam super radicem 30.
censum decuplum unius rei et denariis 20. et habebo
10. res et radicem 30. censuum et denarios 20. quæ

equantur multiplicationi rei in se hoc est census : in
hac causa cadit regula radicum et numeri quæ equan-
tar censui. Ad hoc itaque demostrandum adiaceat
quadratum equilaterum et equi angulum $a. g.$ cuius
latus est $b. g.$ et ponam $b. g.$ rem : ergo quadratum
$a. g.$ est equale radici 3o. censuum et 1o radicibus et
21 dragmis : quare abscindamus a quadrato $a. g.$ superficiem recti angulam $a. e.$ quæ sit radix 3o. censuum et ex superficie $f. g.$ auferatur superficies $f. h.$
quæ sit equalis 1o. radicibus census $a. g.$ quare $e. h.$
est 1o. remanebit ex toto quadrato $a. g.$ superficies
$i. g.$ quæ erit 20, et quoniam superficies $a. e.$ est radix
3o censuum et provenit multiplicationem $a. b.$ in
$b. e.$ est res necessario sequitur $b. e.$ radicem esse de
3o. quia ex multiplicatione rei in radicem numeri
provenit radix census ; ergo ex multiplicatione rei
in radicem de 3o. provenit radix 3o census. Addamus
ergo $b. e.$ cum $e. h.$ et erit tota $b. h.$ 1o. et radix de
3o. quæ est binomialis quarta et dividamus eam in
duo equa ad punctum $c.$ et erit unaquaque linearum
$b. c.$ et $g. h.$ 5. et radix de $\frac{1}{4}$ 7. Et quia superficies
$i. g.$ est 20. et provenit ex ductu $i. h.$ in $h. g.$ hoc est
ex $b. g.$ in $h. g.$ si super 20. addamus multiplicationem ex $c. h.$ in se quæ est $\frac{1}{2}$ 32. et radix de 5o. habebitur pro quadrato lineæ $e. g.$ $\frac{1}{2}$ 52. et radix de 75o.
ergo $e. g.$ est radix de $\frac{1}{2}$ 52. et radices de 25o. cui si
addamus lineam $c. b.$ habebitur pro tota $b. g.$
scilicet pro quæsito avere radix de $\frac{1}{2}$ 52. et radicis de
25o. et denarii 5. et radix denariorum $\frac{1}{2}$ 7. quæ omnia sicut secundum propinquitatem circa $\frac{2}{3}$ 16.

Divisi 1o. in duas partes et multiplicavi unam

earum in aliam quod provenit divisi per differentiam
quæ est inter utramque partem et provenit radix 6.
pone pro una illorum duarum partium rem et pro
alia 10. diminuta re et multiplica unam in aliam et
veniet 10. res diminuto censu quæ divide per differentiam quæ est inter utramque partem scilicet per
10. diminutis duebus rebus proveniet utique radix
6. sed quando multiplicatur id quod provenit ex
aliqua divisione in dividentem numerum provenit
numerus divisus, semper ergo si multiplicaverimus
radicem de 6. in 10. minus duabus rebus provenit
10. res diminuto censu. Sed ex multiplicatione radicis de 6. in 10. minus duabus rebus provenit radix
de 600. diminuta radice 24. censuum que equantur
10. rebus diminuta censu. Adde ergo utrique parti
censum et radicem 24 censuum et veniet census et
radix 600. quæ equantur 10. rebus et radici 24 censuum in hoc equantur radices censui et numero quod
extendam in figurâ : ponam rectam *a. b.* rem et ap-

plicabo ei superficiem rectiangulam *a. e.* continentem
censum prædictum et radicem 600. denariorum et

quia invenimus hæc equari 10. rebus et radici 24.
censuum erit linea *b. c.* 10. et radix denariorum 24.
quia cum multiplicatur res eis 10. et radice de 24.
proveniumt 10. res et radix 24 censuum quæ equantur
superficiei *a. c.* scilicet censui et radice sexcentorum.
Quare si abscindamus de superficie *a. c.* quadratur equilaterum et equiangulum *a. g.* qui erit census remanebit superficies *d. c.* radix sexcentorum, quæ radix provenit ex *d. g.* in *g. c.* hoc est *b. g.* in *g. c.* unde si diviserimus lineam *b. c.* induo equa ad punctum *e.* erit multiplicatio *b. g.* in *b. c.* cum. quadrato lineæ *e. g.* sicut
quadratus lineæ *b. e.* unde si a quadrato lineæ *b. e.*
auferatur superficies quæ sit ex *b. g.* in *g. c.* remanebit quadratus lineæ *g. e.* est enim *b. e.* 5. et radix 6.
scilicet medietas 10 et radicis 24. quæ ex *b. e* in se
provenit 31. et radix 600. de quibus si auferatur id
quod provenit ex *b. g.* in *g. c.* quod est radix 600. remanebunt 31. pro quadrato lineæ *g. e :* ergó lineæ
g. e. est radix 31 quæ si auferatur ex *b. e.* remanebit
b. g. 5. et radix 6. minus radice 31. quæ sunt res
scilicet una partium de 10. quæ si auferatur ex 10.
remanebunt pro alia parte 5. et radix 31. minus radice *d. b.* quibus duabus partibus in simul multiplicatis faciumt radicem 244. minus denariis 12. et quia
ex ductis 5. in 5. veniunt 25. et ex ductu radicis 6. in
radicem 31. additis provenit una radix de 186. addita
et ex ductu radicis 6. diminutæ in radicem 31 diminutam provenit alia radix addita de 186. et sic habemus 25 et duas radices de 186. hoc est 25. et unam
radicem de 724. de quibus si auferamus multiplicationem radicis 6. additæ in radicem 6. diminutam et

multiplicationem radicis 31. additæ in radicem 31
diminutam quæ faciunt 37. integra remanebunt de
725. minus integro 12. multiplicationes vero radicis
6. additæ in 5. et radices 31. additæ in 5. relinquimus
opponentes eas multiplicationibus de 5. in radicem
31. diminutam et radices 6. diminutæ in 5. deinde si
acceperimus differentiam quæ est inter utramque partem quæ est-et radices de 31. minus duabus radicibus
de 6. et multiplicaverimus eam in radicem de 6. nimirum redit radix de 744. nimirum 12. dragmis quia
ex multiplicatione radicis de 6. in duabus radicibus
de 6. diminutis proveniunt 12 diminuta.

Item divisi 10. in duas partes et multiplicavi unam
earum in radicem 8. et aliam in se et proicci id quod
provenit ex multiplicatione unius partis in radicem de
8. ex eo quod provenit ex multiplicatione alterius
partis in se et remanserunt denarii 40. pone pro una
partium rem et pro alia 10: diminuta re et multiplica
rem in radicem 8 et proveniet radix 8. censuum et
multiplica 10. minus re in se erunt 100. et census
diminutis 10. rebus : abice ergo ex his radicem 8.
censuum remanebunt 40. ergo radix 8. censuum
g. 40. equantur censui et 100. diminutis 70. rebus.
Adde ergo 20. res utrique parti et tolle ab utraque
parte denarios 40. remanet census et denarii 60.
equalis 20. radicibus et radici 8. censuum dimidia
ergo radices erunt 10. et radix de 2. quæ multiplica
in se erunt 102. et radix 800. de quibus abice 80.
quæ sunt cum censu remanebit 42. minus radice de
800. quorum radix abice de medietate radicem remanebunt 10. et radix de 2. diminuta radice de 42. et

radicis de 800. pro quantitate rei residuum quod est
usque in 10. scilicet radix de 42. et radicis 800. diminuta radice de 2. est alia pars quæ multiplicata
fuit in se et hæc est operatio quæ (sic) autecedentem
figuram vel aliter. pone pro prima parte rem, et pro
10. diminuta re, et multiplica rem in se et provenit
census et 10. diminuta rem multiplica per radicem 8.
et proveniet radix de 80. diminuta radice de 8. censuum super quem adde 40. in quibus super ad hæc
et est radix 800. et 40. diminuta radice 8. censuum
quæ equantur censui : adde ergo radicem 8. censuum
utrique parti et erit census et radix 8. censuum quæ
equantur denarios 40 et radici de 2. et sic 800. in hac
census et radices equantur numero quod per figuram
geometrica - demostrare curavi. Ponam seriem ad
equalem censui et radici 8. censuum et auferatur ab
ea census a. g. remanebit superficies e. d. radix 8 censuum et provenit ex ductu g. e. in g. d. et est g. e.
res, quare g. d. est radix 8. denariorum et quia census est radix 8 censuum scilicet series a. d. e. equantur 40 pragmis et radici 800. ergo series a. d. est 40.
et radix de 800. et provenit ex a. b. in b. d. hoc est ex
b. g. in b. d. dividatur ergo recta g. d. in duo equa
ad punctum i. cui jacet indirecto recta b. g. quare series b. g. in b. d. scilicet 40 et radix de 800. cum quadrato lineæ i. quod est 2. equatur quadrato lineæ b. i.
ergo quadratum b. i. est 42. et radix 800. quare b. i.
est radix 42. et radices 800. de qua si auferatur recta
g. a. quæ est radix d. 2. remanebunt pro recto b. g.
scilicet pro re radix de 42. et radicis 800. minus radice
de 2. est per alium modum invenimus.

Item divisi 10 in duas partes et multiplicavi unam
earum in radicem de 10. et aliam in se et quæ provenerunt fuerunt equalia : ponam unam duarum partium rem et aliam 10. minus re et multiplicabo rem
in radicem de 10. et provenit radix 10. censuum et
ex 10. minus re in se provenit census et denarii 100.
minus 20. rebus quæ equatur radici 10. censuum
quia adde utrique parti 20. res et erunt 20. res et
radix 10. censuum equales censui; et denariis 100.
dimidia ergo radices et erunt 10. et radix de $\frac{1}{2}$ 2. quæ
multiplica in se erunt $\frac{1}{2}$ 102 et radix 1000. denariorum de quibus abice 100. remanebunt $\frac{1}{2}$ 2 et radix
1000. denariorum quorum radicem abice ex 10. et
ex radice $\frac{1}{2}$ 2. remanebunt pro prima parte 10. et
radix de $\frac{1}{2}$ 2. minus radice de $\frac{1}{2}$ 2. et radicis 1000.
denariorum : quare secunda pars erit radix de $\frac{1}{2}$ 2.
et radicis 1000. denariorum diminuta radice denariorum $\frac{1}{2}$ 2. quam partem invenimus aliter videlicet
multiplicabo rem in se et veniet census et ex 10.
minus re in radicem de 10. veniet radix de 1000
diminuta radice 10. censuum. Et sic census equatur
radici 1000. denariorum diminuta radice 10. censuum
equales radici 1000. denariorum : dimidia ergo radicem 10. denariorum et veniet radix de $\frac{1}{2}$ 2. quam
multiplica in se et veniet denarii $\frac{1}{2}$ 2. quos adde cum
radice de 1000. abice eorum radice radicem de $\frac{1}{2}$ 2.
remanebit radix de $\frac{1}{2}$ 2. et radicis 1000. denariorum
diminuta radice de $\frac{1}{2}$ 2. pro secunda parte ut per
alium modum invenimus.

Super quodam avere addidi denariis 10. et quod
provenit multiplicavi in radicem de 5. accepi radicem

et fuit sicut avere prædictum : ponam pro ipso avere
rem cui addidi 10. et fuit quod provenit res et denarii 10. quæ multiplicata in radicem de 5. faciunt
radicem 5. censuum et radicem 500. denariorum
quorum radix equatur res : multiplica ergo rem in se
et provenit census et multiplica radicem radicis 5.
censuum et radicis 500. denariorum quæ equantur
censui et sic census equatur radicibus et numero :
dimidia ergo radices veniet radix de $\frac{1}{4}$ 1. quæ multiplica in se et veniet denarii $\frac{1}{4}$ 1. quæ adde cum radice
de 500 erunt $\frac{1}{4}$ 1. et radix de 500. super quorum
radicem adde radicem de $\frac{1}{4}$ 1. et habebis pro quantitate rei scilicet pro quantitate quæsiti averis radicem
radicis de 500. et dederit $\frac{1}{4}$ 1. et radicem de denariis
$\frac{1}{4}$ 1. inter duas quantitates est 5. et multiplicavi maiorem quantitatem in decuplum eius et eius quod
provenit accepi radicem et fuit sicut multiplicatio
maioris quantitatis in se. Pone pro maiori quantitate
rem et minor quantitas erit res diminutas 4. dragmis
et multiplica rem in decuplum eius et veniet 10.
census de quibus accipe radicem et erit radix 10.
censuum et multiplica rem diminutis 4. in se proveniet census et dragmæ et 5. diminutis 10. rebus
quæ equantur radici 10. censuum. Adde ergo res
utrique parti et erunt census et 25. dragmæ equales
10. radicibus et radici 10. censuum et sic census et
numerus equantur radicibus, dimidia ergo radices et
erunt 5. et radix de $\frac{1}{2}$ 2. quæ multiplica in se et erunt
$\frac{1}{2}$ 27. et radix de 250. de quibus abice 25. quæ sicut
cum censu remanebunt $\frac{1}{2}$ 2. et radix 250. super quorum radice adde medietatem radicum 5. et radix de

$\frac{1}{2}$ 2 erunt 5. et radix de $\frac{1}{2}$ 2. et radix radicis de 250.
et dragmarum 250. pro quantitate rei scilicet maioris
quantitatis de quibus si auferantur 5. habebitur minor
quantitas.

Item sunt duo numeri quorum unus excedit alterum in 5. et multiplicavi maiorem in radicem de 8.
et minorem in radicem de 10. et quæ provenerunt
fuerunt equalia; pone pro minori numero rem et
maior erit res et denarii 5. Duc ergo rem in radicem
de 10 provenit radix 10. censuum et multiplica rem
et denarios in radicem de 8. venit radix 8. censuum
et radix denariorum 700. quæ equantur radice 10.
censuum. Abice ergo ab utraque parte radicem 8.
censuum et erit radix 10. censuum diminuta radice 8.
censuum equalis radice 200. denariorum multiplica
ergo radicem 200. in se veniet denarii 200. et multiplica radicem 10. censuum diminuta radice 8. censuum in se erunt 18. census diminuta radice 420.
censuum census. Verbi gratia sit quantitas *a. b.* radix
10. censuum et auferatur ab ea quantitas *e. b.* quæ
sit radix 8. censuum remanebit quantitas *a. c.* quam
volumus multiplicare in se; et quoniam quantitas *a. b.*
divisa est ut licet in duo ad punctum *c.* erunt quadrata quantitas *a. b.* et *c. b.* equalia duplo super ei ,
et *c. b.* in *a. b.* et quadrato quantitas *a. e.* quare si
ex quadratis quantitarum quantitatis *a. c.* proveniunt
enim 10. census ex *a. b.* in se et ex *c. b.* in se proveniunt 8. census et sic quadratis quantitatis *a. b.*
et *c. b.* habentur 18. census de quibus si auferamus
duplum superficiei ex *c. b.* in *a. b.* quod ex radix
320. censuum census remanebit pro quadrato quan-

titatis *a. c.* 18. census diminuta radice 320. censuum
census ut dictum est. Nam ex *b. c.* in *a. b.* hoc est ex
radice 8. censuum in radicem 10. censuum provenit
radix 80. censuum census cujus duplum sunt duæ
radices 80. censuum census. Ex duæ radices 80. censuum census sunt una radix de 320. censuum census
et quia radix 10. censuum diminuta radice 8. censuum equatur radici 200. denariorum et eorum quæ
dicta similiter sibi invicem equabuntur quare 18.
census 320. diminuta radice 320. censuum census
equabuntur 200 denariis. Reduc ergo hæc omnia ad
censum unum et illud est multiplices ea per $\frac{1}{2}$ 4 et
per radicem de 20. Nam ex multiplicatione de $\frac{1}{2}$ 4.
et radices de 20 in 18. census diminuta radice 320.
censuum census, ut inferius demostrabo et ex multiplicatione $\frac{1}{2}$ 4 et radices 20. in denariis 1700. proveniunt 900. et radix 800,000. ergo census equatur
denariis 900. et radici 800,000. quorum radix quæ
est 20. et radix de 500. erit res, hoc est minor numerus cui si addantur 5. habebunt pro maiori numero
25. et radix 500 denariorum. Modus autem inveniendi
radicem de 900. et radicis 800,000. est ut de quadrato
medietatis 900. quod est 202,500. auferes quartam
de 800000. remanebit 2500. quorum radicem quæ est
50. adde super 50. scilicet super medietatem de 900.
erit 500 et de 4500. abice 400. et accipe radicem de
500 et de 400. et venient 20. et radix de 500. ut pro
primo numero inventum est. et si vis scire modum
reducendi 18. census diminuta radice 320. censuum
census ad unum census considera quod quando aliquod recisum multiplicatur in suum binomium vel

quando multiplicatur binomium aliquod in suum
recisum egreditur numerus roncinatus, dicimus enim
recisum 18. minus radice 320. cuius binomium est
18 et radix 320. quibus in simul multiplicatis faciunt
4. quia ex ductu 18. in se veniunt 324. addita et ex
ducta radice 320. addita in radicem 320. diminutam
veniunt 320. diminuta, quibus extractis de 324. et
remanent 4. diminuta diximus, eodemque modo si
multiplicamus 18. census minus radice 320. censuum
census in suum binomium scilicet in 18. censu et
radicem 320. censuum census egredientur inde 4.
censuum census : inde si diviserimus 18. census et
radicem 320. censuum census per censum et quod
provenit scilicet 18. et radicem 320. multiplicaverimus in 18. census diminuta radice 320. censuum census egredientur inde 4. census tantum, quare si multiplicaverimus 18 census minus radice 320. censuum
census in quartam de 18. et radicis 320. scilicet in
$\frac{1}{4}$ 4. et in radicem de 20. nimirum unius census provenit et hoc est quod volui demostrare.

Possumus aliter ad solutionem huius quæstionis
venire; sed sicut quædam plus demostranda videlicet
cum fuerint tres quantitates continue proportionales
in ea quam habet aliqua alia data quantitas ad aliam
quantitatem erit multiplicatio minoris quantitatis
illarum duarum quantitatum in coniunctum mediæ
et maioris illarum trium quantitatum sicut multiplicatio maioris erunt earumdem duarum quantitatum
in coniunctum eiusdem mediæ et minoris illarum trium
quantitatum. Verbi gratia sint tres quantitates $a. b. c.$
continue proportionales in ea quam habet quantitas $d.$

ad quantitatem *e*. et sit *d*. minor quam *e*. et sit sicut *d*.
ad *e*. ita *a*. ad *b*. et *b*. ad *c*. dico quod factum ex *d*. in
quantitates *b*. *c*. est sicut factum ex *e*. in quantitates
a. *b*. quod sic probatur; quoniam est sicut *a*. ad *b*. ita *b*.
ad *c*. erit coniuncto sicut *a*. et *b*. ad *b*. et *c*. permutatio
ergo erit sicut quantitates *a*. *b*. ad quantitates *b*. *c*. Ita
b. ad *c*. sed sicut *b*. ad *c*. ita *d*. ad *e*. ergo sicut *d*.
ad *e*, ita quantitates *a*. *b*. ad quantitates *b*. *c*. quia
multiplicatio *d*. coniuncti ex quantitatibus *b*. *c*. equatur multiplicationi quantitatis *e*. in coniunctum quantitatum *a*. *b*. ut prædixi quibus intellectis redeam ad
quæstionem suprascriptam et ponam *d*. radix de 8.
et *e*. radix de 10. et *f*. sit 8. et *h*. sit 10. et esto sicut
f. ad *h*. ita *a*. ad *c*. et sit *c*. quinque plus quam *a*.
et ponam inter numeros *f*. *h*. numerum *g*. medium
in proportione et numerum *b*. inter numeros *a*. *e*.
dico quod primum numeros *a*. *b*. *c*. proportionales
esse in ipsam quam habet quantitas *d*. ad quantitatem
e. quoniam *d*. seipsam multiplicans numerum *f*. fecit
et *e*. seipsam multiplicans numerum *h*. fecit et posita
est *g*. quantitas inter numeros *f*. *h*. in proportionem
mediam quare est sicut *d*. ad *e*. ita *f*. ad *g*. et *g*. ad
h. et est sicut *f*. ad *h*. ita *h*. *a*. ad *c*. sed sicut *f*. ad
h. ita quadratum quod est *a*. numero *f*. ad quadratum
quod est *a*. numero *g*. sicut in geometrica patet, est
enim similiter sicut *a*. ad *c*. hoc est sicut prima ad
tertia ita quadratum quod est ad prima *a*. ad quadratum quod est secunda *b*. ergo quia est sicut *f*. ad
h. ita *a*. ad *c*. erit sicut quadratum quod est ab *f*. ad
quadratum quod est *a*. numero *g*. ita quadratum quod
est ab *a*. ad quadratum quod est *a*. numero *b*. quare

erit sicut *f.* ad *g.* ita *a.* ad *b.* scilicet *f.* ad *g.* est sicut
d. ad *c.* ergo est sicut *d.* ad *e.* ita *a.* ad *b.* sed est
sicut *a.* ad *b.* ita *b.* ad *e.* ergo est sicut *d.* ad *e.* ita
a. ad *b.* et *b.* ad *a.* numeri ergo *a. b. e.* continui sunt
in proportione quam habet quantitas ad quantitatem
et quare multiplicatio ex *d.* in numeros *b. c.* et sicut
multiplicatio *e.* in numeros *a. b.* ut superius demostratum est. Sed qualiter inveniantur numeri *a. c.*
demostrare volo : quoniam est sicut *f.* ad *h.* ita *a.* ad
e. et *h.* superat numerum *f.* ita 2 et numerus *e.* numerum *a.* in 5. est sicut 2 ad 5. ita *f.* ad *a.* et ita *h.*
ad *c.* quare si multiplicaveris numeros *f. h.* per 5.
scilicet 8. et 10. et summas quæ sunt 40. et 50. diviseris per 2. habebis 20. pro numero *a.* et 25. pro
numero *c.* et quia numeri *a. b. c.* continui proportionales sunt erunt multiplicatio numeri *a.* in numerum *c.* quæ est 500. sicut multiplicatio numeri *b.*
in se quia numerus *b.* est radix de 500. et sic invenimus primum numerum esse 20 et radix de 500.
et secundus numerus addit 5 super ipsum et est 25.
et radix de 500 ut per alium modum invenimus, et
notandum quod si radices *d. e.* sibi invicem commensurabiles essent ita quod proportio quadrati radicis *d.* ad quadratum radicis *e.* esset sicut proportio
quadrati numeri ad quadratum numerum essent itaque numeri *a. b.* sibi invicem commensurabiles et
coniunctum ex eis facerit numerum retrocinatum.
Verbi gratia sic *d.* radix de 2. et *e.* radix de 8. qui
sunt quadrati radicum de *d. e.* est enim proportio de
2. ad 8. sicut proportio quadrati numeri 4. ad quadratum numerum 16. et quia volumus invenire duos
27.

numeros quorum unus excedat alterum in 5. et sit
multiplicatio maioris eorum in radicem de 2. sicut
multiplicatio maioeis in radice de 8. multiplicabimus
2 et 8. qui sunt quadrati radicum $d.$ $e.$ per 5. prædicta et dividemus quæ provenient per $b.$ quæ sunt
differentia quæ est inter 8 et 2. et habebimus pro
numero $a.$ $\frac{2}{3}$ 1. et pro numero $c.$ habebimus $\frac{2}{3}$ 6. quare
numerus $b.$ qui est medius inter utrunque est duplum
de $\frac{2}{3}$ 1. scilicet $\frac{1}{3}$ 3. cuius etiam tertius numerus scilicet $\frac{2}{3}$ 6. duplus extitit. Unde addamus numeros
$a.$ $b.$ in unum habebimus 5. pro minori numero, et
si addamus numeros $b.$ $c.$ in simul scilicet $\frac{1}{3}$ 3. et $\frac{2}{3}$ 6.
faciunt 10. pro maiori numero et est proportio con-
iunctorum $a.$ $b.$ ad coniunctos $b.$ $c.$ hoc est ad 10.
sicut proportio $d.$ ad $e.$ est enim radix de 2. medietas
radicis de 8 et 5. similiter sunt medietas de 10. et
sic in similibus studeas operari.

Multiplicavi quoddam avere in duplum eius et
endici venientis summæ addidit 2. et illud latum multiplicavi per avere prædictum et provenerunt unde
denarii 30. pone pro ipso avere rem et multiplica eam
in duplum eius et veniet duo census quorum radici
adde 2. et habebis radicem duorum censuum et denarios 2. quæ multiplica per rem et proveniet radix
duorum censuum census et duæ res quæ equantur
denariis 30. Redige duorum censuum census ad cen-
sum et hoc est ut multiplices illud per radicem de $\frac{1}{2}$
quia cum multiplicatur radix duorum censuum census
per radicem duorum censuum census proveniunt duo
census censuum. Unde si diviserimus radicem duorum censuum census per censuum veniet utique radix

de 2. in qua si multiplicaverimus radicem duorum
censuum census egredientur inde mode duo census
tamen quia si multiplicaverimus radicem duorum
censuum census per medietatem radicis de 2. hoc est
per radicem de $\frac{1}{2}$ veniet inde unus census diximus
et multiplica similiter duas res per radicem de $\frac{1}{2}$ veniet
radix duorum censuum et sic habebis censum et ra-
dicem duorum censuum quæ equantur multiplicationi
de 3o. in radicem de $\frac{1}{3}$ quæ multiplicatio est radix
de 45o. et sic in hac quæstione census et radices
equantur numero : dimidia ergo radices veniet radix
medietates denarii quam multiplica in se veniet $\frac{1}{4}$
quem adde cum radice de 45o. habebis pro quæsito
avere radicem de 45o. et medietatem unius denarii,
de quorum radice extrahe radicem de $\frac{1}{2}$ remanebit
radix radicis 45o. et medietatis denarii, diminuta
inde radice de $\frac{1}{2}$ unius integri; et notandum quia
quando dividitur radix aliquid censuum census per
censum non est aliud nisi dividere numeri per numerum et cum dividitur radix numeri per numerum
tunc dividendus est numerus cuius radix dividitur
per quadratum numeri in quo radix dividitur. Verbi
gratia volumus dividere radicem de 32 per 4. hic
dividenda sunt 32. per quadratum de 4. et radix eius
quod provenit scilicet de 2. est id quod proveniet ex
divisione eodemque modo cum dividimus radicem
duorum censuum census per censum tunc dividemus
duos census census per censum census et radix eius
quod provenit scilicet de 2. est illud quod provenit
ex divisione ut diximus. Item cum multiplicatur radix
alicuius numeri per rem aut per res ut sicut multi-

plicare radicem numeri per numerum scilicet cum
multiplicatur radix numeri per numerum tunc multiplicatur quadratus radicis per quadratum numeri
et radix eius quod provenit est id quod quæretur.
. Verbi gratia cum volumus multiplicare radicem 8
per 4. multiplicamus 8 per 6. et radix venientis summæ
scilicet denarii 128. est summa quæsitæ multiplicationis. Similiter cum multiplicamus res per radicem de-
bemus ipsas res multiplicare in se et illud quod provenit multiplicare per numerum radicis et provenientis
summæ radicem accipere et ideo cum multiplicaverimus
superius duas res in radicem de $\frac{1}{2}$ intelleximus multiplicationem duarum rerum in se de qua proveniunt
4. census quibus ductis in $\frac{1}{2}$ veniunt duo census radicem
quorum diximus provenire ex ipsa multiplicatione.

Divisi 10. in duas partes et divisi maiorem per
minorem et minorem per maiorem et aggregavi eas
quæ provenerunt ex divisione fuerunt radix 5. denariorum : sit una ipsarum partium a. reliqua sit b. et
dividatum b. per a. et proveniet g. d. et a. per b. et
proveniet d. e. dico primum quod multiplicatio a. in b.
producta in g. e. est equalis duobus quadratis numerorum a. b. exemplum que cum dividitur b. per a.
provenit g. d. si multiplicatur g. d. in a. provenit b.
ergo si multiplicatio g. d. in a. ducatur in b. erit sicut
b. in se. Rursusque cum dividetur a. per b. provenit
d. e. ergo si multiplicatur d. e. in b. provenit a. quare
si multiplicatio d. e. in b. ducatur in a. provenit, et
sic a. ducta in se ; propterea si ducatur a. in b. et illud
quod provenit ducatur in g. e. erit sicut coniunctum
quadratorum numerorum a. b. et quia ita est pro a.

pone rem remanebunt pro *b*. 10. minus re. et duc *a*.
in se veniet census et 10. minus re in se venit 100. et
census diminutio 20. rebus quas adde cum censu
erunt... erunt et census et denarii 100 diminutis 20.
rebus, deinde multiplica *a*. in *b*. scilicet rem in 10.
minus re exibunt 10. res diminuto censu quod totum
multiplica per *g. e*. quam quantitatem possumus radicem esse. 5. denariorum quæ venit radix 500. censuum
diminuta radice 5. censuum census qui equantur 2.
censibus et 1000. denariis diminutis 20. rebus. Restaura ergo 20. res et radicem 5. censuum census utrique parti et erunt radix 5. censuum census et census
et denarii 100. equales 20. rebus et radici 500. censuum. Redige hæc omnia ad censum unum hoc est ut
multiplices hæc omnia per radicem de 5. diminutis 2.
denariis. Nam ex multiplicatione radicis 5. censuum
census et denariorum censuum in radicem 5. diminutis 2. provenit census quia cum multiplicatur radix
5 et denarii 2. in radicem de 5. minus 2. et provenit
1. et multiplicatione 100. in radicem 5. minus 20.
provenit radix 50000. diminutis 200. denariis et ex
multiplicatione 20. rerum et radicis 500. censuum in
radicem 5. minus denariis 2. veniunt 10. res tamen
quia ex multiplicatione radicis 5. in radicem 500.
censuum provenit radix 2500. censuum scilicet 50.
res et ex multiplicatione 2. et diminutorum in 20. res
proveniunt 40. res diminuta quibus extractis de 50
rebus modo inventis remanent 10. res : multiplicatio
quidem 20. rerum in radicem de 5. quæ est addita
relinquimus cum sit equalis multiplicationi radicis
500. censuum in 12. diminuta et sic ex multiplica-

tione 20. rerum et radicis 500. censuum in radicem 5.
minus 2. proveniunt 10. res tamen quæ equantur uni
censui et radici 50000. minus 700. et sic radices equantur censui et numero et nos ponamus hoc in figura
ut quæ dicere volumus clarius videantur. Sit superficiei rectangulæ latus *a. b.* equale rei et *b. c.* sit 10.
et sic superficies *a. c.* continebit 10. res et quia 10.
res equantur uni censui et radici 50000. minus 700.
auferamus *a.* superficie *a. c.* quadratum *a. e.* quod si
census remanebit ex superficie *a. c.* superficies *f. c.*
quæ est radix 50000. ex *b. c.* in *c. d.* et dividatur linea
b. c. in duo equa ad punctum *d.* et erit linea *b. c.*
quæ est 10. divisa in duo equalia ad punctum *e.* quare
si ex quadrato numeri *b. e.* quod est 25. auferamus
multiplicationem ex *b. c.* in *e. c.* quæ est radix 50000.
minus 70. remanebunt 225. diminuta radice 50000.
pro quadrato numero *d. e.* quare si radix eius auferatur qui est numerus *d. e.* ex *b. c.* hoc est ex 5.
remanebunt pro numero *b. e.* 5. minus radice differentiæ quæ est inter 225. et radicem 50000. et hæc
sunt una res scilicet una duarum partium de 10. reliqua vero est numerus *e. c.* qui est 5. et radix differentiæ quæ est inter radicem de 50000. et radicem
de 225. et si vis invenire radicem de 225. minus radice
de 50000. multiplica 225. in se erunt 50625. de quibus
abice 50000. remanebit 625. quorum radix quæ est
25. dimidia venient $\frac{1}{2}$ 12. quæ abice ex medietate de
225. quæ est $\frac{1}{2}$ 112. remanebit 100. et adde $\frac{1}{2}$ 12. super
$\frac{1}{2}$ 112 erunt 125. de quibus duobus numeris radices
accipe et minorem de maiori extrahe remanebit radix
de 125. minus 10. pro radice de 225. diminuta radice

50000. qui est numerus *e. d.* cui si addamus *d. c.* scilicet
5. habebitur pro tota *e. c.* radix de 225 minus 5. quæ
sunt maior pars et si extraxerimus *e. d.* ex *b. d.* scilicet radix de 125. minus 10. de 5. remanebunt pro
minori parte scilicet pro numero *b. c.* 15. minus radice
de 125.

Possumus enim aliter solutionem ejusdem quæstionis invenire et est ut pones unam duarum partium
rem, aliam vero 10. minus re et ex divisione 10. minus
re in rem veniat denarii quartæ ex divisione rei in
10 minus re venit radix 5. diminuto denario, et quia
cum dividitur minus re per rem provenit denarius
si multiplicabitur denarius in rem venient utique 10.
minus re quia semper cum multiplicatur numerus
dividens per exeuntem provenit divisus, similiter quia
cum dividetur res per 10. minus re provenit radix 5.
diminuto denario. Si multiplicaveris radicem 5. minus
denario in 10. minus re provenit inde res, sed ex
multiplicatione radicis 5. minus denario in 10. minus
re proveniunt 10 et radix 500. diminuta radice 5.
censuum et re et 10 denariis quæ multiplicatio sic fit
multiplicatur primum radix 5. per 10. provenit radix
500. addita et radix 5. in re diminuta provenit radix
5. censuum diminuta et denariis diminutis in 10. addito inveniunt 10. denarii diminuti et ex multiplicatione denarii diminuti in rem diminutam proveniunt
10. addita diminuta re et sic per multiplicationem
radicis 5. diminuto denario in 10. minus re provenit
radix 500. et denarii 10. minus re et radicibus 5.
censuum et denariorum 10. quæ equantur rei : adde
ergo utrique parti 10. denarios et tolle ab utraque

parte rem et erunt 10 et radix 500. diminutis duabus
rebus et radices 5. censuum quæ equantur 10 et
denario, dividamus per 10 et veniet 1. et radix 5.
censuum diminuto $\frac{1}{5}$ rei. et diminuta radice $\frac{1}{20}$ census
qui equantur uni denario et quia ex ducto denario
in rem provenit 10. minus re si id quod est equale
uni denario scilicet radix 5. et 1. minus quinta rei et
minus radice $\frac{1}{20}$. census multiplicetur in rem veniet
similiter ex ipsa multiplicatione 10. minus re, quare
multiplicemus rem in radicem 5. et in 1. diminuta
quinta rei et radicem $\frac{1}{2}$. census et venient radix 5.
censuum et res diminuta $\frac{1}{5}$ census et radice $\frac{1}{2}$. census
census qui equatur 10. minus re : adde ergo utrique
parti rem $\frac{1}{5}$ census et radicem $\frac{1}{2}$ census census et erit
radix $\frac{1}{2}$ census census et $\frac{1}{4}$ census et denarii 10. equales
radici 5. censuum et 2. rebus. Reduc ergo radicem $\frac{1}{2}$
census census et quintam census ad censum unum
et est ut multiplices id per radicem de 500. minus 20.
denariis et provenit census; deinde ut reducas denarios 10. qui sunt cum censui et radicem 5. censuum
et duas res quæ apponentur censui, multiplica eam
per radicem 500. diminutis 20. et venient 10. quæ
equantur census et radici 50000. minus denariis 200.
ut superius invenimus deinde operabis ut supra et
habebis propositum.

Est enim alius in modus solvendo similes quæstiones
quem demostrare nequeo donec quædam huic operi
necessaria demostrentur. Si duo numeri qualescumque
fuerint et dividatur secundus per primum et primus
per secundum et quæ ex utraque divisione provenerint
in simul multiplicata fuerint nimirum in 1. ad cuius

rei evidentiam sint duo numeri *a. b.* et dividatur *b.*
per *a.* et veniat *g. d.* et *a.* per *b.* veniat *d. e.* dico quod

$$\overline{\qquad\qquad a \qquad\qquad}$$
$$\overline{\qquad\qquad b \qquad\qquad}$$

si *g. d.* multiplicetur in *d. e.* egredietur ex ipso multiplicatione *a.* quod sic probatur, quia quod dividetur
b. per *a.* provenit *g. d.* ergo si multiplicetur *g. d.*
per *a.* provenit *b.* quod etiam provenit si multiplicetur in *b.* quare est sicut *b.* ad *a.* ita *g. d.* ad unitatem. Rursus quia cum dicitur *a.* per *b.* provenit
d. e. si multiplicetur *d. e.* in *b.* provenit *a.* sed si *a.*
ducatur in se provenit similiter *a.* quare est sicut
unitas ad *d. e.* ita *b.* ad *a.* sed sicut *b.* ad *a.* ita fuerit
g. d. ad unitatem, ergo est sicut *g. d.* ad *d. c.* unitas
ergo media est inter *g. d.* et *d. c.* quare multiplicatio
g. d. in *d. c.* est sicut multiplicatio unitatis in se sed
ex ducto in se provenit ergo ex ducto *g. d.* in *d. e.*
provenit et hoc volui demostrare. Nunc revertamur
ad quæstionem et dividatur 10. in duas partes et divisi
illam per istam et istam per illam et aggregavi in
simul quæ ex ipsis divisionibus provenerunt et fuit
latum hoc radix 5. dividenda est ergo radix 5. in
duas partes quarum una multiplicata per aliam faciat
1. sintque partes *g. d.* et *d. e.* et tota *g. e.* sit radix
5. et dividatur *g. e.* in duo equa ad punctum *e.* et
erit unaquaque pars *g. c.* et *c. e.* radix de $\frac{1}{4}$ 1. et multiplicetur *g. c.* in se provenit $\frac{1}{4}$ 1. et auferatur inde
multiplicatio ex *e. d.* in *d. e.* quæ est 1. remanebit $\frac{1}{4}$
pro quadrato numeri *d. c.* cum radix quæ est $\frac{1}{2}$ est

numerus *d. c.* quo ablato ex *g. c.* remanebit pro *g. d.*
radix $\frac{1}{4}$. 1 minus medietate denarii, et addita *g. c.* super
c. e. erit totus *d. e.* radix de $\frac{1}{4}$ 1. et medietas denarii :
ergo cum dividitur maior pars de 10 per minorem
provenit radix $\frac{1}{4}$ 1. et denarii $\frac{1}{2}$ et cum dividitur minor
pars per minorem provenit radix $\frac{1}{4}$ 1. minus $\frac{1}{2}$ denario : possumus enim has partes aliter invenire pone
pro una duarum partium rem, alio erit radix 5.
minus re et multiplicetur res in radicem 5. minus re
venit radix 5. censum diminuto censu quæ equantur uni adde ergo censum utrique parti et erit
census et denarius 1. quæ equantur radici 5. censuum : dimidia ergo radicem 5. censuum et erit
radix $\frac{1}{4}$ 1. de qua abice 1. qui est cum censu rema-
nebit $\frac{1}{4}$ cuius radicem quæ est $\frac{1}{2}$ abice et radice $\frac{1}{4}$ 1.
remanebit radice $\frac{1}{4}$ 1. minus $\frac{1}{2}$ pro una duarum partium
reliqua vero erit radix $\frac{1}{4}$ 1. et medietas denarii. Inventis itaque his partibus pone pro maiori parte 10.
rem, minor vero erit 10 minus re et divide 10. minus
re per rem venit et radix $\frac{1}{4}$ 1. minus $\frac{1}{4}$ quæ multiplica
per rem venit radix unius census et $\frac{1}{4}$. minus medietate rei quæ equantur se minus re : adde ergo utrique
parti medietatem rei erit 10. minus medietate rei
quæ equantur radici de censu $\frac{1}{4}$ 1. quare multiplica
10. minus medietate rei in se erunt 100. census diminutis 10. rebus et multiplica radicem census $\frac{1}{4}$ 1.
in se et provenit census $\frac{1}{4}$ 1. adde ergo utrique parti
10. res et tolle ab utraque parte $\frac{1}{4}$ census veniet census
et 10. res quæ equantur 10. denariis : operare deinceps secundum in hoc Algebra et invenies maiorem
partem scilicet rem esse radicem de 125. diminutis 5.

denariis reliqua vero pars erit 15. diminuta radice
de 125. ut superius invenimus. Et nota quod cum
habuistis superius radicem unius census et $\frac{1}{4}$ diminuta
medietate unius rei equari 10. denariis et addidimus
utrique parti dimidiam rem tunc potuimus addere
utrique parti rem et essent radix census $\frac{1}{4}$ 1 et medietas
rei equalis 10. denariis et si secundum hanc proces-
sionem vis procedere, multiplica 10. in se erunt 100.
et multiplica radicem census $\frac{1}{4}$ 1. et medietatem rei
in se et proveniunt census $\frac{1}{2}$ 1. et radix census census
$\frac{1}{4}$ 1 et hæc equantur denariis 100. unde ut reducamus
hæc ad unum censum multiplicabis ea per $\frac{1}{2}$ 1. minus
radice de $\frac{1}{4}$ 1. et erit census equalis denariis 150.
minus radice de 12500. quorum radix quæ est radix
de 125. minus 5 erit res hoc est maior pars.

Et si volumus procedere per inventionem minoris
partis pone eam rem, minor vero pars erit 10. minus
re et quia ex divisione 10. minus re in rem provenit
radix de $\frac{1}{4}$ 1. et medietas denarii multiplicabis in rem
et veniet 10. minus re sed ex multiplicatione radices
de $\frac{1}{4}$ 1. et medietatis denarii in rem provenit radix
census $\frac{1}{4}$ 1. et medietas rei; ergo hæc equantur 10
minus rei. Unde si ab utraque parte abstuleris medietatem rei remanebit radix census $\frac{1}{4}$ 1. equalis 100.
diminuta re $\frac{1}{4}$ 1. quia si multiplicabis utramque partem in se erit census $\frac{1}{4}$ 1. equalis denariis 100. et
censibus $\frac{1}{4}$ 2. diminutis 30 rebus. Adde ergo utrique
parti 30. res et tolle ab utraque parte censum $\frac{1}{4}$ 1. et
veniet census et denarii 10. quæ equantur 30 rebus.
Age in hoc secundum Algebra ut invenies rem scilicet
minorem partem esse 15 minus radice de 125. ut

superius invenimus. Et nota iterum quando habuisti
radicem census $\frac{1}{4}$ 1. et medietatem rei equalem denariis 10. minus re et extraxisti ab utraque parte
medietatem rei; tunc potuisti addere utrique parti
rem et esset radix census $\frac{1}{4}$ 1. et res $\frac{1}{2}$ 1. equales 10
denariis. Unde si multiplicamus hæc omnia in se ha-
bebimus census $\frac{1}{2}$ 3 et radicem esse census $\frac{1}{4}$ 11.
equales denariis 100. Unde ut redigamus hæc omnia
ad proportionem unius census multiplica ea per $\frac{1}{2}$ 3.
minus radice $\frac{1}{4}$ 11 et venit censu equalis denariis 350.
minus radice 112500. quorum radix quæ est 15. diminuta radice 125. erit res hoc est minor pars, maior
vero pars est radix 125. minus 5. Possemus in his
aliis modis procedere sed ista quæ diximus sufficiant
et scias secundum hanc divisionem 10. divisa esse
media et extrema proportione quæ esto sicut 10. ad
maiorem partem : ita maior pars ad minorem; quare
multiplicabis 10. in minorem partem scilicet in 15.
minus radice 125. faciunt equale multiplicationi maioris partes in se : in qua proportione si 10. dividere
vis pone maiorem partem in minorem vero 10. diminuta re in qua multiplica 10. erit 100. diminutis 10.
rebus et multiplica rem in se veniet census qui equatur 100. diminutis 10 rebus. Adde ergo utrique parti
10. res et erit census et 10. res equales denariis 100.
Age ergo. in his secundum Algebra.

Divisi 16 in duos et divisi qualibet illarum partium per aliam et multiplicavi quod libet exeuntium
in se et super 4. dragmas pone pro maiore parte rem
pro numeri 17. minus re et dividatur 17. minus re
in rem et veniat numerus a. b. et ex re divisa in 17.

minus re veniat *b. c.* et aggrega multiplicationes ex
a. b. in se et ex *b. c.* in se erunt 4. et quia numerus
a. e. divisus est in duo scilicet in *a. b.* et in *b. c.*
erit multiplicatio dupli *a. b.* in *b. c.* cum quadratis
numerum *a. b.* et *b. c.* equalis quadrato numeri *a. c.*
sed ex quadratis numerorum *a. b. b. c.* proveniunt
4. et ex duplo *a. b* in *b. c.* veniunt 2. quibus additis
cum 4. faciunt 5. pro quadrato numeri *a. c.* ergo
a. c. est radix de 6. Divide ergo eam in duas partes
per modum superius demostratum ut ex minore
ducta in maiorem veniat 1. et erit minor pars radix
$\frac{1}{2}$ 1. minus radice $\frac{1}{2}$ et maior erit radix $\frac{1}{2}$ 1. et radix
$\frac{1}{2}$. ergo cum dividitur 17. minus re scilicet minor
pars in rem provenit radix $\frac{1}{2}$ 1. minus radice $\frac{1}{2}$ in
re et venit radix census $\frac{1}{2}$ 1 minus radice medietatis
census quæ equatur denariis 17. minus deinde multiplica radicem unius census et dimidii minus radice
medietatis census in se venient census minus radice trium censuum census quæ equantur multiplicationi 17. minus re in se hoc est denariis 144.
et uni censui diminutis 24. radicibus. Adde ergo
utrique parti 24 res et tolle ab utraque parte censuum et veniet census et 24. res diminuta radice
trium censuum census quæ equantur denariis 144.
multiplica ergo censuum minus radice trium censuum census in suum binomium hoc est in 12. radicem trium et venient duo census diminuti quare
multiplica unum censuum diminuta radice trium
censuum census in medietate sui binomii hoc est in
$\frac{1}{2}$ et in radicem de $\frac{3}{4}$ veniet unus census diminutus
et multiplica 24 res similiter in $\frac{1}{2}$ in radice de $\frac{3}{4}$ ve-

niunt 12. res et radix 432. censuum et sic habes ab
una parte 12. res et radix 37. censuum diminuto
censu quæ equantur multiplicationi re 144. in $\frac{1}{2}$ et in
radicem de $\frac{3}{4}$ hoc est denariis 72. et radici 15552.
Adde ergo censum utique parti et erunt res 2157.
et radix 432. censuum quæ equantur censui denariis 72. et radici de 15552. quæ radix est 17. radices 108. dimidia ergo radices 12. et radicem 437.
erunt 6. res et radix de 108. quæ multiplica in se veniunt 144. et 17 et radices de 108. de quibus abice
numeros qui sunt censu scilicet 72. et 17. radices de
108. remanebunt 72. quorum radicem abice ex medietate radicum remanebit b. et radix de 108. diminuta radice 72. pro quantitate rei scilicet pro ma-
jori parte ; reliqua vero pars est b. et radix de 72.
quam etiam partem invenies si ponas minorem partem rem maiorem vero 12. minus re. et dividas 12.
minus re per rem venit $\frac{1}{2}$ 1. et radix medietatis dragmæ
quæ multiplicata in rem veniunt radix census $\frac{1}{2}$ 1. et
radix medietatis census quæ equantur 17. minus re :
multiplice hæc omnia in se erunt duo census et radix
trium censuum equales 144. et censui diminutis 24.
rebus adde ergo utrique parti 24. res et tolle censum
ab utraque parte remanebit radix trium censuum et
census 224. res quæ equantur 144. dragmis. Redige
hæc omnia ad censum unum et est ut multiplices ea
per radicem ɔ diminuta medietatis dragmæ et erit
census et radix 433. censuum diminutis 12 radicibus
equales 12. radicibus de 108. minus 72. dragmis :
multiplica ergo medietatem radicem quæ sunt censui
scilicet radix de 108. diminutis 6. radicibus in se

erunt 144. diminutis 12. radicibus de 108. super quæ
adde 12. radices de 108. diminutis 72. dragmis remanebunt 72. de quorum radice abice radicem de
108 minus 6. habebis minorem partem radicem de
72. et dragmas 6. diminuta radice de 108. ut superius
invenimus.

Divisi 10. in duas partes et divisi quamlibet illarum
per aliam et multiplicavi quodlibet exeuntium in se
ipsum et minui minus ex maiori et remanent 2. dragmæ:
pone minorem partem rem et maiorem 10. diminuta
re et divide 10. minus re in rem et veniet a. ex re
divisa in minus re veniet b. jam scis quia ex a. ducta
in b. provenit 1. quare si multiplicatur quadratus
numeri a. in quadratum numeri b. veniet quadratus
unitatis scilicet 1. quare ponamus pro numero b. radicem unius census et pro numero a. radicem unius
census et duarum dragmarum et multiplica b. in se
venit census et a. in se venit census et 2. dragmæ.
Diminuto ergo censu scilicet quadrato numeri b. ex
censu et duabus dragmis hoc est ex quadrato numeri
a. scilicet censum per census et duas dragmas venient census census et duo census qui equantur uni
dragmæ : deinde ponamus quadratum c. e. qui sit
equalis censui census : quare unumquodque latus
ipsius erit census et addamus lineæ d. e. quæ est census
lineam e. h. quæ sit et jaceat e. h. in directo lineæ
d. e. et compleatur figura recti-angula g. h. quæ provenit ex g. e. in e. c. h. hoc est ex censu in . . . . .
quare superficies g. h. est 2. census ergo tota superficies c. h. census census et duo census et equantur uni dragmæ quia ex e. c. in d. h. provenit dragma

scilicet ex censu in censu et duas dragmas : dividamus
e. h. in duo equalia in f. i. et quia ex b. in d. h.
provenit 1. et d. e. equalis est e. d. ergo ex e. d. in
d. h. provenit 1. cui si addamus quadratum unitatis
e. f. habebitur pro quadrato numeri d. f. super quorum radicem si addideris unitatem h. f. scilicet erit
totus d. h. radix 2. et una dragma hoc est quadratus
numeri a. cuius radix quæ est numerus a. ducatur in
.... veniunt 10. minus re : quare si multiplicaverimus quadratum census in quadratum numeri a.
scilicet in radicem 2. dragmarum et in dragmam veniet quadratus 10. minus hoc est 10 dragmæ et census
diminutus 20. rebus ; sed ex multiplicatione census
in radicem 2 f. provenit radix duorum censuum census
et unus census qui equatur dragmis 100. et censui
diminutis 10. rebus. Adde ergo 20. utrique parti et
tolle ab utraque parte censum remanebit radix duorum
censuum census 220. res quæ equantur 100 dragmis;
sed ut religamus hæc omnia ad censum unum multiplica ea per radicem $\frac{1}{12}$ dragmæ quia cum multiplicemus radicem 2. censuum census in radicem $\frac{1}{12}$ dragmæ provenit census et cum multiplicamus 20. res in
radicem $\frac{1}{12}$ provenit radix 700. censuum et cum multiplicatur 100. in radicem $\frac{1}{12}$ provenit radix 5000
dragmarum : ergo census et radix 700. censuum
equantur radici de 5000 dragmarum. Utere si vis in
hoc suprascripta figura et pone quadratum c. e. censum et superficies g. h. radicem 1200. censuum : quare
e. h. erit radix 1200. dragmarum qua divisa in duo
equa in f. erit unaquæque quantitatum e. f. f. h. radix
50. quare ex ductu quantitatis d. e. in d. h. cum qua-

drato quantitatis *e. f.* est sicut *d. f.* in se : sed ex
d. e. in *d. h.* hoc est ex *c. d.* in *d. h.* provenit radix
5000. dragmarum et ex ductu *e. f.* in se proveniunt
50. ergo ex ductu *c. f.* in se proveniunt radix 5000.
et 50 dragmæ : quare numerus *d. f.* est radix radicis
5000 dragmarum de 50. de qua si auferatur *d. f.*
scilicet radix de 50. remanebit pro quantitate *d. e.*
quæ est res radix radicis 5000. dragmarum et de 50.
diminuta radice 50 dragmarum quæ sunt minor pars
residuum quod usque in 10. scilicet 10. et radix 50.
diminuta radice radicis quinque milium 250. dragmarum est maior pars quam habebis si pulsaveris eam
rem et minorem 10. diminuta re quia cum diviseris
10. minus re in rem veniet radix radicis duarum dragmarum et minus dragmæ quem si multiplicaverimus
in se veniet radix duarum dragmarum minus dragma
quam etiam si multiplicaveris in censum scilicet in
quadratum rei veniet radix duorum censuum census
diminuto censu quæ equatur 100. et censui diminutis
20 rebus : adde ergo utrique parti 20. res et tolle ab
utraque parte censum veniet 20. res et radix duorum
censuum census diminutis duobus censibus. Redige
hæc ad censum unum et est ut multiplices ea per 1.
et radicem $\frac{1}{2}$ dragmæ qua cum multiplicatur radix
duorum censuum census diminutis duobus censibus
in medietate sui binomii scilicet in 1. et in radicem
$\frac{1}{2}$ dragmæ veniet unus census diminutus et cum multiplicentur 20. res in 1. et in radicem $\frac{1}{12}$ veniunt 20.
res et radix 700. censuum et cum multiplicatur 100.
in 12. in radicem $\frac{1}{2}$ venient 100 et radix quinque
milium. Et sic 20. res et radix 700. censuum dimi-

nuto censu equantur 100. et radici 5000 dragmarum.
Adde ergo censum utrique parti et erunt 20. res et
radix 200. censuum equales censui 2100. dragmis et
radici 5000. dragmarum. Dimidia ergo radices et age
in eis secundum Algebra et invenies rem scilicet maiorem partem esse 10. et radix 50. diminuta radice
radicis 5000. et dragmarum 50. ut superius diximus.

. Divisi 10 in duas partes et per unamquamque ipsarum divisi 10. et quæ ex divisione exierunt fuerunt
5. dragmæ. Notandum est primum quod quando aliquis numerus dividitur in duas partes et per unamquamque ipsarum dividitur ipse numerus quidquid
aggregatur ex duabus divisionibus est 12 plus eo quod
aggregatur ex duabus divisionibus uniuscuiusque partis in aliam exemplum-dividatur numerus a. in partes
et dividatur c. per h. et proveniet d. e. et b. per c.
et proveniat e. f. dico quod si dividatur a. per b. c.
egredientur inde 12. plus numero d. f. quod sic probatur quia b. c. sunt equales numeri a. e. cum dividitur a. per b. sicut cum dividuntur numeri b. c.
per b. sed cum dividitur b. per d. provenit 1. et
cum dividetur c. per b. provenit d. e. ergo cum dividantur numeri b. e. hoc est numerus a. per b. provenit unus plus eo quod provenit ex c. diviso per b.
Item cum dividitur a. per e. est sicut cum dividuntur
numeri c. b. per c. sed cum dividitur c. per e. provenit 1. et cum dividitur b. per c. provenit e. f. ergo
cum dividuntur numeri c. b. per c. provenit 1. plus
eo quod provenit ex divisione ex b. in c. quare cum
dividitur a. per numeros b. c. veniunt 2. plus eo quod
provenit ex duabus divisionibus quæ fiunt ex c. per

b. et ex *b*. per *c*. Ego quia exemplum ponitur 10. dividere in duas partes et per unamquamque dividere 10. et ipsis divisionibus veniunt 5. tolle 2. de 5. remanent 3. et divisi 10, in duas partes et divisi illam per istam et istam per illam et proveniunt 3 dragmæ. Operare secundum quod dicta sunt superius et habebis quæsitum. Utere in hoc via alia quæ est ut dividas 10. in duas partes et ponas minorem partem rem 5. minus re, alia vero 5. et rem et multiplica unam in aliam venient 75. diminuto censu quæ duc in 3. veniunt 25. et diminutis tribus censibus et multiplica unamquamque partium in se et provenient 50. et duo census quæ equantur dragmis 75. diminutis tribus censibus. Adde ergo utrique parti 3. census et tolle ab utraque parte 50. census equales 25 dragmis : divide ergo 25 dragmas per 5. venient 5. dragmæ pro quantitate census quare radix earum est res. ergo minor pars erit 5. diminuta radice 5. dragmarum et maior erit 5. et radix de 5. Generaliter divide 3. prædicta in duas partes quarum una multiplica per aliam faciat 1. erit minor pars $\frac{1}{2}$ 1. minus radice $\frac{1}{4}$ 1. et maior erit $\frac{1}{2}$ 1. et radix de $\frac{1}{4}$ 1. et ex hoc manifestum est quia cum dividatur 10 in duas partes et dividetur maior earum per minorem tunc provenit $\frac{1}{2}$ 1. at radix $\frac{1}{4}$ dragmæ quare multiplica exeuntem per dividentem et veniet inde divisus numerus : ergo si multiplicaveris $\frac{1}{2}$ 1. et radicem de $\frac{1}{4}$ 1. per 5. minus re proveniet numerus divisus. Sed ex ducta $\frac{1}{2}$ 1. et radix $\frac{1}{4}$ 1. in 5. minus re veniunt $\frac{1}{2}$ 7. et radix de $\frac{1}{4}$ 31. diminuta re $\frac{1}{2}$ 1. et radix census $\frac{1}{2}$ 1. equantur dragmis 5. et rei, quare adde utrique parti rem $\frac{1}{2}$ 1. et

radicem unius census et $\frac{1}{4}$ census et tolle ab utraque
parte 5. remanebit res $\frac{1}{2}$ 2. et radix census $\frac{1}{4}$ 1. quare
equantur dragmis $\frac{1}{2}$ 2. et radici de $\frac{1}{4}$ 21. multiplica
ergo unamquamque istarum duarum partium in se et
erunt census $\frac{1}{2}$ 7. et radix $\frac{1}{4}$ 11. census census quæ
equantur dragmis $\frac{1}{2}$ 37. et 5. radicibus de $\frac{1}{4}$ 31. quæ
sunt una radix de $\frac{1}{4}$ 781. Reduc ergo omnia hæc ad
unum censum et est ut multiplices omnia quæ habes
per $\frac{3}{10}$ dragmarum diminuta radice $\frac{1}{20}$ venit census
equalis dragmis 5. ergo res est radix 5. dragmarum
quæ addita et diminuta ad 5. venient pro minori
parte 5. minus radice 5. dragmarum et alia erit 5.
et radix 5. dragmarum ut superius diximus; et si vis
facere quoque multiplicatis $\frac{1}{2}$ 37. et radix 781 per $\frac{3}{10}$.
dragmarum diminuta radice $\frac{1}{120}$ dragmarum multi-
plica $\frac{1}{2}$ 37 per $\frac{2}{10}$ veniunt $\frac{1}{4}$ 11. addita et multiplica
radicem de 781. per radicem $\frac{1}{20}$ hoc est accipe $\frac{1}{20}$ de
781. veniet $\frac{1}{16}$ 39. diminuta quæ radix $\frac{1}{4} \frac{1}{6}$ quibus extractis de $\frac{1}{4}$ 11. remanent 5. pro summa dictæ multiplicationis. Nam multiplicatio de $\frac{2}{10}$ in radicem de
$\frac{1}{4}$ 781. addita equatur multiplicationi radices $\frac{1}{20}$ diminutæ $\frac{1}{12} \frac{1}{37}$. Possumus etiam in his et in similibus uti
via alia et est ut dividas 10. in duas partes et ponas
minorem partem 5. minus re et maiorem vero quinque
et re et dividantur per utramque partem et venient
5. ut dictum est. Multiplica secundum hunc modum
5. minus in 5. et rem venient 25. diminuta censu,
quæ multiplica per 5. quæ venerunt ex duabus divisionibus prædictis in $\frac{1}{125}$ diminutis 5. censibus quæ
equantur 100. scilicet multiplicationi de 10. in se ut
inferius demostrabo. Sed adde primum utrique parti

5. census et tolle ab utraque parte 100. remanebit 5. census equales 25 dragmis, quare census est 5. dragmæ ut dictum est. Adde deinceps ut supra et invenies propositum. Adiaceant duo numeri *a. b.* et *b.* et *c.* et dividatur *a. c.* per *a. b.* et proveniat *d. e.* et dividatur etiam *a. c.* per *b. c.* venient *e. f.* dico quod multiplicatio *a. b.* in *b. c.* ducta in *d. f.* est sicut multiplicatio *a. c.* in se quod sic probatur : quoniam cum dividitur *a. c.* per *a. b.* provenit *d. e.* si multiplicetur *d. e.* per *a. b.* provenit numerus *a. c.* communis adiaceat numerus *b. c.* erit multiplicatio *d. e.* in *a. b.* ductu in *b. c.* sicut multiplicatio *a. c.* in numerum *b. c.* Rursus cum dividitur numerus *a. c.* per numerum *b. c.* provenit numerus *e. f.* ergo cum multiplicetur *e. f.* in numerum *b. c.* provenit numerus *a. b.* et erit multiplicatio *e. f.* in *b. c.* ducta in *a. b.* sicut multiplicatio *a. c.* in *a. b.* ergo multiplicatio *a. c.* communis adiaceat numerus *d. e.* in *a. b.* ducta in *b. c.* cum multiplicatione *e. f.* in *a. b.* ductu in *a. b.* est sicut multiplicatio *a. c.* in *b. c.* cum multiplicatione *a. c.* in *a. b.* sunt sicut multiplicatio *a. c.* in se et multiplicationes *d. e.* et *e. f.* in *a. b.* ductæ in *b. c.* sunt sicut multiplicatio *d. f.* in *a. b.* ducta in *b. c.* sed multiplicatio *d. f.* in *a. b.* ducta in *b. c.* est sicut multiplicatio *a. b.* in *b. c.* ducta in *d. f.* ergo multiplicatio numeri *a. b.* in *b. c.* ducta in *d. f.* est sicut multiplicatio *a. c.* in se et hoc est quod volui demostrare. Unde si *a. c.* sit 10. et ipsa 10. sint divisi in partes *a. b.* et *b. c.* et ex divisione 10. in *a. b.* et in *b. c.* proveniunt 5. quæ sint numerus *e. f.* multiplicatio *a. b.* scilicet 5. minus re in *b. c.* hoc est in 5.

et reducta in 5. scilicet in *d. f.* sicut multiplicatio *a. c.*
hoc est ex 10. in se sicut operati superius operati
fuimus.

De quodam avere minui 12. radices eius et 4. dragmas et multiplicavi residuum in se ipsum et provenit
ottuplum ipsius averis. pone pro ipso avere censum
qui si quadratus *a. c.* cuius unumquodque latus fit
radix illius census et auferatur ab ipso superficies
a. e. quæ sit dragmæ, et superficie *f. c.* auferatur
superficies *f. g.* quæ sit 4. radices census *a. c.* remanebit superficies *h. c.* pro residuo quod remanet ex
prædicto avere ablatis ab ipsa et radice eius et 4.
dragmas scilicet superficies *a. g.* ergo communi ponitur quod ex multiplicatione residui *h. c.* in se proveniat ottuplum census erit superficies *h. c.* quod est
residuum prædictum radix 8. censuum sed superficies
f. c. provenit ex *f. g.* in *g. c.* et *f. e.* est res cum sit
equalis lateri *a. b.* quare numerus *g. c.* est radix 8
dragmarum , quia ex ducta re in radicem 8. prove-

nit radix 8. censuum scilicet superficies *f. g.* est radix

census *a. e.* et provenit ex *e. f.* in *c. g.* et *e. f.* est res
necessario sequitur numerum *e. g.* esse 12. quare *e. c.*
est 12. et radix 8. dragmarum. Item superficies *a. e.*
est 4. et provenit ex *b. e.* in *b. a.* hoc est ex *b. e.* in
b. c. si dividatur *e. c.* in duo equa ad punctum *i.*
erit multiplicatio *b. e.* in *b. c.* cum quadrato numeri
e. i. sicut multiplicatio *b. i.* in se est enim *e.* medietas
de 2 et radicis 8 hoc est 1. et radix 2. dragmarum ,
quo binomio in se multiplicatio veniunt 3. et radix
8. quibus additis cum 4 quæ proveniunt ex *b. e.* in
b. c. faciunt 7. et radicem 8 quod quadrato numeri *b.*
1. quare *b.* 1. est radix 7. et radicis 8. dragmarum
cui si addatur numerus *i. c.* qui est 1. et radix 2
dragmarum erit tota *b. c.* quæ est radix census *a. c.*
radix 7. dragmarum et radicis 8 et una dragma et radix duarum dragmarum. Unde ut habeamus quadratum *a. c.* multiplica numerum *b. c.* in se cum sit radix
census *a. c.* multiplicatio quidem *b. c.* in se sic fit
qua sic fit quia numerus *b. c.* divisus in duo scilicet
in *b. i.* et *i. c.* erunt quadrati numerorum *b. i.* et *i. c.*
cum duplo multiplicationis *i. c.* in *b. i.* sicut *b. c.*
in se. Sed quadratus numeri *b. i.* est 7. et radix 8
dragmarum quibus in simul junctis faciunt 10. et duas
radices 8. quæ sunt una radix 32. et ex multiplicatione *i. c.* in *b. i.* et ex radice trium et radices 8 in
radicem 7. et radicis 8. provenit radix 29. et radix
radicis 10. radicum 8. cuius radicis duplum est radix
quadrupli scilicet ex 116. et radicis 40. radicum de
8. nam 40. radices. 8 sunt una radix 12800 dragmarum et sic processu *a. c.* hoc est pro quæsito avere
habetur 10. et una radix de 32. et una radix de 116

et radicis 1212800. quæ omnia reducta ad numerum
sunt inter $\frac{2}{3}$ 40 et $\frac{2}{4}$ 40.

Est quoddam avere cuius 2. et radices et radix medietatis eius et radix tertiæ omni sunt equales censui
pone pro ipso avere censuum et quia duæ res et radix
medietatis census et radix tertiæ census equantur censui fac quadratum suprascriptum a. c. censum et duæ
radices ipsius census sint superficies d. g. et radix medietatis census esto superficies e. h. et radix tertiæ census
fit superficies b. f. quare c. g. erit 27. e. g. erit radix $\frac{1}{2}$
dragmæ et b. c. erit radix $\frac{2}{3}$ dragmæ et sic tota b. c. quæ
est res erit 12 et radix $\frac{1}{2}$ et radix $\frac{1}{3}$ multiplica ergo hæc
in se et venient $\frac{5}{6}$ 4. et radix 8. et radix $\frac{1}{3}$ 5. et radix
$\frac{2}{3}$ unius dragmæ pro quantitate census hoc est quæsiti
averis et si vis scire quomodo multiplicantur 2. et radix
$\frac{1}{2}$ et radix $\frac{1}{3}$ in se multiplica primum 2 in se et radicem

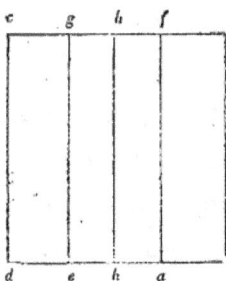

medietatis dragmæ in se et radicem tertiæ dragmæ
in se et venient $\frac{1}{3}$ $\frac{1}{14}$ hoc est $\frac{5}{64}$. deinde multiplica
duplum de 2 in radicem $\frac{1}{12}$ et veniet radix 8. et multiplica iterum duplum de 12 in radicem $\frac{1}{3}$ et veniet
radix de $\frac{1}{3}$ 5. pos hæc multiplica radicem $\frac{1}{12}$ in radicem $\frac{1}{3}$ et veniet radix $\frac{1}{6}$ dragmæ quam radicem duplica
et veniet radix $\frac{2}{3}$ dragmæ.

Est quodam avere cuius 2. radices et radix medietatis eius et radix tertiæ eius sunt 20. dragmæ;
pone pro ipso avere censum et dic quod duæ radices
census et radix $\frac{1}{2}$ census et radix $\frac{1}{3}$ census equantur
20. dragmis et tolle ab utraque parte duas res et erunt
20. dragmæ minus duobus rebus equales radici medietatis census et radici tertiæ census multiplica quidem 20. diminutis 2. rebus in se erunt 400. et 4 census diminutis 80. rebus quæ equantur multiplicationi
radicem medietatis census et tertiæ census, quæ mul-
tiplicatio surgit in $\frac{5}{6}$ census et in radicem $\frac{2}{3}$ census.
Adde ergo utrique parti 80 res et tolle utraque parte
$\frac{5}{6}$ census et radicem $\frac{2}{3}$ census census erunt 400 dragmæ
et census $\frac{1}{6}$ 3 minus radice $\frac{2}{3}$ census census quæ equantur 80 rebus. Reduc ergo hæc omnia ad unum censum
et est ut multiplices ea per $\frac{114}{337}$ dragmas et per radicem
$\frac{100}{337}$. $\frac{2}{337}$ in quibus multiplicatis 80 rebus veniunt.....
Et si dixiris de quodam avere minui duas radi-
ces eius et radicem medietatis eius et radicem tertiæ eius et remanserat 20. dragmæ, pone pro ipso
avere censuum qui sit quadratus $a.$ $g.$ et minue ab
ipso duas radices eius et radicem medietatis eius et

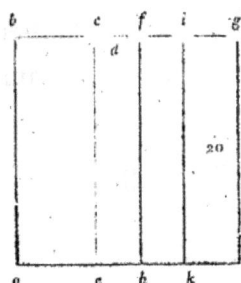

radicem tertiam quæ sit superficies $a.$ $c.$ et $e.$ $f.$ et

h. i. remanebit ex toto quadrato superficies *h. g.* quæ
est 20. manifestum est enim quod numerus *b. c.* est
20 et *c. f.* est radix $\frac{1}{3}$ dragmæ quare totus numerus
b. i. est 2. et radix $\frac{1}{2}$ et radix $\frac{1}{3}$ et numerus *i. g. e.*
ignotus scilicet ex *k. i.* quæque res in *i. g.* provene-
runt 20. scilicet *b. g.* equalis est numero *i. k.* ergo
ex *b. g.* in *i. g.* veniunt 20. dividamus itaque numerum *b. i.* in duo equalia quæ sint *b. d. i.* erit ergo
multiplicatio *b. g.* in *i. g.* cum quadrato numeri *i. d.*
sicut quadratus numeri *g. d.* ergo numerus *g. d.*
erit notus, cui si addatur numerus *b. d.* qui est notus
cum sit medietas de 2. et radices $\frac{1}{2}$ et erit totus numerus *g. b.* qui est res notus quem si multiplicaverimus
in se erit quadratus *a. g.* notus scilicet avere quæsitum. Et si dicemus tibi adde super quoddam avere
4. radices est et radicem medietates eius et radicem $\frac{2}{3}$
eius et erunt 10 dragmæ quantus est census ; pone
pro ipso avere censum qui sit quadratus *a. c.* et
adiungatur 4. radices eius et radix medietatis eius
quæ sunt superficies *d. e.* quare numerus *c. e.* erit
4. et radix $\frac{1}{2}$ et radix $\frac{1}{3}$ in ea quæ præmissa sunt, et
quia tota superficies *a. e.* ponitur esse 10. et prove-
niant ex *a. b.* in *b. c.* hoc est *b. c.* in *b. e.* si addamus
ad 10. quadratum medietatis numeri *c. e.* erit totus
numerus *b. f.* notus de quo si auferamus numerum *f. c.*
remanebit numerus *b. c.* notus et quare *b. c.* est res
si dicamus eam in se venit quadratus *a. c.* hoc est
quæsitum avere notum. — Et si dicamus tibi super
quodam avere addidi radicem eius et radicem medietatis eius et hoc totum multiplicam in se et provenit
quintuplum ipsius averis pone pro ipso avere censum

a. g. et adiungatur ei superficies rectiangula *d. e.*
quæ sit una radix ex quadrato *a. g.* et radix medietatis eius, et erit numerus *g. e. c.* et radix medietatis
dragmæ numerus *g. d.* sit res; nam ex multiplicatione
rei in *i.* et in radicem medietatis dragmæ provenit
radix una census et radix una census et radix medietatis eius et quia proponitur ex multiplicato numero
a. e. in se provenit quincuplum quadrati *a. g.* erit
numerus *a. e.* radix quinque censuum et provenit ex
ducto *a. b.* in *b. e.* et *a. b.* est res quare *b. e.* est radix
5. dragmarum quia cum multiplicatur res in radicem
5. dragmarum provenit radix 5. censuum hoc est numerus *a. e.* Unde si ex *b. e.* auferatur numerus *g. e.*
quæ est 1. radix medietatis dragmæ remanebit pro
quantitate rei, hoc est pro numero *b. g.* radix dragmarum diminuta dragmæ et radice medietatis dragmæ quod si multiplicaverimus in se veniunt dragmæ
$\frac{1}{2}$6. et radix duarum dragmarum diminuta radice 20.
et radicem 10. dragmarum pro quantitate census *a. g.*
hoc est pro quæsito avere. Item super quodam avere
addidi radicem eius et radicem medietatis eius et hoc
totum multiplicavi in se et provenit 20 dragmæ. In-
tellige iterum in suprascripta figura quadratum *a. g.*
esse censum et superficies *d. e.* radicem et census et
radice medietatis eius et quia proponitur quod est
coniuncto prædictorum multiplicato in se proveniunt
20. erit superficies *a. e.* radix 20. dragmarum et provenit ex re *a. b.* ducta in numerum *g. b. e.* scilicet ex
a. b. in *b. e.* provenit census *a. g.* et superficies *d. e.*
quæ est radix census et radix medietatis eius et sit
census et radix et res medietatis census equantur ra-

dici 20. dragmarum et est per ea quæ diximus numerus
g. d. i. et radix medietatis dragmæ quare medietas

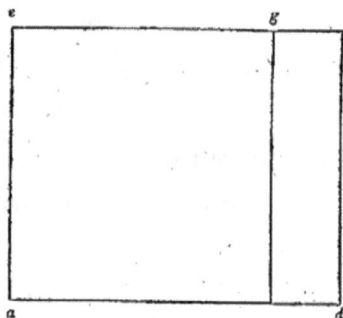

ipsorum quæ sit *g. f.* erit $\frac{1}{2}$ et radix... dragmæ et
quia ex *a. b.* in *b. e.* hoc est ex *b. g.* in *b. e.* provenit
radix 20. si addatur ei multiplicatio ex *g. f.* in se quæ
est $\frac{3}{8}$ et radix... dragmæ veniet radix 20. et radix
... dragmæ et usuper $\frac{3}{8}$ unius dragmæ pro quadrato
numeri *b. f.* quare si ex radice ipsorum auferatur numerus *b. f.* quæ est medietas dragmæ et radix...
dragmæ remanebit pro numero *b. g.* scilicet pro re
radix radicis 20. et radix... dragmæ et ex $\frac{3}{8}$ dragmæ

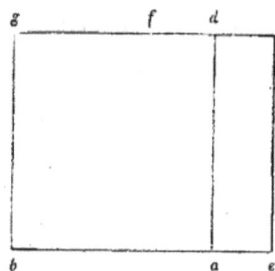

diminuta medietate dragmæ et radice ... dragmæ pro
quantitate rei *b. g.* quæ est radix numeri quæsiti averis. Item super quodam avere addidi radicem medie-

tatis eius et multiplicavi aggregatum in se et provenit
quadratus eius fit in suprascripta figura quadratus $a.g.$
census et superficies $d. e.$ radix $\frac{1}{2}$ census et quia proponitur quod hæc in se multiplicata faciunt quadru-
plum census erit superficies $a. e.$ radix 4. censuum et
provenit ex re $a. b.$ in numerum 6. ergo numerus 6.
est radix dragmarum et sic $b. e.$ est 2. de quibus si
tollatur $g. e.$ qui est radix $\frac{1}{2}$ dragmæ remanebit pro
re $b. g.$ 2. minus radice 2. dragmarum pro quæsito
avere. Multiplicavi quoddam avere et radicem in
avere et radicem 2. dragmarum et provenerunt 20.
dragmæ pone pro ipso avere rem et multiplica rem et
radicem 3. per rem et radicem 2. et veniet census 26.
dragmæ et radix 12. censuum et radix 8. censuum
quæ equantur 20. dragmis : tolle ab utraque parte sex
remanebunt census et radix 12. censuum et radix 8.
censuum quem equantur 14. dragmis, multiplica ergo
medietatem radicum in se hoc est radicem 3. et radicem 2. dragmarum venient 5. dragmæ et radix 24.
dragmarum quæ adde cum 14. erunt 19. et radix de
24. de quorum radice abice medietatem radicum
scilicet radicum de 3. et radicem de 2. remanebit
radix de 19. et radicis 24. dimiuuta radice 3. et
radice 2. dragmarum pro quantitate rei hoc est quæsiti averis.

Cuidam averi addidi 2. dragmas et multiplicavi
aggregatum in radicem tripli ipsius averis et provenit
decuplum ipsius; pone pro ipso avere rem et adde
ei 7. et multiplica aggregatum per radicem trium
rerum et venient 10. res hoc est decuplum rei : multiplica ergo 10. res in se venient 100. census et mul-

tiplica radicem 3. iterum in se venient 3. res et multiplica rem et 7. dragmas in se venient 1. census et
14. res et dragmæ 49. quæ multiplica per 3. res,
venient 3. cubi 42. census et res 147. quæ equantur
censibus 100. Abice ab utraque parte 42. census remanebunt 3. cubi 249. res quæ equantur censibus 58.
divide hæc homnia per rem et venient 3. census et
dragmæ 147. quæ equantur 58. rebus ; reduc ergo
hæc omnia ad censum unum hoc est divide ea per 3.
exibi census et dragmæ 49. equales rebus $\frac{1}{2}$ 19. dimidia ergo radices erunt $\frac{1}{3}$ 9. quæ multiplica in se erunt
$\frac{4}{9}$ 92. de quibus abice 49. remanent $\frac{4}{9}$ 44. quorum
radice quæ est $\frac{2}{3}$ 6. abice de medietate radicem remanebit 3 pro quantitate rei scilicet pro avere quæsito.

Super unaquaque duarum inequalium quantitatem
quarum una est triplum alterius addidi radicum eius
et multiplicavi unum ex aggregatis in aliud et provenit decuplum maioris quantitatis ; pone pro minori
quantitate rem et pro maiori 3. res et adde uniqui-
que et earum radicem suam et multiplica unum per
alium hoc est rem et radicem rei in 3. res et radicem
3. rerum, et veniunt 3. census et radix trium censuum
et radix concuborum et radix 9. cuborum et radix 3.
cuborum quia ex multiplicatione rei in 3. res veniunt
3. census et ex radice rei in radicem 3. rerum provenit radix 3. censum et ex re in radicem trium rerum provenit radix 3. cuborum et ex multiplicatione
trium rerum in radicem rei provenit radix concuborum et hæ comnia equantur decuplo maioris quantitatis hoc est 30. rebus tolle itaque ab utraque parte

3. census et radicem 3. censuum remanebit 30. res
diminutis 3. censibus et diminuta radice 3. censuum
equales radici concuborum. Multiplicata quidem 30.
res diminutis 3. censibus et diminuta radice 3. censuum in se et provenient 903. census et concessus
census et radix 108. censuum census diminutis 180.
cubis et diminuta radice 10800. censuum census quæ
equantur multiplicationi radicum 3. concuborum in
se : nam ex multiplicatione radicis concuborum in
se veniunt concubi et ex ducta radice 3. cuborum in
se veniunt 3. cubi et sic habentur 12. cubi et ex duplo multiplicationis radicis concuborum in radicem
3. cuborum provenit radix 108. cuborum cubique
radix est sicut radix 108. censuum census census.
Tolle ab utraque parte radicem 108. censuum
census census et adde utrique parti 180. cubos veniunt 192. cubi qui equantur censibus census 2903.
censibus diminuta radice 10800. censuum census :
divide hæc omnia per censum et erit 9. census 2903.
dragmæ diminuta radice 10800. dragmarum quæ
equantur rebus 192. quia cum dividitur cubus per
censum provenit res divide hæc omnia per 9. ut reducas ea ad unum censum et erit census et dragmæ $\frac{1}{3}$
100 diminuta radice dragmarum $\frac{1}{3}$ 133. quare equantur
$\frac{1}{3}$ 71. Age secumdum altera in hoc et est ut multiplices
medietatem radicum in se et erunt $\frac{2}{9}$ 113. de quibus
abice diminuta radice $\frac{1}{3}$ 133. remanebit $\frac{4}{9}$ 13. et radix
dragmarum $\frac{1}{3}$ 133. quorum radicem abice de $\frac{1}{3}$ 10. remanebit $\frac{1}{3}$ 10. diminuta radice dragmarum $\frac{1}{3}$ 13. et ra-
cis $\frac{1}{3}$ 133. pro quantitate rei scilicet minoris quantitatis.

De quodam avere accipe radicem et radicem radicis

I. 29

eius et radicem 2. radicum eius et radicem quincupli
eius et hæc omnia faciunt 10. dragmas : pone pro
ipso avere censum et acceptam radicem et radicem radicis eius et radicem 2. radicum eius et radicem quincupli eius et erit res et radix rei et radix
2. rerum et radix 5. censuum equales 10. dragmis.
Proice ab utraque parte radicem 5. censuum et erit
10. diminuta re et diminuta radice 5. censuum equales
radici rei et radici 2. rerum multiplica ergo 10. minus
re et diminuta radice 5. censuum in se et erunt 100.
et 6. census et radix 20. censuum census diminutis
20. rebus et diminuta radice 7000. censuum equales
radici rei et radici 2. rerum ductis in se quæ sunt 3.
res et radix 8. censuum. Adde ergo utrique parti 20.
res et radicem 2000. censuum et erunt 100. dragmæ
6. census et radix 20. censuum census equales 23.
rebus et radici 8. censuum et radici 2000. censuum.
Reduc ergo totum quod habes ad censum et est quod
ducas ipsum in $\frac{3}{8}$ dragmæ diminuta radice $\frac{5}{8}$ dragmæ
et duc 6. census et radicem 20. censuum census in $\frac{3}{8}$.
diminuta radice $\frac{5}{8}\frac{2}{8}$ dragmæ et provenit census et duc
100. dragmas in $\frac{3}{8}$ diminuta radice $\frac{5}{8}\frac{2}{8}$ dragmæ et provenit $\frac{1}{2}$ 37. diminuta radice $\frac{1}{4}$ 781. dragmarum et duc
23. res in $\frac{3}{8}$. diminuta radice $\frac{5}{8}\frac{2}{8}$ et proveniet 8. res
et $\frac{5}{8}$. rei diminuta radice censuum $\frac{5}{8}\frac{2}{8}$ 41. et ducamus
radicem 2000. censuum in $\frac{3}{8}$. diminuta radice $\frac{5}{8}\frac{2}{8}$. et
proveniet radix censuum $\frac{1}{4}$ 281. diminutis rebus $\frac{1}{2}$ 12.
deinde duc radicem 8. censuum in $\frac{3}{8}$ diminuta radice
$\frac{6}{8}\frac{2}{8}$ et provenit radix census $\frac{1}{8}$ 1. diminuta radice $\frac{5}{8}$.
census erunt igitur plus hæc omnia census et dragmæ
$\frac{1}{2}$ 37. diminuta radice $\frac{1}{4}$ 781. equales radici census $\frac{1}{8}$.

diminutis rebus $\frac{7}{13}$. et diminuta radice censuum $\frac{5}{8}$ $\frac{2}{8}$ 41. et diminuta radice $\frac{5}{8}$. unius census deinde fac ut dictum est superius et invenies quæsitum. Trium quantitatem inequalium si multiplicetur minor per maiorem erit sicut media in se et si multiplicetur maior in se veniet sicut minor in se et sicut media in se in simul junctis et ex ductu minoris in mediam proveniunt 10. Pone pro minori quantitate rem et pro media 10. divisa per rem et multiplica 10. divisa per rem in se et veniet 100. divisa per censum qui dividitur per rem venient 100. divisa per cubum et hæc erit minor quantitas : deinde multiplica minorem quantitatem scilicet rem in se et veniet census et multiplica mediam in se scilicet 10. divisa per rem venient 100. divisa per censum quem adde cum censu erit census 2100. divisa per censum quæ equantur multiplicationi maioris quantitatis scilicet de 100. divisa per cubum in se ex multiplicatione proveniunt 1000. divisa per cubum cubi; multiplica ergo omnia quæ habes per cubum cubi sicut multiplicare per censum census : ergo si multiplicamus 10000. divisa per cubum cubi per censum census census venient 10000. et si multiplicamus censum scilicet quadratum minoris quantitates per censum census census habebimus inde censum census et si quadratum mediæ quantitatis scilicet 100. divisa per censum multiplicamus per censum census census venit census census : ergo census census census census 710. census census equantur 10000 dragmis : ponamus itaque quadratum a. c. censuum census census et erit unumquodque latus ipsius census census quia cum multiplicatur

census in se provenit census census census census, et
adiungamus eidem quadrato superficiem *d. e.* quæ
sit 100. census census et quia *d. c.* est census census
erit *c. e.* 100. cum superficies *d. c.* quæ est 100. census census sit ex *d. e.* in *c. e.* et quia ut dictum est
quod census census census census 710. census census
equantur 10000. ergo tota superficies *a. e.* erit 10000.
quare ex ducta *a. b.* in *b. e.* hoc est *b. c.* in *b. e.*
proveniunt 10000. quibus si addamus quadratum medietatis *c. e.* quæ sit *c. f.* habentur pro quadrato
numeri *b. f.* 12500. quare *b. f.* est radix de 12500.
de qua si auferatur *c. f.* quæ est 50 remanebit pro
quantitate *b. c.* radix 1250. diminutis 50. dragmis
scilicet *b. c.* est census census et quia res est radix
radicis census census et nos posuimus rem pro
minori quantitate erit utique ipsa minor quantitas radix radicis ex radice 12500. dragmarum
diminutis inde 50 et quia media quantitas fuit 10.
divisa per rem et eius quadratus fuit 100. divisa per
censum quadratis quadrati ipsius erit 10000. divisa
per censum census : est enim superficies *a. e.* 10000.
et colligitur ex *a. b.* in *b. c.* et *a. b.* est census, census,
census, hoc est quadratus quadrati : si dividamus
10000. per censum census veniet quantitas *b. e.* pro
quadrato quadrati medianæ quantitatis quæsitæ scilicet *b. e.* est quantum *b. f.* et *f. e.* est radix 12500.
et *f. c.* est 50. radix .... et *f. e.* est ergo mediana
quantitas est radix radicis et radice de 12500. et ex
50. dragmis maior vero quantitas erit radix amborum
quadratorum quæ fiunt a minori et a media quantitate et hæc est radix radicis redicis 12500. minus 50.

drágmis et radicis radicis 12500. et 50 dragmarum.

Et si dicatur divisi 10. in tres partes et fuit multiplicatio minoris per maiorem sicut multiplicatio mediæ partis in se et multiplicationis minoris in se et mediæ partis in se sunt sicut multiplicatio maioris partis in se pone primum pro minori parte dragmas et pro media rem et pro maiori censum et hæc facies, quia multiplicata dragma quæ est minor pars in censum qui est maior pars est sicut multiplicatio mediæ partis, scilicet rei in se, deinde multiplica dragmam in se et veniet dragma, et multiplica rem in se veniet census census et multiplica censum hoc est maiorem partem in se et provenit census census qui equatur censui qui provenit ex re ducta in se et dragma quæ provenit dragma ductu in se. Sed omnis census census equatur censui et dragma est sicut quando equatur census rei et dragmæ. Verbi gratia pro censu census esto quadratus *a. g.* cuius latus est *b. g.* et accipiatur in *b. g.* recta *b. e.* quæ sit 1. et per punctum *e.* protrahatur linea *e. c.* erit itaque superficies *a. e.* census cum provenit ex ducta *a. b.* quæ est census in *b. e.*

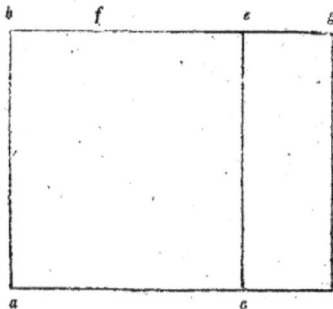

quæ est 1. remanebit ergo superficies *c. g.* 1. et pro-

venit ex *g. e.* in *e. e.* hoc est ex *g. e.* in *b. g.* Nunc
dividamus *b. e.* in duo equa ad punctum *f.* et erit
multiplicatio *e. g.* in *b. g.* cum *e. f.* in se; sed ex
multiplicatione *e. g.* in *b. g.* provenit 1. et quia ex
multiplicatione *e. f.* quæ est medietas dragmæ provenit $\frac{1}{4}$ et sicut pro quadrato numeri *g. f.* habetur
$\frac{1}{4}$ 1. ergo *g. f.* est radix de $\frac{1}{4}$ 1. cui si addatur *f. b.*
quæ est $\frac{1}{2}$ dragmæ habebitur pro tota *b. g.* radix de
$\frac{1}{4}$ 1. et $\frac{1}{2}$ dragmæ et est *b. g.* census cum totus quadratus *a. g.* sit census census et quia pro maiori parte
posuisti censum erit itaque ipsa maior pars radix $\frac{1}{4}$ 1.
et $\frac{1}{2}$ dragmæ quorum radix est media pars, et minor
pars est 1. scilicet dragma et cum hac tres partes
coniunctæ non equantur 10. dragmis et nos velimus
10. in suprascripta conditione dividere erit sicut coniunctum ex his tribus partibus inventis ad 10. ita
dragma ad id quod provenit ex 10. minori parte quare
ponamus ut ex ipsis 10. veniat minori parte rem et
erit sicut coniunctum ex prædictis tribus partibus
inventis ad 10. ita dragma ad rem, quare multiplicatio rei in prædictas tres partes inventas erit equalis
multiplicationi dragmæ in 10. quare multiplicemus
rem in ipsas tres partes et ex multiplicatione rei in
radice radix $\frac{1}{4}$ 1. et medietatis dragmæ provenit radix
radicis census census $\frac{1}{4}$ 1. et medietatis census et ex
multiplicatione rei in radicem $\frac{1}{4}$ 1. et in medietatem
dragmæ provenit radix census $\frac{1}{4}$ 1. et medietas rei quæ
omnia equantur 10. Tolle ergo ab utraque parte rem
et medietatem rei et radicem census $\frac{1}{4}$ 1. remanebit
10. diminuta re $\frac{1}{2}$ 1. et diminuta radice census $\frac{1}{4}$ 1.
equales radici radicis census census $\frac{1}{4}$ 1. et medietatis

census, multiplicato ergo 10. minus re $\frac{1}{2}$ 1. et minus
radice census $\frac{1}{4}$ 1. in se et veniet 100. et census $\frac{1}{2}$ 3.,
et radix censuum census $\frac{1}{4}$ 1. diminutis 30 rebus et
diminuta radice 500. censuum qui equantur multiplicationi radicis radicis census census $\frac{1}{4}$ 1. et medietatis census quæ multiplicatio est radix census census
$\frac{1}{4}$ 1. et medietas census, tolle ab utraque parte medietatem census et adde utrique parti 30. res et
radicem 500. censuum et erunt 100. et tres cen-
sus et radix censuum census $\frac{1}{4}$ 11. equales 30. rebus
et radici 500. censuum et radici census census $\frac{1}{4}$ 1.
tolle iterum ab utraque parte radicem censuus census
$\frac{1}{4}$ 1. et hoc est ut de radice censuum census $\frac{1}{4}$ 11.
extrahas radicem census census $\frac{1}{4}$ 1. et hoc est quod
de radice $\frac{1}{4}$ 11. extrahe radicem de $\frac{1}{4}$ 1. est cuius
radix de $\frac{1}{4}$ 11. sicut 3. radices de $\frac{1}{4}$ 1. Unde si ex ipsis
tribus radicibus auferamus unam radicem de $\frac{1}{4}$ 1. remanebunt 2. radices de $\frac{1}{4}$ 1. quæ sunt una radix 5.
dragmarum . . . . . propterea quod cum de radice
censuum census $\frac{1}{4}$ 11. tollitur radix census census $\frac{1}{4}$ 1.
remanet inde radix 5. censuum census et sic 100. et
tres census et radix 5. censuum census equantur 30
rebus et radici 500. censuum ; reduc ergo 3 census
et radicem 5. censuum census ad censum et est ut
multiplices illud per quartam partem numeri recisi:
nam recisus ipsius binomii est 3. minus radice de 5.
in quo reciso si multiplices 3. census et radicem 5.
censuum census veniet inde 4. census quare si multiplices 3. census et radicem 5. censuum census per
quartam recisi scilicet par $\frac{3}{4}$ diminuta radice $\frac{5}{16}$ dragmæ veniet census et ideo multiplica 100. per $\frac{3}{4}$ minus

radice $\frac{5}{16}$ veniet 757. diminuta radice 3125. quæ sunt
cum censu et multiplica iterum 30. res et radicem 500.
censuum per $\frac{3}{4}$ diminuta radice $\frac{5}{16}$ veniet 10. res tantum quia ex $\frac{3}{4}$ in 30. res veniunt res $\frac{1}{2}$ 22. additæ ex
radice $\frac{5}{16}$ diminuta in radicem 500. censuum veniunt
res $\frac{1}{2}$ 12 diminutæ quibus extractis de radicibus $\frac{1}{2}$ 22.
remanent 10. res ut diximus. Reliquimus quidem multiplicationem de $\frac{3}{4}$ in radicem 500. censuum additam
cum sit equalis diminutæ multiplicationi radicis $\frac{5}{16}$ in
30 res ipsius : his itaque multiplicatis extrahe 25.
diminuta radice 3125. de quadrato medietatis radicum scilicet de 25 remanebit radix de 3125. minus
5. dragmis quorum radicem accipe et extrahe eam ex
medietate radicum scilicet de 5. remanebit 5. diminuta
radice radicis 3125. minus 60. dragmis et hæc sunt
minor pars. Et si volumus maiorem partem invenire
pones pro ipsa dragmam et pro media radicem rei et
pro minori parte rem et hoc facies ut sit multiplicatio
rei in dragmam sicut multiplicatio radicis rei in se et
quia propositum est ut multiplicatio minoris partis in
se et media in se sunt sicut multiplicatio maioris in
se multiplica minorem scilicet rem veniet census et
multiplica mediam in se scilicet radicem rei et veniet
res et sic habes censum et rem quæ equantur multiplicationi dragmæ scilicet maioris partis quæ multiplicatio est 1. divide ergo hæc secundum algebra et est
ut dividas numerum rei in duo equa veniet $\frac{1}{2}$ cuius
quadratum adde dragmæ erit dragma $\frac{1}{4}$ 1. de cuius
radice abice $\frac{1}{2}$ et remanebit pro quantitate rei radix
de $\frac{1}{4}$ 1. subtracta inde medietate dragmæ et hoc est
pro minori parte cuius radix est pro media parte ei

est radix radicis de $\frac{1}{4}$ 1. minus $\frac{1}{2}$ dragmæ pro maiori
vero parte posita est dragma et quia hæc tres partes
positæ in simul junctæ non sunt 10. sic sicut 1. est
ad summam ipsarum trium partium ita res aliqua sit
ad 10. et erit multiplicatio ipsius rei in summam ipsarum trium partium sicut multiplicatio de 1. et 10.
quare multiplica dragmam per rem et veniet res et
multiplicata 10. in radicem radicis de $\frac{1}{4}$ 1. minus $\frac{1}{2}$
census et multiplica rem in radicem de $\frac{1}{4}$ 1. minus $\frac{1}{2}$
veniet radix census $\frac{1}{4}$ 1. minus $\frac{1}{2}$ rei, et sic habes
rem et radicem radicis census census $\frac{1}{4}$ 1. minus $\frac{1}{2}$ census et radicem census $\frac{1}{4}$ 1. minus $\frac{1}{2}$ rei equantur 10.
dragmis. Proice itaque ab utraque rem minus medie-
tate rei et radicem census quæ equantur radici radicis census census $\frac{1}{4}$ 1. minus medietate census : multiplica ergo utramque partem in se et ex multiplicatione
10. minus $\frac{1}{2}$ rei et minus radice census $\frac{1}{4}$ 1. habeban-
tur 100. et census $\frac{1}{2}$ 1. et radix census census $\frac{1}{4}$ 1. diminutis 10. rebus et diminuta radice 500. censuum
quæ equantur multiplicationi radicis radicis census
census $\frac{1}{4}$ 1. minus medietate census $\frac{1}{4}$ 1. quæ multiplicatio est radix census census $\frac{1}{4}$ 1. minus $\frac{1}{2}$ census.
Adde ergo utrique parti $\frac{1}{2}$ census 210. res et radicem
500. censuum et tolle ab utraque parte radicem census
census $\frac{1}{4}$ 1. et erunt duo census 7100. dragmæ equales
10. rebus et radici 500. censuum. Dimidia ergo omnia
quæ habes ut reducas ea ad censum unum et venient
census 750 equales 5. rebus et radici 124. dimidia
ergo radices et radices 125. censuum quæ sunt $\frac{1}{2}$ 2. et
radix $\frac{1}{4}$ 3 1. et multiplicata eas in se venient $\frac{1}{2}$ 37.
et radix $\frac{1}{4}$ 781. de quibus abice 50. quæ sunt cum

censu remanebit radix $\frac{1}{4}$ 781. diminutis dragmis $\frac{1}{2}$
12. quorum radicem abice ex medietate radicum sci-
licet de $\frac{1}{2}$ 2. et radicem $\frac{1}{4}$ 31. remanebunt $\frac{1}{2}$ 2. et
radix $\frac{1}{4}$ 31. diminuta radice differentiæ quæ est inter
$\frac{1}{2}$ 12 et radicem $\frac{1}{4}$ 78. et hæc sunt maior pars; minorem vero partem invenimus esse 5. diminuta radice
differentiæ quæ est inter 50. et radicem 3125. dragmarum : unde si has duas inventas partes extraxe-
ris de 10. remanebunt pro media parte $\frac{1}{2}$ 2. et radix
differentiæ quæ est inter 50. et radicem de 3125. et
radix differentiæ quæ est inter $\frac{1}{2}$ 12. et radicem $\frac{1}{4}$ 781.
diminuta ex his omnibus radicem $\frac{1}{4}$ 31. Et nota quod
cum diximus radicem radicis census census $\frac{1}{4}$ 1. minus
medietate census tunc intelleximus radicem acceptam
ex radice census census minus medietate census. Unde
cum multiplicatur in se illa radix radix provenit radix census census $\frac{1}{4}$ 1. sublata inde medietate census.
Possumus enim ad inventionem mediæ partis ex tribus
partibus quæ fiunt de 10. per hanc aliam viam per-
veniri videlicet ut ponamsu pro ipsa media parte duas
dragmas et prima radice rei et multiplicemus radicem
rei in se veniet res et multiplicemus duas dragmas in
se venient 4. dragmæ. Aggrega ea et habebis rem et
4. dragmas quæ equantur multiplicationi maioris partis in se quare maior pars erit radix rei 4. dragmarum
et quia proponitur quod multiplicata minori parte in
maiorem partem est sicut media in se multiplicemus radicem rei scilicet minorem partem in radicem rei et 4.
dragmarum veniet radix census et 4. rerum quæ equantur 4. dragmis scilicet multiplicationi duarum dragmarum in se. Multiplica iterum hæc in se et erit census et

4. res equales 16 dragmis : dimidia itaque res et multiplica in se et adde cum dragmis 16. erunt 70. de
quorum radice abice medietatem radicum remanebit
radix 20. minus dragmis pro quantitate rei quorum
radix est minor pars quia ponimus eam radicem rei
pars vero maior quæ est radix rei et 4. dragmarum
erit radix radicis 2022. dragmarum et media pars est
2. dragmæ et quia hac tres partes inventæ non sunt
10. erit proportio coniuncti ipsarum ad 10 sicut proportio 2. dragmarum ad id quod provenit medianæ
parti quod ponamus esse rem et ideo multiplicatio rei
in ipsas tres partes erit sicut multiplicatio 2. in 10.
ergo multiplicemus rem in radicem 20. minus 2. dragmis radice eorum inde accepta veniet radix 20. censuum census minus 2. censibus , radice inde accepta
et multiplicemus rem in 2. veniet 2. res et multiplicemus iterum rem in radicem 20. et duarum dragmarum veniet radix radicis 20. censuum census et duorum censuum quæ omnia equantur 20. dragmis. abice
ergo ab utraque parte 2. res erunt 20. numis 2. rebus
equales radici radicis 10. censuum census numis 2.
censibus et radice radicis 20. censuum census 22. censuum. Multiplica igitur 20. minus 2. rebus in se veniunt 400. et 4. census minus 80. rebus et multiplica
radicem 20. censuum census minus 2. censibus , accepta inde radice et radicem 20. censuum census 22.
censuum accepta similiter inde radice in se et erit 8.
census et radix 80. censuum census quæ equantur 400.
dragmis 24. censibus diminutis 80. rebus. Adde ergo
utrique parti 80. res et tolle ab utraque parte 4. census
remanebunt 80. res et radix 80. censuum census 24.

census equales 400. dragmis : redige ergo radicem 8.
censuum census 74. census ad censum et est ut mul-
tiplices ea per radicem $\frac{5}{256}$ minus $\frac{6}{16}$ dragmæ, quare
multiplica 80. res in radicem $\frac{5}{265}$ minus $\frac{6}{16}$ veniet radix
125. censuum minus 5. rebus quæ sunt cum censu et
multiplica 400. per radicem $\frac{5}{265}$ minus $\frac{6}{16}$. veniet radix
3125. minus 25. dragmis quæ equantur censui et ra-
dici 125. censuum sublastis inde 5. rebus dimidia
ergo radicem 125. censuum minus 5. rebus veniet
radix $\frac{1}{4}$ 31. minus $\frac{1}{2}$ 2. multiplica ea in se veniet $\frac{1}{2}$ 37.
minus radice $\frac{1}{4}$ 781. super quæ adde radicem 3125.
minus 25. scias quia radix 3125. est duplum radicis
$\frac{1}{4}$ 781. veniunt $\frac{1}{2}$ 12 et radix $\frac{1}{4}$ 781. de quorum radice
abice radicem $\frac{1}{4}$ 31. minus $\frac{1}{2}$ 2. remanebunt dragmæ
$\frac{1}{2}$ 2. et radix dragmarum $\frac{1}{2}$ 12. et radicis $\frac{1}{4}$ 781. minus radice $\frac{1}{4}$ 31. pro quantitate rei et hæc sunt pars
media. Volo mostrare quomodo accepta radix radicis
20. censuum census minus 2. censibus et accepta radix radicis 20. censuum census 22. censuum multiplicentur in se. Sit itaque linea a. b. radix accepta radicis 20. censuum census minus 2. censibus et b. g.
sit radix accepta de radice 20. censuum census 22.
censuum et volumus scire quantum venit ex a. g.
quantitate ducta in se. Jam scis quod quadrata quantitatum a. b. et b. g. cum duplo a. b. in b. g. equantur
quadrato quantitatis a. g. ergo multiplicemus a. b.
in se et veniet radix 20. censuum census minus 2.
censibus et ducamus b. g. in se venit radix 20. censuum
census 22. census aggrega hæc in simul venient 2. radices 20. censuum census quæ sunt una radix 80. censuum census et multiplica quadratum quantitatis a. b.

ui quadratum quantitatis *b*. *g*. et habebis quadratum multiplicationis ex *a*. *b*. in *b*. *g*. sed multiplicatio quadrati *a*. *b*. in quadratum *b*. *g*. veniunt 16. census census, hoc modo cum multiplicatur radix 20. censuum census per radicem 20. censuum census veniunt 20. census census et cum multiplicantur 20. census additi in duos census diminutos veniunt 4. census census diminuti quibus extractis 20. censibus census remanent 16. census census quorum radix scilicet 4. census est id quod provenit ex *a*. *b*. in *b*. *g*. quorum duplum si addamus super radicem 80. censuum census habebuntur utique 8. census et radix 80. censuum census pro multiplicatione quantitatis *a*. *g*. et hoc volni demostrare.

Et si dicemus divisi 10. in duas partes et de maiori parte extraxi duas radices eius et super minorem addidi duas radices eius et quæ provenerunt fuerunt equalia. Pone pro minori parte 5. minus re et pro maiori 5. rem et accipe 2. radices de 5. et re quæ sunt radix 20. rerum et abice eam de 5 et remanebunt 5. et res diminuta radice 20. dragmarum 24. rerum : deinde adde super 5. minus re 2. radices eius quæ sunt una radix de 20. minus 4. rebus et erunt 5. minus re et radix de 2. minus 4. rebus quæ equantur 5. et rei minus radice 20. dragmarum 24 rerum. Tolle ab utraque parte 5. et adde utrique parti rem et radicem 20. dragmarum, 24 rerum et erunt radix 20. minus 4. rebus et radix 20. et 4. rerum equales 2 rebus. Multiplica quidem utramque partem in se et veniet ex multiplicatione 2. rerum in se 4. census et ex multiplicatione radicis 20. minus 4. rebus et radicis 20. et 4 rerum in se veniunt 40. et radix 1600.

dragmarum minus 64. censibus quæ multiplicatio sic
ducitur primum radix 20. minus 4. rebus in se
veniunt 20. minus 4. rebus et ducetur radix 20. et
4 rerum in se et veniunt 20. et 4. res congrega ea et
erunt 40. dragmæ et multiplica radicem 20. minus 4.
rebus in radicem 2024. rerum et veniet una radix
400. dragmarum minus 16. censibus, duplica eas et
erunt 2. radices 400. dragmarum minus 16. censibus
quæ sunt una radix 1600. dragmarum minus 64. censibus et sic pro quæsito multiplicatione ut dictum
est habentur 400 dragmæ et radix 1600. minus 64.
censibus quæ equantur 4. censibus : Tolle ergo ab
utraque parte 40. et erunt 4. census minus 40. dragmis quæ equantur radici 1600. dragmarum minus 64.
censibus : multiplica ergo radicem 1600. minus 64.
censibus in se venient 1900. drag ɩ æ minus 64. censibus et multiplica 4. census minus 40. in se et venient 16. census census 21600. dragmæ minus 320.
censibus, quæ equantur dragmis 1600. minus censibus. Adde ergo utrique parti 320. census et tolle ab
utraque parte 1600. dragmas remanebunt 16. census
census equales 256. censibus; divide hæc omnia per
censum et venient 16. census equales 256. dragmis :
divide ergo 256 per 16. et exibunt 16. pro quantitate
census, quorum radix quæ est 4 est res : quare si
addantur 4. super 5. et tollantur 4. de 5. habebuntur
9. pro maiori parte et 1. pro minori. Aliter tolle de 5.
et re duas radices eius et adde super 5. minus re 2.
radices eius et erunt 5. res diminutis 2. radicibus 5.
et rei equales dragmis 5. minus re duabus radicibus
dragmarum 5. minus re : tolle ergo ab utraque parte

5. et adde utrique parti rem et duas radices dragmarum 5. et rei erunt 2. res equales duabus radicibus
5. et rei et duabus radicibus 5. minus re : dimidia
ergo hæc omnia et erunt radix 5. et rei et radix 5.
minus re equales rei. Unde si multiplicaverimus rem
in se veniet census equalis multiplicationi radicis 5.
et rei et radicis 5. minus re in se ex qua multiplicatione proveniunt 10. et radix 100. dragmarum diminutis 4. censibus : tolle ergo ab utraque parte 10.
remanebit census diminutis 10. dragmis equales radici 20. dragmarum minus 4. censibus. multiplica
ergo census minus 10. in se et venient census census
2100. dragmæ minus 20. censibus et multiplica radicem 100. minus 4. censibus in se veniet 100. minus
4. censibus quæ equantur censui census 7100. dragmis
diminutis 20. censibus. Tolle ergo ab utraque parte
100. et adde utrique parti 20. census remanebit census census equalis 16. censibus quare census est 16.
et radix eius est 4. ut superius invenimus.

Et scias quod superius invenimus radicem 5. minus
re cum radice 5. et rei equari uni rei, potuimus aliter
quam processimus procedere videlicet ut tollatur radix 5 et rei ab utraque parte et erit tunc res minus
radice et rei equalis radici 5. minus re tunc si multiplicaverimus utramque partem in se quæ provenerit
erunt equalia, tunc multiplicemus rem minus radice
5. et rei venient census et 5. dragmæ et res minus
radice 20. censuum 24. cuborum. Verbi gratia duc
rem in se provenit census et duc radicem 5. et rei in
se veniunt dragmæ 5. et res et sic habemus censuum
25. dragmas et rem. Deinde duc duplum rei in di-

minutam radicem de 5. et rei et hoc est multiplicare
radicem 4. censuum per radicem 5. et rei de qua
multiplicatione provenit radix 20. censuum 24. cu-,
borum, diminuta ergo census et res et dragmæ 5.
diminuta radice 20. censuum 24. cuborum equatur
multiplicationi radicis 5. minus ducta in se scilicet
dragmis 5. minus re : addamus ergo utrique parti
rem et radicem 20. censuum 24. cuborum et tollamus
ab utraque parte 5. remanebit census 22. res equales
radici 20. censuum 24. cuborum multiplicemus etiam
utramque partem in se et veniet census census 24.
cubi 24. census equales 20. censibus 24. cuborum.
Age ergo in eis secundum Algebra et inveniet census
census equari 16. censibus quare census est 16. et
radix eius est 4. ut dictum est. Est enim alius modus
quem demostrare nequimus donec intelligatur quod
quando duo numeri sunt et tollantur ab uno ecrum
una vel plures radices eius et super alium addatur
equalis multitudo radicem ipsius, et quæ provenerunt
fuerint equalia tunc equabuntur in numero veniente
ex multiplicatione radicis unius eorum in radicem
alterius sicut modo eveniet de 1. et de 9. quia extractis 2. radicibus de 9. remanserunt 3. quibus 3.
equatur 1. cum duabus suis radicibus, et hæc tria
veniunt ex multiplicatione radicis de 1. quæ est 1. in
radicem de 9. quæ est 3. et ego ostendam hoc in figura :
ponam tetragonum a. g. pro maiori numero et actabo
super lineam g. d. quadratum aliud d. e. quod erit
equale quadrato a. g. cum ambo sint super unum
latus et anguli qui ad g. sint recti et tollam ex quadrato a. g. quantitas librarum radices eius ut dicamus

2. et sin superficies *a. c.* est 2. radices quadrati *a. g.*
erit recta *e. d.* ex numero et accipiam in recta *g. e.*
recta *e. h.* equalem rectæ *c. d.* et per punctum *h.*
protraham rectam *h. i.* equidistantem utrique rectarum *d. g.* et *e. f.* et protraham lineam *k. c.* in punctum *l.* et quoniam equalis est recta *g. c.* rectæ *g. d.*
et est equalis recta *c. d.* rectæ *e. b.* erunt et *g. c.* et
g. h. sibi invicem equales. Equilaterum est ergo quadrilaterum *c. h.* et est etiam rectiangulum cum anguli
g. h. sint recti et recta *h.* inequidistet *g. c.* quare
quadratum est quadrilaterum *c. h.* et ponam illum
pro minori numero et quia equalis est recta *e. h.* rectæ
d. c. quot unitates sunt in numero *c. d.* tot unitates
sunt in numero *c. h.* quare quot radices in superficie
a. c. et ex quadrato *a. g.* tot radices sunt in superficie
e. m. quadrato *c. h.* et quia *b. g.* equalis est ex *g. e.*
equalis erit superficies *k. g.* superficiei *c. e.* scilicet
superficies *k. g.* est id quod remanet ex quadrato *a. g.*
extractis ab eo radicibus quæ sunt superficies *a. c.*
et superficies *c. e.* est id quod provenit ex coniuncto
quadrati *c. h.* et radicum ipsius quæ sunt in superficie
m. e. ergo cum ex *a. g.* quadrato tolluntur tot radices
eius quod sunt unitates in numero *d. e.* et super quadratum *c. h.* addantur tot radices eius quot unitates
sunt in numero *c. h.* equalis est numero *c. d.* con-
cordant sibi invicem in superficie *k. g.* vel in superficie *c. e.* cum ambæ ipsæ invicem superficies sint
equales et quia superficies *k. g.* provenit ex ductu
g. c. in *b. g.* et *g. c.* est radix quadrati *c. h.* et *b. g.*
est radix quadrati *a. g.* numerus *a. g.* diminutis ab
eo radicibus quæ sunt in superficie *a. c.* equatur cum

II.   30

numero *c. h.* cum adduntur ei radices eius quæ sunt
in numero *e. m.* In numero veniente ex multiplicatione radicis unius in radicem alterius et hoc volui
demostrare postquam hæc demostrata sunt : dividam
10. in duas partes et ponam minorem partem censum,
maiorem vero *10.* minus censu et addam super minorem partem 2. radices eius et erit census 22. res
quæ equantur multiplicationi radicis minoris partis
in radicem maioris hoc est multiplicationis radicis
census in radicem 10. minus censu quæ multiplicatio
est radix 10. censuum diminuto censu census et hæc
est radix differentiæ quæ est inter censum census 210.
census; deinde multiplicemus censum 22. res in se
venient census census 24. cubi 24. census et multiplicemus radicem 10. censuum minus censu census
qui equantur censui census in se venient inde 10.
census minus censu census qui equantur censui census
24. cubis, 24. censibus. Age itaque in eis secundum
Algebra et erit 2. census census 24. cubi equales 6.
censibus : dimidia ergo hæc omnia et erit census census 22. cubi equales 3. censibus; divide hæc omnia
per censum et exibit census 22. res equales 3. dragmis. Age ergo in his secundum Algebra et invenies
rem esse 1. quæ multiplica in se venient *1.* pro
quantitate census et quia nos posuimus minorem
partem censuum et census est *1.* ergo minor pars
est 1. reliquum quod est usque in 10. scilicet 9.
est maior pars. Et si volumus uti figura suprascripta
possumus alio modo procedere et est ut ponas quadratum *a. g.* maiorem partem et quadratum *c. h.*
minorem et abscindatur a maiori *a. g.* et radices seiu

quæ sint superficies *a. c.* quare *d. c.* erit 22. et quia
h. e. equalis est *c. d.* erit similiter *h. e.* 2. quare
superficies *e. m.* continet 2. radices quadrati *c. h.*
ergo cum adduntur super quadratum *c. h.* et radices
eius scilicet superficies *m. e.* provenit inde superficies
c. e. et cum tolluntur ex quadrato *a. g.* radicis eius
scilicet superficies *a. c.* remanet superficies *k. g.* quæ
est equalis superficiei *c. e.* sunt enim super equales
bases et iisdem equidistantibus; his itaque itellectis
faciam quadratum *c. h.* censum et quadratum *a. g.* 10.
minus censu, et addam super censuum *c. h.* superficies *d. m.* et *m. e.* quæ sunt 4. radices eius cum
unaquaque linearum *d. c.* et *e. h.* sit 2. super quæ
omnia addam quadratum *f. l.* quod est 4. dragmæ
cum unaquaque linearum *f. m.* et *m. l.* sit 2. est enim
f. inequalis *d. c,* et *m. l.* rectæ *h. e.* et sit totum quadratum *d. e.* constat ex cessu *c. h,* et ex 4. radicibus
eius et ex 4. dragmis et est quadratum *d. e.* equalis
quadrato *a. g.* scilicet 10. dragmis minus censu ergo
census, 24 res 24. dragmæ equantur 10. dragmis
minus censu. Adde ergo utrique parti censuum et tolle
ab utraque parte 4. dragmas erunt 2. census 24. res
equales 6. dragmis : quare dimidium eorum scilicet
census 72. radices equatur 3. dragmis; est enim superficies *c. e.* census 72. radices eius : ergo superficies
c. e. 3. dragmæ et provenit ex *c. g.* in *g. e.* hoc est
ex *g. h.* in *g. e.* ergo ex *g. h.* in *g. e.* veniunt 3. quibus
si addatur quadratum numeri *h. n.* quod est 1.
habebuntur 4. pro quadrato numeri *g. n.* ergo *g. n.*
est 2. de quibus si tollatur *h. n.* remanebit *g. h.* 1.
quo in se multiplicato reddit 1. pro censu *c. h.* hoc

30.

est pro minori parte quo extracto de 10. remanent et
pro maiori parte.

Item divisi 10. in duas partes et divisi 10. per unamquamque ipsarum partium et multiplicavi unum exeuntium in alium et provenerunt $\frac{1}{4}$ 6. Notandum est primum quod quando et aliquo numero fiunt partes et
per unamquamque ipsarum partium dividitur esse
numerus erit multiplicatio unius exeuntium in alium

sicut aggregatio earundem, ad quod demostrandum
dividatur aliquis numerus a. in duas partes quæ sint
b. g. et dividatur a. per b. et veniet e. et a. per g.
venient d. dico quod multiplicatio d. in e. est sicut
aggregatio d. cum e. quod sic probatur cum dividitur
a. per b. provenit e. ergo cum multiplicetur b. per e.
provenit a. similiter cum dividitur a. per g. provenit
d. cum multiplicatur g. per d. provenit a. multiplicatio quidem per ex b. in e. est sicut multiplicatio g. in
a. quare sicut b. ad g. ita a. ad e. Coniunctum ergo
sicut b. et g. ad g. ita d. et e. ad d. e. mutanti ergo sicut
d. et e. ad b. et g. ita e. ad g. sunt enim numeri b. g.
equales numero a. ergo est sicut d. et e. ad a. ita e.
ad g. sed sicut e. ad g. ita ductum ex d. in e. ad ductum ex d. in g. scilicet ex ducto d. in g. provenit a.
ergo est sicut e. ad g. ita productum ex d. in e. est
ad a. fuit etiam sicut e. ad g. ita coniunctum ex d,

et *e.* ad *a.* ergo coniunctum ex *d. e.* ad *a.* est sicut
ductum ex *d.* in *e.* ad *a.* quare equalis ut multiplicatio
d. in *e.* coniuncto eorumdem et hoc volui demostrare.
Possunt enim hæc aliter investigari si immemor non
fuerit de his quæ superius demostrata sunt videlicet
cum omnium duorum numerorum unusquisque dividatur per alium et multiplicetur unum ex euntibus
in alium quod inde semper provenit etiam et quando
aliquis numerus divisus fuerit in duas partes et dividatur ipse numerus per unam illarum duarum partium
quod id quod provenit ex divisione addidit semper super id quod provenit ex divisione alterius partis in
ipsam partem et hæc ita sunt; ponamus aliquem numerum *a.* divisum in partes *b. c.* et dividatur *o.* per
b. et veniet res et dividatur *a.* per *b.* et veniet 1. plus
et dividatur *b.* per *c.* et veniet denarii et *a.* per *c.* et
venient 1. plus ergo cum dividitur *a.* per *b.* provenit
res et dragmæ et cum dividitur *a.* per *c.* provenit denariis et 1. dico quod multiplicatio rei et dragmæ per
denarium et dragmam ut equalis congregationi eorumdem. Verbi gratia ex aggregatione quidem eorum proveniunt 2. et res et denarii quæ etiam proveniunt ea multiplicatione unius ipsarum partium in alium quia cum
dividitur dragmæ in dragmam provenit 1. et ex re in
denarium provenit 1. et sic habes 2. et ex ducto 1.
quod est cum denariis in rem provenit res similiter ex
ducto 1. quod est cum re in denarium et sic habes 2.
et rem et denarium pro multiplicatione rei et dragmæ
in denarium et dragmam sicuti habuisti per congre-
gationem eorum et postquam hæc manifesta sunt et
apta dicemus : divisi 10. in duas partes et per unam-

quamque ipsarum divisi 10. et provenerunt $\frac{1}{4}$ 6. Age
in his secundum quod in consimili quæstione superius dicta sunt et invenies vel pone pro una partium
2. minus re et pro alia 8. et rem et multiplica unam
ipsarum in aliam et illud totum per $\frac{1}{4}$ 8. et quod
provenerit oppone cum 100. quæ proveniunt ex
ducto 10. in se. Age secundum algebra et invenies
rem esse nihil quare una ipsarum duarum partium
erit 2. et alia 8. Et si posuerimus unam illarum duarum partium 2. et rem aliam 8 minus re et multiplicabimus 2. et rem in 8. minus re et illud totum duce-
mus per $\frac{1}{4}$ 6. quod provenerit erit equale 100. dragmis.
Unde cum egerimus secundum Algebram in his in-
veniemus rem esse 6. quibus additis cum 2. et extractis de 8. veniunt 2. pro una partium 28. per alia.
Et si dicemus feci duas partes de 10. et per unamquamque ipsarum divisi 20. et provenerunt $\frac{1}{2}$ 12. quia
10. sunt de 20. accipe $\frac{1}{2}$ de $\frac{1}{2}$ 12. erunt $\frac{1}{4}$ 6. quia in
que proportione sunt 10. ad 20. in eadem est numerus
qui provenit quando dividietur 10. in duas partes et
dividantur 10. per unamquamque ipsarum duarum
partium ad numerum qui provenit ex divisione 20.
in easdem partes ut inferius demostrabo : quare dic
divisi 10. in duas partes et divisi 10. per unamquamque ipsarum et provenerunt 46. Age in his ut supra
dictum est et invenies unam partem de 10. esse 2.
aliam 8. et ut demostremus quæ promisi in hac quæstione : sint duo numeri a. b. et dividatur a. in duas
partes quæ sint c. d. et dividatur a. per c. venient e.
et dividatur a. per d. veniet f. et dividatur b. per c.
veniat g. et dividatur b. per d. veniat h. dico quod est

sicut *a*. ad *b*. ita *g*. *f*. ad numerus *g*. *h*. quod sic probatur quia cum dividatur *a*. per *c*. provenit *e*. ergo ex *c*. in *e*. provenit *a*. similiter cum dividatur *b*. per *c*. provenit *g*. ergo ex *c*. in *g*. provenit *b*. scilicet ex *c*. in *e*. provenit *a*. quare est sicut *a*. ad *b*. ita *e*. ad *g*. similiter quia cum numeri *f*. *h*. multiplicantur per *d*. faciunt numerus *a*. *b*. quare est sicut *a*. ad *b*. ita *f*. ad *h*. fuerit enim sicut *a*. ad *b*. ita *e*. ad *g*. ergo est sicut *a*. ad *b*. ita numeri *e*. *f*. ad numeros *g*. *h*. Unde si *a*. proponamus 10. et *b*. 20. et dividantur 10. in duas partes et unamquamque ipsarum dividantur 10. et veniant numeri *e*. *f*. et dividantur 20. per easdem partes de 10. et veniant numeri *g*. *h*. qui sunt $\frac{1}{2}$ 17. ut propositum fuit erit itaque ut demostratum est sicut *a*. ad *b*. ita *e*. *f*. ad *g*. *h*. scilicet ad $\frac{1}{2}$ 12 : sed *a*. ex *b*. est medietas ; quare numeri *e*. *f*. ex numeris *g*. *h*. scilicet ex $\frac{1}{2}$ 17. sunt $\frac{1}{2}$ scilicet $\frac{1}{4}$ 6. ut prædixi. Et si numerus *b*. esset plus vel minus de 10. semper itaque proportione essent 10. ad ipsum numerum in eadem essent numeri *e*. *f*. ad numeros *g*. *h*. Unde potes secundum hunc nodum in omnibus similibus quæstionibus procedere. Sed si vis sine inventione numerorum *e*. *f*. in inventione duarum partium de 10. aliter procedere ponamus iterum numeros *a*. *b*. et ex *a* fiant 2. partes quæ sint *g*. *d*. in quibus dividamus numeros *a*. *b*. et venient numeri *e*. *f*. et *g*. *h*. ut supra dico quod multiplicatio *g*. in *d*. producta in summam minorem *g*. *h*. est sicut multiplicatio *a*. in *b*. quod sic probatur quia ut dictum est cum multiplicatur *c*. in *g*. provenit *b*. si addicerimus numerum *d*. in multiplicatione erit multiplicatio *c*. in *g*. scilicet hoc est

c. in *d.* ducta in *g.* sicut multiplicatio *d.* in *b.* Item
quia cum dividitur *b.* per *d.* provenit *h.* ergo si multiplicetur *d.* per *h.* provenit *b.* Unde si communem
addiderimus numerum *c.* erit multiplicatio *d.* in *h.*
ducta in *c.* hoc est multiplicatio *c.* in *d.* ducta in *b.*
sicut multiplicatio *c.* in *b.* fuerit etiam multiplicatio *c.*
in *d.* ducta in *g.* sicut *d.* in *b.* ergo multiplicatio *c.*
in *d.* ducta in coniunctum ex numeris *g. h.* est sicut
id quod provenit ex *c.* in *b.* et ex *d.* in *b.* scilicet numeri *c. d.* sunt sicut *a.* ergo multiplicatio *c.* in *d.* ducta
in summam numerorum *g. h.* est sicut *a.* in *b.* et hoc
volui demostrare. Unde ponamus *a.* 10. et *b.* 20. et dividantur 10. in duas partes quæ sint *c. d.* in quibus
cum dividuntur 20. proveniunt $\frac{1}{2}$ 2. qui sunt numeri
g. h. et ponamus numerum *c.* rem quare numerus *d.*
erit 10. diminuta r e et multiplicemus *c.* per *d.* scilicet
rem in 10. minus re venient 10. res diminuto censu
quibus ductis in $\frac{1}{2}$ 12 scilicet in numeros *g. h.* erit id
quod provenit equale 20. dragmis, scilicet multiplicationi numeri *a.* in numerum *b.* hoc est de 10. in 20.
oppone ergo in his et restaura secundum Algebra et invenies unam partem esse 2. et aliam 8. vel pone
unam partem de 10 15. et rem et aliam 5. minus re et multiplica unam earum in aliam erunt 25.
minus censu quæ duc in $\frac{1}{2}$ 12 et habebis similiter
equale 200 dragmis. Et si dicemus de 10. feci duas
partes et per unamquamque partium divisi 20. et multiplicavi unum exeuntium numerorum in alium et
proveniunt 25. pone iterum numeros *a. b.* et ex *a.*
fiant 2. partes quæ sunt *c. d.* et per unamquamque
ipsarum dividantur *a.* et *b.* et proveniant numeri *e. f.*

et *g. h.* Jam scis per ea quæ dicta sunt quod est sicut
b. ad *a.* ita numeros *g. h.* ad numeros *e. f.* Unde si *b.*
duplus est ex *a.* dupli sunt *g. h.* ex *e. f.* et est etiam
sicut *a* ad *b.* ita *e.* ad *g.* et *f. h.* Unde si dupli sunt
g. h. ex *e. f.* duplus est *g.* ex *e.* et *h.* ex *f.* multiplicatio ergo *g.* in *h.* erit quadrupla multiplicationis *e.* in
f. et si tripli sunt numeri *g. h.* ex *f.* erit multiplicatio
g. in *h.* nonupla multiplicationis *e.* in *f.* et si numeri
g. h. medietas fuerint numerorum *e. f.* erit multiplicatio *g.* in *h.* quarta pars multiplicationis *e.* in *f.* et
sic intelligas in quolibet casu. Unde si ponamus *b.* 20.
et *a.* 10 erunt numeri *g.* dupli numerorum *e. f.* quare
ex *g.* in *b.* provenit quadruplum numeri venientis ex
e. in *f.* scilicet ex *g.* in *b.* propositum est venire 25.
quare quarta eorum pars scilicet $\frac{1}{4}$ 6. veniet ex *e.* in
f. Demostratum est enim quod multiplicatio *e.* in *f.* est
sicut aggregatio *e.* cum *f.* ergo numeri *e. f.* sicut $\frac{9}{4}$ 6.
Unde revertere ad questionem et dic ex 10. feci duas
partes et per unamquamque divisi 10. et provenerunt
$\frac{1}{4}$ 6. Age post hæc secundum quod dictum est superius
et invenies. Aliter aiaceant numeri præscripti ordine
eodem et multiplicetur *c.* in *d.* et veniat *k.* ex *g.* in *h.*
veniat *b.* dico quod multiplicatio *k.* in *l.* est sicut
multiplicatio *b.* in se et erit *b.* medius in proportione
inter *k.* et *l.* et sic probatur quia cum *b.* dividitur
per *c.* provenit *g.* et si multiplicatur *c.* in *g.* provenit
b. Communiter addatur numerus *d.* erit multiplicatio
c. in *g.* ducta in *d.* sicut *d.* in *b.* scilicet multiplicatio
c. in *g.* ducta in *d.* est sicut multiplicatio *c.* in *d.*
ducta in *g.* sed ex *c.* in *d.* provenit *k.* ergo multiplicatio *c.* in *d.* ducta in *d.* est sicut *k.* in *g.* quare

multiplicatio. *k* in *g*. est sicut multiplicatio *d*. in
b. Communiter addatur in multiplicatione numerus *h*, et erit multiplicatio *b*. in *d*. ducta in *h*. sicut multiplicatio *k*. in *g*. ducta in *h*. sed ex *g*. in
h. provenit 1. ergo ex *k*. in *l*. provenit sicut *b*. in *d*.
ducta in *h*. sed ex *d*. in *h*. provenit *b*. quia cum dividitur *b*. per *d*. provenit *h*. ergo ex ducta *b*. in *d*. et
productu in *h*. est sicut *b*. in se ergo ex *k*. in *l*. provenit
sicut ex *b*. in se et hoc volui demostrare. Nunc revertamur ad quæstionem et dic divisi 10. in duas partes
quæ sint *c*. et *b*. et in ipsis divisi numerum *b*. qui sit
20. et provenerunt numeri *g*. *h*. et multiplicavi *g*. in
h. et proveniet *l*. qui est 25. deinde pone *c*. rem quare
d. erit 10. minus re et multiplica rem in 10. minus
re et illud totum duces in *l*. scilicet in 25. et quod
provenit erit equale 400. dragmis scilicet multiplicationi *d*. in se vel pone *c*, 5. minus re et *d*. erit 5. et res
et multiplica 5. minus re in 5. et rem et illud totum
per 25. habebis similiter equale 400. dragmis vel aliter quia multiplicati *k*. in *l*. est sicut *b*. in se numeri
k. *b*. *l*. in continua proportione sunt , est enim sicut
l. ad *b*. ita *b*. ad *k*. Unde si multiplicaverimus *b*. in
se et summam quæ est 400. diviserimus per *l*. per 25.
venient 16. pro numero *k*. scilicet numerus *k*. provenit
ex *e*. in *d*. et numeri *c*. *d*. sunt 10. ergo dic divisi 10.
in duas partes et multiplicavi unam earum per aliam
et provenerunt 26. Age in his secundum algebram
et invenies unam illarum partium esse 2. et aliam...

Rursus divisi 10. in duas partes et per unam illarum
divisi 40. et unde per aliam et multiplicavi unum ex
euntium numerorum in aliam et provenerunt 125.

quia 40. quadrupla sunt de 10. et 50. sunt quadrupla.
multiplica 4 per 5. veniunt (venient) 20. de quibus divide 125. venient $\frac{1}{4}$ 6. qui sunt id quod provenit quando ex 10. fiunt duæ partes et dividetur 10.
per unamquamque ipsarum. Age deinceps ut dictum
est alias pro una duarum partium de 10. propone
5. et rem pro alia 5. minus re multiplica unum eorum
venient 25. diminuto censu quæ multiplica per 125.
quod provenerit erit equale. 2000. dragmis scilicet multiplicationi de 40. et de 50 et sic studeas operari in
similibus. Et si dicemus tibi de 10 feci duas partes et
per unamquamque earum divisi 10. et quod ex
utraque divisione provenit duxi in se et provenit
$\frac{1}{4}$ 20 accipe radicem de $\frac{1}{4}$ 20. quæ est $\frac{1}{2}$ 4. et erit
illud quod provenit ex ipsis duabus divisionibus
suprascriptis : operare deinceps ut supra : et si
dixerit divisi 10. in duas partes et per unamquamque divisi 10. quod provenit multiplicavi in se et
provenerunt 30. dragmæ; pone pro una duarum partium 5. et rem et pro alia 5. minus re et duc unam
earum in aliam et erunt 25. diminuto censu quæ multiplica in se erunt 625. et census census diminutis 50.
censibus quæ multiplica per 30. erunt 18 et 50. et 30.
census diminutis 1500. censibus quæ equantur 1000.
dragmis quæ proveniunt ex quadrato de 10. multiplicato in se. Adde ergo utrique parti 1500. census et
tolle ab utraque parte 1000. remanebunt 30. census
census et 8250. dragmæ equales 1500 censibus. Reduc
ergo hæc omnia a censum census et est ut dividas ea
per 30. et erit census et dragmæ $\frac{2}{3}$ 291. remanebunt
$\frac{1}{2}$ 33. quorum radice abice de 25. remanebunt 25. di-

minuta radice $\frac{1}{3}$ 333. pro quantitate census quorum radix erit res quam rem adde cum 5. et tolle eadem 5. et habebis quæsitum.

Item divisi 10. in duas partes et per unamquamque divisi 40. et quod provenit multiplicavi in se et provenit 625. Pone pro una parte 5. et rem pro alia 5. minus re et duc unam earum in aliam et illud totum per 25. scilicet per radicem de 625. et quod provenit equabitur 40. dragmis scilicet multiplicationi de 10. in 40. Age deinceps ut supra et invenies unam ipsarum partium 2. aliam 8.

Divisi 10. in duas partes et per unam illarum divisi 10. et quod provenit multiplicavi per aliam partem et provenerunt $\frac{1}{4}$ 20. Pone pro unam illarum duarum partium rem et aliam 10. diminuta re et divide 1° per rem exibunt 10. divisa per rem quæ multiplica per 10. minus re veniet 100. minus 10. rebus divisa per rem quæ equantur $\frac{1}{4}$ 20 : multiplica ergo hæc totum per rem venient 110. minus 10. rebus quæ equantur rebus $\frac{1}{4}$ 20. Adde ergo utrique parti 10. res. . . . . equales 100. dragmis : divide ergo 100 per $\frac{1}{4}$ 30 venient. . . . . . pro quantitate rei : Residuum quod est. . . . . 6. est alia pars. Et si dicemus tibi duplum 3. cuiusdam census multiplicavi per 30. et quod provenit fuit equale additioni 30. dragmarum et 3. eiusdem census, pone pro ipso censu rem et multiplica 30. res per 30. venient 900. res quæ equantur 30. rebus et 3. dragmis. Tolle ab utraque parte 30. res, remanebunt 8. et 0. res equales 30. dragmis; divide ergo 30 per 870. venient $\frac{1}{29}$ dragmæ pro quantitate rei.

Je regrette beaucoup de publier l'algèbre de Fibonacci (le chapitre xve de l'*Abbacus* qui précède contient toute l'algèbre) sans pouvoir l'accompagner d'un commentaire destiné à l'illustrer et à l'expliquer. Mais n'ayant inséré ici cet écrit que comme une pièce justificative, et le nombre des pièces de cette nature étant déjà très grand dans cet ouvrage, j'ai dû me borner au texte, que j'ai publié d'après le manuscrit de la bibliothèque Magliabechiana, sans y faire aucun changement. Je crois, au reste, que les géomètres verront avec plaisir le premier essai original sur l'algèbre qui ait été fait parmi les Chrétiens, et je me trouve heureux d'avoir enfin réalisé, au moins en partie, le projet de Commandino et de Bernard (1). Je n'ajouterai donc ici qu'un petit nombre d'observations absolument indispensables pour l'intelligence du texte.

Cossali (2) a donné la traduction algébrique de tout ce qui, dans l'algèbre de Fibonacci, se rapporte à la résolution des équations du second degré; ainsi je me bornerai à ce que j'ai déjà dit, à la page 36, de ces équations et des équations dérivatives (3). Rela-

---

(1) J'ai déjà dit (p. 26) que Commandino avait voulu publier la Pratique de la Géométrie. Edouard Bernard, plus tard, eut l'idée de publier une collection des ouvrages des anciens mathématiciens, parmi lesquels devait se trouver l'Abbacus de Fibonacci (*Fabricii bibliotheca græca*, 2e édition, lib. III, c. 23).

(2) *Storia dell'Algebra*, tom. I, p. I et s .v.

(3) Voyez ce que dit Fibonacci de ces équations à la page 448 et suiv. de ce volume.

tivement aux notations algébriques, il faut remarquer
que, d'ordinaire, on plaçait anciennement un point
après les lettres ou les nombres, pour les séparer des
autres mots, sans que ces points eussent aucune signification particulière (1), et que, pour exprimer
l'addition de deux quantités, Fibonacci les écrivait
à la suite l'une de l'autre, comme le faisaient les Hindous (2). Ordinairement le géomètre de Pise représente par des lignes les quantités algébriques, et il
désigne ces lignes tantôt par une seule lettre, tantôt
par deux. Mais quelquefois aussi il exprime les quantités par des lettres, sans employer de figures géométriques. On peut supposer, à la vérité, que ces
figures manquent dans le manuscrit que j'ai fait copier,
et qu'elles se trouvaient dans l'original : cela est
évident pour différens endroits; mais je n'ai pas voulu
les rétablir, comme il aurait été facile de le faire,
pour ne rien changer au manuscrit qui m'a servi de
texte, et parce que je crois, d'après l'examen que
j'ai fait de plusieurs anciens manuscrits, que souvent l'auteur indiquait alors une construction sans
tracer la figure, que le lecteur devait faire en lisant.
Au reste, les personnes qui se sont occupées d'analyse
rempliront facilement cette lacune. Le texte aussi est,

(1) Ainsi *linea a. b.* veut dire simplement *linea ab.*

(2) Dans l'Abbacus de Fibonacci, $\frac{2}{3}$ 1 exprime $1 + \frac{2}{3}$; et $\frac{3}{4}$ a est égal à $a + \frac{3}{4}$.

dans certains passages, évidemment défectueux, mais je n'ai pas voulu me hasarder à le rétablir pour ne pas m'égarer (1). Le manuscrit de la bibliothèque Magliabechiana, que j'ai cité, est le seul qui me soit connu où se trouve en entier l'*Abbacus* de Fibonacci. A la bibliothèque de Saint-Laurent et à la bibliothèque Riccardi de Florence il y a d'autres manuscrits, qui ne contiennent que des fragmens, des abrégés ou des traductions de cet ouvrage : si j'avais pu les comparer avec celui de la bibliothèque Magliabechiana, je serais parvenu probablement à rétablir complètement le texte; mais dans l'impossibilité où je me trouve de faire ce travail, j'ai dû me borner à suivre scrupuleusement le manuscrit le plus complet qu'on a bien voulu faire copier pour moi.

---

(1) Il est évident par exemple que les nombres $\frac{1}{2}$ 19, $\frac{1}{3}$ 9, $\frac{4}{9}$ 92 qui se trouvent aux lignes 10, 11 et 12 de la page 448 doivent être remplacés par les nombres $\frac{1}{3}$ 19, $\frac{2}{3}$ 9, $\frac{4}{9}$ 93 ; mais ici aussi j'ai reproduit fidèlement le manuscrit.

NOTE IV.

(PAGES 39 et 275.)

Le manuscrit de l'ouvrage de Savasorda, que j'avais cité d'abord, est effectivement défectueux (*MSS. de la bibl. du roi, supplément latin*, n° 774); mais depuis j'en ai découvert un autre parfaitement complet, qui se trouve également à la bibliothèque royale, et qui ne porte pas, dans le catalogue, le nom de Savasorda, parce que l'encre s'étant effacée dans beaucoup d'endroits, on n'en pouvait pas lire facilement le titre; mais où cependant, quand on l'examine avec attention, on voit comme dans l'autre manuscrit. « Incipit liber embadorum, a Savasorda in ebraico compositus, et a Platone Tiburtino in latinum sermonem translatus, anno arabum DX (1) mense Saphar ». Ce qui montre que cette traduction a été faite en 1116, et qu'elle précède par conséquent, comme je l'ai déjà dit, tous les écrits du même genre qu'on a cités jusqu'à présent, et où se trouvent des recherches sur l'algèbre.

Cet ouvrage, qui n'est en définitive qu'un traité

---

(1) Cette date est fort importante, et elle est certaine. On la retrouve aussi dans un manuscrit qui était autrefois dans la bibliothèque de Saint-Marc à Florence, et que Montfaucon a cité (*Bibliotheca bibliothecarum*, tom. I, p. 427).

d'arpentage, ne mériterait pas une attention particulière s'il n'était écrit à une époque si reculée. C'est
un traité de géométrie pratique, et, sous le rapport
théorique, il ne saurait offrir un grand intérêt. J'ai
déjà dit qu'on y trouvait la formule qui donne l'aire
d'un triangle quelconque en fonction de ses côtés. La
démonstration manque : cependant l'auteur dit qu'elle
était connue, mais qu'il ne la donne pas parce qu'elle
est fort embrouillée. Voici ses expressions : « Hec
« quidem in geometrie demonstrationibus est intricata;
« quapropter tunc leviter explanari posse non exis-
« timo. Hunc usque de secunda parte, deinceps vero
« ad tertiam transitum faciamus. » — Dans le premier volume (p. 129), j'ai cité les Hindous, relativement à cette formule, sans parler de la démonstration qui se trouve dans l'ouvrage d'Héron traduit
par Venturi (*Storia dell' Ottica, Bologna,* 1814, in-4°,
p. 77 et suiv.), attendu que nous ne savons pas
d'une manière certaine si cet ouvrage est celui d'Heron
l'ancien, et si en tout cas il ne contient pas des interpolations faites par ces mêmes Alexandrins qui ont
attribué à Archimède le petit écrit sur l'analyse indéterminée dont j'ai parlé précédemment (tom. I, p. 206).
De manière qu'à mon avis la question de priorité reste
toujours indécise : cependant la diversité des démonstrations doit faire penser que, de leur côté, les
Grecs ont découvert probablement aussi ce beau
théorème; mais il me semble difficile qu'il se fût
trouvé dans un ouvrage aussi ancien que celui du
premier Héron, sans qu'aucun géomètre grec eût
songé à le citer. D'ailleurs, c'est toujours la démon-

stration des Arabes et des Hindous qu'on rencontre dans les écrits du moyen âge; et bien qu'il soit énoncé dans des manuscrits qui paraissent du onzième siècle, ce théorème ne se trouve anciennement démontré que par la méthode des Hindous, la seule qui ait pénétré alors en Occident. Cependant comme cette formule, lorsqu'elle est générale, ne semble pas de nature à pouvoir être découverte par induction, il serait possible qu'on la trouvât démontrée dans des ouvrages antérieurs à ceux qui l'indiquent pour la première fois. Quoi qu'il en soit, les recherches intéressantes de Venturi et de M. Chasles (1), sur ce sujet, méritent l'attention des géomètres.

Le traité de Savasorda contient une table des cordes et plusieurs problèmes où les nombres sont toujours écrits suivant le système indien; mais les manuscrits que j'ai vus sont postérieurs à l'époque de Fibonacci, et l'on ne peut rien en déduire relativement à l'introduction de l'arithmétique indienne parmi les Chrétiens. Le mot *embada*, qu'on lit dans le titre, ferait croire que cet ouvrage est d'origine occidentale : d'alleurs les citations de Macrobe et celle de la mesure de la terre, par Eratosthène, prouvent qu'au moins l'auteur ne s'était pas borné à étudier les auteurs arabes. A la fin, il y a quelques problèmes d'algèbre, mais si élémentaires, qu'ils ne servent qu'à

_____

(1) *Venturi, storia dell' Ottica,* p. 123-128. — *Chasles, aperçu,* p. 431, 543 et suiv.

(483)

faire ressortir davantage les écrits de Fibonacci, qui
sont même supérieurs à tout ce que nous connaissons
des Arabes. Savasorda ne résout qu'une seule équation du second degré, sans donner la formule générale, et il s'arrête à des choses si simples, qu'il faut
avouer qu'il n'était pas fort en analyse (1). Cependant cet embryon de notre algèbre est fait pour
exciter vivement notre curiosité : je dirai plus;
on ne peut suivre sans émotion ces premiers essais
analytiques faits par des peuples qui à peine sortis
de la barbarie, voulaient déjà s'initier à l'*ars magna*.
Car s'il y avait des traducteurs, et si leurs traductions
sont arrivées jusqu'à nous, il faut nécessairement qu'il
y eût déjà en Italie, au commencement du douzième
siècle, un assez grand nombre de personnes qui s'in-
téressaient aux sciences. Ces premiers traducteurs,

---

(1) Voici les opérations qui se trouvent effectuées et les questions
qui sont résolues dans l'ouvrage de Savasorda :

$$\sqrt{10} \times \sqrt{10} = \sqrt{100} = 10; \quad \sqrt{20} \times \sqrt{3} = \sqrt{60};$$

$$\left(3 + \sqrt{3}\right)\left(3 - \sqrt{3}\right) = 6;$$

$$a + b = 10, \quad ab = 21;$$

$$\frac{\sqrt{x}}{2.3.4\dots} = \sqrt{\frac{x}{2^2.3^2.4^2\dots}}$$

$$a + b = 10, \quad \frac{b}{a} = 5;$$

$$a : b :: c : x, \quad x = \frac{bc}{a}.$$

qui à travers mille dangers, allaient chercher les sciences à leur source, étaient animés d'un zèle qu'on rencontrerait difficilement aujourd'hui. Honneur donc à leur mémoire: il faut les compter parmi les bienfaiteurs du genre humain !

L'ouvrage de Savasorda contient quelques faits dignes d'une mention particulière. On y emploie le miroir pour mesurer les hauteurs par réflexion avec l'astrolabe. « Si per speculum aut per concham plenam aque queris scire altitudinem turrium vel montium. » (*MSS. de la bibl. du roi, supplément latin*, n° 774, f. 42 et 46); et il y a aussi un procédé pour déterminer la profondeur d'un puits par la chute des graves : mais ce qui mérite surtout notre attention, c'est qu'on voit, à cet endroit, qu'on employait alors l'observation directe des astres pour mesurer le temps. C'est en déterminant avec l'astrolabe l'arc décrit par un astre pendant une observation, que le géomètre juif parvenait à connaître combien elle avait duré. A une époque où la mesure directe du temps était plus imparfaite que les observations astronomiques, il est évident que la méthode de Savasorda devait donner des résultats plus exacts : c'était une espèce de cadran portatif que l'on faisait avec l'astrolabe. Voici, au reste, le passage original dont il s'agit (*ibid.* f. 45).

Quando queris scire altitudinem vel profunditatem alicujus pelagi aut stagni aut cujuslibet fluvii, congruas tibi unum globum de aramine aut de plumbo in modum subtus jacentis formule rotundum undique et tenuem quantum possis. Hoc facto, construe tibi

aliam formulam de ferro secundum quod infra sit
scriptum. Sit ex parte *ab* sit latus plerique intus *cd*, et
intus *ac*, et *bd* majoris longitudinis fiat quam *ab* et ex
parte *a* habeat ungulam per quam pendat de ipso

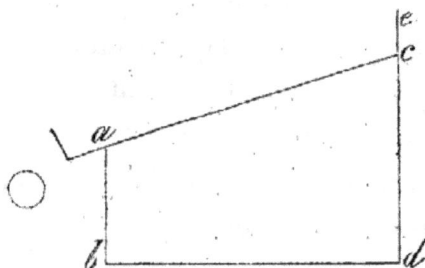

globo per circulum quem habet globus in costa sua, et
ex parte *c* habeat clavum extra pertensum usque ad
c totum equalem usque ad extremitatem ejus, et in
ejus extremitate de parte *c* habeat caput grossius quam
certam partem, cujus capitis pondus citius ipsum ferrum in aqua immergat ; et pendat ipsum ferrum de
globo : postea pone super aquam cujus profunditatem
scire queris, et dum in aquam mergis tu eadem hora
altitudinem solis accipias in astrolabio, et vide que
ora sit, et permitte ipsum ferum ingredi in aquam
usque ad fundum ; quod adhuc pervenerit ad fundum,
ibi se offendit et postea enatans ascendendo redibit,
et cum pervenerit ad te, tu iterum accipe horam per
astrolabium, et videbis quantum est ab hoc quo
cesserit immergi usque quo regressum fuit : si est una
hora vel duo vel quotlibet ; postea accipias astam
ad mensuram aliam et immerge in eodem loco, men-
surabis quot pedes vel cubitos vel statuas ipsa aqua
habeat in profunditate et quot horas habeat in im-
mersione et emersione ejus, et in tot horis quot inve-

nisti. Nam prius in aqua parva debes probare, postea
in aqua magna si queris et sicut in primis invenisti sic
facies; et tot pedes vel cubitos dabis ad tot horas;
quod si queris hoc facere, accipe vas tellureum subtus
perforatum et pone super aquam quando ferrum et
eramine immergis, et videbis quantum colligit aquam
ipsum vas quousque redeat ferrum, et ponderabis
ipsam aquam et dabis ad 4 argent. 10 statuas hominis medii; ad 1 argent. 2 statuas et dimidii, ad du-
centos argenteos, quingentos : sic probabis.

NOTE V.

(PAGES 70 et 71.)

*Epistola Petri Peregrini de Maricourt ad Sy-
germum de Fontancourt (1) militem, de Magnete.*

Iste tractatus de Magnete duas partes continet,
quarum prima decem capitulis completur, et tribus
secunda. Primum capitulum prime partis est de operis introductione, secundum vero qualis debeat esse
hujus operis artifex. Tertium de cognitione lapidis.
Quartum de scientia inunctionis lapidis partium.
Quintum de scientia inventionis polorum in lapide;
quis eorum sit septentrionalis, et quis meridionalis.
Sextum qualiter magnes attrahat magnetem. Septi-
mum qualiter ferrum tactum cum magnete ad polos

---

(1) Le manuscrit d'où j'ai tiré cette lettre est très peu lisible à cause
surtout des abréviations sans nombre qu'il contient : même après avoir
consulté des personnes fort habiles dans la lecture des anciens manuscrits, j'ai été forcé de laisser plusieurs mots en blanc. Le nom de celui
à qui la lettre est adressée n'est pas bien clair. Dans le premier volume
(p. 383), j'avais adopté la leçon *ad Sygerium de Fontancourt;* un nouvel examen me porte à croire qu'il faut lire : *ad Sygermum de Fontancourt* ou *de Fontaucourt.*

mundi vertatur. Octavum qualiter magnes ferrum attrahat. Nonum qualiter pars septentrionalis meridionalem attrahat et e converso. Decimum de inquisi-
tione..... magnetis virtutem naturalem quam hic
receperit et recipiat. Ista sunt capitula partis secunde:
Primum capitulum de compositione instrumenti quo
scitur azimut solis et lune et cujuslibet stelle in orizonte. Secundum de compositione alterius instrumenti
melioris ejusdem officii. Tertium de toto artificio
compositionis perpetui motus.

Amicorum intime, quomdam magnetis lapidis oc-
cultam virtutem a te interpellatus, rudi narratione tibi
referabo... nihil enim apud physicos, absque... prin-
cipio est rotundum, cum in tenebris orbitat et offus-
catur bonorum natura, donec in..... deditionis ra-
dium erigatur amore ergo cui conscribam sermone
plano, que vulgo studentium penitus sunt ignota
actum vero nec de marifestis hujus lapidis in hac
epistola trademus scientiam, eo quod hoc tradito pars
et tractatus in quo docebimus physica componere instrumenta de occultis hujus lapidis tractatus spectat
ad artem lapidis sculpture, et licet opera de quibus
quesivisti apellem manifesta erunt, cum inestimabilia
et vulgo que illusiones cum fantasmata et imo quo ad
vulgum segreta sunt, astrologis autem cum satis erunt
manifesta et ipsis erunt solacium, et provectis viato-
ribus erunt non modici juvamenti. Ex hiis ergo colligatur hujus operis introductio : scito verissime
quod opportet hujus operis artificem scire.... nec
inscium ipsum esse motuum celestium, sat opportet
industriosum in opere manuum ad hoc quod in eter-

num per opus ejus effectus mirabiles nam per suam
industriam ex modico poterit errore corrigere quod.....
per naturalem et mathematicam solas non faceret, si
manuum careret industria in occultis operibus multum
indigemus industria manuali, cum, ut plurimum, sine
ipsa nihil possumus facere completum, multa namque
sublatent imperio rationis que manu complere non
possumus. Ex hiis ergo qualis debeat esse hujus operis artifex. Cognoscetur autem iste lapis esse durus
cum colore, unigenee pondere cum virtutem; color
autem ipsius debet esse ferreus lividus mixtus indico
seu colore celestivo ut sit quia ferrum pollitum ab....
.... corrupto infectum talem enim lapidem nunquam
vidi absque magno effectu. Talis autem, ut plurimum
invenitur in partibus septentrionalibus et a nautis in
omnibus portubus maris septentrionalibus, ut puto,
Normannie, Flandrie, debet et lapis iste esse unige-
neus; qui habet maculas rubiginosas et foramina per
loca non est electus, et vix invenitur magnes sine sca-
biositate. Talis lapis..... qui..... sui unige.....
et sub talium partium bonam compaginem effetus
ponderosus pretiosor exerit in pretio virtutis, at ipsius
per fortem ferri et magis ponderis attractioni cujus
modi attractionis inferius narrabo, dinoscitur. Si ergo
lapidem cum hiis.... inveneris hunc habeas si
possis. Patet ergo ex quibus..... eliciatur hujus lapidis cognitio. Scire debes quod hic lapis in se gerit
similitudinem celi, cujus modum probationis inferius
docebo patenter experiri; et imo cum in celo sint duo
puncta noctabiliora ceteris eo quod spera celestis
supra exvolvitur, tanquam super axes, quorum unum

polus articus seu septentrionalis nominatur, reliquum vero meridionale. Ad istorum duorum punctorum generalem inventionem multiplici industria poteris devenire, et est modus ut rotundetur cum artificio cum quo retundantur cristalli et alii lapides; ac postea ponatur acus vel ferrum oblongum gracile in modum acus supra lapidem.... dividens per medium, postea ponatur acus vel ferrum magno situ supra lapidem signatum linea, et si vis facies hoc in pluribus locis et sitibus, procul dubio omnes linee hujus in duo puncta concurrant; sic omnes orbes mundi meridiani in duos concurrunt polos mundi oppositos; scito tunc quod unus est septentrionalis et alius meridionalis cum probationem in sequenti capitulo videbis; alius vero modus inunctionis istorum punctorum melior est, ut videas locum in lapide rotundato, ut dictum est, vero summitas acus vel ferri frequentium vel fortius adheret. Erit enim hic locus unus ex punctis inventis per jam dictum modum; ut ergo precise habeas punctum unum in lapide, frange de acu vel ferro modicum..... sic oblongum ad spissitudinem duorum unguum, ac pone supra locum quo punctus modo jam dicto inventus est, et si steterit orthogonaliter supra lapidem, erit procul dubio ibi punctus quesitus, si non moveas ergo ipsum donec orthogonaliter steterit; quo facto illic signa punctum, et simili modo in oppositam partem lapidis punctum invenias oppositum, quod si recte feceris et lapis sit..... puncta erunt recte tanquam poli in spera opposita.

Visa arte cognitionis polorum lapidis magnetis, quis autem sit septentrionalis et quis meridionalis cognosces per hunc modum : sume vas ligneum rotundum ad modum ciphi vel..... et in eo pone lapidem, ita videlicet quod duo puncta lapidis sint eque distantia limbo vasis, et tunc istud cum lapide intus posito, pone in alio magno vase pleno aque, ut sic lapis in primo vase sicut nauta in navi; vas autem primum sit in..... spatio sit sicut navis in flumine fluctuans, vel in mari, et..... spatiose ne per contactum ipsius ad limbum magni vasis motus naturalis lapidis impediatur; hic enim lapis sic positus volvet suum parvum vas quousque polus septem trionalis lapidis in directo septentrionali et meridionali in directo meridionali steterint, qui sic si milesius amovebitus, millesies ad suum locum revertetur nutu Dei; et cum partes septentrionis et meridiei sint in celo note, erunt note per illas in lapide, eo quod qualis lapidis pars erit in directo sue partis celi.

Habita cognitione quis polus in lapide sit septentrionalis et quis meridionalis, signare polos cum sculpturis, ut cognoscas eos quotidiem oportuit; et si vis postea videre qualiter lapis lapidem adtrahat, duos lapides preparatos ut dictum est, in hunc modum adaptabis, et pone unum in suo vase ut fluctuet sicut nauta in navi et sicut puncta jam invenita eque distantia orizonte vel limbo vasis, quod idem est, alterum vero lapidem in manu teneas et aproxima partem septentrionalem lapidis quem tenes parti meridionali lapidis natantis in vase, sequetur enim lapis natans lapidem quem tenebis, quasi volens ei adherere, et si partem meridionalem lapidis quem bajulas e converso parti septentrionali lapidis natantis pretenderis, ac-

cidet illud idem videlicet quod natans sequetur lapidem quem tenebis; scito igitur pro regula quod pars
septentrionalis in lapide partem meridionalem actrahit
in alio lapide et meridionalis septentrionalem; quod
si e converso feceris, sic quod septentrionalem septentrionali aproximes lapis quem in manu bajulas, lapidem
natantem fugare videbitur, et si meridionalem meridionali jungas idem accidet, et hoc idem quod pars
septentrionalis appetit meridionalem contra septentrionalem fugare videbitur. Cujus signum est quod
finaliter in meridionali jungetur e converso autem
accidet de parte reliqua, ... meridionali, quod si
pretendatur meridionali lapidis natantis videbis eam
fugare, cum tamen non faciant, sicut dictum est,
de parte septentrionali ad meridionalem ex hoc eva-
cuatur quorumdam fatuitas. . . . quod si. . . . ratio-
nem similitudinis actrahetur ergo magnes magnete
magis quam ferrum attrahet quod. . . . supponunt,
cum sit verum quod et notum est omnibus expertis.
Paret experimento quod cum ferrum oblungum tetigerit magnetem et ligno levi vel festuce fuerit affixum
et aque exponem, una pars movebitur ad stellam
quam nauticam vocatur, eo quod. . . . est nam veritas
est quod non. . . . . ad stellam. . . . ., et ad polum,
cujus probationem afferimus in suo capitulo; pars
vero reliqua ad partem celi movetur, scias quod pars
ferri quam meridionalis lapidis tetigerit ad septentrionalem coeli vertetur; e converso autem erit de
parte ferri quam pars septentrionales lapidis tetigerit.
Si ad meridionalem volvetur, et est res manifesta non
intelligenti tamen motus ferri hujus vero experientia

nos. . . . . dixisse probavit. . . . ., et in naturalem appetitum lapidis vel ferri fluctuans seu natans super aquam attrahere vide partem septentrionalem ferri, et ei approxima meridionalem lapidis eam enim insequetur, et e converso parti meridionali ferri porrige septentrionalem, lapidis eam enim sine resistentur contra hoc si autem facias e converso quod parti septentrionali septentrionalem lapidis approximes ferrum fugare videbitur, quousque pars meridionalis eidem ferro conjungatur, cum similiter de parte reliqua idem intelligas si cum violentia fiat partibus quod videlicet pars ferri meridionalis quod cum septentrionali lapidis tacta fuerit tangatur cum meridionali lapidis, vel illa que cum meridionali tacta fuerit que. . . . . meridionalis in ferro de facili et fiet meridionale quod fuerit septentrionale in eo, et e converso et cum hujus est impressio ultimi agentis. . . . . et alterantis virtutem primi.

Pars autem septentrionalis lapidis meridionalem attrahit, et e converso, ut dictum est, manus contra attractionem lapidis fortioris virtutis agens est debilioris vero patiens; hujus autem rei causam per hanc viam fieri existimo; agens intendit suum, patiens non solum sibi assimilare set unire ut ex agente et patiente fiat unum. . . . . et hoc potest experiri in isto lapide mirabili in hunc modum : sume lapidem unum quem fingas A.D. in quo sit A. septentrionale D. vero meridionale ac ipsum in duas partes divide, ut fiant duo lapides, ex eo postea lapidem quem A. tenet aque expones ut fluctuat, videbis quod A. vertetur ad septentrionem ut prius; fractura enim non tollit pro-

prietates partium lapidis si sit ingeneus, et sic operet
quod pars hujus lapidis in ipsa fractura que sit B.

mirabilis existat hic ergo lapis de quo nunc dictum
est fingatur A.B. de reliquo, et quam D. tenet, si
aqua exponatur, videbis quod D. erit meridionale
primo que vertetur ad meridiem si aqua exponatur
pars vero reliqua ex parte fracture septentrionalis erit
que sic C. erit ergo iste lapis C.D. primus lapis A.B.
sit agens. C.D. sit patiens.... que vices que due
partes duorum lapidum que ante separationem in
uno lapide erant, contra post separationem, una
invenietur septentrionalis alter meridionalis; quod si
rursus eedem partes approximentur, una alteram attrahet quousque sibi jungatur in puncto ut vero fractura fuerit cum quum de naturali appetitu fiet unum
corpus ut primo, cujus signum est si illic.... ean-
dem operem quam primo.....agens ergo ut vides
experimento intendit suum patiens sibi unire hoc
autem.... similitudinis interea opportet, ergo cum B.
jungatur C. virtute attractionis, fiat una linea ex
agente et patiente secundum hunc ordinem A.B.C.D.
ut B.C. sint punctum unum; in hac enim unione re-
tinetur seu salvatur ydemptitas partium extremarum

in similitudine qua erant post A., enim septentrionale
est in contra linea sic erat indivisa eodem modo D.
meridionale sic erat in ipso patiente diviso sic in. . . . .
in ipso unico ut non efficit, se et eodem modo accidet
si A. jungatur cum D. ut due linee fierent una virtute
unione ipsius attractionis secundum hunc ordinem
C.D.A.B. ut D.A. sint unum punctum ydemptitas
partium extremarum sic primo antequam unirentur,
namque punctus septentrionalis erit B. vero meridionalis sic primus D.C. et ante divisionem; si autem
fierent. . . . . salvare hec ydemptitas seu similitudo
partium vides enim quod si. . . . . cum A. quod est
contra expertam veritatem quod ex illis duabus lineis

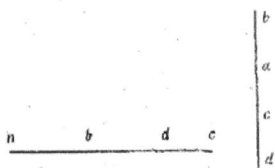

fiat una linea secundum hunc ordinem B.A.C.D., sint
in puncto uno D. quod erat meridionale antequam
unirentur in hac linea totali, que vero reliqua ex-
tremitas sit septentrionale, prius cum erat meridionale; esse discipatur ydemptitas seu similitudo prior,
et si pones B. meridionale sicut erat antequam unirentur, requiretur quod D. altera pars septentrionalis
existat, cum tamen fuisset meridionalis, et sic sibi
non servatur ydemptitas nec similitudo, opportet
quod illud quod jam enim ex duabus in unum sic in
eadem spe et. . . . . quod sic non esset si natura istud
impossibile eligetur idem autem. . . . . accidet, si jun-

gas D. cum B. ut fiat una linea secundum hunc ordinem A.B.D.C., ut paret intuenti. Natura autem ad
vel agit meliori modo quo possit, eligit primum ordinem attractionis in quo melius salvatur ydemptitas
quam in..... paret ergo ex hiis qualiter pars meridionalis septentrionalem actrahat et e converso et contra meridionalis meridionalem ac septentrionalis septentrionalem. ...

Quidam autem debiles inquisitores opinati sunt
quod virtus qua agit magnes in ferrum sit in locis mineralibus in quibus magnes invenitur, verum dicunt
quod licet ferrum ad polos mundi moveatur, hoc
tum non est nisi quia nimia lapidis in illis partibus
situantur; isti autem ignorant quod in diversis
mundi partibus lapis dictus invenitur, ex quo sequitur
quod ad diversa mundi loca moveretur, quod.....
ignorant quod locus sub polis sit inhabitabilis eo quod
medietas anni sit unus dies et medietas nox, quare
ab illis locis ad nos posse portari magnetem fatuum
est estimare, preterea cum ferro vel lapis vertatur tam
ad partem meridionalem quam ad partem septentrionalem, ut paret per jam dicta estimare cogimur, non
solum a parte septentrionali, verum etiam a meridionali influi in polis lapidis magis quam a locis.....
cujus signum evidens est quod rerumque hoc fuerit
videt ad..... hujus lapidis modum sit situm orbis
meridiani, omnis autem orbes meridiani in poles
mundi concurrunt qualem a polis mundi poli magnetis
virtutem recipiunt, et ex hoc apparet manifeste quod
non ad stellam nauticam movetur cum in..... con-
currerint orbes meridiani, sed in polis stella nautica

extra orbem meridianum..... regionis..... invenietur bis completa firmamenti revolutione, ex hiis
ergo manifestum est quod a partibus celi partes magnetis virtutem recipiunt, totas autem partes lapidis
merito estimare potes; influentiam autem reliquis celi
partibus retinere, ut non sic solum polos lapidis a
polis mundi, sed totam lapidem a toto celo recipere
influentias cum virtute estimes quod tibi..... modo
consulo experiri : rotundetur lapis et invenientur poli
in eo, et post dispone super duos stilos acutos lapidem, ... quod et cuilibet polo unus sic stilus leviter
affixus in suo puncto in lapide ut lapis sine difficul-
tate super eos possit moveri; quo facto, experias si
lapidis partes equaliter ponderant movendo ipsum
leviter super dictos, stilos et hæc pluries cum in pluribus horis diei facias sagaci industria. Quo facto,
lapide in meridiano orbe super suos stilos leviter in
polis lapidis leviter affixos, ut moventur ad modum
armillarum, ita quod polorum ipsius elevatio et de-
pressio in secundum sit elevationem et depressionem
polorum celi in regione in qua fueris, quod si autem
lapis moveatur secundum celi, gaudeas te esse asse-
cutum secretum mirabile. Si vero non, imperitie tue
potius quam.... consectandi puto, per hoc autem
excusabis ab omni..... nam per ipsum scire poteris ascendens in quacumque hora volueris et omnes alias celi dispositiones quas querunt astrologi.

Visis operibus naturalibus magnetis et manifestis,
accedamus ad ingenia que ex cognitione compositionis
naturalis ipsius dependent; sumatur magnes rotun-
dus, et inveniantur poli, ut dictum est, cum.....

inter duos in duabus partibus, ut sit lapis. . . . . sphera compressa inter polos ut minorem locum obtineat, hic quidem lapis sit. . . . . . . inter duas cassulas in modum speculi recludatur in medio, et cassule ad invicem sic. . . . . ut aqua non ingrediatur preparentur cassule. . . . . ad hoc apta, et sint cassule ex ligno levi; quo facto, pone cassulas sic aptas in. . . . . meridionalis et septentrionalis junctæ signatæ et designentur per filum extensum a parti septentrionali vasis usque ad partem meridionalem. Dimicte igitur cassulas fluctuare, et sit super eas lignum gracile in modum diametry; move ergo lignum illud super cassulas, donec lineæ meridionali prius intentæ cum per filum designatæ, sic equidistans de eadem cum ipso. Quo facto, secundum situm ipsius ligni sic situs. . . . . signa lineam in cassulis. . . . . perpetuo linea meridionalis in omni regione magna; nam per aliam ipsam octhogonaliter secantem per medium dividatur cum erit linea orientis cum occidentis, et sic habebis. . . . . quartas in cassulis actualiter signatas. . . . . mundi partes designantes, quarum quelibet in parte, 90, dividatur, ut sint in universo 360 partes in tota circumferentia cassularum, et inscribile partes in ea in dorso Astrolabii consuerit inscribi, cum insuper regula tenuis et levis supra cassulas sic inscriptas ad modum regulæ in dorso Astrolabii loco tamen orthogonaliter erigatur. . . . . duo stili supra capita regulæ si ergo scire volueris azimut solis de die, pone cassulas in aqua et dimicte eas moveri donec in suo situ quiescant, ibique eas tene firmiter, cum manu una et cum reliqua more regulam donec. . . . . stili cadat

secundum longitudinem ipsius, et tunc caput.....
ex parte solis..... azimut solis si fuerit ventus, coo-
periantur cassulæ cum aliquo vase donec suum situm
habeat; de nocte vero idem facies ad lunam et stellas
per..... movebis enim regulam donec summita-
tes stilorum et luna vel stella sint in eadem linea,
summitas enim regulæ..... azimut ipsius sicut prius;
cognosces autem per azimut horas..... et ascensiones
et cuncta quæ opportet secundum doctrinam Astrolabii complere; hujus autem instrumenti forma prius
doctrina demonstretur.

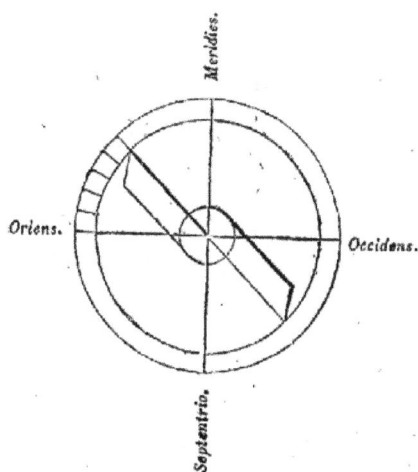

In hoc autem capitulo dicemus tibi modum compositionis alterius instrumenti melioris cum certioris
effectus : fiat vas ligneum vel eneum vel cujuscumque
volueris materiei solide, et sic ad modum pixidis....
parvum profundum et sic competenter amplum et ap-
tetur super illud cooperthuum de materie transpa-
rente, sicut est vitrum vel cristallus..... vas fuerit
materie transparentis melius erit. Disponatur igitur

in medio ipsius vasis axis gracilis de ere et argento
applicans extremitates suas duas partes pixidis, videlicet superius et inferius, sintque foramina duo in em-
dio axis..... se respicentia et transeat unus stilus
ferreus ad modum arcus per alterum illorum forami-
num, et per alium transeat alius stilus argenteus et
eneus intersecans ferrum orthogonaliter coopertulum,
dividatur vero in quartas primo cum qualibet quarta-
rum in partes 9o, ut docebatur in alio instrumento, et
signentur septentrio cum meridies et oriens et occi-
dens in eodem, cum addatur ei regula de materie
transparenti cum stilis in summitatibus erectis; tunc
approximabis quam partem magnetis, sive septentrionalem sive meridionalem cristallo, donec acus ad ipsum moveatur et ab ipso virtutem recipiat. Hoc facto,
pixidem volve donec una summitas acus steterit in
directo septentrionis..... ex parte septentrionali celi.
Quo peracto, volve aliam ad solem de die, ad stellas de
nocte, modo supradicto per hoc instrumentum diriges
gressus tuas ad civitates et insulas et loca mundi que-
que, et ubique fueris in terra vel in mari dummodo
lungitudines et latitudines sint tibi note; sed qualiter
ergo ferrum stet in aere per virtutem lapidis, in libro
de operibus speculorum narrabimus et instrumenti
jam dicti descriptio.

In hoc autem capitulo tibi revelabo modum com-
ponendi..... janue mobilem mirabili ingenio, in
cujus inventione multos vidi..... et labore multiplici
fatigatos..... advertebant per virtutem seu potesta-
tem hujus lapidis ad hujusmodi magisterium pervenire
posse ad hujus rote constructionem. Compones cas-

sulam argenteam ad modum cassulæ speculi concavam,
subtili artificio extrinsecus laboratam cum sculpturis
et perforatis, quas facies sola pulcritudinis causa, cum
allevatione ponderis; quanto enim levior erit, tanto
velocius movebitur, ita cum perforabis quod occultus
ignari infra cassulas non percipiat quod ibi subtiliter
inseretur; interius autem sint claviculi vel denticuli
unius ponderis limbo affixi, declines propinqui, ita ut
non distet unus ab alio plus quam unius fabe, vel ci-
ceris spissitudo. Sit autem rotula dicta in pondere
suarum partium uniformis, et tunc axem affligas per
medium supra quam volvatur rotula axe omnino in
mobili extremitate. Cui videlicet axi stilus addatur
argenteus, affixus eidem inter duas cassulas collocatus,
intus summitate magnes situetur in hunc modum super acus rotundetur cum inveniantur poli, ut dictum
est, postea in medium..... signentur polis..... et
ex duabus partibus itermediis oppositis aliquantulum
elime, ut sic compressus ad hoc quod minorem locum
occupet, ne parietes cassule motu rotule interius tangat;
quo sic disposito supra stilum collocetur ut lapis.....
sic quod polus septentrionalis versus denticulos rotu-
læ aliquantulum inclinatus, ut virtus ipsius non diva-
gat, set cum quadam inclinatione in ferreos denticulos
influat, ut cum quilibet denticulus ad polum septentrionalem venerit et modicum ex impetu rotule illum
transierit ad partem meridionalem accedat, qui eam
potius fugabit quam actrahet, ut patet per regulam
superius traditam, sit que erit quilibet denticulus in
tractu perpetuo, fugaque perpetua et, ut velocius
suum rotula exerceat officium, infra cassulas rec-

tude calculum parvum rotundum eneum vel argen-
tum tantæ quantitatis quod inter duos quoslibet·den-
ticulos capiatur ; ita quod cum rota elevabitur, cadat
calculus in partem oppositum, qualiter cum motus
rotæ in una parte, sic perpetuus etiam cum casus cal-
culi erit in partem oppositam receptus inter quoslibet duos denticulos perpetue qui sua ponderositate
petens centrum terre faciet juvamentum denticulos
quos non sinet in directo lapidis quiescere sint autem
loca inter denticulos leviter incurvata ut apte capiant
calculum in parte sui, ut prius demonstrat descriptio.
Explicit tractatus de Magnete et rota viva.

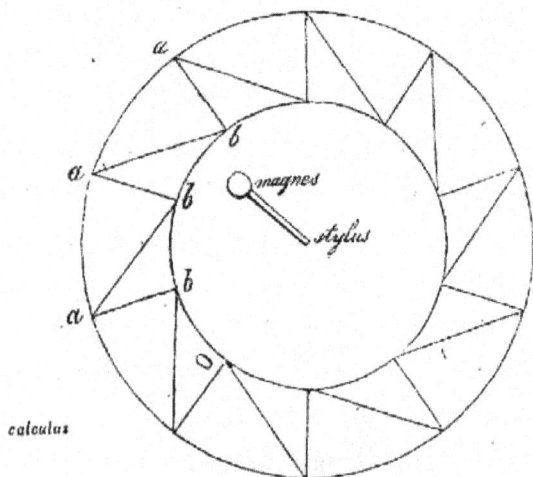

Ce petit traité est tiré du manuscrit latin n° 7378 A,
de la Bibliothèque Royale. Il servira, j'espère, à fixer
l'opinion des savans sur la découverte attribuée au prétendu Adsygerius. Mais, outre son importance pour
ainsi dire négative, cet écrit renferme des faits curieux pour l'histoire du magnétisme. On y trouve

une espèce de suspension, fort imparfaite à la vérité, comme celle dont parle François de Buti (1), mais enfin c'est une suspension : l'aiguille n'est plus flottante ; et si le frottement rendait l'observation incertaine, c'est qu'on ne savait pas mieux faire alors. Il semblerait, d'après le passage déjà cité de ce commentateur de Dante, que l'on ne sût même pas dans ces anciens temps communiquer le magnétisme d'une manière permanente à l'aiguille, puisqu'on était forcé de l'aimanter à chaque expérience. Buti appelle cela *inebriare* (enivrer) l'aiguille : Peregrinus se sert du mot *iniunctio*. Ce physicien combat l'opinion déjà émise par Guinicelli, savoir que la polarité dépend de l'attraction des montagnes magnétiques situées vers le pôle (2). Le procédé pour déterminer les pôles de l'aimant, l'observation relative à la disposition de ces pôles dans un aimant formé de plusieurs autres, méritent de fixer l'attention des savans (3).

---

(1) Voyez ci-dessus, pag. 68. — *Antologia*, *giornale di Firenze*; Novembre 1831, p. 12.

(2) Voyez ci-dessus, p. 66.

(3) Cette lettre de Peregrinus doit être considérée comme le plus ancien traité de magnétisme que l'on connaisse. Les observations et les expériences qui s'y trouvent décrites donnent un grand prix à ce petit ouvrage qui, d'après ce que m'a écrit M. Wenckebach, porte dans le manuscrit de Leyde la date de 1269. L'application du magnétisme à la recherche du mouvement perpétuel est une erreur fort savante pour le treizième siècle ; et l'on sait combien cette idée, com-

Après avoir écrit la note qui se trouve à la page 69,
j'ai pu consulter un grand nombre d'éditions du Guerin Meschino, et elles portent toutes le mot *imbellico*,
ou *in bellico* qui signifie *en suspension*. Outre la première édition (Padua 1473 in-fol., c. CLIX) où
il y a, comme je l'ai déjà dit (p. 221), « *E metendo
el ferro inbelico..... e de li bossoli de la calamita* », les éditions de Bologne de 1475, de Venise
de 1480, de Milan de 1482, de Venise de 1498,
portent toutes, l'aiguille *in bellico*, ou *in bilico*, le
bossolo della calamita, et la *carta da navigare*. Le
manuscrit n° 2432 de la bibliothèque Riccardi de Florence (écriture du xv° siècle), a également « *mectendo
el ferro imbillico. .... impero li navicanti vanno
con la chalamita securi per lo mare, con la stella et con
lo partire della carta et della bussola con la chalamita.*
Quant à l'époque où le Guerin Meschino a été composé, quoiqu'on le suppose antérieur à Dante, rien
n'indique d'une manière précise le temps où vivait

binée avec la *pila a secco*, a été fertile dans ces derniers temps. Si l'auteur est Français, comme semble l'indiquer le nom de *Maricourt*, il
mérite une place distinguée parmi les hommes qui ont contribué à la
gloire de la France. Il serait possible au reste que la lettre que j'ai insérée ici ne fût autre chose que celle qui a été publiée à Augsbourg,
en 1558, sous le titre de *Petrus Peregrinus de magnete seu rota perpetui'motus*. Mais comme je n'ai jamais pu voir cet ouvrage, et que d'ailleurs on a toujours supposé qu'il différait de la lettre attribuée à
Adsygerius, j'ai publié ici cette lettre en entier, d'après le manuscrit de la Bibliothèque Royale, pour tâcher d'éclaircir cette question.

cet *Andrea* qui en semble l'auteur (*Poccianti catalogus scriptorum Florentinorum.* Florent. 1589, in-4°, p. 3o. — *Bandini catalogus bibl. Leopold.* — *Laurent.*, Florent., 1791, 3 vol. in-fol., tom. II, col. 5o.— *Dante, opere,* tom. IV, 2e part., p. 121), mais tout dans ce roman porte le cachet de l'antiquité.

NOTE VI.

Les Arabes, nous l'avons déjà dit (p. 35 et 36),
ne considéraient que les équations dont tous les termes
sont positifs. Les premiers algébristes chrétiens ont
suivi le même système; de là la nécessité de *restaurer*
les termes négatifs dans le membre où ils devenaient
positifs. On ne conçoit pas comment Guglielmini
(*Elogio di Leonardo pisano*, p. 22, 162 et suiv.) a pu
tellement se tromper sur la signification d'*algèbre*, et
comment, même après Cossali, Montucla a pu rester
dans le doute sur ce point. En latin, le mot *algebra*,
pour restauration, se trouve employé par tous les médecins du moyen âge: je l'ai trouvé aussi dans des manuscrits français (voyez ci-dessus, p. 80), et enfin je
l'ai rencontré en italien. Dans le livre intitulé :
« *Collectonio de la cirogia composto per el clarissimo
doctore Maestro Guidon di Gualiacho* » (Venezia,
1505, in-fol.) au feuillet LXXXIII, il y a : « Qui comincia lo quinto libro de algebra et extension et restauration deli ossi rotti deslogadi, del quale sono do
doctrine ». Et dans les éditions du même ouvrage
faites à Venise, en 1621 et en 1721, in-fol., sous le titre
de *Guidon in cirugia Inventario* etc., on trouve encore « Lo quinto libro de algebra et extension et restauration de li ossi rotti et deslogadi. »

Il y aurait lieu à compléter la définition du mot

algebra qui se trouve dans le vocabulaire de la Crusca,
en s'aidant surtout de l'étymologie arabe. La Crusca a
donné, au reste, une définition déduite de l'algèbre
ancienne : un orientaliste qui a voulu corriger cette définition, ne semble pas avoir bien compris le sens du
mot algèbre, tiré de la *restauration* des termes :
d'ailleurs les recherches sur la forme des fractions et
des séries ne furent pas les premiers *vagiti* de l'algèbre, comme semble l'avoir cru le savant corres-
pondant de Monti (*Monti, proposta*, tom. II, part. I,
p. 307).

NOTE VII.

(PAGES 252 ET 268.)

Des écrivains d'un grand talent ont affirmé aussi que le christianisme, depuis qu'il était monté sur le trône, avait fait disparaître l'esclavage. On comprend difficilement comment l'esprit de système a pu parvenir à répandre et à faire adopter une si grave erreur. Sans vouloir entrer ici dans une discussion générale sur la question de savoir si, comme on le prétend de nos jours, le christianisme a été la base de toute la civilisation moderne; je me bornerai à faire remarquer que sans doute une institution qui a exercé tant d'empire sur les masses a dû graver profondément son influence dans la société; mais que cette influence n'a pas été unique, et que si l'on veut voir dans les causes et les effets autre chose qu'une affaire de précédent et de conséquent, il faut reconnaître que la civilisation actuelle est le résultat d'une foule de causes et d'élémens divers, parmi lesquels comptent aussi des principes opposés au christianisme. Pour ne pas sortir de la question de l'esclavage, je demanderai d'abord si c'est le christianisme qui a fait cesser la traite des nègres, ou bien s'il l'a autorisée et encouragée? et si aux États-Unis d'Amérique la religion chrétienne a su rendre la liberté aux gens de couleur (1)? C'est la philosophie, si opposée au christianisme et si calomniée maintenant, qui a fait donner la chasse aux bâtimens négriers. Après dix-huit siècles d'existence, la religion chrétienne n'a pas le droit de venir revendiquer une part notable dans un acte qui a été accompli par ses plus cruels ennemis, la philosophie et l'esprit révolutionnaire, et au moment de son plus grand affaiblissement.

En Europe, l'esclavage, c'est-à-dire la possession d'un homme, et le droit de le vendre et de l'acheter, *indépendamment de la terre qu'il cultive*, n'a été aboli que graduellement, et dans des temps fort rapprochés de nous. Ce qui a pu induire en erreur sur un point aussi grave, ce sont les lois rendues à différentes époques pour parvenir à l'affranchissement des *serfs de la glèbe*. Comme on ne connaissait pas de lois pour l'émancipation des *esclaves*, on s'imaginait qu'ils n'existaient pas; tandis qu'en cherchant avec plus d'attention, on aurait pu trouver des dispositions qui réglaient les droits qu'on avait sur ces infortunés.

J'ai déjà fait remarquer (p. 267-268) que dans ces républiques italiennes où les ouvriers jouissaient de

---

(1) Voici un fait qui prouve que les papes eux-mêmes se sont quelquefois attribué le droit de disposer de la liberté des Chrétiens. Lorsque Clément V excommunia les Vénitiens, parce qu'ils s'étaient emparés de Ferrare, il décréta aussi *che dovunque eran presi, fossero havuti per ischiavi* (*Marcello, vite de' principi di Vinegia*, Venetia, 1557, in-4°, p. 65. — Consultez aussi *Sabellici opera*, Basileæ, 1538, 2 vol. in-fol., tom. II, p. 595.)

droits politiques si étendus, les industriels avaient pendant long-temps opprimé les agriculteurs, qu'on forçait souvent à un genre de culture profitable surtout aux manufacturiers. Mais ce qui mérite une attention particulière, c'est que la vente des serfs de la glèbe n'a été abolie à Florence qu'en 1288 (1). A Bologne on fit en 1256, une tentative d'affranchissement, mais il paraît qu'elle ne fut pas heureuse, car on dut la renouveler en 1283 (2) : d'ailleurs leur coïncidence avec des lois démocratiques (3), prouve que ces tentatives avaient surtout pour objet de diminuer l'autorité des nobles dans les campagnes.

Cependant on doit reconnaître que peu-à-peu, par

---

(1) *Osservator fiorentino*, tom. IV, p. 179-183.—Le décret ne parle que des *Fideles, colonos perpetuos*, etc., sans rien dire des esclaves (*sclavos*), dont nous allons bientôt nous occuper. D'ailleurs, comme ce décret, malgré son préambule pompeux, n'établit pas en principe la liberté des serfs, il n'était destiné qu'à favoriser lentement leur affranchissement et à substituer la commune (qui n'était pas comprise dans la loi) aux petits feudataires : mais, dans une ville où les révolutions étaient si fréquentes, une disposition dont les effets devaient être si lents ne pouvait produire presque aucun effet. C'est par cette raison, ou bien parce que la condition des serfs inspirait alors trop peu d'intérêt, que ce décret si important de la république de Florence, ne se trouve cité ni par Villani, ni par Compagni, ni par Dei, ni par Ammirato, ni par aucun autre des historiens que j'ai pu consulter.

(1) *Ghirardacci, Storia di Bologna*, tom. I, p. 190 et 264.—*Savioli, Annali Bolognesi*, Bassano, 1784, 3 vol. in-4°, vol. III, part. 1, p. 300.

(3) *Savioli, Annali Bolognesi*, tom. III, part. 1, p. 298 et 486.

suite de ces différentes lois, le servage de la glèbe a été aboli en Italie ; et il serait peut-être difficile d'en trouver des exemples à l'époque de la décadence des républiques : tandis que l'esclavage, avec lequel on a mal-à-propos confondu le servage, se trouve consacré par les mœurs et réglé par les statuts et les lois, jusques à des temps fort modernes.

J'ai déjà parlé dans le premier volume (p. 87) du commerce des esclaves que faisaient au moyen âge les Grecs et les Vénitiens ; je vais indiquer maintenant un grand nombre de faits qui prouvent que ce commerce s'est continué depuis, et que les républiques italiennes ont protégé jusqu'au milieu du seizième siècle les propriétaires de la chair humaine.

Manni, qui a voulu prouver que la langue grecque a été cultivée de tout temps à Florence, cite à l'appui de son opinion le grand nombre d'esclaves grecs qui ont été toujours dans cette ville (1). Mais, sans donner trop de poids à son autorité, sans s'arrêter à Dante, qui parle de la vente des esclaves que faisaient alors les corsaires(2), à Boccace (3), à Bandello, à Cornazzano,

---

(1) *Baldelli , vita di G. Boccacci*, p. 230.

(2) *Purgatorio*, cant. xx, v. 81.—Il y avait des hommes dont le métier était d'acheter des petites filles aux corsaires, pour les faire élever et les livrer à la prostitution. Et les gouvernemens toléraient cet infâme trafic, dont les victimes étaient souvent des Italiennes ou des Espagnoles! Au reste, il y avait aussi des *corsaires de terre*, qui enlevaient des enfans, pour les faire racheter. Donato Velluti raconte avoir été, à dix ans, enlevé ainsi de Florence. (*Velluti, Cronica*, Firenze, 1731, in-4, p. 70.)

(3) *Giornata* 8 , *Nov.* 10.

qui en parlent aussi avec tant d'autres écrivains, ni aux comédies italiennes où il en est question (1), je citerai d'abord le testament de *Lemmo di Balduccio* fait à Florence en 1389, dans lequel le testateur affranchit deux esclaves qu'il avait (2). Plusieurs contrats et documens de la même époque mentionnent également les achats d'esclaves à Venise, où il semble qu'il y avait une espèce de marché d'hommes, souvent européens et chrétiens à-la-fois (1). Dans

---

(1) Il ne faut pas récuser l'autorité des poëtes et des auteurs comiques lorsqu'il s'agit des mœurs domestiques d'un peuple; mais on va voir que les faits dont je parle sont fondés sur des autorités bien plus graves.

(2) « Ancora per l'amore di Dio assoluè e liberò la Chiara di..... di Candia, e la Marta Tartara, e delle parti di Tartaria nata e origine avente, d'esso Lemmo schiave, e serve e servigiali per titolo di compera per esso Lemmo di loro e ciascuna di loro fatta..... restituente esse e ciascuna di loro all'antica e propria libertà » (*Testamento di Lemmo di Balduccio*, Firenze, 1822, in-8°, p. 113-114).—Les noms prouvent que ces deux esclaves étaient chrétiennes, ce qui est au reste évident pour *Claire*, qui était de Candie. La phrase : « *Restituente esse.... all' antica e propria libertà* », montre que ces deux malheureuses étaient libres d'origine, et exclut toute idée de servage de la glèbe.

(3) *Fantuzzi, Monumenti Ravennati*, Vinegia, 1802, 6 vol. in-4°. tom. III, p. 282. — Le texte dit : « Decem instrumenta domini Guidonis, de sclavis emptis in civit. Venet. ». Ce passage est d'autant plus remarquable, que, dans le même *Codice polentano*, on fait plusieurs fois mention des *fidèles*, qui différaient des esclaves, mais qu'on pouvait acquérir aussi par achat, par héritage, etc. (*Fantuzzi, ibid.*, p. 258). Je possède l'acte original de la vente d'une esclave, faite à Venise en 1450, et comme je ne connais aucun document de cette nature qui ait été publié, je crois qu'il ne sera pas inutile d'insérer ici cette

ces contrats monstrueux il était parlé des vices
rédhibitoires exactement comme s'il se fût agi de la
vente d'animaux domestiques. Dans les instruc-
tions pour former le cadastre de la république de

---

charte, afin de multiplier les preuves de ce que je veux démontrer :

« In Xpinme (*) amen. Anno natv. eiusdem milleo quadringentesimo
quinquagesimo : xIII*a* Indioe die Sabbati mers. Febr. vir prudens
antonius colona qdam dni taddei de..... S. marie in baico de
Venetiis, per se et suos hedes sponte libere et ex certa stia dedit et ven-
didit sub vinclo servitutis ppetue viro egregio angelo gadi de Florentia
gerenti vice et noie s. Laurentii lutozi de nasis de Florentia et
suorum hrdum una sua sclava de gne russiorum etatis annorum viginti
duorum et circa vocatam marta, sanam et integram mente et corpe et
omnib. suis membris tam occltis q. maifestis et maxime a morbo
caduco secund. usum tere, exceptuato si grvida esset, et hoc per
precio ducatorum triginta sex auri, quos dcus venditor ctentus et
cfess. fuit habuisse et integral, recepisse, ptim in denariis ctatis et
ptim scil. ressiduum in banclio scripte noblis viri dni nicolai brardi
et sociorum campsor. in Rvato ; dans et concedens pdcto emptori et
suis herdib. purum et merum dominium super dictam sclava cum
permissione..... eam..... dandi, donandi, vendendi, alienandi....
et corpore vindicandi, et de ea disponendi prout de ipsius emptoris
hedum per suor. voluntate pcessit, sine ulla contradioe, at promittens
cum suis herd. pp..... ratam dicm venditorem cum..... in.....
Etsi nullo unq. tere et dicere, apponere et venire in iudicio.....
pro dcam sclavam defendere et guarentare ab omnibus ipsam moles-
tantibus ac molestare volentibus, in iudicio cum suis sumptib. laborib.
et expens. sub hypotecha et obligatoe omnib. suis et suor. hedum
bonb. mobilium et immobilium prest. et fut. Actum Venetiis in
Rto ad statoem..... presentib. viro dno pbro iohane de schaffa

---

(*) Je conserve ici les abréviations : elles ne présentent au reste aucune
difficulté.

Florence, les esclaves étaient placés après les mar-
chandises, avec les bœufs, les chevaux et *les autres
troupeaux* (1). Ce honteux trafic fut continué dans les
siècles suivans : François Carletti, voyageur florentin
qui rentra dans son pays en 1606, dit avoir acheté
aux Indes cinq esclaves qu'il fit baptiser et à quatre
desquels il donna la liberté à Goa ; il ramena le cinquième avec lui en Italie (2). Le docteur Pagni qui en
1667 fut envoyé par le grand-duc de Toscane au dey
de Tunis, raconte que ce dey aimait beaucoup le
grand-duc parce qu'il traitait les esclaves avec plus de
douceur que ne le faisaient les autres princes (3).

Ces faits suffisent sans doute pour démontrer l'existence de l'esclavage, mais on pourrait croire que ce

---

primacerio arb. iohannus.... matthei de Florentia cursor, et s. xpo-
foro..... bonatti di pergamo drapio in Rto et..... testib, ad premiss....
et rogatis.

Ego marinus de foris filius s. andree de Venetiis notus publicus
impli aucte et judex ordinarius premiss. omnib. presens fui et ea
rogatus scripsi et publico sig. meo apposto.

(1) *Della decima*, tom. I, p. 27.

(2) *Carletti, ragionamenti*, Firenze, 1701, 2 part. in-8°, 2ᵉ part.
p. 50

(3) « E un g'orno discorrendo meco del Ser. Padrone, mi disse; che
stimava S. A. S. sopra ogni altro principe del mondo per la sua beni-
guità, poichè fra le altre cose gli schiavi, che da altri potentati veni-
vano strapazzati, quelli di S. A. S. erano benissimo visti e trattati.»
(*Pagni, lettere*, Firenze, 1829, in-8°, p. 18). — Il résulte de documens
contemporains qu'il y avait à Malte dix mille esclaves en 1710, et qu'il
y en avait encore mille en 1749. (*Mustafà bassà di Rodi schiavo in
Malta*, Napoli, 1751, in-4°, p. 42 et 49-52.)

n'était là que la tolérance d'un abus contraire aux lois ; je vais maintenant prouver que les lois garantissaient la propriété des esclaves.

Dans les statuts de la république de Florence, compilés en 1415, on trouve une rubrique où il est dit expressément que la qualité de chrétien n'exempte pas de l'esclavage, et que les officiers de la république sont tenus de poursuivre les esclaves fugitifs pour les rendre à leur maître. Si une esclave se trouve enceinte, celui qui en est la cause doit payer des dommages et intérêts au maître de cette femme (1). Les enfans suivent la condition du père : ils sont esclaves si c'est un esclave, libres si c'est un homme libre (2). Le statut de Lucques, rédigé en

---

(1) C'est par suite de cette disposition que, dans la chronique de *Lorenzo da Luziano*, publiée par Brocchi à la fin de sa *Descrizione del Mugello* (Firenze, 1748, in-4°), on trouve, à l'année 1392, ces paroles : « Giovanni d'Antonio chiamato il Bonina dal Borgo a S. Lorenzo, abbendomi a ristorare della schiava che m'ingrossò secondo la forma degli statuti, confessò avere da me in prestanza fiorini xxx, rogonne la carta ser Filippo di Giovanni da Laterina. »

(2) Voici quelques passages extraits de cette rubrique : « Cuilibet undecumque sit, et cuiuscumque conditionis existat, liceat ducere libere, et impune in civitatem, comitatum et districtum Florentiæ sclavum, sclavos, servum, servos cuiuscumque sexus existant, qui non sint catholicæ fidei, et christianae, et ipsos tenere habere, et alienare quocumque titulo alienationis, et cuilibet liceat ab eis recipere, et habere, et tenere. Et praedicta intelligantur de sclavis et servis infidelibus, ab origine suae nativitatis, seu de genere infidelium natis, etiam si tempore quo ad dictam civitatem, comitatum, vel districtum ducerentur essent christianae fidei, seu etiam si postea quandocumque fuerint.

33.

1539, parle encore des esclaves, et dit que le maître
d'une esclave peut forcer celui qui aurait eu commerce
avec elle, à la lui acheter le double du prix qu'elle
lui a coûté ; outre une amende de cent livres (1). Je
pourrais multiplier ces exemples, mais je pense que
c'est inutile. Je terminerai donc en exprimant le
regret de n'avoir jamais trouvé, parmi ces dispositions contre les esclaves, aucune mesure destinée à adoucir leur sort, ou à réprimer l'abus que
le maître pouvait faire des droits que les lois lui accordaient. En cela, bien que payens, les empereurs de
Rome ont montré plus de sollicitude pour le sort de
ces infortunés, que n'en ont jamais témoigné les
Gonfaloniers catholiques de la république de Florence.

---

baptizzati, quo non obstante possent retineri et alienari. Et præsumatur
ab origine fuisse infidelis, si fuerit de partibus, et genere infidelis
oriundus..... Et quia ex partu deterior efficitur serva, teneatur idem
ingravidans solvere domino, vel possessori eiusdem servae, tertiam
partem cius, quod ante partum praedictum valebat..... Et partus natus
sequatur conditionem patris..... Et quilibet offitialis communis Flo-
rentiae, teneatur capere et capi facere quemcumque servum, vel servam
alterius fugitivum vel fugitivam, et remittere ad dominum vel posses-
sorem eius, ac etiam eos perquirere, et intrare perquirendo domum, et
fundum cuiuslibet in quo, vel qua esse diceretur..... » (*Statuta Flo-
rentiae*, Friburgi, 1778-83, 3 vol. in-4°, tom. I, p. 385-386.)

(1) *Statuta Civitatis Lucensis*, Lucae, 1539, in-fol. f. ccxvi, lib. iv,
c. 103. — Dans le chapitre suivant, on condamne aussi à une forte
amende celui « *qui carnaliter cognoverit aliquam concubinam alicuius* »

ADDITIONS

AU PREMIER VOLUME.

Page 21, *note* (1). — Consultez aussi *Notice ou aperçu des travaux les plus remarquables de l'Académie royale du Gard*, depuis 1812 jusqu'en 1822, *par Phélip;* Nismes, 1322, in-8°, p. 304-309.

Page 60, *note* (1). — Dans la Bibliothèque de Photius, on trouve des exemples d'étincelles électriques produites par le frottement (*Photii bibliotheca*, Rothomagi, 1653, in-fol., col. 1040 et 1041, cod. 242.)

Page 103, *note* (1). — M. Letronne, dans un savant mémoire qui a paru, le 15 août 1837, dans la *Revue des Deux-Mondes*, s'est proposé de prouver que notre zodiaque est dû aux Grecs.

Page 115, *note* (2). — Alkindi aussi avait écrit une encyclopédie scientifique. On doit regretter surtout son Traité sur l'arithmétique des Hindous (*Casiri, bibliotheca arab.-hisp.*, Matrit. 1760, 2 vol. in-fol., tom. I, p. 353 et suiv.).

Page 146, *ligne* 4 et suiv. — Depuis que ceci a été imprimé, ma prédiction s'est déjà confirmée. On sait combien les agriculteurs et les manufacturiers ont été frappés des procédés ingénieux contenus

dans l'ouvrage sur l'Éducation des vers-à-soie que
M. Julien a traduit, il y a peu de mois.

Page 164, *note* (2). — Voyez aussi *Beatillo*, *historia
di Bari*, Napoli, 1637, in-4°, p. 29 et suiv. — *Pirri,
Sicilia sacra*, col. 36, 262, etc., dans le tom. II du
Thesaurus antiquit. Siciliæ, etc., de Grævius et
Burmann.

Page 165, *note* (1). — La formule mahométane *In
nomine Domini pii et   isericordis* se trouve fréquemment dans les ouvrages traduits en latin au
moyen âge (*MSS. latins de la bibliothèque royale,
fonds Sorbonne*, n° 971).

Page 193, *note* (3). — Cependant on trouve chez les
Grecs quelques exemples de la composition des nombres par soustraction.

Page 204, *ligne* 10 *en remontant.* — J'ignore, au
reste, si ce second volume a paru ; je ne l'ai cité ici
que d'après une lettre de M. Ideler. En 1835, dans
la première édition de mon premier volume, j'avais
déjà signalé le passage d'Archimède.

Page 216, *ligne* 25. — Consultez, sur Burattini, la
*Bibliografia critica delle antiche reciproche corris-
pondenze dell' Italia, colla Russia e la Pollonia*,
par M. Ciampi (Florence, 1834, in-8°.)

Page 245, *ligne* 1. — Ce serait un fait très remarquable que de trouver un auteur anglais traduit
anciennement en arabe : mais ce nom est-il écrit
exactement dans le manuscrit ? Au reste, au moyen
âge, il y a eu plusieurs médecins appelés *Angli :*
voyez, entre autres, le n° 7328-b des *Manuscrits
latins de la bibliothèque royale.*

Page 302. — Des personnes qui n'auraient pas étudié
l'algèbre pourraient peut-être vouloir accorder aux
Arabes l'honneur d'avoir *connu et traité* les équations du troisième degré, sans les avoir résolues.
Mais, pour quiconque a la plus légère notion de
mathématiques, ou les mots *connaître et traiter*
signifient *résoudre*, ou bien ils sont absolument
vides de sens. C'est en leur donnant une telle acception que Montucla a pu douter de la réalité de
la découverte attribuée aux Arabes ; car, si l'on
s'était borné à dire qu'ils n'avaient fait que parler
des équations cubiques sans les résoudre, on ne
se serait jamais donné la peine de discuter ce
point (*). En effet, bien que l'on ait traité au quatorzième siècle, en Italie, les équations générales
du troisième et du quatrième degré, comme la résolution n'est pas exacte, personne n'y a jamais fait attention. Dans la *Summa de arithmetica geometria*,

---

(*) Je dois ajouter ici que non-seulement les Arabes ont (comme
on l'a déjà dit) connu les équations du troisième degré, mais qu'ils se
sont occupés aussi de celles du quatrième, sans pouvoir cependant résoudre ni les unes ni les autres, sauf le cas où elles se réduisent à des
équations du second degré ou à des extractions de racines. Un manuscrit important du quinzième siècle que j'ai reçu, il y a peu de jours,
d'Italie, m'en a fourni la preuve. Ce manuscrit, qui contient la traduction italienne d'un traité d'algèbre composé en arabe, a pour titre :
Aliabraa argibra, et contient 194 chapitres *réguliers* et 4 *irréguliers*.
Il commence par une invocation religieuse, comme il y en a dans tous
les ouvrages musulmans : la traduction semble du milieu du quatorzième siècle. Le traducteur dit : *Lo Titulo dellibro sie detto Aliabraa*

de Paciolo, on trouve aussi (part. I, dist. VIII, tr. 6, art. 2, f. 149) l'énumération des diverses équations du quatrième degré, composées de deux ou de trois termes; mais comme l'auteur ne résout que celles qui peuvent se réduire à des équations du second degré, ou à des équations binomes, on n'a jamais parlé d'une découverte de Fra Luca sur les équations du quatrième degré. Euclide a construit une équation du quatrième degré; Diophante en a résolu une du troisième; les Hindous ont traité les équations dérivatives du second degré, et il y en a dans l'Abbacus de Fibonacci. Ces faits sont connus depuis long-temps des géomètres; mais tant qu'on ne trouvera pas dans les ouvrages arabes la *résolution générale* des équations du troisième degré, on n'aura rien ajouté à ce que l'on savait depuis long-temps sur l'état de leurs connaissances algébriques.

Les ouvrages scientifiques des Arabes contien-

---

in rabescho che in latino volghare vuole dire dichiaratione di questione sottile : inpero che per questo si dichiara nell' arte del numero più quistione sottile che in altro libro.

Dans les chapitres irréguliers, placés entre les chapitres réguliers 182 et 183, l'auteur considère des équations que l'on peut écrire de la manière suivante :

$$ax^5 + bx + cx = d,$$
$$ax^4 + bx^3 + cx^2 + dx = e,$$
$$ax^4 + bx^2 + cx = dx^3 + e,$$
$$ax^4 + bx = cx^5 + dx^2 + e,$$

et dit qu'il n'y a pas de méthode générale pour les résoudre; mais il donne des règles applicables seulement aux exemples qu'il a choisis.

nent probablement des faits intéressans qui nous
sont encore inconnus; mais on peut affirmer que
ces faits ne seront découverts que par des hommes
laborieux qui s'occuperont à-la-fois, et sérieuse-
ment, des sciences mathématiques et des langues
orientales. De prétendues découvertes que l'on an-
noncerait avec pompe ne feraient que jeter de la
défaveur sur des recherches dont, depuis deux
siècles, les savans et les orientalistes ne cessent de
s'occuper. Mais, tout en aplanissant la route, les
travaux des Maronites, de Borelli, de Scaliger,
d'Hyde, de Golius, de Graevius, de Forster, d'As-
semanni, de Banqueri, de Jourdain, de Colebrooke,
de Caussin, d'Ideler, de Rosen, etc., etc., ont rendu
bien difficile la tâche de ceux qui voudraient suivre
ces illustres exemples.

Page 390, *note* (1). — Voyez aussi un manuscrit de
la bibliothèque royale (*Supplément latin*, n° 113),
où cette opération est intitulée : *Multiplicatione a
scachero.* Dans le même traité, qui a été écrit en
Italie au quinzième siècle, il y a la *règle du* 9 employée comme preuve de la multiplication. On
trouve la même *multiplication à échiquier* dans le
Thesoro universale de Abacho, imprimé à Venise
en 1548, in·8°.

Page 461, *ligne* 15 et suiv. — Je dois dire cependant
que M. Reinaud pense que ce calendrier aurait été
écrit en Espagne, l'an 961, par un chrétien, et
dédié à Al-Akam, calife de Cordoue, surnommé
Mostansir-Billah.

ADDITIONS

AU SECOND VOLUME.

Page 17, *note* (1).—Dans le dernier chapitre du Trésor de Brunet Latini il est parlé de ce syndicat.

Page 31, *note* (2). — Dès l'année 1742 Manni avait assigné la date de 1202 à l'*Abbacus* de Fibonacci (*Istoria del Decamerone*, p. 511.)

Page 57. — Dans un manuscrit du quinzième siècle conservé à la Bibliothèque royale (*Fonds Notre-Dame*, n° 167), il y a des anagrammes disposés comme les carrés magiques.

Page 103, *note* (1). — Voyez aussi *Affó*, *scrittori Parmigiani*, tom. II, p. 42 et suiv.

Page 133, *note* (3). — Muratori (*Antiquit. ital.*, tom. II, col. 365-388, dissert. 24) a publié un petit traité (du huitième siècle) de chimie appliquée à la peinture, qui renferme beaucoup de faits intéressans.

Page 135, *note* (1). — Lisez dans Zanetti (*Dell' origine d'alcune arti appresso i Viniziani*, p. 81 et suiv.) plusieurs documens fort curieux sur les anciennes verreries de Venise.

Page 151, *ligne dernière*. — On pourrait citer quelques compilations semi-encyclopédiques en prose, telles que le *Tesoro dei Poveri* par Spano, etc., mais elles n'ont presque aucune importance. Le *Roman de Sydrac*, que Frédéric II fit traduire en' français, et dont je possède en manuscrit une ancienne traduction italienne, est une véritable encyclopédie, mais l'origine en paraît orientale.

Page 152. — Quadrio e Bettinelli , trompés par la similitude du nom, avaient cru que le *Trésor* de Brunet Latin n'était qu'une imitation du *Trésor* en vers de Pierre de Corbiac. Mais M. Galvani, en publiant la presque totalité de ce petit poème, a prouvé que le maître de Dante n'avait rien emprunté au poète français. Il serait plus naturel de citer à ce propos Sordello, si célébré par Alighieri, et qui avait aussi écrit un *Trésor* (*Galvani, osservazioni sulla poesia de' Trovatori*, Modena, 1829, in-8°, p. 319-353). Il n'est peut-être pas inutile de faire remarquer ici que les poètes provençaux se sont fréquemment appliqués, et avec succès, aux mathématiques. (*Nostradama, vite de' poeti provenzali, tradotte dal Crescimbeni*, p. 114, 125, 129, 169, 176, etc.). Aux poètes cités par Nostradamus , on pourrait en ajouter d'autres : je me bornerai à mentionner ici Arnaud de Villeneuve, dont j'ai vu à la bibliothèque de Carpentras un manuscrit en vers de géométrie pratique. Jusqu'à présent on ne s'est guère occupé de la Provence que sous le rapport de la poésie, et comme s'il n'y avait eu, sous ce beau ciel, que des troubadours et des jongleurs. Quand on voudra apprécier l'influence des Provençaux sur le reste de l'Europe, il faudra sortir de ces limites étroites, et étudier l'ensemble de leur littérature et de leurs travaux.

Page 155, *note* (1).— Voyez aussi à ce sujet , *Boccaccio* , *opere*, tom. VI, p. 289.—*Muratori* , *antiquit. ital.*, tom. I, col. 1049, dissert. 14.

Page 156. — J'ai répété ce que raconte Brunet lui-même dans le second chapitre du *Tesoretto* : cependant je n'ignore pas que plusieurs écrivains pensent qu'il retourna à Florence avant de venir en France (*Latini* , *B.* , *il Tesoretto*, Firenze, 1824, in-8°, p. XIII — XVI, et 12 — 15).

Page 161, note (1). — On peut lire une description détaillée de cette ambassade extraordinaire dans la *Giunta di Francesco Serdonati al libro dei casi degli huomini illustri di G. Boccaccio* (Firenze, 1598, in 8°, p. 807 — 812).

Page 192, *note* (2). — Stefani (*Delizie degli eruditi Toscani* , tom. XII, p. 80) donne , sur la mort de Cecco d'Ascoli, les détails suivans , qui semblent mériter plus de confiance que ce que raconte Villani : « Uno Maestro Cecco d'Ascoli, lo quale fu solennissimo uomo in Astronomia et in Rettorica, e in molte Scienzia, e dicesi , che disse e dicea contra a fede ; mai non lo confessó. Ma pure (*il Duca di Calabria*) il fece ardere per alcuna cosa , che in uno suo libro scrisse delle cose, che sono contra fede.... ma dicesi che la cagione perche fu arso parve , che dovesse dire , che Madonna Giovanna figliuola dello Duca era nata in punto di dovere essere in lussuria disordinata ; di che parve questo essere sdegno al Duca, pervocchè non avrebbe voluto, che fosse morto un tanto uomo per un libro. E molti vogliono dire , ch'era nimico di quello Frate

Minore Inquisitore, ed era Vescovo di Costanza, perchè i Frati Minori erano molto suoi nimici; di che il fece ardere a' di 16 di Settembre 1327. »

Page 194, *note* (1). — La Bibliothèque Royale (*MSS. français*, n° 7264) possède un manuscrit de l'Acerba qui a appartenu à Celso Cittadini. Ce beau manuscrit du XVe siècle est enrichi, au commencement, d'un commentaire latin qui n'a au reste aucune importance scientifique. Il porte à la fin *Explicit*, bien que le poème soit inachevé.

Page 206, *note* (3).—Je me suis laissé entraîner trop loin par la ressemblance du nom, en attribuant à Paul Dagomari les règles *del maestro Pagholo* : car j'ai trouvé depuis dans Ghaligai (*Pratica d'arithmetica*, f. 3) que la règle pour *rilevare più figure* est due à un *maestro Paolo da Pisa*, que je ne connais que d'après cette citation.

Page 206, *note* (4). — Cependant je dois dire que dans la traduction manuscrite de l'algèbre d'*Aliabraa*, dont j'ai parlé ci-dessus, il est souvent question d'équations algébriques, que le traducteur italien appelle toujours *adequationi*.

Page 207, *note* (4). — Depuis que cette note est écrite, j'ai fait l'acquisition d'un manuscrit, daté de 1450, qui contient la sphère d'Alfragan, traduite du français en italien par Zucchero Bencivenni de Florence, l'an 1313, *a richiesta d'uno nobile donzello della detta cittade*, et j'y ai trouvé effectivement, dans quelques cas, l'*u* distingué du *v*. Mais cette distinction appartient-elle à l'époque du traducteur ou à celle du copiste? Dans ce manuscrit, qui est

également intéressant pour l'histoire de la langue·
italienne et pour celle des sciences, l'ouvrage d'Alfragan est accompagné d'un commentaire très
étendu. On doit beaucoup regretter que les membres de l'Académie de la Crusca ne s'en soient
pas s ervi dans la dernière édition du *Vocabolario.*

Page 210, *note* (2). — Dans le manuscrit latin 7285
de la bibliothèque royale, Jean de Lineriis est supposé être *Picardus dioecesis Ambianensis :* mais,
d'après l'examen de plusieurs autres manuscrits,
j'ai acquis la conviction qu'il n'est ni Picard, ni
Allemand, comme le supposait Baldi.

Page 214, *note* (1). — Après avoir écrit cette note,
j'ai pu me procurer un ouvrage manuscrit de
Paul Dagomari (*), qui est un traité d'arithmétique
et d'algèbre, avec un peu de géométrie. Il m'est
impossible d'en donner ici une analyse détaillée :
je me bornerai à dire qu'il est aussi écrit *pour les
négocians*, et qu'il renferme la résolution des équations des deux premiers degrés, celle des équations
cubiques à deux termes, et la solution de plusieurs
problèmes assez difficiles d'analyse indéterminée,
parmi lesquels se trouve l'équation $x^4 - 36 x^2 = z^2$,
à résoudre en nombres entiers.

(*) Ce manuscrit, du quatorzième siècle, porte à la fin une note
qui prouve qu'il a appartenu à Ugolino de' Martelli en 1436. C'est un
in-folio de 168 feuillets.

Page 229, *note* (1). — Consultez aussi *Pezzana*, *storia di Parma*, Parma, 1837, in-4°, tom. I, p. 13-15.

Page 239-240, *note* (1). — Voyez, sur Megollo Lercaro, *Interiano, P., ristretto delle historie Genovesi*, Lucca, 1551, in-4°, f. 126-127.

Page 263, *note* (1). — On pourrait citer une infinité d'autres exemples des *progrès* de la censure toscane. Il est fort douteux, par exemple, qu'on permît maintenant de réimprimer à Florence sans mutilations le *Discorso di Paolo Mini della Nobiltà di Firenze* (Firenze, 1614, in-8), que les Médicis avaient laissé publier, et où (p. 85), à propos de François Ferrucci et du siège de Florence, on lit ce passage : « Del che (*della morte del Ferruccio*) non pur Firenze sua patria, ma Italia tutta debbe piangere amaramente. Poscia che da quella infelice giornata, alla Italia (sia detto con sua pace) ne nacque servitù, ed a Firenze fu tolto, di non haver fatto ella sola (era egli liberarla dalla servitù degli oltramontani) quelchè non hanno potuto poi fare tutte le potenze italiane...

Page 294-295, *note* (2). — On voit aussi les neuf premiers chiffres écrits par ordre, de droite à gauche, dans un *Algorismus de minuciis*, qui se trouve dans le manuscrit latin n° 7215 de la bibliothèque royale.

Page 301, *note* (2). — A l'appui de la conjecture de Jourdain, j'ai trouvé dans le manuscrit latin n° 971 (*Fonds Sorbonne*) de la bibliothèque royale.... *Albumazar.... translata a Johanne hispaniensi de arabico in latinum.*

529

Page 487, *note* (1). — J'ai trouvé depuis, dans le manuscrit latin n° 7215 de la bibliothèque royale, un fragment anonyme *de Magnete*, qui n'est autre chose que le commencement de la lettre de *Peregrinus*. Bien que ce fragment soit peu lisible, si je l'avais connu plus tôt, je m'en serais servi pour tâcher de rétablir les lacunes ou les mots illisibles de l'autre manuscrit.

Page 506. — Les Hindous écrivaient les équations avec des signes positifs ou négatifs; pourquoi les Arabes, qui les ont imités dans tout ce qui est relatif à l'algèbre, n'ont-ils considéré que des équations avec tous les termes positifs?

Page 508. — Dans le tome quatrième (p. 436-438, etc.) de sa belle *Collection des lois maritimes* (que je regrette bien de n'avoir pas pu compulser plus tôt) M. Pardessus avait déjà signalé dès l'année dernière, l'existence de l'esclavage à Gênes et à Florence et je m'empresse de reconnaître son antériorité sur ce point. Cependant, comme mon illustre confrère n'a cité que des statuts maritimes, et que j'ai signalé un grand nombre d'autres documens d'où résulte le même fait, je pense que peut-être ma petite dissertation sur ce sujet n'est pas tout-à-fait inutile. Dans son ouvrage, M. Pardessus a également signalé d'autres faits que j'avais mentionnés dans mon rapide coup-d'œil sur le commerce des républiques italiennes. Il a trouvé en 1213, à Gênes, le jeu de hausse et de baisse, que j'avais vu plus tard à Florence ; et il attribue aux Italiens l'invention des lettres de change, que j'avais indiquées dans Fibonacci. Les lois maritimes des villes italiennes montrent la prodigieuse activité de ces républiques ; elles prouvent que lorsque le Nord était encore inerte, l'Italie avait su animer et régulariser toutes les sources de la puissance et de la prospérité publique.

ERRATA

DU PREMIER VOLUME. (*)

FAUTES.	CORRECTIONS.
Pages XVIII, ligne 2, en remontant..la.......	de la
8, l. 6.............. où	ou
11, l. 3, en remont... Pyrrus............	Pyrrhus
12, l. 15, en remont .. (1)	(2)
16, l. 13 .... antérieures.........	antérieurs
21, l. 13 .... a.................	à
27, l. 6, en remont.... *De*...............	(*De*
30, l. 5, en remont... in-8o.	in-8°, p. 33 et 34
38, l. 14........... presque	presque entièrement
41, l. 15........... lorsqu'on	lorsque l'on
44, l. 9 .... furent	furent également
45, l. 6, en remont.... et.	et sur
48, l. 3 .... et.	et où il
53, l. 2, en remont.... Joseph.	Josèphe
69, l. 14............ *Acta*.	*Actus*
91, l. 8........... abrutissement (1)...	abrutissement
99, l. 2, en remont.... les inconnues. ...	les quantités connues
	et inconnues
113, l. 8, en remont... *cristiana*..	*christiana*
115, l. 9........... sciences.	science
130, l. 6, en remont .. Liliwati.	Lilawati
134, l. 7, en remont.. êter.........	éther
145, l. 11, en remont.. no 2739.	no 7239
154, l. 7, en remont... *ration*.	*vatican*
Ibid, l. 3, en remont... Savosorda......	Savasorda
155, l. 1, en remont... *autor*..	*autori*
158, l. 7........... ecclésiatiques.	ecclésiastiques
Ibid, l. 8, en remont... 43 vol.	38 vol.

(*) La plupart des fautes que je corrige ici consistent en des mots ou des lettres qui ont sauté pendant le tirage, et ne se trouvent pas dans tous les exemplaires : je les signale, cependant, afin qu'en tous cas le lecteur soit averti.

FAUTES.	CORRECTIONS.
P. 159, l. 8............ Bobio.	Bobbio
166, l. 16............ un.	quelque
193, l. 5, en remont... entrainés.	entrainé
194, l. 8, en remont... *quatre-vingt, le quinze vingt.*	quatre - vingts , le *quinze-vingts*
195, l. 7, en remont... de ces.	des
197, l. 12............ douzes.	douze
202, l. 13............ formés.	formé
204, l. 13, en remont.. *Téon.*	*Théon*
210, l. 12............ devint.	devint
216, l. 10............ Zucchi.	Zucchi , les habitans de Raguse
218, l. 12............ il.	li
219, l. 3............ ni.	vi
Ibid, l. 3, en remont.. dans.	dans le
220, l. 1............ esse.	essa
Ibid, l. 4............ ni.	vi
221, l. 6............ il.	li
223, l. 12............ une.	una
224, l. 7............ operette.	operetta
225, l. 10............ mi.	mia
Ibid, l. 8, en remont.. se chauffent.	s'échauffent
Ibid, l. 3, en remont.. cet.	cette
228, l. 12............ e.	a
300, l. 2, en remont.. 1836	1835
304, l. 12............ sciences.	science
365, l. dern...... obcurum.	obscurum
372, l. 5........ n° 7326.	7316
381, l. 4....... premier...	royaume

ERRATA

DU SECOND VOLUME.

FAUTES.		CORRECTIONS.
P. 9, l. 5	aggression	agression
23, l. 6 et 8 en rem.	plena	plana
27, l. 6 en rem	Italie de	Italie à
34, l. 15	algébristes modernes	algébristes
40, l. 7 en rem	*Xilandro*	*Xylandro*
41, l. 11	*Xilandro.*	*Xylandro*
49, l. 8	mélanges.	mélange
54, l. 13	Ecelin.	Eccelin
62, l. 1 et 2	approchée	approximative
Ibid, l. 10 en rem.	Siracuse.	Syracuse
64, l. 3 en rem.	*Sylvalici*	*Sylvatici*
78, l. 9	Janne.	Jeanne
79, l. 12	mathématique	mathématiques
85, l. 3 en rem. (et ailleurs)	*Mazzucchelli.*	*Mazzuchelli*
129, l. 15	écrivans.	écrivains
134, l. 5	et.	et celui
Ibid, l. 5 en rem.	*est*	*et*
139, l. 3 en rem.	*vogages*	*voyages*
Ibid, l. 7	habituelles.	habituels
140, l. 5 en rem.	*voyaqe*	*voyage*
149, l. 14	laissés	laissé
153, 15	*Image.*	*Ymage*
163, l. 16	quatrième	quatorzième
182, l. 7 en rem.	sièle.	siècle
187, l. 10	mettaient	promettaient
191, l. 13	mais.	mais ils
209, l. 10	das	des
Ibid, l. 20	n° 112	n° 113
219, l. 9 en rem.	da.	du
225, l. 17	puis pas.	puis
228, l. 2 en rem.	1715	1715 , in-4°
231, l. 14	nom.	mon
234, l. 15	tous.	tout
238, l. 13 en rem.	*dagli*	*degli*

FAUTES.		CORRECTIONS.
238, l. 10 en rem. . .	richerche	ricerche
245, l. 9 en rem. . . .	le. . . . . apocriphe . .	les. . . . . apocryphe
255, l. 7, en rem. . .	donnée	donné
256, l. 13	ce.	son
Ibid, l. 19	Boccaccio.	Boccace
Ibid, l. 20	prouva	prouve
267, l. 12 en rem. . .	celui-là est.	c'est
274, l. 10 en rem. . .	per	par
283, l. 5 en rem. . .	pris.	pris aux Orientaux
294, l. 6.	tyroniennes	tironiennes
Ibid, l. 9	tyroniens	tironiens
296, l. 5.	composés par. . . .	composés, d'après
299, l. 11.	à	en
303, l. 9	*Essai*	*Aperçu*
Ibid, l. 26.	*Tagioni.*	*Targioni*
307, l. 2	36	32, 34 36
480, l. 2	39.	39, 219.
Ibid. l. 7	royale.	royale (*MSS. latins*, n° 7224)
508, l. 17.	conséquent.	subséquent